普通高等教育"十三五"规划教材
普通高等教育土建类专业规划教材

DESIGN PRINCIPLE
OF CONCRETE STRUCTURES

混凝土结构设计原理

（第 3 版）

杨霞林　林丽霞　张戎令　主编
张元海　主审

U0293971

人民交通出版社股份有限公司
北京

内 容 提 要

本书是根据全国高等院校土木工程、道路桥梁与渡河工程和交通土建工程等专业"混凝土结构设计原理"课程的教学大纲编写的教学用书。全书依据中华人民共和国国家标准和现行桥梁设计规范编写,对公路行业和铁路行业的钢筋混凝土及预应力混凝土结构构件的设计计算原理做了详尽的介绍。为突出应用及便于学习,本书在各章中安排有计算例题、小结、思考题、习题等内容。

本书为高等院校土木工程、道路桥梁与渡河工程和交通土建工程等专业"混凝土结构设计原理"课程的教学用书,也可供公路和铁路部门从事工程结构设计、施工和管理的工程技术人员参考。

图书在版编目(CIP)数据

混凝土结构设计原理/杨霞林,林丽霞,张戎令主编.—3版.—北京:人民交通出版社股份有限公司,2019.8

ISBN 978-7-114-15670-0

Ⅰ.①混…　Ⅱ.①杨…②林…③张…　Ⅲ.①混凝土结构—结构设计—高等学校—教材　Ⅳ.①TU370.4

中国版本图书馆 CIP 数据核字(2019)第 136746 号

普通高等教育"十三五"规划教材
普通高等教育土建类专业规划教材

书　　　名:	混凝土结构设计原理(第3版)
著 作 者:	杨霞林　林丽霞　张戎令
责任编辑:	王　霞　张　晓
责任校对:	张　贺
责任印制:	刘高彤
出版发行:	人民交通出版社股份有限公司
地　　　址:	(100011)北京市朝阳区安定门外外馆斜街 3 号
网　　　址:	http://www.ccpcl.com.cn
销售电话:	(010)59757973
总 经 销:	人民交通出版社股份有限公司发行部
经　　　销:	各地新华书店
印　　　刷:	北京科印技术咨询服务有限公司数码印刷分部
开　　　本:	787×1092　1/16
印　　　张:	23.25
字　　　数:	553 千
版　　　次:	2014 年 8 月　第 1 版
	2016 年 8 月　第 2 版
	2019 年 8 月　第 3 版
印　　　次:	2024 年 7 月　第 3 版　第 6 次印刷　总第 8 次印刷
书　　　号:	ISBN 978-7-114-15670-0
定　　　价:	49.00 元

第3版前言 Foreword

  本书是根据全国高等院校道路、桥梁和交通土建专业教学指导委员会审定通过的教学大纲,结合编写团队多年教学经验,为满足土木工程、道路桥梁与渡河工程及交通土建工程等专业"混凝土结构设计原理"课程的教学需要而编写。

  近两年来,我国公路及铁路行业颁布了新的桥涵混凝土结构设计规范,为了更好地适应新技术的发展及"混凝土结构设计原理"教学需要,编写团队进行了本书第三版的编写工作。本书第三版仍保持了前两版的编写体系和基本内容,并结合现行规范对部分章节的内容进行了补充和更新,同时修编了计算示例和附表。

  本书第三版编写的主要依据为国家标准《工程结构可靠性设计统一标准》(GB 50153—2008)、公路行业现行规范《公路桥涵设计通用规范》(JTG D60—2015)、《公路钢筋混凝土及预应力混凝土桥涵设计规范》(JTG 3362—2018)、铁路行业现行规范《铁路桥涵混凝土结构设计规范》(TB 10092—2017)。

  全书共十二章,第一章至第十章依据公路行业现行规范编写,第十一章和第十二章依据铁路行业现行规范编写。编写人员及分工为:绪论、第一、十、十一、十二章由杨霞林编写;第三、四、五章由林丽霞编写;第二、六、七、八、九章由张戎令编写;附录1及附录2由刘苗整理完成。全书由杨霞林最后统一定稿,张元海教授主审。

  由于编者水平有限,书中难免有错误和疏漏之处,恳请读者批评指正,以便进一步修订完善。

编 者

2019 年 7 月

第2版前言 Foreword

　　本书是根据全国高等院校道路、桥梁和交通土建专业教学指导委员会审定通过的教学大纲,结合编写团队多年教学经验,为满足土木工程、道路桥梁与渡河工程及交通土建工程等专业"混凝土结构设计原理"课程的教学需要而编写。

　　本书第一版在教学中曾发挥了积极作用。近年来,我国公路及铁路行业有关桥梁工程的最新技术标准和部分设计规范已颁布实施,为了适应工程技术新发展和专业教学要求,编写团队进行了本书第二版的编写工作。本书第二版编写中,主要对第一版中的部分内容做了进一步修改完善,并适时反映了最新设计规范和相关技术标准。

　　本书第二版编写的主要依据为国家标准《工程结构可靠性设计统一标准》(GB 50153—2008)、公路行业现行规范《公路桥涵设计通用规范》(JTG D60—2015 及 JTG D60—2004)、《公路钢筋混凝土及预应力混凝土桥涵设计规范》(JTG D62—2004)、铁路行业现行规范《铁路桥涵钢筋混凝土和预应力混凝土结构设计规范》(TB 10002.3—2005)及 2009 年和 2013 年中国铁路总公司关于发布《铁路桥涵钢筋混凝土和预应力混凝土结构设计规范》局部修订条文和有关工作的通知。

　　全书共十二章,第一章至第十章依据公路行业现行规范编写,第十一章和第十二章依据铁路行业现行规范编写。编写人员及分工为:绪论、第一、十、十一、十二章及附表2由杨霞林编写;第三、四、五章及附表1由林丽霞编写;第二、六、七、八、九章由张戎令编写。全书由杨霞林、林丽霞统稿主编,张元海教授主审。

　　由于编者水平有限,书中难免有错误和疏漏之处,恳请读者批评指正。

编　者
2016 年 8 月

第1版前言 Foreword

本书是根据全国高等院校道路、桥梁和交通土建专业教学指导委员会审定通过的教学大纲，结合编写团队多年教学经验，为满足桥梁工程、道路工程和交通土建专业混凝土结构设计原理课程的教学需要而编写。

本书编写的主要依据为国家标准《工程结构可靠度设计统一标准》(GB 50153—2008)、公路行业现行规范《公路桥涵设计通用规范》(JTG D60—2004)、《公路钢筋混凝土及预应力混凝土桥涵设计规范》(JTG D62—2004)及铁路行业现行规范《铁路桥涵钢筋混凝土和预应力混凝土结构设计规范》(TB 10002.3—2005)。

本书在编写中适当反映国内较为成熟的新的科研成果，文字叙述力求简练并便于教学。全书共十二章，第一章至第十章依据公路行业现行规范编写，第十一章和第十二章依据铁路行业现行规范编写。

本书编写人员及分工为：绪论、第一、十、十一、十二章及附表2由杨霞林编写；第三、四、五章及附表1由林丽霞编写；第二、六、七、八、九章由张戎令编写。全书由杨霞林、林丽霞统稿主编，张元海教授主审。

本书在编写过程中参考了国内近年来正式出版的相关规范和教材，特此向相关编者表示衷心的感谢。兰州交通大学赵建昌教授和丁小军教授提供了宝贵的意见和帮助，兰州交通大学青年科技基金(2012028)对教材编写给予了支持，在此一并致谢。

由于编者水平有限，加之编写时间仓促，书中难免有错误和疏漏之处，恳请读者批评指正。

编　者
2014 年 4 月

目录 Contents

绪　　论

第一节　混凝土结构的一般概念

一、混凝土结构的定义与分类

以混凝土为主要承载材料制成的结构称为混凝土结构,包括钢筋混凝土结构、预应力混凝土结构和素混凝土结构等。配置受力的普通钢筋、钢筋网或钢骨架的混凝土结构称为钢筋混凝土结构;配置受力的预应力钢筋,经过张拉或其他方法建立预加应力的混凝土结构称为预应力混凝土结构;无钢筋或不配置受力钢筋的混凝土结构称为素混凝土结构。本教材着重讲述钢筋混凝土结构和预应力混凝土结构。

二、配筋的作用

钢筋混凝土是由两种力学性能不同的材料——钢筋和混凝土结合成整体,共同发挥作用的一种建筑材料。

混凝土是一种人造石料,其抗压强度很高,而抗拉强度很低(为抗压强度的 $1/18 \sim 1/8$)。钢材的抗拉和抗压能力都很强。为了充分利用材料的性能,把混凝土和钢筋这两种材料结合在一起共同工作,使混凝土主要承受压力,钢筋主要承受拉力,以满足工程结构的使用要求。

图 0-1 中绘有两根截面尺寸、跨度、混凝土强度等级完全相同的简支梁,一根为素混凝土梁,另一根则是在梁的受拉区配有适量钢筋的钢筋混凝土梁。由试验可知,素混凝土梁由于混凝土的抗拉能力很小,在荷载作用下,受拉区边缘混凝土一旦开裂,梁瞬即脆断而破坏,破坏前变形很小,没有预兆,属于脆性破坏类型。由此可见,素混凝土梁的承载能力是由混凝土的抗拉强度控制的,而受压区混凝土的抗压强度则远未被充分利用。对于在受拉区配置适量钢筋的钢筋混凝土梁,当受拉区混凝土开裂后,梁中和轴以下受拉区的拉力主要由钢筋来承受,中和轴以上受压区的压力仍由混凝土承受。使梁受拉区出现裂缝的荷载即梁的抗裂荷载,虽然

图 0-1　简支梁受力破坏示意图

a)素混凝土梁;b)钢筋混凝土梁

1

比素混凝土梁要增大些,但增大的幅度不大。由于钢筋的抗拉能力和混凝土的抗压能力都很强,即使受拉区的混凝土开裂后,梁还能继续承受相当大的荷载,直到受拉钢筋应力达到屈服强度,随后荷载仍可略有增加致使受压区混凝土被压碎,梁才被破坏,破坏前变形较大,有明显预兆,属于延性破坏类型。因此,钢筋混凝土梁的承载能力和变形能力可较素混凝土梁提高很多,并且钢筋和混凝土两种材料的强度都能得到较充分的利用。

与混凝土梁相比,钢筋混凝土梁的承载能力提高很多,但抵抗裂缝的能力提高并不多。因此,在使用荷载下,钢筋混凝土梁一般是带裂缝工作的。当然,其裂缝宽度应控制在允许限值内。

钢筋和混凝土这两种性能不同的材料之所以能有效地结合在一起并共同工作,是由于:

(1)钢筋和混凝土之间具有可靠的黏结力,使两者能相互牢固地结成整体,亦即在荷载作用下,钢筋与相邻的混凝土能协调地共同变形、共同受力。同时,由于钢筋的弹性模量一般远大于混凝土的弹性模量(5~10倍),因而能使钢筋充分发挥其强度。

(2)钢筋和混凝土的温度线膨胀系数大致相同(钢材约为 $1.2\times10^{-5}/℃$,混凝土为 $1.0\times10^{-5}/℃\sim1.5\times10^{-5}/℃$),当温度变化时,在钢筋混凝土构件内产生的非协调温度应力较小,因而不致破坏钢筋和相邻混凝土间的黏结力。

(3)钢筋被混凝土所包裹,且混凝土具有弱碱性,从而防止了钢筋的锈蚀,较好地保证了结构的耐久性。

第二节　钢筋混凝土结构的主要优缺点

一、钢筋混凝土结构的优点

钢筋混凝土结构除了如上所述能合理地利用两种材料的性能外,还有下列主要优点:

(1)可以就地取材

砂石在钢筋混凝土的体积中所占比重大,一般可以就地就近取材,因而可以减少材料的运输费用,降低建筑造价。在工程废料(如矿渣、粉煤灰等)比较多的地区,可将工业废料制成人造骨料用于混凝土中,这不但可以解决废料处理问题,改善环境污染,而且还可以减轻结构自重。

(2)用材合理

钢筋混凝土结构合理地利用了钢筋(抗拉性能好)和混凝土(抗压性能好)两种材料的性能,与钢结构相比,可降低造价。

(3)耐久性好

钢筋混凝土结构的强度一般不仅不随时间而降低,而且还不断增长(混凝土1年龄期的强度约为28d强度的1.5倍,当30年龄期时,可达2倍以上)。混凝土抗大气侵蚀的性能好,且钢筋又被混凝土所包裹而不致锈蚀,所以不像钢结构那样需要经常保养和维修。

(4)耐火性好

由于混凝土的导热性能较差,钢筋为其所包裹,且又有足够的保护厚度,在火灾中将不致使钢材很快达到软化的温度而造成结构整体破坏,所以与钢结构相比,钢筋混凝土结构的耐火性能好。对经常遭受高温的结构，还可根据所受的温度，采用不同的耐热混凝土。

（5）整体性强

钢筋混凝土结构，特别是现浇的钢筋混凝土结构具有较好的整体性，故抗震性能较好，并可根据设计控制其延性，所以对位于地震区的建筑物，有其重要的意义。又由于整体性强，所以刚度较大，在使用荷载作用下仅产生较小的变形，故被有效地应用于对变形要求较严格的各种建筑物。

（6）可塑性好

钢筋混凝土可根据设计要求，浇筑成各种形状和尺寸的结构，特别适用于建造外形复杂新颖的大体积结构和空间薄壳结构等。

二、钢筋混凝土结构的缺点

（1）自重大

钢筋混凝土结构自重较大，这对于大跨结构、高层结构以及抗震结构都是不利的。采用轻质高强混凝土及预应力混凝土，可以有效地克服这一缺点。

（2）抗裂性差

混凝土容易开裂，配置钢筋后虽可大大提高构件的承载能力，但抗裂荷载提高很小，故钢筋混凝土结构在使用荷载下一般带裂缝工作，因此，必要时可采用预应力混凝土结构，以提高其抗裂性。

（3）费工

钢筋混凝土结构施工需要支模、绑钢筋、浇筑、养护、拆模，工期较长，费工较多，且施工受季节的限制。建造现浇的钢筋混凝土结构需耗用的模板材料数量大，若采用工具式钢模板、滑模和蒸汽养护等工业化施工方法，在一定程度上可以改善这一缺点。

此外，钢筋混凝土结构的补强加固及改建比较困难。混凝土的保温隔热和隔声性能也较差。

第三节　混凝土结构的应用及发展简况

钢筋混凝土结构出现至今已有 170 多年历史。它和砖石、木、钢结构相比，是一种比较年轻的结构形式。由于它在物理力学性能及材料来源等方面有许多优点，所以其发展速度很快，应用也最广泛。特别是预应力混凝土结构成功应用以来，混凝土结构已经发展成为国民经济所有领域工程建设中不可缺少的结构形式。

随着高强度钢筋、高强度高性能混凝土以及高性能外加剂和混合材料的研制使用，高强度高性能混凝土结构的应用范围不断扩大。轻质混凝土、加气混凝土、陶粒混凝土及利用工业废渣的"绿色混凝土"等不但改善了混凝土的性能，而且对节能和保护环境具有重要意义。此外，有防射线、耐磨、耐腐蚀、防渗透、保温等特殊需要的混凝土以及智能型混凝土及其结构也在研究中。混凝土结构的应用范围也在不断扩大，已从工业与民用建筑、交通设施、水利水电建筑和基础工程扩大到了近海工程、海底建筑、地下建筑、核电站安全壳等领域，甚至已开始构思和试验用于月面建筑。随着轻质高强度材料的使用，在大跨度、高层建筑中的混凝土结构越来越多。

在桥涵工程、道路工程中,钢筋混凝土结构主要用于中小跨径桥梁、涵洞、挡土墙以及形状复杂的中、小型构件等。预应力混凝土结构由于采用了高强度材料和预应力工艺,特别适合用于大跨径桥梁和有防渗透要求的结构。以下就材料、结构与施工及设计理论三个方面来简要说明混凝土结构的发展现状和趋势。

材料方面:高强轻质和高耐久性的高性能混凝土是混凝土材料发展的方向,这对发展大跨结构、高层建筑、高耸结构有重要意义。近年来,国内外在高层建筑中采用的混凝土强度等级已达 C80~C100。具有自身诊断、自身控制、自身修复等功能的机敏混凝土,如自密实混凝土和内养护混凝土,得到越来越多的研究和重视。为了减轻结构自重,各国都在大力发展各种轻质混凝土,如加气混凝土,陶粒混凝土等。为了改善混凝土抗拉性能差、延性差等缺点,在混凝土中掺加纤维以改善混凝土性能的研究也发展迅速,目前研究较多的有钢纤维、耐碱玻璃纤维、碳纤维、芳纶纤维等。其他各种特殊性能混凝土,如微膨胀混凝土、耐腐蚀混凝土、聚合物混凝土以及水下不分散混凝土等的应用,可提高混凝土的抗裂性、耐磨性、抗渗和抗冻能力等,对混凝土的耐久性十分有利。

高强、防腐、较好延性和良好的黏结锚固性能是钢筋的发展方向。我国用于普通混凝土结构的钢筋强度已达 500N/mm^2,预应力混凝土结构中已采用强度为 1960MPa 的钢绞线。为了提高钢筋的防腐性能,带有环氧树脂涂层的热轧钢筋和钢绞线已开始在某些有特殊防腐要求的工程中应用。

结构与施工方面:桥涵结构中部分采用定型化、标准化的钢筋混凝土和预应力混凝土构件,促进了混凝土结构设计的标准化、制造的工厂化和安装施工的机械化。另一个发展动向是向大跨和高空发展。

设计理论方面:目前在桥涵结构中已应用基于概率论和数理统计分析的可靠度理论,使极限状态设计方法向着更为完善、更为科学的方向发展。考虑混凝土非线性变形的计算理论已经有了很大的进展,在大型工程结构的分析中得到了应用。随着对混凝土变形性能的深入研究和电子计算机的应用,钢筋混凝土构件的计算已开始使用将强度、变形、延性贯穿起来的全过程分析方法,并从个别构件分别计算发展为对整个结构的空间工作的分析方法。由于将电子计算机、有限元方法和现代测试技术引入到钢筋混凝土的理论和试验研究中,使得钢筋混凝土的计算理论和设计方法正日趋完善,并向更高阶段发展。

第四节　学习本课程需要注意的几个问题

(1)本课程着重论述钢筋混凝土构件的受力性能,这在本质上相当于钢筋混凝土的"材料力学"。它与材料力学有很多相似之处,又有许多不同的地方。两者都要通过几何、物理和平衡关系来建立基本方程,这是相同的。但材料力学主要研究单一、匀质、连续、弹性(或理想弹塑性)材料的构件;而本课程研究的是由钢筋和混凝土两种材料所组成的构件,而且混凝土是非均匀、非连续、非弹性材料。由于钢筋混凝土是由两种力学性能很不相同的材料所组成,如果两种材料在强度搭配和数量比值上的变化超过一定范围或界限,会引起构件受力性能的改变,这也是钢筋混凝土构件所具有的特点,学习时应注意。

（2）钢筋混凝土构件和计算方法与其他学科一样，是建立在科学试验的基础之上的。但由于混凝土材料的物理力学性能的复杂性，目前还没有建立起完善的强度理论，因而对试验的依赖性更强。因此，学习过程中要重视构件的试验研究，了解试验中的规律性现象，理解建立公式时所采用的基本假定的试验依据，应用公式时要注意适用范围和限制条件。

（3）本课程不仅要解决构件承载力和变形等计算问题，而且要进一步解决构件的设计问题，包括结构方案、构件选型、材料选择和配筋构造等。这是一个综合性的问题。对同一问题，往往有多种可能的解决办法，这就要综合考虑使用要求、材料供应、施工条件和经济效益等各种因素，从中选出较优的方案。要注意培养对多种因素进行综合分析的能力。

（4）构造处理是长期科学实验和工程实践经验的总结，是对计算必不可少的补充。在设计结构和构件时，计算和构造是同等重要的。因此，要充分重视对构造要求的学习，要着眼于理解，切忌死记硬背，要注意弄懂其中的道理。

（5）本课程还涉及有关规范。为了贯彻国家的技术经济政策，保证设计质量，加快施工速度，国家颁布了各种结构设计规范，反映了我国多年来钢筋混凝土和预应力混凝土结构的科技水平和丰富的工程经验，并且吸收了国际上的一些先进成果。在学习过程中要理解它、熟悉它和应用它。

（6）本课程的实践性很强，有些内容，如梁、板、柱中的钢筋布置和模板构造，预应力的张拉方法及各种锚具夹具等，若不进行现场参观是很难掌握的。因此在学习过程中要有计划地到施工现场、预制构件厂参观，留心观察已有建筑物的结构布置、受力体系和构造细节，积累实际的感性知识，这对于学好本课程将大有益处。

思　考　题

0-1　钢筋混凝土结构有哪些优点和缺点？

0-2　钢筋混凝土结构是由两种物理力学性能不同的材料组成的，为什么能共同工作？

0-3　学习混凝土结构设计原理课程需注意哪些问题？

第一章 钢筋和混凝土的力学性能

第一节 钢 筋

一、钢筋的强度和变形

钢筋混凝土结构所用的钢筋按其力学性能可以分成两大类:软钢和硬钢。软钢的力学特点是具有明显的流幅,其拉伸时的典型应力—应变曲线如图 1-1 所示。硬钢的力学特点是没有明显的流幅,其拉伸时的典型应力—应变曲线如图 1-2 所示。

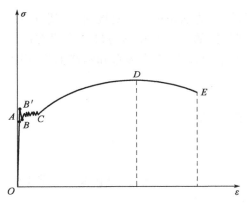

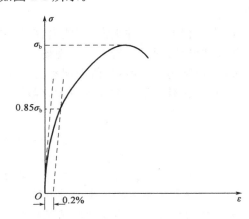

图 1-1 有明显流幅钢筋的应力—应变曲线　　　图 1-2 无明显流幅钢筋的应力—应变曲线

在图 1-1 中 A 点以前,应力与应变为直线关系,A 点对应的应力称为比例极限。钢筋 OA 段上具有理想的弹性性质。这时的应变在卸荷后可以完全恢复。过 A 点以后,应变较应力增长为快,到达 B' 点后钢筋开始塑流,B' 点称为屈服上限,它与加载速度、截面形式、试件表面光洁度等因素有关,通常 B' 点是不稳定的。待 B' 点降至屈服下限 B 点,这时应力基本不增加而应变急剧增长,从而产生相当大的纯塑性变形,曲线接近水平线,这种现象称为"屈服"或"流动"。曲线延伸至 C 点,B 点到 C 点的水平距离的大小称为"流幅"或"屈服台阶"。有明显流幅钢筋的屈服强度是按屈服下限确定的。超过 C 点后,钢筋的应力重新开始增长,说明钢筋的抗拉能力又有所提高,但这时曲线的斜率远比弹性阶段小,而且随应力的增长越来越小,直到 D 点处钢筋达到了极限抗拉强度。CD 段称为钢筋的"强化阶段"。过了 D 点以后,试件在某个薄弱部位的截面将突然显著缩小,应变急剧增长,发生"颈缩"现象,达到 E 点试件发生断裂。

钢筋的受压性能试验表明,在达到比例极限之前,受压钢筋也具有理想的弹性性质,而且屈服强度与受拉时基本相同。工程中取钢筋的屈服强度作为钢筋强度取值的依据,并把它作为检验有明显屈服点的钢筋质量的主要强度指标。这是因为当钢筋应力达到屈服极限以后,将产生很大的塑性变形,而且在卸荷后这部分变形是不可恢复的,这将使构件出现很大的变形和不可闭合的裂缝,以致无法使用。

对于没有明显流幅或屈服点的预应力钢筋,其应力—应变曲线到顶点极限强度后稍有下降,钢筋出现少量颈缩后立即被拉断,极限延伸率较小。《公路钢筋混凝土及预应力混凝土桥涵设计规范》(JTG 3362—2018)(以下简称《公路桥规》)规定,在构件承载力设计时,取极限抗拉强度 σ_b 的 85% 作为条件屈服强度,如图 1-2 所示。

在钢筋混凝土结构中,钢筋除了要有足够的强度外,还应具有一定的塑性变形能力,即钢材应力超过屈服点以后,变形过程较长,或钢材具有可以弯折成很小的角度而不致断裂的性能。这通常以钢筋的伸长率 δ 及冷弯性能来表示。伸长率即试件断裂后的伸长值与原长的比率。伸长率越大塑性越好。冷弯试验则是把钢筋沿一个直径为 D 的弯芯进行弯转(图 1-3),以其不发生裂纹、鳞落或断裂而能弯转的角度最小限值作为衡量钢筋是否有足够塑性的标准。弯芯的直径 D 越小,弯转角越大,则说明钢筋的塑性越好。

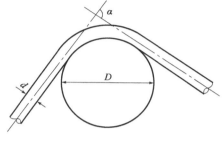

图 1-3 钢筋的弯转

二、钢筋的种类和级别

混凝土结构中使用的钢材,按其生产加工工艺和力学性能的不同可以分为热轧钢筋、冷加工钢筋、预应力钢丝和预应力螺纹钢筋。

《公路桥规》规定,公路混凝土桥涵的钢筋应按下列规定采用:钢筋混凝土及预应力混凝土构件中的普通钢筋宜选用热轧 HPB300、HRB400、HRB500、HRBF400 及 RRB400 钢筋,预应力混凝土构件中的箍筋应选用其中的带肋钢筋,按构造要求配置的钢筋网可采用冷轧带肋钢筋;预应力混凝土构件中的预应力钢筋应选用钢绞线、钢丝,中、小型构件或竖、横向预应力钢筋可选用预应力螺纹钢筋。

热轧钢筋由低碳钢、普通低合金钢或细晶粒钢在高温状态下轧制而成。热轧钢筋按其外形特征可分为光面钢筋和变形钢筋,光面钢筋黏结强度较低,变形钢筋由于凸出的肋与混凝土的机械咬合作用而具有较高的黏结强度。

我国热轧钢筋按照其强度的高低,分为 HPB300(Ⅰ级),HRB335(Ⅱ级),HRB400、HRBF400、RRB400(Ⅲ级)和 HRB500(Ⅳ级)四个级别。《公路桥规》采用的热轧钢筋牌号为HPB300、HRB400、HRB500、HRBF400 及 RRB400,各钢筋尾部的数字为强度等级,亦即钢筋的屈服强度标准值,单位为 MPa。HPB300 为碳素热轧光面钢筋,HRB400 和 HRB500 为普通低合金热轧变形钢筋,HRBF400 为细晶粒热轧变形钢筋,RRB400 为余热处理变形钢筋。

热轧钢筋的应力—应变曲线有明显的屈服点和流幅,断裂时有"颈缩"现象,伸长率比较大。

《公路桥规》采用的预应力钢丝按其外形分为光面钢丝和螺旋肋钢丝两种。光面钢丝一般以多根钢丝组成钢丝束或由若干根钢丝扭结成钢绞线的形式应用。螺旋肋钢丝与混凝土之间的黏结性能好,适用于先张法预应力混凝土结构。预应力螺纹钢筋是在整根钢筋上轧有外螺纹的大直径、较高强度、高尺寸精度的钢筋。

三、钢筋的冷加工

为了节约钢材,常用冷拉或冷拔的方法来提高热轧钢筋的强度。

1. 钢筋的冷拉

冷拉是将钢筋拉到超过屈服强度的某一应力,如图 1-4 中的 k 点。这时钢筋已产生较大的塑性变形,卸荷至零时有残余应变 OO_1。如立即重新加荷,应力—应变曲线将沿 O_1kc 行进,屈服强度提高至 k 点,这种现象称为钢筋的"冷拉强化"。如冷拉至 k 点卸荷后,经过一段时间后再施加拉力,则应力—应变曲线将沿 $O_1k'd'$ 行进,屈服强度提高至 k' 点,这一现象称为"冷拉时效"。由图可见,经冷拉时效后钢筋的强度有明显提高,但延伸率则减小了,塑性降低。合理地选择 k 点可使强度有所提高,而又保持一定的塑性。k 点的应力称为冷拉控制应力,对应的应变为冷拉率。冷拉时若同时控制冷拉应力及冷拉率则称为双控,只控制一项时称为单控,为保证质量,应尽量采取双控。冷拉时效和温度有很大关系,例如Ⅰ级钢筋在常温时需 20d,在 100℃时仅需 2h 即可完成。但若加温至 450℃时,强度反而有所降低而塑性性能却有所增加。当加温至 700℃时钢材会恢复到冷拉前的力学性能。为了避免钢材在焊接时产生高温使钢筋软化,需要焊接的冷拉钢筋都是先焊好再进行冷拉。还需要指出的是,冷拉只能提高钢筋的抗拉强度,而其受压屈服强度反而降低,所以冷拉钢筋不宜用作受压钢筋。

2. 钢筋的冷拔

冷拔是在拔丝机上将直径 6～8mm 的Ⅰ级热轧钢筋用强力拔过硬质合金钢模上的比钢筋直径稍小的锥形拔丝孔,迫使钢筋截面缩小、长度增大。这时钢筋同时受到纵向拉力和侧向压力的作用,内部结构发生变化,从而使其抗拉及抗压强度明显提高。钢筋一般需要经过多次冷拔,逐级减小直径并提高强度,但在逐级冷拔过程中钢筋的塑性也将逐次下降,而且应力—应变曲线也从有明显屈服点型过渡到没有明显屈服点型。图 1-5 为直径 6mm 的Ⅰ级钢筋经过三次冷拔,拔至直径为 3mm 的过程中,冷拔低碳钢丝ϕ^b3、ϕ^b4 和ϕ^b5 的应力—应变曲线的变化。

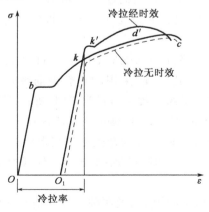

图 1-4　钢筋冷拉后的应力—应变曲线

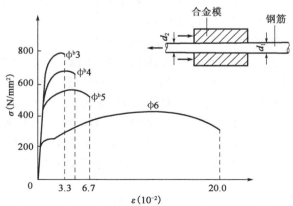

图 1-5　冷拔低碳钢丝的应力—应变曲线

四、钢筋应力—应变曲线的数学模型

在钢筋混凝土结构的设计和理论分析中，为了简化起见，常把钢筋的应力—应变曲线理想化，对不同性能的钢筋建立不同的应力—应变曲线数学模型。常用的有以下几种：

1. 描述完全弹塑性的双直线模型

双直线模型适用于流幅较长的低强度钢材。模型将钢筋的应力—应变曲线简化为图 1-6a)所示的两段直线，不计屈服强度的上限和由于应变硬化而增加的应力。图中 OB 段为完全弹性阶段，B 点为屈服下限，相应的应力及应变为 f_y 和 ε_y，OB 段的斜率即为弹性模量 E_s。BC 为完全塑性阶段，C 点为应力强化的起点，对应的应变为 $\varepsilon_{s,h}$，过 C 点后，即认为钢筋变形过大不能正常使用。双直线模型的数学表达式如下：

当 $\varepsilon_s \leqslant \varepsilon_y$ 时 $\qquad\qquad\qquad \sigma_s = E_s \varepsilon_s \qquad\qquad\qquad$ (1-1)

当 $\varepsilon_y \leqslant \varepsilon_s \leqslant \varepsilon_{s,h}$ 时 $\qquad\qquad \sigma_s = f_y \qquad\qquad\qquad$ (1-2)

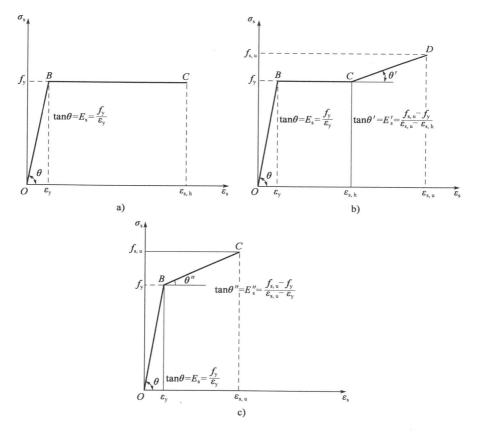

图 1-6 钢筋应力—应变曲线的数学模型

a)双直线；b)三折线；c)双斜线

2. 描述完全弹塑性加硬化的三折线模型

三折线模型适用于流幅较短的软钢，可以描述屈服后立即发生应变硬化（应力强化）的钢

材,可正确反映高出屈服应变后的应力。如图 1-6b)所示,图中 OB 及 BC 直线段分别为完全弹性和塑性阶段。C 点为硬化的起点,CD 为硬化阶段。到达 D 点时即认为钢筋破坏,受拉应力达到极限值 $f_{s,u}$,相应的应变为 $\varepsilon_{s,u}$。三折线模型的数学表达式如下:

当 $\varepsilon_s \leqslant \varepsilon_y$ 时及 $\varepsilon_y \leqslant \varepsilon_s \leqslant \varepsilon_{s,h}$ 时,表达式同式(1-1)和式(1-2)

当 $\varepsilon_{s,h} \leqslant \varepsilon_s \leqslant \varepsilon_{s,u}$ 时 $\qquad \sigma_s = f_y + (\varepsilon_s - \varepsilon_{s,h})\tan\theta'$ (1-3)

式中 $\qquad\qquad\qquad\qquad \tan\theta' = E_s' = 0.01E_s$ (1-4)

3. 描述弹塑性的双斜线模型

双斜线模型可以描述没有明显流幅的高强钢筋或钢丝的应力—应变曲线。如图 1-6c)所示,B 点为条件屈服点,C 点的应力达到极限值 $f_{s,u}$,相应的应变为 $\varepsilon_{s,u}$,双斜线模型数学表达式如下:

当 $\varepsilon_s \leqslant \varepsilon_y$ 时 $\qquad\qquad\qquad \sigma_s = E_s\varepsilon_s$ (1-5)

当 $\varepsilon_y \leqslant \varepsilon_s \leqslant \varepsilon_{s,h}$ 时 $\qquad\qquad \sigma_s = f_y + (\varepsilon_s - \varepsilon_y)\tan\theta''$ (1-6)

式中 $\qquad\qquad\qquad\qquad \tan\theta'' = E_s'' = \dfrac{f_{s,u} - f_y}{\varepsilon_{s,u} - \varepsilon_y}$ (1-7)

五、钢筋的接头、弯钩和弯折

1. 钢筋的接头

为了运输方便,工厂生产的钢筋除小直径钢筋按盘圆供应外,一般长度为 10～12m。因此,在使用时就需要用钢筋接头接长至设计长度。钢筋接头有焊接接头、机械连接接头和绑扎接头等三种形式。钢筋接头宜优先采用焊接接头和机械连接接头。当施工或构造条件有困难时,也可采用绑扎接头。钢筋接头宜设在受力较小区段,并宜错开布置。

焊接接头是钢筋混凝土结构中采用最多的接头。钢筋焊接接头宜采用闪光接触对焊,当闪光接触对焊条件不具备时,也可采用电弧焊(帮条焊或搭接焊)、电渣压力焊和气压焊。电弧焊应采用双面焊缝,施工有困难时方可采用单面焊缝,电弧焊接头的焊缝长度,双面焊缝时不应小于 $5d$,单面焊缝时不应小于 $10d$(d 为钢筋直径)。

机械连接接头采用套筒挤压接头和镦粗直螺纹接头两种形式。套筒挤压接头是将两根待连接的带肋钢筋用钢套筒作为连接体,套于钢筋端部,使用挤压设备沿套筒径向挤压,使钢套筒产生塑性变形,依靠变形的钢套筒与钢筋紧密结合为一个整体。镦粗直螺纹接头是将钢筋的连接端先行镦粗,再加工出圆柱螺纹,并用连接套筒连接的钢筋接头。机械连接接头适用于 HRB400、HRB500、HRBF400 和 RRB400 带肋钢筋的连接。

绑扎接头是将两根钢筋搭接一定长度并用铁丝绑扎,通过钢筋与混凝土的黏结力传递内力。绑扎接头是过去的传统做法,为了保证接头处传递内力的可靠性,连接钢筋必须具有足够的搭接长度。为此,《公路桥规》对绑扎接头的应用范围、搭接长度及接头布置都作了严格的规定。绑扎接头的钢筋直径不宜大于 28mm,对轴心受压和偏心受压构件中的受压钢筋,可不大于 32mm。轴心受拉和小偏心受拉构件不得采用绑扎接头。

2. 钢筋的弯钩和弯折

为了防止钢筋在混凝土中滑动,对于承受拉力的光面钢筋,需在端头设置半圆弯钩。受压的光面钢筋可不设弯钩,这是因为受压时钢筋横向产生变形,使直径加大,提高了握裹力。带肋钢筋握裹力好,可不设半圆形弯钩,而改用直角形弯钩:弯钩的内侧弯曲直径 D 不宜过小,对光面钢筋 D 一般应大于 $2.5d$,带肋钢筋 D 一般应大于 $5d$(d 为箍筋的直径)。

按照受力的要求,钢筋有时需按设计要求弯转方向,为了避免在弯转处混凝土局部压碎,在弯折处钢筋内侧弯曲直径 D 不得小于 $20d$。

受拉钢筋端部弯钩和中间弯折应符合表 1-1 的要求。

受拉钢筋的末端弯钩和钢筋的中间弯折　　　　　　　　　　表 1-1

弯曲部位	弯曲角度	形　状	钢　筋	弯曲直径 D	平直段长度
末端弯钩	180°		HPB300	$\geq 2.5d$	$\geq 3d$
	135°		HRB400、HRB500 HRBF400 RRB400	$\geq 5d$	$\geq 5d$
	90°		HRB400、HRB500 HRBF400 RRB400	$\geq 5d$	$\geq 10d$
中间弯折	≤90°		各种钢筋	$\geq 20d$	—

注:采用环氧树脂涂层钢筋时,除应满足表内规定外,当钢筋直径 $d \leq 20$mm 时,弯钩内直径 D 不应小于 $5d$;当 $d >$ 20mm 时,弯钩内直径 D 不应小于 $6d$;直线段长度不应小于 $5d$。

第二节　混　凝　土

一、混凝土的强度

虽然实际工程中的混凝土结构构件一般处于复合应力状态,但是单向受力状态下的混凝土的强度是复合应力状态下强度的基础和重要参数。

混凝土的强度与水泥强度等级、水灰比有很大的关系,骨料的性质、混凝土的级配、混凝土成型方法、硬化时的环境条件及混凝土的龄期等也不同程度地影响混凝土的强度。试件的大小和形状、试验方法和加载速率也影响混凝土的强度,因此各国对各种单向受力下的混凝土强度都规定了统一的标准试验方法。

1. 立方体抗压强度和强度等级

立方体试件的强度比较稳定,所以我国把立方体强度值作为混凝土强度的基本指标,并把立方体抗压强度标准值作为评定混凝土强度等级的依据。我国国家标准《普通混凝土力学性能试验方法标准》(GB/T 50081—2002)规定以边长为150mm 的立方体为标准试块,在(20±2)℃的温度和相对湿度在95% 以上的潮湿空气中养护28d,按照标准试验方法测得的抗压强度作为混凝土的立方体抗压强度,单位为 MPa,用符号 f_{cu} 表示。

《公路桥规》规定,混凝土强度等级应按边长为150mm 的立方体抗压强度标准值确定,即按上述标准方法测得的具有 95% 保证率的立方体抗压强度作为混凝土的强度等级。立方体抗压强度标准值用符号 $f_{cu,k}$ 表示。C30 表示立方体抗压强度标准值为 30MPa 的混凝土。公路桥涵受力构件的混凝土强度等级可采用C25～C80,中间以 5MPa 进级。

另外,公路桥涵受力构件的混凝土强度等级应按下列规定采用:钢筋混凝土构件不低于 C25,当采用强度标准值 400MPa 及以上钢筋时,不低于 C30;预应力混凝土构件不低于 C40。

试验时所量测到的混凝土强度与试验方法有密切关系。试件在试验机上受到压力时,要产生横向变形。由于试件有横向扩张的趋势,在一般情况下,与试验机压板接触的试件上下面上产生有向内的摩擦力,阻止了试件自由地产生横向变形,延缓了裂缝的开展,因而提高了试件的抗压极限强度。当压力达到极限强度时,试件首先沿斜向破裂,然后四周崩落,如图 1-7a)所示。但是,如果在试件上下表面涂一些润滑剂,试件受压后横向变形的发展将比较自由,量测所得的抗压极限强度较前所述偏低,且破坏情况也不相同,这时试件沿着力的作用方向平行地产生几条裂缝而破坏,如图 1-7b)所示。规定采用的试验方法是不涂润滑剂的方法。

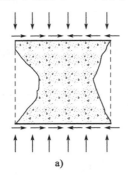 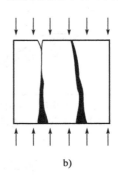

a)   b)

图 1-7　混凝土立方体试块的破坏情况
a)不涂润滑剂;b)涂润滑剂

当试件上下表面不加润滑剂加压时,不同尺寸的立方体测得的抗压强度是不同的,尺寸越小,强度越高,故当采用非标准立方体时所得的强度应进行换算。采用 200mm 和 100mm 的立方体时其强度换算系数分别可取 1.05 和 0.95。

另外,试验时加载速度对立方体强度亦有影响,加载速度越快,测得的强度越高。

2. 轴心抗压强度

由于立方体强度明显受到承压面摩擦力的影响,且实际工程中的受压构件截面尺寸都比构件长度小很多,其混凝土的受力情况和立方体试块的受力情况并不完全相同,因而采用棱柱体试件比立方体试件更能反映混凝土的实际抗压能力。用棱柱体试件测得的抗压强度称为棱柱体抗压强度或称轴心抗压强度,用符号 f_c 表示。

我国《普通混凝土力学性能试验方法标准》规定以 150mm×150mm×300mm 的棱柱体作为混凝土轴心抗压强度试验的标准试件。棱柱体试件与立方体试件的制作条件相同,试件上下表面不涂润滑剂。棱柱体的抗压试验及试件破坏情况如图 1-8 所示。由于棱柱体试件的高度越大,试验机压板与试件的间摩擦力对试件高度中部的横向变形的约束影响越小,所以当截面边长一定时,棱柱体试件的抗压强度都比立方体的强度小,并且棱柱体抗压强度随棱柱体高度的增加而降低,但当棱柱体试件的高宽比≥3～4 时,抗压强度趋于稳定。在确定棱柱体试件尺寸时,一方面要考虑到试件具有足够的高度,以不受试验机压板与试件承压面间摩擦力的影响,保证在试件的中间区段形成纯压状态,同时也要考虑到避免试件过高,以防在破坏前产生较大的附加偏心而降低抗压极限强度。根据资料,一般认为试件的高宽比为 2～3 时,可以基本消除上述两种因素的影响。

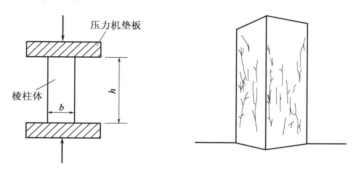

图 1-8　混凝土棱柱体抗压试验和破坏情况

按上述棱柱体试件试验测得的具有 95% 保证率的抗压强度为混凝土轴心抗压强度标准值,用符号 f_{ck} 表示。

研究混凝土强度的一个重要方面是研究混凝土的各种受力强度与混凝土强度等级之间的关系。考虑到实际结构构件制作、养护和受力情况,实际构件强度与试件强度之间存在的差异,混凝土轴心抗压强度标准值与立方体抗压强度标准值的关系可按下式确定:

$$f_{ck} = 0.88\alpha_{c1}\alpha_{c2}f_{cu,k} \tag{1-8}$$

式中:α_{c1}——棱柱体强度与立方体强度之比,混凝土强度等级为 C50 及以下时取 $\alpha_{c1}=0.76$,混凝土强度等级为 C55～C80 时取 $\alpha_{c1}=0.78～0.82$;

$\quad\quad\alpha_{c2}$——高强度混凝土的脆性折减系数,对 C40 及以下取 $\alpha_{c2}=1.00$,对 C80 取 $\alpha_{c2}=0.87$,之间按直线内插;

$\quad\quad0.88$——考虑实际构件与试件混凝土之间的差异而取用的折减系数。

3. 轴心抗拉强度

抗拉强度是混凝土的基本力学指标之一,也可用它间接地衡量混凝土的冲切强度等其他力学指标。在钢筋混凝土构件的破坏阶段,受拉混凝土一般早已开裂,在构件承载力计算中多数情况都不考虑受拉混凝土的工作。但混凝土的抗拉强度对构件多方面的工作性能有重要影响,而且在构件抗裂、抗扭、抗冲切计算中还直接用到混凝土的抗拉强度。因此,混凝土的抗拉

13

强度也是一项必须确定的重要指标。

测定混凝土抗拉强度的方法可采用轴心拉伸试验,这种试验对于对中的准确性相当敏感,对于试件尺寸要求严格。由于混凝土内部的不均匀性,加之安装试件的偏差等原因,准确测定抗拉强度是很困难的,所以国内外也常用如图 1-9 所示的圆柱体或立方体试件的劈裂试验测定混凝土的轴心抗拉强度 f_t。

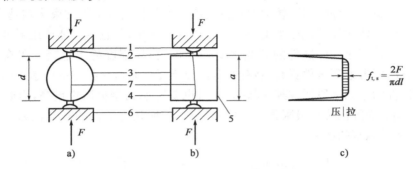

图 1-9　混凝土劈裂试验示意图

a)圆柱体劈裂试验;b)立方体劈裂试验;c)劈裂面中水平应力分布

1-压力机上压板;2-弧形垫条和垫层各一条;3-试件;4-浇模顶面;5-浇模底面;6-压力机下压板;7-试件破裂线

根据弹性理论,劈裂强度 $f_{t,s}$ 可按下式计算:

对于立方体试件
$$f_{t,s} = \frac{2F}{\pi a^2} \qquad\qquad\qquad (1\text{-}9a)$$

对于圆柱体试件
$$f_{t,s} = \frac{2F}{\pi dl} \qquad\qquad\qquad (1\text{-}9b)$$

式中:F——破坏荷载;

　　　l——试件长度;

　　　a——立方体边长;

　　　d——圆柱体直径。

试验表明,劈裂抗拉强度略大于直接抗拉强度,劈裂试件的大小对试验结果也有一定影响。轴心抗拉强度很低,一般只有立方抗压强度的 $1/18 \sim 1/8$,混凝土强度越高,这个比值越小。考虑到构件与试件的差别、尺寸效应、加载速度等因素的影响,以及考虑从普通强度混凝土到高强度混凝土的强度变化规律,取轴心抗拉强度标准值 f_{tk} 与立方体抗压强度标准值 $f_{cu,k}$ 的关系为:

$$f_{tk} = 0.88 \times 0.395 f_{cu,k}^{0.55} (1 - 1.645\delta)^{0.45} \times \alpha_{c2} \qquad\qquad (1\text{-}10)$$

式中:δ——变异系数;

　　　0.88 的意义和 α_{c2} 的取值与式(1-8)中相同。

4. 复合应力状态下混凝土的强度

在钢筋混凝土结构中,构件通常受到轴力、弯矩、剪力及扭矩的不同组合作用,混凝土很少处于单向受力状态,更多的是处于双向或三向受力状态。下面简要介绍几种复合应力作用下混凝土强度的试验研究结果。

（1）双向受力时的强度

图 1-10 为混凝土在两个主轴方向同时作用有正应力时的强度试验结果。由图可知，当双向受压时（图中第三象限），大致上一向的强度随另一向压应力的增加而增加，其双向受压强度比单向受压强度最多可提高 27％；在一向受拉、一向受压时（图中第二、四象限），混凝土的强度均低于单向拉伸或压缩时的强度；在双向受拉时（图中第一象限），其抗拉强度与单向受拉时的强度基本相同。

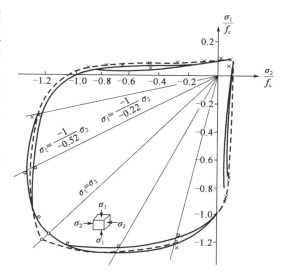

图 1-10　双向应力状态下混凝土的强度曲线

（2）三向受压时的强度

混凝土在三向受压的情况下，其约束抗压强度提高很多。早在 20 世纪 30 年代，国外就进行过圆柱体的试验，用液体施加均匀侧压力以约束混凝土，其上轴向加压直至破坏，得出了如下的经验公式：

$$f_{cc} = f_c + (4.5 \sim 7.0)f_l \tag{1-11}$$

式中：f_{cc}——有侧向压力约束试件的轴心抗压强度；

f_c——无侧向压力约束试件的轴心抗压强度；

f_l——侧向约束压应力。

在实际工程中，常采用横向钢筋约束混凝土的办法提高混凝土的抗压强度。例如，在轴心受压构件中采用螺旋箍筋，由于有效地约束了混凝土的横向变形，所以使混凝土的强度和延性有了较大的提高。

（3）单轴正应力及剪应力共同作用时的强度

单轴正应力与剪应力共同作用时，形成所谓的剪压或剪拉复合应力状态。这种情况下的典型强度曲线如图 1-11 所示。曲线表明，当剪应力存在时，混凝土的抗压或抗拉强度将有所降低。对抗剪强度来说，压应力的存在由于在剪切面产生约束剪切变形的摩阻作用而使抗剪强度较纯剪时有所提高。当压应力为 $0.6f_c$ 左右时，提高的幅度最大。若继续增大压力时，由于混凝土内部微裂缝的明显扩展，使混凝土的抗剪能力逐渐下降。当压应力接近 f_c 时，由于混凝土的离散化，使抗剪强度低于纯剪时的抗剪强度。

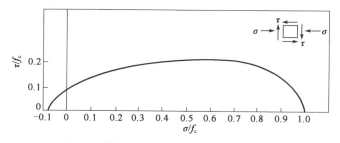

图 1-11　混凝土在 σ 及 τ 组合作用下的强度曲线

混凝土的各种强度值见附表 1-1。

二、混凝土的变形

混凝土的变形可以分为两类：一类为混凝土的受力变形，包括一次短期加荷的变形、荷载长期作用下的变形及多次重复荷载作用下的变形；另一类为混凝土的体积变形，包括混凝土由于收缩、膨胀产生的变形及由于温度变化产生的变形。变形也是混凝土的一个重要力学性能。

1. 短期荷载下混凝土的变形

（1）一次加载时混凝土的应力—应变关系

混凝土在一次加载过程中的应力—应变关系是混凝土最基本的力学性能之一，它是研究钢筋混凝土构件强度、裂缝、变形、延性以及进行非线性全过程分析中所需要的重要依据。

用标准棱柱体试件或圆柱体试件，作一次短期加载单轴受压试验，所得的混凝土典型应力—应变曲线如图 1-12 所示。以峰值应力（抗压强度）为分界点，曲线由上升段和下降段两部分组成。当应力小于 $(0.3\sim0.4)f_c$ 时，即 OA 段，应力—应变关系可视为直线，可以认为是混凝土的弹性阶段。当应力超过 A 点而过渡到 B 点 $(0.8f_c)$ 时，应力—应变曲线逐渐偏离直线而表现出明显的非弹性特征，混凝土处于裂缝稳定扩展阶段。应力超过 B 点后，塑性变形增大明显，混凝土处于裂缝快速不稳定发展阶段，直到应力达到 C 点后转入下降段。CD 段应力快速下降，应变仍在增长，混凝土中裂缝迅速发展且贯通，出现了主裂缝，内部结构破坏严重。DE 段应力下降较 CD 段慢，但应变较快增长，混凝土内部结构处于磨合和调整阶段，主裂缝宽度进一步增大。超过 E 点后，试件的贯通主裂缝已经很宽而失去结构意义。

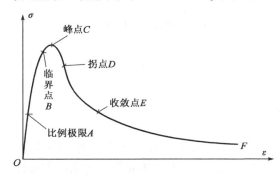

图 1-12　混凝土棱柱体受压应力—应变曲线

应力—应变曲线之所以存在下降段，即能在保持一定应力的情况下变形不断扩展，是因为坚硬颗粒骨料的存在，使裂缝面存在咬合力和摩阻力等，但应力—应变的下降段只有在试验机本身具有足够大的刚度，或采取一定措施吸收下降段开始后由于试验机刚度不够而回弹所释放的能量时才能测到，否则由于试件达到峰值后的卸载作用，试验机释放加载过程中积聚的应变能，实际上会对试件加载，而使试件立即破坏。因此，在普通试验机上用一般方法进行试验时只能测到应力—应变曲线的上升段。

不同强度等级的混凝土的应力—应变曲线基本上都具有图 1-12 所示的形式。图 1-13 为几种不同强度混凝土的应力—应变曲线。由图可知，尽管峰值应变的变化不很明显，但是下降段的形状有较大的差异，混凝土强度越高，下降段的坡度越陡，即应力下降相同幅度时变形越小，延性越差。

在建立钢筋混凝土计算理论时，有两个混凝土的应变值是很重要的，即与峰值应力对应的应变 ε_0 和破坏时的极限应变 ε_{cu}。ε_0 一般为 0.002 左右。ε_{cu} 值为 0.003～0.005，强度高的混凝土 ε_{cu} 值较小。在实际工程中，均匀受压的混凝土的应力值达到抗压强度后，实际上不可能像用刚性试验机进行试验那样出现下降段,故 ε_0 也就相当于极限应变。对非均匀受压的混凝土,例如受弯构件或偏心受压构件截面受压区的混凝土,其实际压应力分布图形类似图 1-12 所示之曲线图形。在加载过程中,受压区最外纤维达到峰值应力时截面并不破坏,只有当最外纤维的压应变达到极限应变 ε_{cu} 时才破坏。

另外在进行混凝土试件受压试验时,还发现同一强度等级的混凝土的应力—应变曲线与加载速度有着密切关系,见图 1-14。由图可知,随着应变速度的降低,最大应力值也逐渐减小,但是达到最大应力值的应变却增加了。

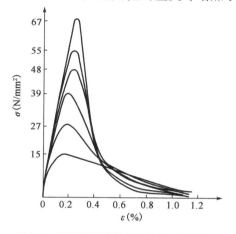

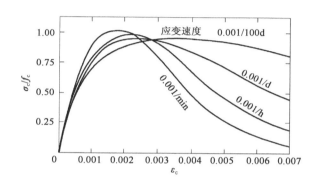

图 1-13　不同强度混凝土的应力—应变曲线　　　图 1-14　加载速度对混凝土应力—应变曲线的影响

（2）混凝土单轴向受压应力—应变曲线的数学模型

常见的描述混凝土单轴向受压应力—应变曲线的数学模型有以下两种。

①美国 E. Hognestad 建议的模型。

如图 1-15 所示,模型的上升段为二次抛物线,下降段为斜直线。

上升段：$\varepsilon \leqslant \varepsilon_0$
$$\sigma = f_c \left[2 \frac{\varepsilon}{\varepsilon_0} - \left(\frac{\varepsilon}{\varepsilon_0} \right)^2 \right] \qquad (1\text{-}12)$$

下降段：$\varepsilon_0 \leqslant \varepsilon \leqslant \varepsilon_{cu}$
$$\sigma = f_c \left[1 - 0.15 \frac{\varepsilon - \varepsilon_0}{\varepsilon_{cu} - \varepsilon_0} \right] \qquad (1\text{-}13)$$

式中：f_c——峰值应力（棱柱体极限抗压强度）；

　　ε_0——相当于峰值应力时的应变,取 0.002；

　　ε_{cu}——极限压应变,取 0.0038。

②德国 Rüsch 建议的模型。

如图 1-16 所示,该模型形式较简单,上升段也采用二次抛物线,下降段则采用水平直线。

当 $\varepsilon \leqslant \varepsilon_0$
$$\sigma = f_c \left[2 \frac{\varepsilon}{\varepsilon_0} - \left(\frac{\varepsilon}{\varepsilon_0} \right)^2 \right] \qquad (1\text{-}14)$$

当 $\varepsilon_0 \leqslant \varepsilon \leqslant \varepsilon_{cu}$
$$\sigma = f_c \qquad (1\text{-}15)$$

式中,取 $\varepsilon_0 = 0.002$,$\varepsilon_{cu} = 0.0035$。

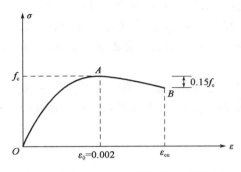

图 1-15　E. Hognestad 建议的应力—应变曲线

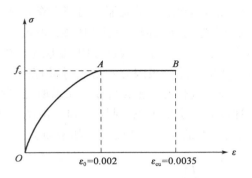

图 1-16　Rüsch 建议的应力—应变曲线

（3）混凝土在三向受压状态下的应力—应变关系

如果混凝土试件横向处于约束状态，除可以提高它的抗压强度外，还可以大大提高它的延性。图 1-17 所示为混凝土圆柱体三向受压试验时轴向应力—应变曲线，此曲线可以由周围用液体压力加以约束的圆柱体进行加压试验得到，在加压过程中保持液压为常数值，逐渐增加轴向压力直至破坏，并量测其轴向应变的变化。可见，随着侧压力的增加，试件的强度和延性都有显著提高。

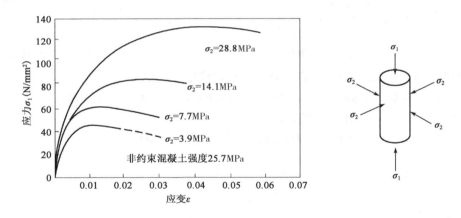

图 1-17　混凝土圆柱体三向受压试验时轴向应力—应变曲线

在圆柱形混凝土外设密排螺旋筋或箍筋，或以钢管约束混凝土，均能起到类似的效果。图 1-18 给出螺旋筋或箍筋约束混凝土的应力—应变曲线。由图可知，当压力较小时螺旋筋或箍筋基本不起作用，随着压力增加，螺旋筋或箍筋逐渐发挥作用，最后不仅提高了试件的强度，更明显的是提高了延性，螺旋筋和箍筋越密提高得越多。特别是由于螺旋筋能使核心混凝土各部分都受到约束，因此使强度和延性的提高更为显著。

（4）混凝土的变形模量

从材料力学可知，对弹性材料来说，弹性模量 $E = \sigma/\varepsilon$ 是一个常数，说明应力—应变关系是线性的。弹性模量高，表明在某个应力作用下所产生的应变相对较小。这说明弹性模量反映了材料受力后的相对变形性质。

与弹性材料不同，混凝土受压应力—应变关系是一条曲线，在不同的应力阶段，应力与应变之比是一个变数,混凝土的受压变形模量有以下三种表示方法(图 1-19)。

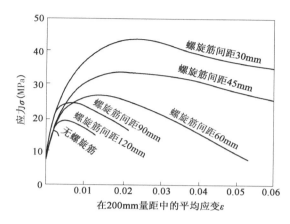

图 1-18　用螺旋筋约束混凝土圆柱体的应力—应变曲线

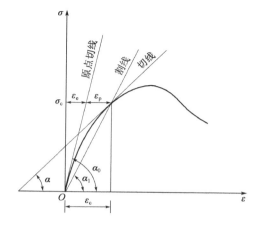

图 1-19　混凝土变形模量的表示方法

①混凝土的原点弹性模量。

混凝土棱柱体受压时,在应力—应变曲线的原点(在图中的 O 点)作一切线,其斜率为混凝土的原点弹性模量,以 E_c 表示,也可以称其为"初始弹性模量"。

$$E_c = \tan\alpha_0 \tag{1-16}$$

式中:α_0——混凝土应力—应变曲线在原点处的切线与横轴的夹角。

混凝土在这个阶段的初始弹性模量不易准确测定。为了能较准确地测定 E_c,通常是先加荷 $0.4f_c$,然后卸荷至零,再重复加荷 $5\sim10$ 次。由于混凝土是非弹性材料,每次卸荷至零时,变形不能全部恢复,存在着残余应变,若干次重复后,残余应变逐渐减少,其应力—应变曲线接近于一条直线,此直线的斜率接近初始弹性模量,此即实际采用的弹性模量。从图 1-19 中可以看出,ε_c 是混凝土在压应力为 σ_c 时的总应变,它包括了弹性应变 ε_e 和塑性应变 ε_p 两部分,即:

$$\varepsilon_c = \varepsilon_e + \varepsilon_p \tag{1-17}$$

这样,初始弹性模量 E_c 也可用下式表示:

$$E_c = \frac{\sigma_c}{\varepsilon_e} \tag{1-18}$$

根据试验结果,通过回归分析可以求得混凝土弹性模量 E_c 与立方体抗压强度标准值 $f_{cu,k}$ 之间的关系为:

$$E_c = \frac{10^5}{2.2 + \dfrac{34.74}{f_{cu,k}}} \quad \text{(MPa)} \tag{1-19}$$

由此公式求得的各种强度等级的混凝土弹性模量见附表 1-2。

混凝土的剪切模量可取为:

$$G_c = 0.4E_c \tag{1-20}$$

严格地说,当混凝土进入弹塑性阶段后,初始弹性模量已不能反映这时的应力—应变性质,可以改用下列两种手段来反映其应力—应变关系。

②混凝土的变形模量。

当需要知道应力到达某个高度后所发生的总应力与总应变之间的关系,而不需确切表达在此之前应力—应变曲线形状时,可取该点与原点的连线(即割线)的正切来表示该点的应力—应变性质,称为"割线模量"或"变形模量",用 E'_c 表示,它的表达式是:$E'_c = \tan\alpha_1$。它与弹性模量的关系为:

$$E_c\varepsilon_e = E'_c\varepsilon_c \tag{1-21}$$

即
$$E'_c = \frac{\varepsilon_e}{\varepsilon_c}E_c = \nu E_c \tag{1-22}$$

式中:ν——混凝土的弹性特征系数,系数 ν 与应力大小及混凝土强度等级有关,通常在 0.4~1.0 之间变化。

③混凝土的切线模量

如图 1-19 所示,取曲线上各点应力增量与应变增量的比值,即用过各点所作切线的斜率来分别表示各点应力—应变的关系,并称其为"切线模量"E''_c,即:

$$E''_c = \frac{\mathrm{d}\sigma}{\mathrm{d}\varepsilon} = \tan\alpha \tag{1-23}$$

可以看出,E''_c 将随应力增长而不断降低。

混凝土受拉弹性模量与受压弹性模量相近,计算时可取与受压弹性模量相同的数值。

2.混凝土在多次重复荷载下的变形

将混凝土棱柱体试件加荷至某个应力值 σ,然后卸荷至零,并把这一循环多次重复下去,就称为多次重复加荷。在多次重复荷载下,混凝土存在着疲劳破坏问题。

图 1-20 为混凝土一次加荷卸荷时的受压应力—应变曲线。当加荷至 A 点后卸荷,卸荷应力—应变曲线为 AB。如果停留一段时间,再量测试件的变形,发现变形又恢复一部分而达到 B'点,则 BB'对应的恢复变形称弹性后效,而不能恢复的变形 B'O 称为残余变形。可以看出,混凝土一次加载卸载过程的应力—应变图形是一个环状曲线。

混凝土多次重复荷载下的应力—应变曲线如图 1-21 所示。图中表示了三种不同的应力重复作用时的应力—应变曲线。试验表明,如果加荷卸荷循环多次进行,则将形成塑性变形的积累。只要重复应力的上限不超过图 1-12 中的 B 点(该点对应的应力为体积变形由压缩转变为膨胀的临界应力),则不论重复应力上限的大小如何,在一定循环次数内塑性变形的积累为收敛的,即随着循环次数的增加,加荷卸荷应力—应变滞回环越来越接近于一直线。但此后继续循环时,应力—应变关系的发展规律则与重复应力上限值的大小有关。一般地,当重复应力上限值不超过 $0.5f_c$ 时,如图 1-21 中的 σ_1 及 σ_2,则当应力—应变滞回环收敛成一直线后继续循环时,混凝土将处于弹性工作状态,加荷卸荷应力—应变曲线将循此直线往复,几乎可无限地循环下去;当重复应力上限值超过 $0.5f_c$ 时,如图 1-21 中的 σ_3,则当应力—应变滞回环收敛成一直线后继续循环时,将在某一次循环后塑性变形重新开始出现,而且塑性变形的积累转变成发散的,且加载应力—应变曲线由原先向纵坐标轴方面凸转变成向横坐标方面凸。如此循环若干次后,由于累积变形超过混凝土的变形能力而突然破坏,这种现象称为疲劳破坏。疲劳破坏是一种脆性破坏。使混凝土产生疲劳破坏的重复应力上限值为疲劳应力。

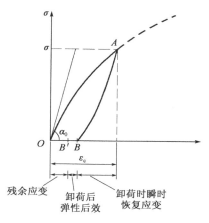

图 1-20　一次短期加卸载下混凝土的应力—应变曲线

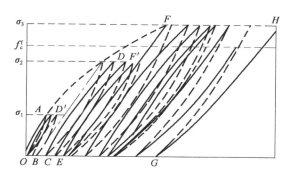

图 1-21　重复荷载下混凝土的应力—应变曲线

桥梁工程中,通常要求能承受 200 万次以上反复荷载并不得产生疲劳破坏,这一强度称为混凝土的疲劳强度 f_c^f,一般取 $f_c^f = 0.5 f_c$。

3. 混凝土在长期荷载作用下的变形性能

混凝土在不变荷载长期作用下,其压应变随时间继续增长的现象称为混凝土的徐变。混凝土的这种性质对结构构件的变形、强度及预应力钢筋中的应力都将产生重要影响。

图 1-22 为一混凝土的典型徐变曲线。由图可知,徐变的发展先快后慢,经过较长时间后逐渐趋于稳定。通常在最初 6 个月可达最终徐变的 $70\%\sim80\%$,两年后的徐变值为瞬时变形的 2~4 倍。若在荷载作用一段时间后卸载,试件瞬时要恢复的一部分应变称为瞬时恢复应变 ε_e',其值比加载时的瞬时变形略小。当长期荷载完全卸除后,量测会发现混凝土并不处于静止状态,而是经过一个徐变的恢复过程(约为 20d),卸载后的徐变恢复变形称为弹性后效 ε_e'',其绝对值仅为徐变变形的 1/12 左右。在试件中还有绝大部分应变是不可恢复的,成为残余应变留在混凝土中。

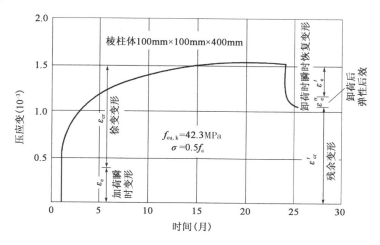

图 1-22　混凝土的徐变

徐变产生的原因,目前有着各种不同的解释,迄今大致可以认为有如下两方面的原因:其一是混凝土,特别是其中的水泥凝胶体,在荷载作用下具有黏性流动性质,这种黏性流动是在一个较长的时间中逐渐发生的,发生黏性流动的凝胶体在变形过程中将把它所受到的压力逐步转嫁给骨料颗粒,从而使黏流变形逐渐减弱直到终止。其二是当加荷至较高的压应力时,混凝土中微裂缝的发展也将对徐变起到某种促进作用,而且压应力越高,这种影响在徐变中所占的比重也就越大。因此,凡是能对上述两种现象产生影响的因素也必然会给混凝土的徐变带来影响。

影响混凝土徐变的因素很多,可归纳为以下几个方面:

(1)长期荷载作用下产生的应力大小

持续作用的压应力值的大小是影响混凝土徐变的最主要因素。试验表明,当压应力 σ 不超过 $0.5f_c$ 的范围内,若其他条件相同,则在同一时期内产生的徐变与应力大致呈线性关系。这样的徐变称为"线性徐变"。当压应力 σ 介于 $(0.5\sim0.8)f_c$ 之间时,徐变的增长速度比应力的增长速度为快,这种情况称为"非线性徐变"。当应力 $\sigma>0.8f_c$ 时,徐变为非收敛性的徐变,最终导致混凝土的破坏。实际上 $0.8f_c$ 即为混凝土在长期荷载作用下的抗压强度。

(2)加载时混凝土的龄期

受荷时的龄期越长,水泥的水化程度就越充分,凝胶体就越成熟,其流变性质也就越弱,从而可以减小混凝土的徐变。

(3)混凝土的组成成分

水泥用量越多,凝胶体在混凝土中所占的比重就越大;水灰比越高,水泥水化后残存的游离水越多,它在蒸发过程中对徐变的促进作用也就越大。这些都将加大混凝土的徐变。骨料级配越好,以及骨料的弹性模量越高,则凝胶体流变后转嫁给骨料的压力所引起的变形就越小,从而减小徐变。

(4)养护环境及工作环境

混凝土养护时湿度越大,温度越高,水泥水化程度就越充分,则徐变就越小。工作环境的湿度和温度对徐变有较明显的影响,混凝土在湿度低、温度高的条件下产生的徐变比湿度高、温度低条件下产生的徐变要大得多。

此外,构件的截面形状对徐变也有影响。这通常可以用构件的体积与其表面积的比值,即所谓"体表比"来衡量。体表比小的构件,其内部水分的发散较快,混凝土的徐变也较大。

徐变对混凝土结构和构件的工作性能有很大的影响。由于混凝土的徐变,会使构件的变形增加,在钢筋混凝土截面中引起应力重分布(钢筋压应力增加,混凝土压应力减小),在预应力混凝土结构中引起预应力损失。

4. 混凝土的收缩和膨胀变形

混凝土的收缩是一种非受力变形。混凝土在空气中结硬时会产生体积缩小的现象,称为混凝土的收缩。而在水中结硬时会产生体积膨胀。一般情况下,收缩值比膨胀值要大得多。

在空气中结硬的混凝土,当处于恒温恒湿条件下时,其收缩随时间的变化规律如图 1-23 所示。收缩早期发展较快,以后逐渐变慢,最后趋近于一个最终值。最终收缩值为 $(2\sim5)\times10^{-4}$。混凝土的收缩由凝缩和干缩两部分组成。凝缩是混凝土中水泥和水起化学作用所引起的体积变化。干缩是混凝土干燥失水所引起的体积变化。收缩主要是水泥砂浆产生的,而混凝土中的粗骨料并不收缩。这种状态使骨料与水泥砂浆的界面上及水泥砂浆内部产生拉应力。当这种拉应力超过强度极限时,就会产生微裂缝。试验表明:水泥用量越多、水灰比越大、骨料颗粒越小、孔隙率越高、骨料的弹性模量越低,则收缩就越大。此外,在混凝土结硬过程中,构件的体表比值大、周围湿度大以及使用环境的湿度大时,收缩较小。

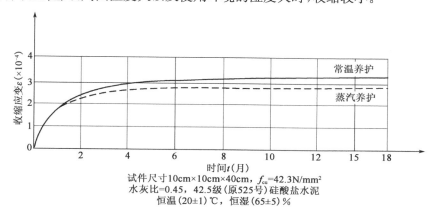

试件尺寸10cm×10cm×40cm, f_{cu}=42.3N/mm²
水灰比=0.45, 42.5级(原525号)硅酸盐水泥
恒温(20±1)℃, 恒湿(65±5)%

图 1-23 混凝土的收缩随时间的变化规律

在钢筋混凝土构件中,由于钢筋具有和混凝土几乎相同的温度线膨胀系数,因此单纯由于温度变化不会在两者之间造成强制应力。但钢筋没有收缩的性质,因此它将对混凝土的收缩产生阻碍作用,从而使混凝土受到强制拉应力,钢筋则受到强制压应力。截面中配筋率越大,混凝土受到的强制拉应力就越大,当配筋过多时,甚至会使混凝土产生早期裂缝。在预应力混凝土结构中,混凝土的收缩会引起预应力损失。

第三节 钢筋与混凝土之间的黏结

一、黏结力的组成

钢筋与混凝土之间的黏结力是保证两者共同工作的基本前提。黏结力主要由三部分组成:水泥凝胶体与钢筋表面的化学胶结力;混凝土对钢筋的握裹力(摩擦力);钢筋表面凸凹不平与混凝土之间产生的机械咬合力。后者往往较大。光面钢筋和变形钢筋黏结机理的主要差别在于,光面钢筋的黏结力主要来自于胶结力和握裹力,而变形钢筋的黏结力主要来自于机械咬合力。

二、两种黏结应力

钢筋与其周围混凝土之间力的传递是通过黏结面上的剪应力来实现的,这种剪应力就称为黏结应力。而黏结面上所能承受的最大黏结应力,即不至于使黏结面发生滑移破坏的极限剪应力,就是钢筋和混凝土之间的"黏结强度"。

钢筋受力后,由于钢筋和周围混凝土的相互作用,钢筋应力将发生变化。如图 1-24 所示的钢筋混凝土梁,从梁上取一长度为 dx 的小段为脱离体,再将此段梁内的受拉钢筋取为脱离

体,钢筋两端的拉力差只能由作用在钢筋表面的黏结力来平衡,即:

$$\tau_b s dx = (\sigma_s + d\sigma_s)A_s - \sigma_s A_s \tag{1-24}$$

式中:s——钢筋的周长;

    A_s——钢筋的面积;

    σ_s——钢筋应力。

当钢筋直径为 d 时,上式可写成:

$$\tau_b = \frac{d\sigma_s \cdot \pi d^2/4}{\pi d \cdot dx} = \frac{d}{4}\frac{d\sigma_s}{dx} \tag{1-25}$$

上式表明,黏结应力使钢筋应力沿其长度发生变化。反之,若钢筋应力没有变化,就说明不存在黏结应力 τ_b。

钢筋与混凝土的黏结应力按其在构件中作用的性质不同可分为两种:裂缝间的局部黏结应力和钢筋端部的锚固黏结应力。

1. 裂缝间的局部黏结应力

以受拉构件为例,图 1-25 表示两相邻裂缝间一段构件上钢筋与混凝土间黏结应力 τ_b、钢筋拉应力 σ_s 的分布状态。在裂缝截面上由于混凝土退出工作,拉力全部由钢筋承受,钢筋应力达到最大,混凝土应力为零。在裂缝间的其他截面上,拉力仍由钢筋和混凝土共同承受,即钢筋逐渐地将拉力分配一部分由混凝土承担,故钢筋的拉应力逐渐减小,而混凝土拉应力逐渐增大,这种拉应力分配是通过黏结应力来完成的。受弯构件开裂后,受拉区裂缝间同样存在这样的应力状态。在两裂缝之间,由于黏结力的存在,使钢筋应力发生变化,钢筋应力的变化反映了裂缝间混凝土参与工作的程度。

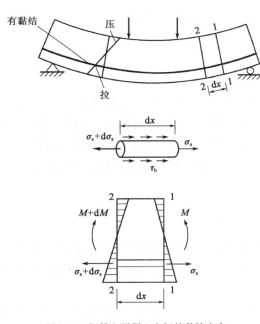

图 1-24　钢筋和混凝土之间的黏结应力

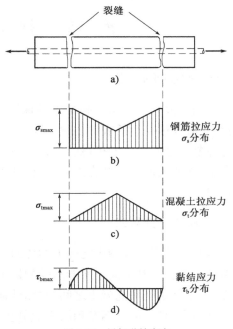

图 1-25　局部黏结应力

2. 钢筋端部的锚固黏结应力

如果混凝土结构中的某根钢筋需要在其端部或跨间的某个部位发挥出它的全部或一部分抗拉能力来承担作用在该部位截面中的内力,则这根钢筋就必须从这个截面开始往前面的混凝土中延伸出一段长度,以便借助于这段长度上的黏结力把钢筋锚固在混凝土中,这段长度即为"锚固长度"。例如梁的钢筋伸入支座[图 1-26a)],或支座处承受负弯矩的钢筋在跨间切断时[图 1-26b)],只有保证足够的锚固长度,才能通过这段长度上黏结力的积累,使钢筋发挥所需的拉力。

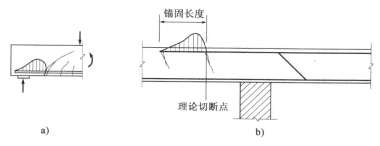

图 1-26　锚固黏结应力

在工程设计中的许多构造问题,例如受力钢筋的锚固和搭接,钢筋从理论切断点的延伸,吊环、预埋件的锚固等,都取决于钢筋和混凝土的这种黏结。

由图 1-26 可以看出,最大黏结应力产生在离端头某一距离处,越靠近钢筋端头,黏结应力越小。由此可见,为了保证钢筋在混凝土中有可靠的锚固,钢筋应有足够的锚固长度。

三、黏结强度的影响因素及保证措施

试验表明,黏结强度与混凝土强度等级、钢筋表面形状、混凝土浇筑时钢筋的位置、保护层厚度、钢筋间距、横向配筋和侧向压应力等因素有关。

(1)黏结强度随混凝土强度等级提高而增大,大体上与混凝土的抗拉强度成正比关系。

(2)带肋钢筋的黏结强度比光面钢筋高出 1～2 倍。带肋钢筋的肋条形式不同,其黏结强度也略有差异,月牙纹钢筋的黏结强度比螺纹钢筋低 5%～15%。带肋钢筋的肋高随钢筋直径的增大相对变矮,所以黏结强度下降。试验表明,新轧制或经除锈处理的钢筋,其黏结强度比具有轻度锈蚀钢筋的黏结强度要低。

(3)处于水平位置的钢筋黏结强度比竖直钢筋要低,这是由于位于水平钢筋下面的混凝土下沉及泌水的影响,钢筋与混凝土不能紧密接触,削弱了钢筋与混凝土之间的黏结强度。同样是水平钢筋,钢筋下面混凝土浇筑深度越大,黏结强度降低得也越多。

(4)混凝土保护层厚度对光面钢筋的黏结强度没有明显影响,但对带肋钢筋的影响却十分明显。当保护层厚度 $c/d > 5.6$(c 为混凝土保护层厚度,d 为钢筋直径)时,带肋钢筋将不会发生强度较低的劈裂黏结破坏。同样,保持一定的钢筋间距,可以提高钢筋周围混凝土的抗劈裂能力,从而提高钢筋与混凝土之间的黏结强度。

(5)设置螺旋筋或箍筋可以提高混凝土的侧向约束,延缓或阻止劈裂裂缝的发展,从而提高了黏结强度。

保证黏结的构造措施主要有:对不同等级混凝土和钢筋,要保证最小搭接长度和锚固长度;满足钢筋最小间距和混凝土保护层最小厚度的要求;在钢筋的搭接接头范围内须加密箍筋;在受力的光面钢筋端部要设置弯钩;对高度较大混凝土构件应分层浇注或二次浇捣。此外,轻度锈蚀的钢筋,其黏结强度比新轧制的无锈钢筋要高,比除锈处理的钢筋更高,所以,一般除重锈钢筋外,可不必除锈。

四、钢筋的最小锚固长度

钢筋的最小锚固长度 l_a 按黏结破坏极限状态平衡条件确定,它与钢筋强度、钢筋直径及外形有关,即:

$$l_a = f_{sk} \frac{\pi d^2}{4} \times \frac{1}{\pi d \tau} = \frac{f_{sk} d}{4\tau} \tag{1-26}$$

式中:f_{sk}——钢筋抗拉强度标准值;

d——钢筋直径;

τ——钢筋与混凝土极限锚固黏结应力。

当计算中充分利用钢筋的强度时,最小锚固长度按《公路桥规》要求应符合表1-2的规定。

钢筋最小锚固长度 l_a（mm） 表1-2

钢筋种类		HPB300				HRB400、HRBF400、RRB400			HRB500		
混凝土强度等级		C25	C30	C35	≥C40	C30	C35	≥C40	C30	C35	≥C40
受压钢筋（直端）		$45d$	$40d$	$38d$	$35d$	$30d$	$28d$	$25d$	$35d$	$33d$	$30d$
受拉钢筋	直端	—	—	—	—	$35d$	$33d$	$30d$	$45d$	$43d$	$40d$
	弯钩端	$40d$	$35d$	$33d$	$30d$	$30d$	$28d$	$25d$	$35d$	$33d$	$30d$

注:1. d 为钢筋公称直径（mm）。

2. 对于受压束筋和等代直径 $d_e \leq 28$mm 的受拉束筋的锚固长度,应以等代直径按表值确定,束筋的各单根钢筋可在同一锚固终点截断;对于等代直径 $d_e > 28$mm 的受拉束筋,束筋内各单根钢筋,应自锚固起点开始,以表内规定的单根钢筋的锚固长度的1.3倍,呈阶梯形逐根延伸后截断,即自锚固起点开始,第一根延伸1.3倍单根钢筋的锚固长度,第二根延伸2.6倍单根钢筋的锚固长度,第三根延伸3.9倍单根钢筋的锚固长度。

3. 采用环氧树脂涂层钢筋时,受拉钢筋最小锚固长度应增加25%。

4. 当混凝土在凝固过程中易受扰动时,锚固长度应增加25%。

5. 当受拉钢筋末端采用弯钩时,锚固长度为包括弯钩在内的投影长度。

小　结

(1)根据力学性能的不同,钢筋可分为软钢和硬钢两种。设计时软钢取屈服强度作为其强度指标,硬钢则取条件屈服强度作为其强度指标。

(2)公路混凝土桥涵的钢筋应按下列规定采用:钢筋混凝土及预应力混凝土构件中的普通钢筋宜选用热轧 HPB300、HRB400、HRB500、HRBF400 和 RRB400 钢筋,预应力混凝土构件中的箍筋应选用其中的带肋钢筋,按构造要求配置的钢筋网可采用冷轧带肋钢筋;预应力混凝土构件中的预应力钢筋应选用钢绞线、钢丝,中、小型构件或竖、横向预应力钢筋可选用预应力螺纹钢筋。

（3）为了节约钢材，常用冷拉或冷拔来提高热轧钢筋的强度，冷拉只能提高钢筋的抗拉强度，冷拔可以同时提高钢筋的抗拉强度和抗压强度，但两者都使钢筋的塑性降低。

（4）混凝土的立方体抗压强度标准值是评定混凝土强度等级的标准，混凝土轴心抗压强度是混凝土最基本的强度指标。对不同的结构构件，应选择不同强度等级的混凝土。

（5）混凝土抗拉强度远远低于抗压强度。混凝土的受压破坏，是由垂直于压力作用方向的横向拉伸（泊松效应）造成的，所以在双轴受压和三轴受压时混凝土的抗压强度有一定提高。

（6）混凝土在短期一次加载下的应力—应变关系，是反映混凝土主要力学性能的一种重要的物理关系。在实用计算中，采用变形模量（$E'_c = \nu E_c$）来表示混凝土的应力—应变关系。

（7）收缩和徐变是混凝土变形随时间增长的两种现象。它们对钢筋混凝土和预应力混凝土结构构件性能有重要影响。虽然影响徐变和收缩的因素基本相同，但它们之间有本质的区别。

（8）钢筋和混凝土之间的可靠黏结，是保证两者共同工作的前提，所以应采取各种必要的措施加以保证。

思 考 题

1-1 软钢和硬钢的应力—应变曲线有何不同？二者的强度设计指标取值有何不同？

1-2 混凝土的立方体抗压强度标准值 $f_{cu,k}$、轴心抗压强度标准值 f_{ck} 和抗拉强度标准值 f_{tk} 是如何确定的？为什么 f_{ck} 低于 $f_{cu,k}$？f_{ck} 与 $f_{cu,k}$ 有何关系？f_{tk} 与 $f_{cu,k}$ 有何关系？

1-3 单向受压状态下，混凝土的强度与哪些因素有关？混凝土一次加载时的受压应力—应变曲线有何特点？

1-4 何谓混凝土的徐变？影响徐变的因素有哪些？徐变对结构有何影响？

1-5 何谓混凝土的收缩？混凝土收缩在构件的混凝土和钢筋中各产生何种初应力？

1-6 钢筋和混凝土之间的黏结力由哪几部分组成？用细钢筋代替粗钢筋（两者的总截面面积相同）对总黏结力有什么影响？

第二章　钢筋混凝土结构设计计算原则

第一节　概　　述

自 19 世纪末钢筋混凝土在土木工程中应用以来,随着生产实践经验的积累和科学研究的不断深入,钢筋混凝土结构设计理论在不断地发展和完善,按其发展先后顺序经历了四个阶段:容许应力设计法、破损阶段设计法、极限状态设计法以及概率极限状态设计法。

容许应力设计法(或称弹性设计法)以弹性理论为基础。作为最早的结构设计理论,容许应力设计法要求在规定的标准荷载作用下,按弹性理论计算的结构构件截面应力不应大于材料的容许应力。材料的容许应力是由材料的极限强度(混凝土)或者流限(钢筋)除以安全系数求得。该法的主要优点是可沿用弹性匀质材料的力学概念,计算比较方便。其主要缺点是安全系数依据工程经验和主观判断来确定,缺乏合理的客观依据。此外,该法没有考虑结构材料的塑性性能,因而计算所得截面应力与实际应力不符,但由于它应用较简便,因而自 20 世纪初到 50 年代,一直在土木工程结构设计中采用。这种方法目前仍是我国铁路工程结构的主要设计方法。

破损阶段设计法在考虑材料塑性性能的基础上按破坏阶段计算截面承载力,要求结构的最大内力不大于结构按材料极限强度计算的承载能力。该法是随着对结构构件破坏性能研究的不断深入,在 20 世纪 30 年代由苏联学者提出的。应用这种方法时,最大内力由规定的标准荷载乘以单一的安全系数求得。该法一般比容许应力法计算的结果经济。其主要缺点是采用了笼统的安全系数来估计使用荷载的超载和结构材料的变异性。

极限状态设计法规定了结构的极限状态,要求荷载引起的结构最大内力不大于结构最小承载能力。它是在破损阶段法的基础上提出的。这种设计方法比较全面地考虑了结构构件的不同工作状态,将单一安全系数改为三个分项系数(荷载系数、材料系数和工作条件系数),分别考虑荷载、材料性能及工作条件等方面随机因素的影响。在部分标准荷载和材料标准强度取值方面,开始采用了数理统计方法,因而比较符合客观实际,这种方法被称为半概率半经验的"三系数"极限状态设计法。但是该法在保证率的确定和系数的取值等方面仍然带有不少主观经验。我国于 1985 年颁布的《公路桥规》采用了该方法。

前述的设计方法都把有关的设计参数看成是不变的定值,故这些方法统称为"定值设计法",并不能定量地度量结构的可靠程度。20 世纪 70 年代,以概率论和数理统计为基础的可靠度理论在土木工程领域逐步进入实用阶段,于是提出了概率极限状态法。这种设计方法把影响结构可靠性的各种因素(作用效应、结构抗力等)视为随机变量,根据大量统计分析确定结构可靠度来度量结构可靠性,通常称为"可靠度设计法"。

国际上将结构规范中采用的概率设计方法按精确程度的不同分为三个水准:

水准Ⅰ——半概率法。这种方法虽然在荷载和材料强度上分别考虑了概率原则,但它把荷载效应和结构抗力分开考虑,在设计中根据经验引用一定的安全系数以考虑计算模式等不定性的影响,没有从结构构件整体性出发考虑结构可靠度。国外有些学者认为这种方法仍属定值法,称其为"伪概率法"。我国1974—1989年所采用的《钢筋混凝土结构设计规范》(TJ 10—74)即属此法。

水准Ⅱ——近似概率法,或称一次二阶矩法。该法对结构可靠度的分析,首次采用概率的定义,将结构的荷载效应和抗力均视作随机变量,根据概率统计分析来确定可靠概率。由于对基本变量的统计信息不足,只能采用随机变量的概率模型,在分析中还必须引入一些近似简化手段,所以它只是一种近似的概率设计模式,所求得的失效概率和可靠指标还只能是运算值。但通过分析比较,应用这种失效概率和可靠指标来相对地度量结构在各种情况下的可靠性,还是比较合理和可行的。我国《混凝土结构设计规范》(GBJ 10—89)、《工程结构可靠度设计统一标准》(GB 50153—92)、《混凝土结构设计规范》(GB 50010—2002)、《混凝土结构设计规范》(GB 50010—2010)、《铁道工程结构可靠度设计统一标准》(GB 50216—94)以及《公路工程结构可靠度设计统一标准》(GB/T 50283—1999)均属于此法。

水准Ⅲ——全概率法。它是一种完全基于概率论的较理想的方法。用结构抗力和作用效应的联合概率分布来描述它们的随机性,对结构的失效概率进行精确的分析和取值,以结构功能的失效概率为结构可靠性的直接度量尺度。但目前由于荷载与抗力的信息不足,所以在工程结构中完全采用理想的全概率法尚有困难。

本章将结合《工程结构可靠性设计统一标准》(GB 50153—2008)(以下简称《统一标准》)和《公路桥规》介绍近似概率极限状态设计法的基本概念及设计表达式。

第二节　概率极限状态设计法的基本概念

一、结构上的作用及作用效应

结构上的作用是指施加在结构上的集中或分布荷载(直接作用)以及引起结构外加变形或约束变形的原因(间接作用)。结构构件的自重、楼面上或桥面上的人群和物品、汽车与列车荷载、风荷载、雪荷载等均为直接作用,习称荷载;地震作用下的地面运动、基础不均匀沉降、温度变化、混凝土收缩徐变、焊接变形、环境造成的材料性能劣化等均为间接作用。

作用按随时间的变异和出现的可能性,分为永久作用、可变作用、偶然作用及地震作用四类。

(1)永久作用——在设计基准期内其量值不随时间变化,或其变化量与平均值相比可以忽略不计的作用。例如结构的自重、土压力、预加力等。

(2)可变作用——在设计基准期内其量值随时间变化,且变化量与平均值相比不可忽略的作用。例如汽车荷载、风荷载、列车荷载、温度变化等。

(3)偶然作用——在设计基准期内不一定出现,而一旦出现,其量值很大且持续时间很短的作用,例如船只、汽车或漂流物对桥墩的撞击等。

(4)地震作用——一种特殊的偶然作用。

作用效应是指由作用在结构内引起的反应,如各作用在结构中产生的内力(弯矩、剪力、轴力和扭矩等)和变形(如挠度、转角、裂缝和侧移),可用 S 表示。直接作用的效应通常称为荷载效应。

作用和作用效应均为随机变量或随机过程。

公路桥涵结构设计时要考虑的作用分类见表 2-1。

作 用 分 类
表 2-1

序　　号	作用分类	作用名称
1	永久作用	结构重力(包括结构附加重力)
2		预加力
3		土的重力
4		土侧压力
5		混凝土收缩、徐变作用
6		水的浮力
7		基础变位作用
8	可变作用	汽车荷载
9		汽车冲击力
10		汽车离心力
11		汽车引起的土侧压力
12		汽车制动力
13		人群荷载
14		疲劳荷载
15		风荷载
16		流水压力
17		冰压力
18		波浪力
19		温度(均匀温度和梯度温度)作用
20		支座摩阻力
21	偶然作用	船舶的撞击作用
22		漂流物的撞击作用
23		汽车的撞击作用
24	地震作用	地震作用

二、结构抗力

结构抗力是指结构或结构构件承受作用效应的能力,可用 R 表示,包括结构或构件抵抗变形的能力,如构件的承载力、刚度和抗裂度等。

影响结构抗力的主要因素有以下几方面。

1. 材料性能

由于材料不匀质、生产工艺、加载方法、环境、尺寸及实际结构构件与标准试件有差别等因素均引起材料性能的变异性。例如钢材本身强度的离散性，实验方法和加载速度对测试结果的影响，实际材料性能与标准试件材料性能的差别，生产单位（或地区）的差别，实际工作条件与标准试验条件的差别等均造成材料性能不完全一致。

2. 几何参数

结构构件的几何参数包括截面的高度、宽度、面积、惯性矩、混凝土保护层厚度等所有截面几何特征，以及构件的高度、跨度、偏心距等，还有由这些参数构成的函数。这些参数由于制作尺寸偏差和安装误差等原因，导致构件制作安装后实际结构构件与设计的标准结构构件之间几何尺寸具有不一致性。

3. 计算模式的精确性

对抗力进行分析计算时，由于采用了某些近似的基本假设和计算公式不精确等引起对实际抗力估计的误差。例如，抗力计算时，对材料物理力学性能的假设、截面的应力和应变分布的假设、构件支承条件的假设、为了简化计算而对计算公式进行的简化处理等，这些近似处理必然会导致按计算公式计算得到的值与实际结构构件抗力值存在差异。

由于以上因素都具有不确定性，都是随机变量，因而由这些因素综合所得的结构抗力也是随机变量。

三、设计基准期和设计使用年限

作用在结构上的可变作用是随时间而变动的随机过程，材料性能也是以时间为变量的随机函数，所以，按概率设计法的观点，结构可靠度也应该是时间的函数。可见，结构的可靠度是相对一定的时间参数而言的。

《统一标准》为确定可变作用及与时间有关的材料性能等取值而选用的时间参数，称为设计基准期。桥梁结构设计基准期为100年。结构的设计基准期是结构可靠度计算中的另一时间考虑，它是为确定可变作用的出现频率和设计时的取值而确定的标准时段。

设计使用年限是指设计规定的结构或结构构件不需进行大修即可按预定目的使用的年限，也就是桥梁结构在正常设计、正常施工、正常使用和维护下所应达到的使用年限。设计使用年限应按现行《统一标准》的规定取用。

结构设计使用年限与结构的实际使用寿命有一定的联系，但不能将两者简单地等同起来。当结构的使用年数超过设计使用年限后，并不意味着结构必然丧失其使用功能，只是结构失效概率逐渐大于设计预期值。

四、结构的安全等级

《统一标准》根据桥梁结构破坏造成的后果，即危及人们生命、造成经济损失、产生社会影响的严重程度，将建筑物划分为三个安全等级，见表2-2。

公路桥涵结构的安全等级　　　　　　　　　　　表 2-2

设计安全等级	破坏后果	适 用 对 象	结构重要性系数 γ_0
一级	很严重	(1)各级公路上的特大桥、大桥和中桥； (2)高速公路、一级公路、二级公路、国防公路及城市附近交通繁忙公路上的小桥	1.1
二级	严重	(1)三级公路和四级公路上的小桥； (2)高速公路、一级公路、二级公路、国防公路及城市附近交通繁忙公路上的涵洞	1.0
三级	不严重	三级公路和四级公路上的涵洞	0.9

《公路桥规》规定：对持久状况承载能力极限状态，应根据桥涵破坏时可能产生的后果的严重程度，按表 2-2 划分的三个安全等级进行设计。同一座桥梁的各种构件宜取相同的安全等级，必要时部分构件可适当调整，但调整后等级差不应超过一个等级。特殊大桥宜进行景观设计。跨高速公路、一级公路的桥梁应与自然环境和景观相协调。

五、结构的功能要求

结构设计的目的，是在一定的经济条件下，赋予结构以适当的可靠度，使结构在规定的使用期限内能完成设计所预期的各种功能要求。结构的功能要求包括以下几项。

1. 安全性

安全性是指结构应能承受在正常施工和正常使用期间可能出现的各种作用、变形，以及在设计规定的偶然事件发生时及发生后，仍能保持必需的整体稳定性，不发生倒塌或连续破坏。

2. 适用性

适用性是指结构在正常使用条件下具有良好的工作性能，不产生影响正常使用的过大变形和振动，不出现使使用者感到不安的过宽裂缝。

3. 耐久性

耐久性是指结构在正常使用和正常维护条件下，能够正常使用到规定的设计使用年限的能力。如不发生由于保护层碳化或裂缝宽度开展过大导致钢筋的锈蚀。

结构的安全性、适用性和耐久性这三者总称为结构的可靠性。可靠性的数量描述一般用可靠度，安全性的数量描述则用安全度。

六、结构的可靠性及可靠度

结构满足了安全性、适用性和耐久性要求就满足了结构的可靠性要求。结构的可靠性是指结构在规定的时间内，在规定的条件下，完成预定功能的能力。对结构可靠性的概率度量称为可靠度。结构可靠度的定义为：结构在规定的时间内，在规定的条件下，完成预定功能的概率。所谓"规定的时间"，是指设计使用年限；所谓"规定的条件"，是指正常设计、正常施工、正常使用和正常维护的条件，而不包括人为过失等造成的影响；所谓"预定功能"，是指上述提到的三项功能要求。

为保证工程结构具有规定的可靠度，除应进行必要的设计计算外，还应对结构的材料性能、施工质量、使用与维护进行相应的控制。

七、结构的极限状态及其分类

结构在使用期间的工作情况,称为结构的工作状态。结构能够满足各项功能要求而良好地工作,称为结构"可靠",反之则称为"失效"。区分结构工作状态是可靠还是失效的标志是极限状态。

当整个结构或结构的一部分超过某一特定状态,就不能满足设计规定的某一功能要求时,此特定状态称为该功能的极限状态。极限状态主要分为两类:

1.承载能力极限状态

承载能力极限状态对应于结构或结构构件达到最大承载能力,出现疲劳破坏,发生不适于继续承载的变形或因结构局部破坏而引发连续倒塌。当结构或构件出现下列状态之一时,即认为超过了承载能力极限状态:

(1)整个结构或其结构的一部分作为刚体失去平衡(如倾覆等)。

(2)结构构件或其连接因超过材料强度而破坏,或因过度的变形而不适于继续承载。

(3)结构转变为机动体系。

(4)结构或结构构件丧失稳定性(如压屈等)。

(5)基础丧失承载力而破坏。

(6)结构因局部破坏而引发的连续倒塌。

(7)结构或构件的疲劳破坏。

承载能力极限状态的出现概率应当严格控制,因为一旦出现,后果严重,并可能导致人身伤亡和重大经济损失。

2.正常使用极限状态

正常使用极限状态对应于结构或结构构件达到正常使用的某项规定限值或耐久性能的某种规定状态。当结构或构件出现下列状态之一时,即认为超过了正常使用极限状态。

(1)影响正常使用或外观的变形。

(2)影响正常使用或耐久性能的局部损坏(包括裂缝)。

(3)影响正常使用的振动。

(4)影响正常使用的其他特定状态。

正常使用极限状态对应结构的适用性和耐久性功能,其出现后的危害较承载能力极限状态小,故对其出现的概率控制可放宽一些。

八、桥涵结构的设计状况

结构的设计状况是指结构从施工到使用的全过程中,代表一定时段的一组设计条件。设计应做到结构在该时段内不超越有关极限状态。《公路桥规》根据桥梁在施工和使用过程中面临的不同情况,规定了结构设计的四种状况:持久状况、短暂状况、偶然状况和地震状况。这四种设计状况的结构体系、结构所处环境条件、经历的时间长短都是不同的,采用的计算模式、作用、材料性能的取值及结构可靠度水平也有差异,设计时应区分这四种设计状况。

1. 持久设计状况

持久设计状况是指在结构使用过程中一定出现,且持续期很长的设计状况。持续期一般与设计使用年限为同一数量级。适用于结构使用时的正常情况,如桥梁结构承受车辆荷载的状况等。

2. 短暂设计状况

短暂设计状况是指在桥涵施工和使用过程中出现概率较大,而与设计使用年限相比,持续期很短的设计状况。适用于桥涵出现的临时情况,如桥涵施工时承受堆料荷载的状况。

3. 偶然设计状况

偶然设计状况是指在桥涵使用过程中出现概率很小,且持续期很短的设计状况。适用于桥涵出现的异常情况,如桥涵遭受爆炸、撞击的状况。

对桥涵结构的上述三种设计状况,均应进行承载能力极限状态设计,以保证结构的安全性。

对于持久设计状况,尚应进行正常使用极限状态设计,以保证结构的适用性和耐久性。

对于短暂设计状况,可根据需要进行正常使用极限状态设计。

对于偶然设计状况,可不进行正常使用极限状态设计。

4. 地震设计状况

地震状况是考虑结构遭受地震时的设计状况。对公路桥涵而言,在抗震设防地区必须考虑地震状况。

对桥涵结构的上述四种设计状况,均应进行承载能力极限状态设计,以保证结构的安全性。

对于持久设计状况,尚应进行正常使用极限状态设计,以保证结构的适用性和耐久性。

对于短暂设计状况,可根据需要进行正常使用极限状态设计。

对于偶然设计状况及地震设计状况,可不进行正常使用极限状态设计。

公路桥涵结构计算的设计状况、相应的极限状态计算及作用组合要求见表2-3。

公路桥涵设计状况与极限状态设计计算 表2-3

设计状况	对应于结构的实际状况	极限状态设计计算类别	作用组合
持久状况	结构正常使用的情况	承载能力极限状态	基本组合
		正常使用极限状态	频遇组合 准永久组合
短暂状况	施工阶段时 桥梁维修阶段时	承载能力极限状态(可根据需要进行正常使用极限状态设计计算)	基本组合 (分项系数等系数均取值为1.0)
偶然状况	受到撞击时	承载能力极限状态	偶然组合
地震状况	发生地震时	承载能力极限状态	地震组合

九、结构的极限状态方程

结构的可靠度通常受各种作用、材料性能、几何参数、计算公式精确性等因素的影响,这些因素一般都具有随机性,用基本变量 $X_i (i=1,2,3,\cdots,n)$ 表示。

结构完成预定功能的工作状态可以用包括各基本变量的功能函数 Z 表示：

$$Z = g(X_1, X_2, \cdots, X_n) \tag{2-1}$$

如果结构的功能函数仅与作用效应 S 及结构抗力 R 两个基本变量有关，则结构的功能函数可表达为：

$$Z = g(S, R) = R - S \tag{2-2}$$

S 和 R 是随机变量，则 $Z = R - S$ 也是随机变量。结构的工作状态可表示如下：

当 $Z > 0$ 时，$R > S$，结构处于可靠状态。

当 $Z < 0$ 时，$R < S$，结构处于失效状态。

当 $Z = 0$ 时，$R = S$，结构处于极限状态。

$Z = g(R, S) = R - S = 0$ 称为极限状态方程，在图 2-1 中是一条与 OS 轴成 $45°$ 的直线，也称为"极限状态直线"。

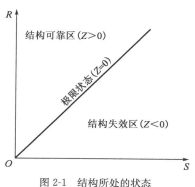

图 2-1　结构所处的状态

十、失效概率、可靠指标和目标可靠指标

结构的可靠度是可靠性的概率度量，可以用可靠概率或失效概率表示。可靠概率即结构或构件能够完成预定功能的概率，用 P_s 表示；失效概率即结构或构件不能完成预定功能的概率，用 P_f 表示；两者互补，$P_s + P_f = 1$。

若结构功能函数中的结构抗力 R 和作用效应 S 为互相独立的正态变量，则 Z 亦为正态变量。结合功能函数 $Z = R - S$ 的概念可得结构的失效概率：

$$P_f = P(Z < 0) = P(R - S < 0) \tag{2-3}$$

欲求失效概率 P_f，可用功能函数的概率密度函数 $f(Z)$ 表示，则 P_f 为 $f(Z)$ 轴以左的面积，如图 2-2 所示。

$$P_s = P(Z \geqslant 0) = \int_0^{+\infty} f(Z)\mathrm{d}Z \tag{2-4}$$

$$P_f = P(Z < 0) = \int_{-\infty}^0 f(Z)\mathrm{d}Z = 1 - P_s \tag{2-5}$$

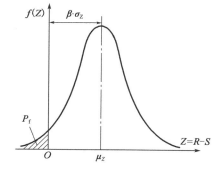

图 2-2　Z 的分布曲线

若 R 和 S 的平均值和标准差分别为 μ_R、μ_S 和 σ_R、σ_S，则 Z 的平均值 μ_Z、标准差 σ_Z 和变异系数 δ_Z 分别为：

$$\mu_Z = \mu_R - \mu_S \tag{2-6}$$

$$\sigma_Z = \sqrt{\sigma_R^2 + \sigma_S^2} \tag{2-7}$$

$$\delta_Z = \frac{\sigma_Z}{\mu_Z} = \frac{\sqrt{\sigma_R^2 + \sigma_S^2}}{\mu_R - \mu_S} \tag{2-8}$$

将 δ_Z 的倒数作为度量结构可靠性的尺度，称为可靠指标 β。

$$\beta = \frac{1}{\delta_Z} = \frac{\mu_Z}{\sigma_Z} = \frac{\mu_R - \mu_S}{\sqrt{\sigma_R^2 + \sigma_S^2}} \tag{2-9}$$

失效概率与可靠指标 β 之间的关系为：

$$P_f = \Phi(-\beta) = 1 - \Phi(\beta) \tag{2-10}$$

故只要求得可靠指标 β，就可利用标准正态分布函数 $\Phi(\cdot)$ 表求得失效概率 P_f。很明显，β 值与 P_f 之间存在一一对应的关系，随着 β 值的增大，失效概率 P_f 减小，两者对应值见表 2-4。由于计算 P_f 较 β 复杂，因而可以用可靠指标 β 代替失效概率 P_f 来度量结构可靠性。

β 与 P_f 的对应值   表 2-4

β	1.00	1.64	2.00	3.00	3.71	4.00	4.50
P_f	15.87×10^{-2}	5.05×10^{-2}	2.27×10^{-2}	1.35×10^{-3}	1.04×10^{-4}	3.17×10^{-5}	3.40×10^{-6}

设计时，为满足可靠性要求，结构应达到的可靠指标称为目标可靠指标 $[\beta]$。目标可靠指标 $[\beta]$ 可根据各种结构的重要性及失效后果，以优化方法分析确定，也可采用风险水平类比法或校准法确定。《统一标准》通过校准法确定了目标可靠指标，根据结构的安全等级和破坏类型规定了结构构件承载能力极限状态的目标可靠指标 $[\beta]$，见表 2-5。表中延性破坏是指结构构件在破坏前有明显的变形或其他预兆；脆性破坏是指结构构件在破坏前无明显的变形或其他预兆。延性破坏的危害比脆性破坏相对小些，故延性破坏的目标可靠指标 $[\beta]$ 比脆性破坏小0.5。

结构构件承载能力极限状态的目标可靠指标 $[\beta]$ 表 2-5

破 坏 类 型	安 全 等 级		
	一级	二级	三级
延性破坏	4.7	4.2	3.7
脆性破坏	5.2	4.7	4.2

第三节　极限状态设计表达式

以目标可靠指标直接进行结构设计或进行可靠度校核，可较全面地考虑影响结构可靠度的各有关因素的客观变异性，使所设计的结构比较符合预期的可靠度要求，并在不同结构之间，设计可靠度具有相对可比性。但是直接根据规定的可靠指标进行设计，其计算过程比较复杂，且考虑到长期以来工程设计的习惯，为设计方便，《统一标准》采用以基本变量的标准值（如荷载标准值、材料强度标准值等）和分项系数（荷载系数、材料强度系数等）表示的设计表达式进行结构设计，其中标准值和分项系数的取值是采用近似概率法，经过分析综合后确定的。

一、作用代表值与设计值

结构或结构构件设计时，为了便于对作用的统计和表达，简化设计公式，通常以一些确定的值来表达这些不确定的作用量，这些确定的值即称为作用的代表值。

1. 作用标准值

作用的标准值是结构设计的主要参数，它关系到结构的安全问题，是作用的基本代表值。其量值应取结构设计规定期限内可能出现的最不利值，一般按照在设计基准期内最大概率分布的某一分位值确定。

对永久作用,由于其变异性不大,标准值以其平均值即 0.5 分位值确定,可按照结构设计尺寸和材料的平均重力密度计算确定。

对于可变作用,目前其最大作用概率分布的分位无统一规定,同时由于一些作用的统计资料不足,某些作用的标准值尚不能够完全用概率的方法确定,而是依据已有工程经验,通过分析判断规定的一个公称值作为标准。

桥涵结构可变作用的标准值可按《公路桥涵设计通用规范》(JTG D60—2015)的规定采用。

2. 可变作用频遇值

可变作用频遇值指在设计基准期内,可变作用超越的总时间为规定的较小比率或超越频率为规定频率的作用值。它是指结构上较频繁出现的较大作用值。频遇值系数乘以可变作用的标准值即为可变作用的频遇值。可变作用频遇值用于正常使用极限状态的频遇组合。

3. 可变作用准永久值

可变作用准永久值指在设计基准期内,可变作用超越的总时间约为设计基准期一半的作用值,即在设计基准期内经常作用的作用值。对可变作用中出现的频率比较大,持续时间比较长的那部分可变作用要考虑其作用长期效应的影响。准永久值系数乘以可变作用的标准值称为可变作用的准永久值。可变作用准永久值用于正常使用极限状态的频遇组合及准永久组合。

4. 可变作用组合值

可变作用组合值指将可变作用的标准值乘以一个小于 1 的组合值系数所得的值。由于作用在结构上的可变作用有两个或两个以上时,考虑到各个可变作用同时达到最大值的可能性较小,因此对可变作用进行折减,其主要用于承载能力极限状态的基本组合。

5. 作用设计值

作用设计值是作用标准值或组合值乘以作用分项系数后的值。在承载能力极限状态设计中,考虑作用的变异性及计算内力时简化所带来的不利影响,为保证可靠度需对作用标准值乘以作用分项系数。如汽车荷载效应(含汽车冲击力、离心力)的分项系数取 1.4(1.8),风荷载的分项系数取 1.1。

6. 作用代表值的选用

永久作用的代表值采用标准值;可变作用的代表值有标准值、组合值、频遇值和准永久值;偶然作用的代表值采用设计值;地震作用的代表值采用标准值。

承载能力极限状态设计及按弹性阶段计算结构强度时应采用标准值作为可变作用的代表值;正常使用极限状态按频遇组合设计时,应采用频遇值及准永久值作为可变作用的代表值,按准永久组合设计时,应采用准永久值作为可变作用的代表值。

二、材料强度的标准值与设计值

1. 材料强度的标准值

材料强度的标准值取值原则是在符合规定质量的材料强度实测值的总体中,强度标准值具有不小于 95% 的保证率。所以强度标准值 f_k 可由下式确定：

$$f_k = f_m(1 - 1.645\delta_f) \tag{2-11}$$

式中：f_m——材料强度的平均值；

δ_f——材料强度的变异系数。

混凝土轴心抗压强度标准值 f_{ck} 和轴心抗拉强度标准值 f_{tk} 按附表 1-1 取值。

对有明显屈服强度的钢筋，其屈服强度和抗拉强度标准值按附表 1-3 取值。

2. 材料强度的设计值

为保证结构的安全性，在承载能力极限状态设计计算时，将材料强度标准值 f_k 除以材料分项系数 (γ_s, γ_c)，即为材料强度的设计值。

混凝土轴心抗压强度的设计值 f_{cd} 为：

$$f_{cd} = \frac{f_{ck}}{\gamma_c} \tag{2-12}$$

混凝土轴心抗拉强度的设计值 f_{td} 为：

$$f_{td} = \frac{f_{tk}}{\gamma_c} \tag{2-13}$$

混凝土材料分项系数 $\gamma_c = 1.45$，在实际使用的设计表达式中，一般不出现 γ_c，而直接使用强度设计值。各种混凝土强度的设计值按附表 1-1 取值。

《公路桥规》对热轧钢筋和精轧螺纹钢的材料分项系数取 1.20，对钢绞线、钢丝等的材料分项系数取 1.47。将钢筋的强度标准值除以相应的材料分项系数 1.20 或 1.47，则得钢筋抗拉强度的设计值。《公路桥规》规定的热轧钢筋的抗拉强度标准值和设计值见附表 1-3，钢绞线、钢丝、预应力螺纹钢筋的抗拉强度标准值和设计值分别见附表 1-11 和附表 1-12。

钢筋抗压强度设计值按 $f'_{sd} = \varepsilon'_s E_s$ 确定，E_s 为热轧钢筋的弹性模量，ε'_s 为相应钢筋种类的压应变，取 $\varepsilon'_s = 0.002$，f'_{sd} 不得大于相应的钢筋抗拉强度设计值。

三、承载能力极限状态计算

混凝土结构的承载能力极限状态的计算应包括下列内容：

(1)结构构件应进行承载力(包括失稳)计算。

(2)直接承受重复荷载的构件应进行疲劳验算。

(3)有抗震设防要求时，应进行抗震承载力计算。

(4)必要时应进行结构的倾覆、滑移、漂浮验算。

(5)对于可能遭受偶然作用，且倒塌可能引起严重后果的重要结构构件，宜进行防连续倒塌设计。

1. 承载能力极限状态设计表达式

《公路桥规》规定桥梁构件设计原则是作用效应最不利组合(基本组合)的设计值必须不大于结构抗力的设计值。对于持久、短暂、偶然和地震设计状况，当用内力的形式表达时，结构构件应采用下列承载能力极限状态设计表达式：

$$\gamma_0 S \leqslant R \tag{2-14}$$

$$R = R(f_d, a_d) \tag{2-15}$$

式中:γ_0——桥梁结构重要性系数。按公路桥涵的设计安全等级,一级取用 1.1,二级取用 1.0,三级取用 0.9;桥梁的抗震设计不考虑结构的重要性系数;

　　S——承载能力极限状态下作用(其中汽车荷载应计入冲击系数)效应的组合设计值;

　　R——结构承载力设计值;

　$R(\cdot)$——结构承载力函数;

　　f_d——材料强度设计值;

　　a_d——几何参数设计值,当无可靠数据时,可采用几何参数标准值 a_k,即设计文件规定值。

2. 作用效应组合表达式

(1)基本组合:指永久作用设计值与可变作用设计值相组合,其表达式为:

$$S_{ud} = \gamma_0 S\Big(\sum_{i=1}^{m}\gamma_{Gi}G_{ik}, \gamma_{L1}\gamma_{Q1}Q_{1k}, \psi_c\sum_{j=2}^{n}\gamma_{Lj}\gamma_{Qj}Q_{jk}\Big) \tag{2-16a}$$

《公路桥规》规定,当作用与作用效应可按线性关系考虑时,作用基本组合的效应设计值可通过作用效应代数相加计算,这时,式(2-16a)变为

$$S_{ud} = \gamma_0 S\Big(\sum_{i=1}^{m}\gamma_{Gi}G_{ik} + \gamma_{L1}\gamma_{Q1}Q_{1k} + \psi_c\sum_{j=2}^{n}\gamma_{Lj}\gamma_{Qj}Q_{jk}\Big) \tag{2-16b}$$

或　　　　　　$$S_{ud} = \gamma_0 S\Big(\sum_{i=1}^{m}G_{id} + Q_{1d} + \sum_{j=2}^{n}Q_{jd}\Big) \tag{2-16c}$$

式中:S_{ud}——承载能力极限状态下作用基本组合的效应设计值;

　$S()$——作用组合的效应函数;

　　γ_{Gi}——第 i 个永久作用的分项系数,当永久作用效应(结构重力和预应力作用)对结构承载能力不利时,$\gamma_{Gi}=1.2$;对结构的承载能力有利时,其分项系数 γ_{Gi} 取为 1.0;其他永久作用效应的分项系数详见《公路桥规》;

　　G_{ik}——第 i 个永久作用的标准值;

　　γ_{Q1}——汽车荷载(含汽车冲击力、离心力)的分项系数。当采用车道荷载计算时,$\gamma_{Q1}=1.4$;采用车辆荷载计算时,其分项系数取 $\gamma_{Q1}=1.8$,当某个可变作用在组合中其效应值超过汽车荷载效应时,则该作用取代汽车荷载,其分项系数取值为 $\gamma_{Q1}=1.4$;计算人行道板和人行道栏杆的局部荷载,其分项系数取值为 $\gamma_{Q1}=1.4$;

　　Q_{1k}——汽车荷载(含汽车冲击力、离心力)的标准值;

　　γ_{Qj}——在作用组合中除汽车荷载(含汽车冲击力、离心力)、风荷载外的其他第 j 个可变作用的分项系数,取 $\gamma_{Qj}=1.4$,但风荷载的分项系数取 $\gamma_{Qj}=1.1$;

　　Q_{jk}——在作用组合中除汽车荷载(含汽车冲击力、离心力)外的其他第 j 个可变作用的标准值;

　　ψ_c——在作用组合中除汽车荷载(含汽车冲击力、离心力)外的其他可变作用的组合系数,取 $\psi_c=0.75$;

　　G_{id}——第 i 个永久作用的设计值;

　　Q_{1d}——汽车荷载(含汽车冲击力、离心力)的设计值;

　　Q_{jd}——在作用组合中除汽车荷载(含汽车冲击力、离心力)外的其他第 j 个可变作用的设计值;

γ_{L1}、γ_{Lj}——分别为汽车荷载和第 j 个可变作用的结构设计使用荷载调整系数,$\gamma_{L1}=1.0$;公路桥涵结构的设计使用年限按现行《公路工程技术标准》(JTG B01)取值时,可变作用的设计使用年限荷载调整系数取 $\gamma_{Lj}=1.0$;否则,γ_{Lj} 取值应按专题研究确定。

(2)偶然组合:指永久作用标准值与可变作用某种代表值、一种偶然作用设计值相组合。与偶然作用同时出现的可变作用,可根据观测资料和工程经验取用频遇值或准永久值。

①偶然组合的效应设计值可按下式计算:

$$S_{ad}=S(\sum_{i=1}^{m}G_{ik},A_d,(\psi_{f1} 或 \psi_{q1})Q_{1k},\sum_{j=2}^{n}\psi_{qj}Q_{jk}) \tag{2-17a}$$

式中: S_{ad}——承载能力极限状态下作用偶然组合的效应设计值;

A_d——偶然作用的设计值;

ψ_{f1}——汽车荷载(含汽车冲击力、离心力)的频遇值系数,取 $\psi_{f1}=0.7$;当某个可变作用在组合中其效应值超过汽车荷载效应时,则该作用取代汽车荷载,人群荷载 $\psi_f=1.0$,风荷载 $\psi_f=0.75$,温度梯度作用 $\psi_f=0.8$,其他作用 $\psi_f=1.0$;

$\psi_{f1}Q_{1k}$——汽车荷载的频遇值;

ψ_{q1}、ψ_{qj}——第 1 个和第 j 个可变作用的准永久值系数,汽车荷载(含汽车冲击力、离心力)$\psi_q=0.4$,人群荷载 $\psi_q=0.4$,风荷载 $\psi_q=0.75$,温度梯度作用 $\psi_q=0.8$,其他作用 $\psi_q=1.0$;

$\psi_{q1}Q_{1k}$、$\psi_{qj}Q_{jk}$——第 1 个和第 j 个可变作用的准永久值。

②当作用与作用效应可按线性关系考虑,作用偶然组合的效应设计值 S_{ad} 可通过作用效应代数相加计算,这时,式(2-17a)变为:

$$S_{ad}=S(\sum_{i=1}^{m}G_{ik}+A_d+(\psi_{f1} 或 \psi_{q1})Q_{1k}+\sum_{j=2}^{n}\psi_{qj}Q_{jk}) \tag{2-17b}$$

(3)地震组合。

按《公路工程抗震规范》(JTG/T B02—2013)的有关规定计算。

四、正常使用极限状态验算

混凝土结构构件应根据其使用功能及外观要求,按下列规定进行正常使用极限状态验算:

(1)对需要控制变形的构件,应进行变形验算。

(2)对不允许出现裂缝的构件,应进行混凝土拉应力验算。

(3)对允许出现裂缝的构件,应进行受力裂缝宽度验算。

(4)对舒适度有要求的构件,应进行竖向自振频率验算。

按正常使用极限状态设计时,变形过大或裂缝过宽虽影响正常使用,但危害程度不及承载力引起的结构破坏造成的损失那么大,所以可适当降低对可靠度的要求。《统一标准》规定计算时不需考虑结构重要性系数和分项系数。

1.正常使用极限状态设计表达式

对于正常使用极限状态,采用下列极限状态设计表达式进行验算:

$$S \leqslant C \tag{2-18}$$

式中：S——正常使用极限状态的荷载效应组合值；

    C——结构构件达到正常使用要求所规定的应力、裂缝宽度、变形和舒适度等的限值。

2. 正常使用极限状态的作用效应组合

《公路桥规》规定按正常使用极限状态设计时，应根据不同结构的不同设计要求，选用以下两种效应组合。

（1）频遇组合

①正常使用极限状态设计时，作用频遇组合是永久作用标准值与汽车荷载频遇值、其他可变作用准永久值相组合，其效应组合表达式为：

$$S_{fd}=S\left(\sum_{i=1}^{m}G_{ik},\psi_{f1}Q_{1k},\sum_{j=2}^{n}\psi_{qj}Q_{jk}\right) \tag{2-19}$$

式中：S_{fd}——作用频遇组合的效应设计值；

    ψ_{f1}——汽车荷载（不计冲击力）频遇值系数，取 0.7；当某个可变作用在组合中其效应值超过汽车荷载效应时，则该作用取代汽车荷载，人群荷载 $\psi_f=1.0$，风荷载 $\psi_f=0.75$，温度梯度作用 $\psi_f=0.8$，其他作用 $\psi_f=1.0$；

其余符号意义同前。

②当作用与作用效应可按线性关系考虑时，作用频遇组合的效应设计值 S_{fd} 可通过作用效应代数相加计算。

（2）准永久组合

①准永久组合是永久作用的标准值与可变作用准永久值相组合，其设计值的计算表达式为：

$$S_{qd}=S\left(\sum_{i=1}^{m}G_{ik},\sum_{j=1}^{n}\psi_{qj}Q_{jk}\right) \tag{2-20}$$

式中：S_{qd}——作用准永久组合的效应设计值；

    ψ_{qj}——第 j 个可变作用的准永久系数，汽车荷载（不计汽车冲击力）准永久值系数 $\psi_q=0.4$，人群荷载 $\psi_q=0.4$，风荷载 $\psi_q=0.75$，温度梯度作用 $\psi_q=0.8$，其他作用 $\psi_q=1.0$；

其余符号意义同前。

②当作用与作用效应可按线性关系考虑时，作用准永久组合的效应设计值 S_{qd} 可通过作用效应代数相加计算。

【例题 2-1】 钢筋混凝土简支梁桥（安全等级为二级，$\gamma_0=1.0$）主梁在结构重力、汽车荷载（车道荷载）和人群荷载作用下，分别在主梁的 1/2 跨径处产生的弯矩标准值为：结构重力弯矩 $M_{Gk}=550$kN·m；汽车荷载弯矩 $M_{Q1k}=450$kN·m（已计入冲击系数 1.2）；人群荷载弯矩 $M_{Q2k}=35$kN·m，作用与作用效应组合按线性关系考虑，试进行设计时的作用效应组合计算。

解：（1）承载能力极限状态设计时作用效应的基本组合

由于恒载作用效应对结构承载能力不利，所以取永久作用效应的分项系数为 $\gamma_{G1}=1.2$。汽车荷载的荷载分项系数取 $\gamma_{Q1}=1.4$。人群荷载为汽车荷载之外的其他可变作用，故人群荷载的组合系数 $\psi_c=0.75$，作用效应的分项系数 $\gamma_{Qj}=1.4$。

本例题取可变作用的结构设计使用年限荷载调整系数 $\gamma_{L1}=1.0$，$\gamma_{Lj}=1.0$。

按承载能力极限状态设计时作用效应基本组合的设计值为：

$$S_{ud} = \gamma_0 S(\sum_{i=1}^{m} \gamma_{Gi} G_{ik} + \gamma_{L1} \gamma_{Q1} Q_{1k} + \psi_c \sum_{j=2}^{n} \gamma_{Lj} \gamma_{Qj} Q_{jk})$$
$$= \gamma_0 (\gamma_{G1} M_{Gk} + \gamma_{L1} \gamma_{Q1} M_{Q1k} + \psi_c \gamma_{L2} \gamma_{Q2} M_{Q2k})$$
$$= 1.0 \times (1.2 \times 550 + 1.0 \times 1.4 \times 450 + 0.75 \times 1.0 \times 1.4 \times 35)$$
$$= 1326.8 \text{kN} \cdot \text{m}$$

（2）正常使用极限状态设计时作用组合

①作用频遇组合

根据《公路桥规》规定，汽车荷载作用效应不计入冲击系数，经计算得到不计冲击系数的汽车荷载弯矩标准值为 $M_{Q1k} = 375 \text{kN} \cdot \text{m}$。汽车荷载作用效应的频遇值系数 $\psi_{f1} = 0.7$，人群荷载的准永久值系数 $\psi_{q2} = 0.4$，由式(2-19)可得到作用频遇组合设计值为：

$$M_{fd} = M_{Gk} + \psi_{f1} M_{Q1k} + \psi_{q2} M_{Q2k}$$
$$= 550 + 0.7 \times 375 + 0.4 \times 35$$
$$= 826.5 \text{kN} \cdot \text{m}$$

②作用准永久组合

不计冲击系数的汽车荷载弯矩标准值 $M_{Q1k} = 375 \text{kN} \cdot \text{m}$，汽车荷载准永久值系数 $\psi_{q1} = 0.4$，人群荷载的准永久值系数 $\psi_{q2} = 0.4$，由式(2-20)可得到作用准永久组合设计值为：

$$M_{qd} = M_{Gk} + \psi_{q1} M_{Q1k} + \psi_{q2} M_{Q2k}$$
$$= 550 + 0.4 \times 375 + 0.4 \times 35$$
$$= 714 \text{kN} \cdot \text{m}$$

📖 小　　结

（1）混凝土结构设计计算方法按其发展先后经历了以下几个阶段：容许应力法、破坏阶段法、半经验半概率极限状态法，以及概率极限状态法。

（2）施加在结构上的集中或分布荷载，以及引起结构外加变形或约束变形的各种原因，统称为结构上的作用。结构上的作用按其作用的方式分为直接作用和间接作用，按随时间变异的特点分为永久作用、可变作用、偶然作用及地震作用。结构抗力是指结构构件承受作用效应的各种能力。

（3）结构的功能要求包括安全性、适用性和耐久性，这三者总称为结构的可靠性，度量可靠性的指标为可靠度。结构的极限状态是指其中某一种功能的特定状态，当整个结构或结构的一部分超过它时就认为结构不能满足这一功能要求。极限状态分为两类，即与安全性对应的承载能力极限状态和与适用性、耐久性对应的正常使用极限状态。以概率理论为基础的近似概率极限状态设计法是以失效概率和可靠度指标 β 来度量结构可靠度的。结构设计时则采用分项系数表达的极限状态设计表达式。

（4）钢筋和混凝土的强度标准值是按极限状态设计时采用的材料强度基本代表值。钢筋和混凝土的强度设计值等于其强度标准值除以相应的材料分项系数。承载能力极限状态设计计算时，取用材料强度设计值。正常使用极限状态验算时，一般取材料强度标准值。

（5）永久作用的代表值采用标准值；可变作用的代表值有标准值、组合值、频遇值和准永久值；偶然作用的代表值采用设计值；地震作用的代表值采用标准值。

📖 思　考　题

2-1　结构上的作用与荷载是否相同，为什么？恒载与活载有什么区别？

2-2　什么是荷载效应 S？荷载使构件产生的变形是否也是荷载效应？

2-3　桥梁结构的设计基准期一般是多少年？超过这个年限的结构物是否意味着不能再使用了，为什么？

2-4　什么是结构抗力 R？影响结构抗力的因素有哪些？

2-5　为什么说 S 和 R 都是随机变量？$R>S$，$R=S$ 及 $R<S$ 各表示什么意义？

2-6　结构的功能要求有哪些？

2-7　分别写出结构可靠性和结构可靠度的定义。

2-8　为什么说从理论上讲，绝对可靠的结构是没有的？结构的可靠度是否愈大愈好，为什么？

2-9　写出极限状态的定义、分类及其主要内容。

2-10　什么是结构的失效概率和可靠指标？结构的失效概率与可靠指标关系如何？

📖 习　　题

钢筋混凝土梁的支点截面处，结构重力产生的剪力标准值 $V_{Gk}=180kN$；汽车荷载产生的剪力标准值 $V_{Q1k}=260kN$（已计入冲击系数），冲击系数 $\mu=1.2$；人群荷载产生的剪力标准值 $V_{Q2k}=50kN$；温度梯度作用产生的剪力标准值 $V_{Q3k}=40kN$。作用与作用效应组合按线性关系考虑。试进行正常使用极限状态设计时的作用效应组合计算。

第三章　受弯构件正截面承载力计算

第一节　概　　述

受弯构件通常是指截面上有弯矩和剪力共同作用而轴力可以忽略不计的构件。结构中各种类型的梁、板是典型的受弯构件，它们在桥梁工程中应用很广泛。中小跨径梁（或板）式桥跨结构中承重的梁和板、人行道板、行车道板以及柱式墩（台）中的盖梁等都属于受弯构件。

梁中一般配置有如下几种钢筋：纵向受力钢筋（主钢筋）、弯起钢筋或斜钢筋、箍筋、架立钢筋及水平纵向分布钢筋。梁内的钢筋常采用骨架形式，一般分为绑扎钢筋骨架和焊接钢筋骨架两种形式。绑扎钢筋骨架是将纵向钢筋与横向钢筋通过细铁丝绑扎而成的空间钢筋骨架（图 3-1）。焊接钢筋骨架是先将纵向受力钢筋、弯起钢筋或斜筋和架立钢筋焊接成平面骨架（图 3-2），然后用箍筋将数片焊接的平面骨架组成空间骨架。

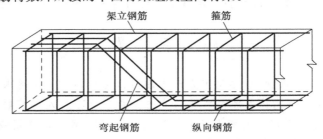

图 3-1　梁的钢筋形式（绑扎钢筋骨架）

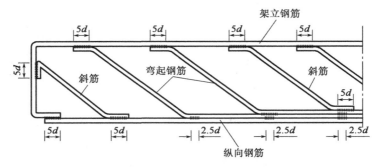

图 3-2　梁的钢筋形式（焊接钢筋骨架）

板中一般布置有两种钢筋：受力钢筋（主钢筋）和分布钢筋。对于周边支承的桥面板（图 3-3），其长边与短边的比值大于或等于 2 时，由于受力以短边方向为主，故称为单向板，反之则称为双向板。单向板中受力钢筋沿板的跨度方向布置在板的受拉区，分布钢筋则与受力钢筋相互垂直，布置在受力钢筋的内侧［图 3-4a)］。双向板中由于板的两个方向同时承受弯矩，所以两个方向均应布置受力钢筋［图 3-4b)］。

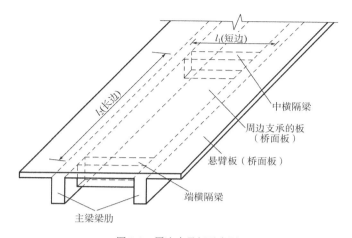

图 3-3　周边支承板示意图

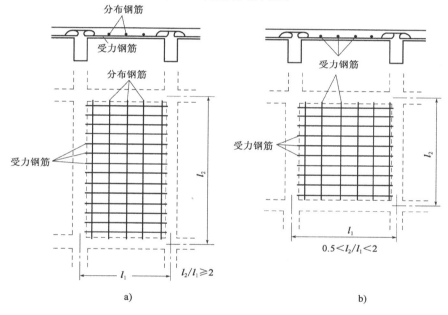

图 3-4　单、双向板钢筋示意图

在受弯构件中,若纵向受力钢筋仅配置于受拉区,这种截面称为单筋截面[图 3-5a)、b)];若在受拉区和受压区都配置纵向受力钢筋,这种截面称为双筋截面[图 3-5c)]。

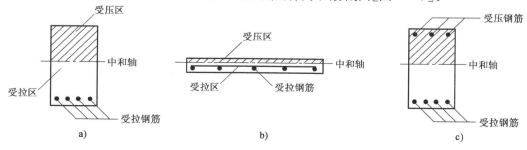

图 3-5　梁、板的横截面

45

试验结果表明,受弯构件在荷载等因素的作用下,可能出现两种破坏形式:一种是由于弯矩作用导致的破坏,破坏截面与构件的纵向轴线垂直,称为正截面破坏[图 3-6a)];另一种是由于弯矩和剪力共同作用导致的破坏,破坏截面与构件的纵向轴线斜交,称为斜截面破坏[图 3-6b)]。

图 3-6　受弯构件破坏形式

进行受弯构件设计时,既要保证构件不发生正截面破坏,也要保证构件不发生斜截面破坏,因此要进行正截面承载力和斜截面承载力计算。本章主要讨论受弯构件正截面承载力的计算问题。受弯构件斜截面承载力的计算问题将在第四章中介绍。受弯构件除需进行上述承载力计算外,一般还需按正常使用极限状态的要求进行变形和裂缝宽度验算,这方面的有关问题将在第八章中讨论。除进行上述计算和验算外,还必须对受弯构件进行一系列构造设计,以确保受弯构件的各个部位都具有足够的抗力,并使构件具有必要的适用性和耐久性。

第二节　截面形式及构造

一、截面形式

钢筋混凝土受弯构件的截面形式多种多样,常用的有矩形、T形(I形)、箱形等(图 3-7)。为满足不同的工程要求,截面的局部还可能有变化。钢筋混凝土实心矩形截面板一般用于小跨径桥梁中,有时为了节省混凝土和减轻自重,也可做成空心板。钢筋混凝土 I 形及 T 形截面梁常用于中、小跨径桥梁中,跨径增大时可采用箱形截面梁。

二、截面尺寸

钢筋混凝土受弯构件的截面尺寸与很多因素有关,比如构件的支承情况、跨度、构件的类型、材料的强度等级、荷载情况等。

板的厚度 h 可根据控制截面上的最大弯矩和板的刚度要求确定,但是为了保证施工质量及耐久性要求,《公路桥规》规定了各种板的最小厚度:人行道板不宜小于 80mm(现浇整体式)和 60mm(预制装配式);空心板桥的顶板和底板厚度均不应小于 80mm。

钢筋混凝土梁根据使用要求和施工条件可以采用现浇或预制方式制造。为了使梁截面尺寸有统一的标准,便于施工,对常见的钢筋混凝土矩形截面[图 3-7d)]和 T 形截面[图 3-7e)]梁截面尺寸可按下述建议选用:

(1)现浇矩形截面梁的宽度 b 常取 120mm、150mm、180mm、200mm、220mm、250mm,250mm以上级差为 50mm(梁的截面高度 $h \leqslant 800$mm 时)或 100mm(梁的截面高度 $h > 800$mm 时)。

矩形截面梁的高宽比 h/b 一般可取 2.0～2.5。

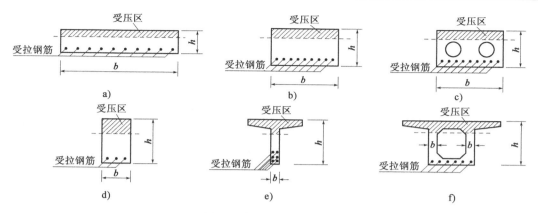

图 3-7 常用梁、板截面形式

a)整体式板;b)装配式实心板;c)装配式空心板;d)矩形梁;e)T 形梁;f)箱形梁

(2)预制的 T 形截面梁,其截面高度 h 与跨径 l 之比(称高跨比)一般可取为 $h/l=1/16\sim 1/11$,跨度越大,比值越小。梁肋宽度 b 常取为 $150\sim180$mm,根据梁内主筋布置及抗剪要求而定。

T 形截面梁翼缘板悬臂端厚度不应小于 100mm,梁肋处翼缘板厚度不宜小于梁高 h 的 1/10。

三、混凝土保护层厚度

在钢筋混凝土构件中,为了保护钢筋不直接受大气的侵蚀和其他因素影响,也为了保证钢筋和混凝土有可靠的黏结,钢筋应有足够的保护层厚度。混凝土保护层最小厚度与构件类别、设计使用年限、环境条件等因素有关。《公路桥规》规定:普通钢筋保护层厚度取钢筋外缘至混凝土表面的距离,其值不应小于钢筋公称直径;当钢筋为束筋时,保护层厚度不应小于束筋的等代直径。最外侧钢筋的混凝土保护层厚度尚应符合表 3-1 的规定。当纵向受力钢筋的混凝土保护层厚度大于 50mm 时,宜对保护层采取有效的构造措施。当在保护层内配置防裂、防剥落的钢筋网片时,钢筋网片的混凝土保护层厚度不宜小于 25mm。

混凝土保护层最小厚度 c_{min}(mm)　　　　　表 3-1

构件类别	梁、板、塔、拱圈、涵洞上部		墩台身、涵洞下部		承台、基础	
设计使用年限(年)	100	50、30	100	50、30	100	50、30
Ⅰ类——一般环境	20	20	25	20	40	40
Ⅱ—类冻融环境	30	25	35	30	45	40
Ⅲ—类近海或海洋氯化物环境	35	30	45	40	65	60
Ⅳ—类除冰盐等其他氯化物环境	30	25	35	30	45	40
Ⅴ—盐结晶环境	30	25	40	30	45	40
Ⅵ—化学腐蚀环境	35	30	40	35	60	55
Ⅶ—磨蚀环境	35	30	45	40	65	60

注:1. 表中数值是针对各环境类别的最低作用等级、按规范要求的最低混凝土强度等级以及钢筋和混凝土无特殊防腐措施规定的。

2. 对工厂预制的混凝土构件,其保护层最小厚度可将表中相应数值减小 5mm,但不得小于 20mm。

3. 表中承台和基础的保护层最小厚度,是针对基坑底无垫层或侧面无模板的情况规定的;对于有垫层或有模板的情况,保护层最小厚度可将表中相应数值减少 20mm,但最小厚度不得小于 30mm。

四、钢筋间距和直径

1. 板的钢筋

单向板内受力主钢筋的直径不宜小于 10mm(行车道板)或 8mm(人行道板)。近梁肋处的板内主钢筋,可在沿板高中心纵轴线的 1/6～1/4 计算跨径处按 30°～45°弯起,但通过支座而不弯起的主钢筋,每米板宽内不应少于 3 根,并不少于主钢筋截面面积的 1/4。

在简支板的跨中和连续板的支点处,板内主钢筋间距不大于 200mm。

行车道板内分布钢筋直径不应小于 8mm,其间距应不大于 200mm,截面面积不宜小于板截面面积的 0.1%。在所有主钢筋的弯折处,均应设置分布钢筋。人行道板内分布钢筋直径不应小于 6mm,其间距不应大于 200mm。预制板从受力性能上分析,为单向受力的窄板式的梁,也称预制板为梁式板,故其钢筋布置要求与矩形截面梁相似。

2. 梁的钢筋

梁内纵向受力钢筋直径一般为 12～32mm,通常不得超过 40mm。在同一根梁内主钢筋宜采用相同直径,当采用两种以上直径的钢筋时,为了便于施工识别,直径间应相差 2mm 以上。当受拉区主筋的混凝土保护层厚度大于 50mm 时,应在保护层内设置直径不小于 6mm,间距不大于 100mm 的钢筋网。

绑扎钢筋骨架中,各主钢筋的净距或层与层间的净距:当钢筋为三层或三层以下时,应不小于 30mm,并不小于主钢筋直径 d;当为三层以上时,不小于 40mm,并不小于主钢筋直径 d 的 1.25 倍[图 3-8a)]。

焊接钢筋骨架中,多层主钢筋在竖向不留空隙而用焊缝连接,钢筋层数一般不宜超过 6 层,单根钢筋直径不应大于 32mm。焊接钢筋骨架的净距要求见图 3-8b)。

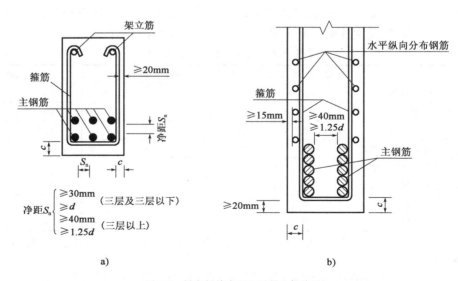

图 3-8 梁主钢筋净距和混凝土保护层
a)绑扎钢筋骨架;b)焊接钢筋骨架

架立钢筋直径通常为 10~22mm。水平纵向分布钢筋直径一般为 6~8mm,固定在箍筋外侧。梁内水平纵向分布钢筋的总截面面积可取为(0.001~0.002)bh,b 为梁肋宽度,h 为梁截面高度。其间距在受拉区不应大于梁肋宽度,且不应大于 200mm;在受压区不应大于 300mm。在梁支点附近剪力较大区段水平纵向分布钢筋间距宜为 100~150mm。

第三节　受弯构件正截面的受力性能

一、正截面受弯破坏形态

钢筋混凝土受弯构件正截面破坏特征与纵向钢筋的配筋量、钢筋和混凝土的强度等因素有关,配筋量的影响最明显。

受拉钢筋配筋量的大小通常用截面配筋率 ρ 来表示,对于矩形及 T 形截面梁,其值按下式计算:

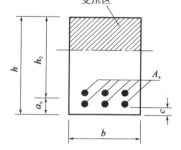

图 3-9　有效高度示意图

$$\rho = \frac{A_s}{bh_0} \qquad (3-1)$$

式中:A_s——纵向受拉钢筋截面面积;

　　　b——矩形截面宽度或 T 形截面梁肋宽度;

　　　h_0——梁截面的有效高度。其值为纵向受拉钢筋重心至截面受压边缘的距离(图 3-9),即 $h_0 = h - a_s$;其中 a_s 为纵向受拉钢筋重心到受拉边缘的距离。

工程实践和试验研究表明,随着配筋率的改变,构件的破坏特征将发生本质变化。按照梁的破坏特征的不同,可将破坏形态分为以下三类:

1.适筋破坏

当构件的配筋率适中时,构件的破坏首先是由于受拉区纵向受力钢筋屈服,然后受压区混凝土被压碎,破坏时钢筋和混凝土的强度都得到充分利用。梁完全破坏之前,受拉区纵向受力钢筋要经历较大的塑性变形,沿梁跨产生较多的垂直裂缝,裂缝不断开展和延伸,挠度也不断增大,所以能给人以明显的破坏预兆,破坏呈延性性质。发生适筋破坏的梁称为适筋梁[图 3-10a],实际工程中应设计成适筋截面的构件。

2.超筋破坏

当构件的配筋率超过某一定值时,构件的破坏是以受压区混凝土首先被压碎而引起的,破坏时受拉区纵向受力钢筋不屈服;即当受压区边缘纤维应变达到混凝土极限压应变时,钢筋拉应力尚小于屈服强度,但梁已宣告破坏[图 3-10b]。破坏前没有明显的预兆,呈脆性性质。梁发生超筋破坏时混凝土的强度得到了充分利用但钢筋没有得到充分利用,工程设计中应尽量避免。

3.少筋破坏

当构件的配筋率低于某一定值时会发生少筋破坏,其特点是一裂即坏。构件受拉区混凝土一开裂,裂缝就急速开展,裂缝截面处的拉力全部转由钢筋承担,因梁的配筋率太小,故钢筋由于突然增大的应力而迅速屈服,甚至进入强化阶段。此时即使受压区混凝土尚未压坏,也会因裂缝过宽或挠度过大而导致构件不能使用,应视其已失效[图 3-10c]。少筋破坏前无明显预兆,呈脆性性质,在工程设计中不应采用。

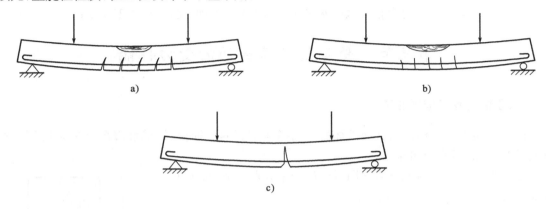

图 3-10　梁的三种破坏情况
a)适筋梁;b)超筋梁;c)少筋梁

二、适筋梁正截面受力全过程

采用图 3-11a)所示的配筋率适中的试验梁进行正截面受弯试验。试验采用逐级加载,结果如图 3-11b)所示。图中纵坐标为梁跨中截面的弯矩实测值 M^0,横坐标为梁跨中截面曲率(梁单位长度上正截面的转角)实测值 φ^0。

由图 3-11b)可见,M^0-φ^0 关系曲线上有两个明显的转折点 C 和 Y,故适筋梁从开始加载到正截面完全破坏,截面的受力状态可分为三个工作阶段——整截面工作阶段、带裂缝工作阶段和破坏阶段:

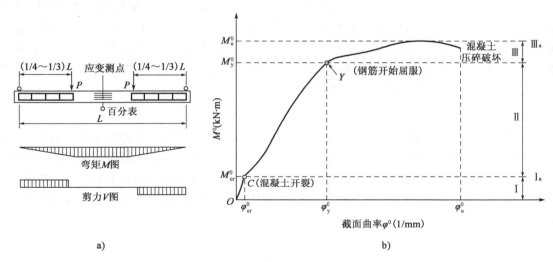

图 3-11　试验梁布置及 M^0-φ^0 关系曲线
a)试验梁布置;b)M^0-φ^0 关系曲线

1. 第Ⅰ阶段——混凝土开裂前的整截面工作阶段

当截面上的弯矩很小时,受压区混凝土的压应力、受拉区混凝土的拉应力和钢筋的拉应力都很小。此时,混凝土的工作性能接近匀质弹性体,截面上混凝土的应力分布图形为三角形[图3-12a)]。

当弯矩增大时,混凝土的压应力、拉应力和钢筋的拉应力都有不同程度的增加。由于混凝土的抗拉强度远小于抗压强度,受拉区混凝土呈现出明显的塑性特征,应变增加较应力快,受拉区应力图形呈曲线,随弯矩增加渐趋均匀,接近矩形分布。在这一阶段,受拉区混凝土尚未开裂,整个截面参与受力工作,称为整截面工作阶段。

当弯矩增大到某一数值时,受拉边缘的混凝土达到其实际的抗拉强度 f_t 和极限拉应变 ε_{tu},截面处于将裂未裂的临界状态,即第Ⅰ阶段末Ⅰ$_a$状态[图3-12b)],相应的弯矩称为开裂弯矩 M_{cr},此时,受压区边缘混凝土的最大压应力与混凝土的抗压强度相比,还很小,受压区边缘混凝土塑性变形不明显,受压区混凝土应力分布接近三角形。Ⅰ$_a$状态被称为"抗裂极限状态",受弯构件抗裂验算以此为依据。

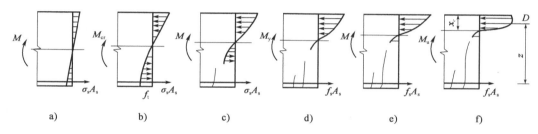

图 3-12　钢筋混凝土梁工作的三个阶段
a)Ⅰ;b)Ⅰ$_a$;c)Ⅱ;d)Ⅱ$_a$;e)Ⅲ;f)Ⅲ$_a$

2. 第Ⅱ阶段——混凝土开裂后至钢筋屈服前的带裂缝工作阶段

截面受力达到Ⅰ$_a$状态之后,弯矩稍许增加,混凝土受拉边缘应变超过混凝土极限拉应变 ε_{tu},构件开裂。截面上应力发生重分布,在裂缝截面处,开裂混凝土退出工作,拉力主要由钢筋承担,钢筋拉力突然增大,钢筋的应变相应增大,中和轴位置也随之向上移动。受压区混凝土压应力继续增加,混凝土塑性变形表现得越来越明显,压应力呈曲线分布。该工作阶段称为第Ⅱ阶段[图3-12c)],该阶段是容许应力法计算的依据,受弯构件使用阶段的变形和裂缝宽度验算也以此为依据。

弯矩继续增加,裂缝进一步开展,钢筋和混凝土应力和应变不断增大,当弯矩增大至某一数值 M_y 时,受拉区纵向受力钢筋开始屈服,钢筋应力达到其屈服强度 f_s,这种特定的受力状态称为Ⅱ$_a$状态[图3-12d)]。

3. 第Ⅲ阶段——钢筋屈服至截面破坏的破坏阶段

受拉区纵向受力钢筋屈服后,截面上的弯矩增加少许,塑性变形即急速发展,裂缝迅速开展,中和轴上移,混凝土受压区高度减小,受压区混凝土应力迅速增大,应力分布呈显著曲线形,该工作阶段称为第Ⅲ阶段[图3-12e)]。

当受压区边缘混凝土达到极限压应变 ε_{cu} 时,受压区混凝土出现纵向裂缝,混凝土被完全压碎,截面发生破坏,这种特定的受力状态称为Ⅲ$_a$状态[图3-12f)],也称为承载能力极限状态。

此时,正截面所承担的弯矩就是极限弯矩 M_u,按极限状态进行正截面承载力计算以此为依据。

第四节　受弯构件正截面承载力计算的基本原则

一、基本假定

受弯构件正截面承载力计算属于承载能力极限状态计算,以Ⅲₐ应力状态为依据。钢筋混凝土构件正截面抗弯承载力计算采用下述四个基本假定。

1. 平截面假定

国内外大量试验表明,截面从受力到破坏,截面应变均能较好地符合平截面假定[图 3-13a],受压区在三个阶段内始终保持平截面工作,受压区采用平截面假定是正确的。受拉区有所不同,在工作阶段Ⅲ时,裂缝既宽又深,在裂缝截面处,钢筋和相邻混凝土之间实际已发生某些相对滑移。显然,裂缝附近区段的截面变形并不能完全符合平截面假定,但是,如果量测应变的标距足够长(跨过一条或几条裂缝),则其平均应变仍能很好地符合平截面假定。试验还表明,构件破坏时,沿构件方向,受拉钢筋屈服有一定长度范围。同样,混凝土压碎也有一定长度范围,即是说截面的应变分布可采用平均应变分布。

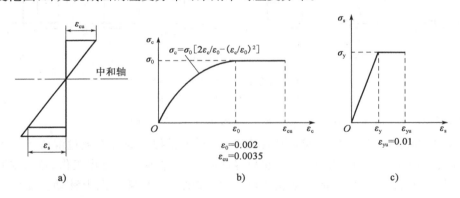

图 3-13　基本假定示意图

2. 不考虑混凝土的抗拉强度

在裂缝截面处,受拉区混凝土虽大部分已退出工作,但在靠近中和轴附近,仍有小部分混凝土承担着拉应力。由于其拉应力不大,且内力臂也不大,因此,所承担的内力矩也不大,故在计算中可忽略不计。

3. 混凝土受压应力—应变曲线采用二次抛物线加水平线形式

混凝土受压的应力—应变曲线,采用的是由一条二次抛物线及水平线组成的曲线。图 3-13b)是欧洲混凝土协会的标准规范(CEB-FIP Model Code)采用的作为计算依据的典型化混凝土应力—应变曲线。曲线的上升段为二次抛物线,曲线的下降段为水平直线。

4. 钢筋采用理想弹塑性的应力—应变曲线

钢筋的应力取等于钢筋应变与其弹性模量的乘积,但其绝对值不大于相应的强度设计值。

钢筋的应力—应变关系曲线采用简化的理想弹塑性应力—应变关系,如图 3-13c)所示。对照第一章所述的钢筋应力—应变曲线,说明有明显屈服点的钢筋,采用这一假定是切合实际的。应该指出,对于无明显屈服点的钢筋,采用这一假定是近似的。《公路桥规》取图 3-13c)中的 $\sigma_y = f_{sd}$,f_{sd} 为钢筋抗拉强度设计值。

二、受压区混凝土等效矩形应力图

根据前述假定,受弯构件正截面的应变图形和理论应力图形如图 3-14b)、c)所示。由于在计算截面的抗弯承载力时,只需知道混凝土受压区合力的大小及其作用点的位置,至于受压区的应力分布规律不必详尽考虑。为了方便计算,受压区混凝土的应力图形可用一个等效的矩形应力图形代替[图 3-14d)]。等效的原则是保证二者的抗弯承载力相等,即:

(1)受压区混凝土压应力的合力大小不变。

(2)受压区混凝土压应力合力的作用点位置不变。

矩形应力图的应力取为 $\gamma\sigma_0$,其中,σ_0 为受压区混凝土峰值应力;γ 为系数,当混凝土强度等级不超过 C50 时,取为 1.0;当混凝土强度等级为 C80 时,取为 0.94,其间按线性内插法确定。《公路桥规》取 $\gamma\sigma_0 = f_{cd}$,f_{cd} 为混凝土的轴心抗压强度设计值。

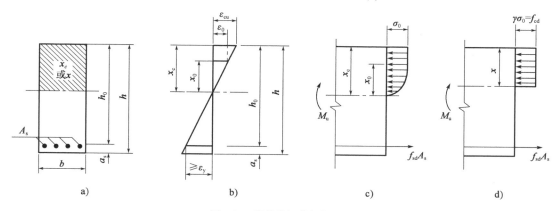

图 3-14　等效的矩形应力图形

按等效矩形应力图形计算的受压区高度 x 与按平截面假定确定的受压区高度 x_c 之间的关系为:

$$x = \beta x_c \tag{3-2}$$

其中,β 为系数,当混凝土强度等级不超过 C50 时,取为 0.8,当混凝土强度等级为 C80 时,取为 0.74,其间按线性内插法确定。

最后的计算简图如图 3-14d)所示。

三、适筋截面的条件

1.避免超筋破坏的条件

适筋破坏与超筋破坏之间的界限破坏受力特点是,受拉钢筋达到屈服与受压区混凝土被压碎同时发生,即应力状态 II_a 和 III_a 同时发生。

由基本假定,梁发生破坏时,截面上的应变情况如图 3-15 所示。受压区混凝土边缘的极限压应变均为 ε_{cu},但纵向受拉钢筋的应变却不同,受压区高度也不同。

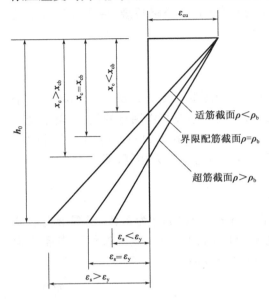

图 3-15　适筋梁、超筋梁、界限配筋梁破坏时的
正截面平均应变图

界限破坏时的相对受压区高度称为界限相对受压区高度,用 ξ_b 表示,由图 3-15,则有:

$$\xi_b = \frac{x_b}{h_0} = \frac{\beta x_{cb}}{h_0} = \frac{\beta \varepsilon_{cu}}{\varepsilon_{cu} + \frac{f_{sd}}{E_s}} = \frac{\beta}{1 + \frac{f_{sd}}{E_s \varepsilon_{cu}}}$$

(3-3)

式中:x_b——界限破坏时的计算受压区高度;

x_{cb}——界限破坏时的实际受压区高度;

ε_{cu}——受压区混凝土边缘纤维的极限压应变;

f_{sd}——钢筋抗拉强度设计值;

E_s——钢筋弹性模量。

为了避免截面发生超筋破坏,其相对受压区高度 $\xi = \dfrac{x}{h_0}$ 应满足如下条件:

$$\xi \leqslant \xi_b \quad \text{或} \quad x \leqslant \xi_b h_0$$

(3-4)

当构件配置有明显屈服点的热轧钢筋时,界限相对受压区高度 ξ_b 见表 3-2。

界限破坏时的相对受压区高度 ξ_b　　　　　　　　　　　　　表 3-2

钢 筋 种 类	≤C50	C55、C60	C65、C70
HPB300	0.58	0.56	0.54
HRB400、HRBF400、RRB400	0.53	0.51	0.49
HRB500	0.49	0.47	0.46

注:截面受拉区内配置不同种类钢筋的受弯构件,其 ξ_b 值应选用相应于各种钢筋的较小者。

2. 避免少筋破坏的条件

纵向受拉钢筋的配筋率过小时会出现少筋破坏。为防止出现少筋破坏,就要规定一个最小配筋率 ρ_{min}。最小配筋率理论上是根据钢筋混凝土梁的极限弯矩 M_u 等于同样截面尺寸、同样材料的素混凝土梁正截面开裂弯矩 M_{cr} 这一条件确定的。根据这一原则,同时考虑到温度变化、混凝土收缩应力的影响以及过去的设计经验,《公路桥规》规定了受弯构件纵向受力钢筋的最小配筋率 ρ_{min},详见附表 1-5。

第五节　单筋矩形截面受弯构件

根据承载能力极限状态设计原则,为保证受弯构件正截面承载力足够,必须满足下列条件:

$$\gamma_0 M_d \leqslant M_u$$

(3-5)

式中：γ_0——结构的重要性系数；

　　　M_d——计算截面的弯矩组合设计值；

　　　M_u——计算截面所能承担的极限弯矩，即计算截面的正截面抗弯承载力设计值。

一、计算简图及基本公式

根据第四节的基本假定及受压区混凝土采用等效矩形应力图形，单筋矩形截面受弯构件正截面承载力的计算应力图形如图 3-16 所示。

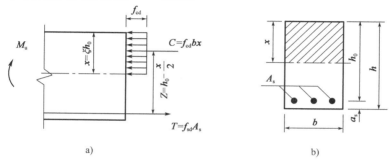

a)　　　　　　　　　　　　b)

图 3-16　单筋矩形截面受弯构件正截面承载力计算简图

由静力平衡条件，可写出单筋矩形截面受弯构件正截面承载力的基本公式。

由截面上水平方向的内力之和为零，即 $\sum X = 0$，得：

$$f_{cd}bx = f_{sd}A_s \tag{3-6}$$

由截面上内、外力矩之和为零，即 $\sum M = 0$，对受拉钢筋合力作用点取矩，得：

$$\gamma_0 M_d \leqslant M_u = f_{cd}bx\left(h_0 - \frac{x}{2}\right) \tag{3-7}$$

对受压区合力点取矩，得：

$$\gamma_0 M_d \leqslant M_u = f_{sd}A_s\left(h_0 - \frac{x}{2}\right) \tag{3-8}$$

式中：M_d——计算截面的弯矩组合设计值；

　　　γ_0——结构的重要性系数；

　　　M_u——计算截面的抗弯承载力设计值；

　　　x——截面计算受压区高度；

　　　f_{cd}——混凝土轴心抗压强度设计值；

　　　f_{sd}——纵向钢筋抗拉强度设计值；

　　　A_s——纵向受拉钢筋的截面面积；

　　　b——矩形截面宽度；

　　　h_0——截面的有效高度；

　　　a_s——纵向受拉钢筋重心到受拉边缘的距离。

将相对受压区高度 $\xi = x/h_0$ 代入上述三式，则式(3-6)～式(3-8)可写成：

$$\xi = \rho\frac{f_{sd}}{f_{cd}} \tag{3-9}$$

$$\gamma_0 M_d \leqslant M_u = f_{cd}bh_0^2\xi(1 - 0.5\xi) \tag{3-10}$$

$$\gamma_0 M_{\mathrm{d}} \leqslant M_{\mathrm{u}} = A_{\mathrm{s}} f_{\mathrm{sd}} h_0 (1 - 0.5\xi) \tag{3-11}$$

二、基本公式适用条件

式(3-6)～式(3-8)仅适用于适筋截面。为了避免出现超筋截面和少筋截面,由适筋截面的条件可知,式(3-6)～式(3-8)必须满足下列两个条件:

$$\xi \leqslant \xi_{\mathrm{b}} \ \text{或} \ x \leqslant \xi_{\mathrm{b}} h_0 \tag{3-12}$$

$$\rho \geqslant \rho_{\min} \tag{3-13}$$

三、适筋截面的最大配筋率 $\rho_{\max}$ 和最大抗弯承载力 M_{ub}

将式(3-9)代入适用条件(3-12)得:

$$\rho \leqslant \xi_{\mathrm{b}} \frac{f_{\mathrm{cd}}}{f_{\mathrm{sd}}} \tag{3-14}$$

由此可得适筋截面的最大配筋率为:

$$\rho_{\max} = \xi_{\mathrm{b}} \frac{f_{\mathrm{cd}}}{f_{\mathrm{sd}}} \tag{3-15}$$

由式(3-12),得适筋截面最大相对受压区高度 $\xi = \xi_{\mathrm{b}}$,代入式(3-10),得适筋截面最大抗弯承载力为:

$$M_{\mathrm{ub}} = f_{\mathrm{cd}} b h_0^2 \xi_{\mathrm{b}} (1 - 0.5\xi_{\mathrm{b}}) \tag{3-16}$$

从适筋截面的最大配筋率和最大抵抗矩的意义,不难得出式(3-12)的另外两个等价式:

$$\rho \leqslant \rho_{\max} \tag{3-17}$$

$$\gamma_0 M_{\mathrm{d}} \leqslant M_{\mathrm{ub}} \tag{3-18}$$

四、基本公式的应用

受弯构件正截面承载力计算一般分为两类问题,即截面复核和截面设计。

1. 截面复核

截面复核也称截面承载力验算。即在截面尺寸 b、$h(h_0)$、纵向钢筋截面面积 A_{s} 及材料强度 f_{cd}、f_{sd} 均为给定的情况下,要求确定该截面的抗弯承载力 M_{u},并与该截面所承受的弯矩计算值($M = \gamma_0 M_{\mathrm{d}}$)进行比较,判断该截面是否安全。

首先检查钢筋布置是否符合规范要求,然后进行承载力计算。求解该问题所依据的是基本公式(3-6)～公式(3-8)及其适用条件,基本公式中只有两个未知数,受压区高度 x 和 M_{u},故可以得到唯一的解。

计算截面抗弯承载力 M_{u} 时,先由式(3-6)和式(3-1)计算出受压区高度 x 和配筋率 ρ,然后根据 x 和 ρ 值的不同情况,分别按下列情况计算截面抗弯承载力 M_{u}。

(1)当 $\rho < \rho_{\min}$ 时,受拉钢筋配量过少,梁处于少筋状态,可直接判为不安全。

(2)当 $x > \xi_{\mathrm{b}} h_0$ 时,截面受拉钢筋配量过多,梁处于超筋状态,将 $x = \xi_{\mathrm{b}} h_0$ 代入式(3-7)计算截面抗弯承载力 M_{u}。

(3)当 $x \leqslant \xi_{\mathrm{b}} h_0$ 且 $\rho \geqslant \rho_{\min}$ 时,梁处于适筋状态,将 x 代入式(3-7)或式(3-8),计算截面抗弯承载力 M_{u}。

（4）当 $\gamma_0 M_d$ 大于 M_u 时，不安全；当 $\gamma_0 M_d$ 小于且接近 M_u 时，安全且经济；当 $\gamma_0 M_d$ 小于 M_u 时，安全。

【例题 3-1】 已知某钢筋混凝土梁，如图 3-17 所示。截面尺寸 $b \times h = 250\text{mm} \times 500\text{mm}$，混凝土 C30，受拉钢筋为 HPB300 级，配筋 $3\phi20(A_s = 942\text{mm}^2)$，箍筋为 HPB300 级，直径为 8mm，Ⅰ类环境条件，安全等级为二级，设计使用年限为 50 年。承受的弯矩组合设计值 $M_d = 90\text{kN·m}$。试复核该梁的正截面抗弯承载力是否足够。

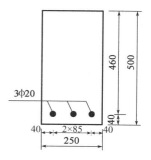

图 3-17 例题 3-1 图（尺寸单位：mm）

解： 根据已给材料分别由附表 1-1 和附表 1-3 查得：$f_{cd} = 13.8\text{MPa}$，$f_{td} = 1.39\text{MPa}$，$f_{sd} = 250\text{MPa}$。由表 3-2 查得 $\xi_b = 0.58$。最小配筋百分率计算：$45(f_{td}/f_{sd}) = 45 \times (1.39/250) = 0.25$，且不应小于 0.2，故取 $\rho_{min} = 0.25\%$。弯矩计算值 $M = \gamma_0 M_d = 90\text{kN·m}$。

由图 3-8 得到纵向受力钢筋的混凝土保护层 $c = a_s - \dfrac{d}{2} = 40 - \dfrac{20}{2} = 30\text{mm}$，大于钢筋公称直径 $d = 20\text{mm}$。箍筋的混凝土保护层 $c_1 = a_s - \dfrac{d}{2} - d_1 = 40 - \dfrac{20}{2} - 8 = 22\text{mm}$，符合表 3-1 的要求且大于箍筋公称直径 $d_1 = 8\text{mm}$。钢筋间净距 $S_n = \dfrac{250 - 3 \times 20 - 2 \times 30}{2} = 65\text{mm} > 30\text{mm}$ 且大于 $d = 20\text{mm}$。

实际配筋率 $\rho = \dfrac{A_s}{bh_0} = \dfrac{942}{250 \times 460} = 0.819\%$

（1）计算受压区高度 x

受压区高度 $x = \dfrac{A_s f_{sd}}{f_{cd} b} = \dfrac{942 \times 250}{13.8 \times 250} = 68.3\text{mm}$

（2）计算截面抗弯承载力 M_u

由于 $x = 68.3\text{mm} < \xi_b h_0 = 0.58 \times 460 = 267\text{mm}$，且 $\rho = 0.819\% > \rho_{min} = 0.25\%$，梁处于适筋状态，将 x 代入式（3-7）得：

$$M_u = f_{cd} bx \left(h_0 - \frac{x}{2}\right) = 13.8 \times 250 \times 68.3 \times \left(460 - \frac{68.3}{2}\right)$$

$$= 100.3 \times 10^6 \text{N·mm} = 100.3\text{kN·m}$$

（3）判断

由于 $M_u = 100.3\text{kN·m} > M = 90\text{kN·m}$，所以，截面安全。

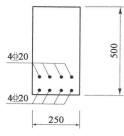

图 3-18 例题 3-2 图（尺寸单位：mm）

【例题 3-2】 已知一钢筋混凝土梁，如图 3-18 所示。截面尺寸 $b \times h = 250\text{mm} \times 500\text{mm}$，混凝土 C30，受拉钢筋 HRB400 级，配筋 $8\phi20$ $(A_s = 2513\text{mm}^2)$，安全等级为二级。Ⅰ类环境条件，箍筋（HPB300）直径为 10mm，箍筋的混凝土保护层厚度为 20mm。复核该截面是否能承受弯矩组合设计值 $M_d = 280\text{kN·m}$ 的作用。

解： 根据已给材料分别由附表 1-1 和附表 1-3 查得：$f_{cd} = 13.8\text{MPa}$，$f_{td} = 1.39\text{MPa}$，$f_{sd} = 330\text{MPa}$。由表 3-2，查得 $\xi_b = 0.53$。最小配筋百分率计算：

$$45\left(\frac{f_{td}}{f_{sd}}\right)=45\times\left(\frac{1.39}{330}\right)=0.19$$

且不应小于 0.2，故取 $\rho_{min}=0.20\%$。

纵向受力钢筋的混凝土保护层厚度为 30mm，大于钢筋公称直径 $d=20$mm。箍筋的混凝土保护层厚度为 20mm，符合表 3-1 的要求且大于箍筋公称直径 $d_1=10$mm。钢筋间净距 $S_n=\dfrac{250-4\times22.7-2\times30}{3}=33mm>30$mm，且$>d=20$mm。

(1)计算受压区高度 x 和配筋率 ρ

$a_s=20+10+22.7+30/2\approx68$mm，梁的有效高度 $h_0=h-a_s=500-68=432$mm。实际配筋率为：

$$\rho=\frac{A_s}{bh_0}=\frac{2513}{250\times432}=2.33\%$$

受压区高度 $\quad x=\dfrac{f_{sd}A_s}{f_{cd}b}=\dfrac{330\times2513}{13.8\times250}=240$mm

(2)计算截面抗弯承载力 M_u

由于 $x=240$mm$>\xi_b h_0=0.53\times432=229$mm，超筋。

取 $x=229$mm，代入式(3-7)得：

$$M_u=f_{cd}bx\left(h_0-\frac{x}{2}\right)=13.8\times250\times229\times\left(432-\frac{229}{2}\right)$$

$$=250.84\times10^6\text{N}\cdot\text{mm}=250.84\text{kN}\cdot\text{m}$$

(3)判断

由于 $M_u=250.84$kN·m$<M=280$kN·m，所以，抗弯承载力不足，截面不安全。

请读者自己分析原因，并提出改进方案。

2. 截面设计

截面设计是指已知截面承受的弯矩组合设计值，选择材料，确定截面尺寸及配筋的计算。在桥梁工程中，最常见的截面设计工作是已知截面上作用的弯矩计算值($M=\gamma_0 M_d$)、材料(混凝土强度等级和钢筋的等级)以及截面尺寸(b,h)，要求确定配筋量(A_s)、选择钢筋规格并进行截面钢筋布置。

设计时，为了安全，应满足 $M\leqslant M_u$；为了经济，一般按 $M=M_u$ 进行设计。求解该问题所依据的也是基本公式(3-6)～公式(3-8)及其适用条件，基本公式是两个独立的方程，需要确定的未知数比两个未知数多得多，说明该问题没有唯一的解答。从数学上来讲，属于多解问题，通过建立不同的补充方程，可求得许多组满足基本方程及其适用条件的解；从设计上来讲，就是在满足基本公式(3-6)～公式(3-8)及其适用条件的前提下，确定一组尽可能经济合理的解答。

该问题的求解，一般需要经过反复试算，其步骤如下：

(1)假设受拉钢筋重心到截面受拉边缘距离 a_s

在 I 类环境条件下，对于绑扎钢筋骨架的梁，可设 $a_s=40$mm(布置一层钢筋时)或 65mm(布置两层钢筋时)。对于板，一般可根据板厚假设 a_s 为 25mm 或 35mm。这样可得到有效高度 h_0。

(2)求截面受压区高度 x

钢筋强度(f_{sd})、混凝土强度(f_{cd})和截面尺寸(b,h)确定之后，将已知参数 f_{sd}、f_{cd}、b、h_0 等

代入基本公式(3-7)或公式(3-8)中,解一元二次方程,求出 x,并应满足 $x \leqslant \xi_b h_0$。若 $x > \xi_b h_0$ 时,说明所选截面尺寸过小,加大截面尺寸后,重复(1)到(2)步。

(3)求受拉钢筋面积 A_s

将所求出的 x 代入基本公式(3-6),求出 A_s。

(4)选配钢筋

得到实际配筋面积 A_s、a_s 及 h_0。实际配筋率 ρ 应满足 $\rho \geqslant \rho_{min}$。若 $\rho < \rho_{min}$ 时,取 $A_s = \rho_{min} b h_0$。结合钢筋间距和直径的有关规定,选择钢筋直径和根数。

(5)复核基本公式适用条件

通过验算基本公式适用条件式(3-12)以及式(3-13),当 $x \leqslant \xi_b h_0$ 且 $\rho \geqslant \rho_{min}$ 时,说明所选截面尺寸合适,所求之解满足基本公式和适用条件,A_s 可以采用。

需要进一步说明的是,在使用基本公式解决截面设计中某些问题时,例如已知弯矩计算值 M 和材料,要求确定截面尺寸和所需钢筋数量时,未知数将会多于基本公式的数目。在满足式(3-12)和式(3-13)这两个条件的情况下,截面也可能有多种不同的选择。截面选的大一些,所需 A_s 要小一些,钢材用量要少一些,但会使混凝土及模板费用增加;反之,截面选的小一些,所需 A_s 要大一些,钢材用量要增大。如构件的高跨比(h/l)较小,有可能使变形或裂缝宽度超过允许的限值。显然,合理的选择应该是在满足承载力和使用要求的前提下,使包括材料及施工费用在内的总造价为最省。这时可以由构造规定或工程经验来假定梁宽 b 及配筋率 ρ,则问题可解。对于配筋率 ρ,可选取 $\rho = 0.6\% \sim 1.5\%$(矩形梁)或取 $\rho = 0.3\% \sim 0.8\%$(板)。

(6)绘制截面配筋图

截面配筋图是截面设计成果的集中体现,一般在图中应注明材料强度等级、截面尺寸、钢筋直径和根数并标出图名。

【例题 3-3】 已知一矩形截面梁,弯矩组合设计值 $M_d = 170 \text{kN·m}$,采用 C35 混凝土,HRB400 级钢筋,Ⅰ类环境条件,安全等级为二级。拟采用的箍筋(HPB300)直径为 10mm,箍筋的保护层厚度为 20mm。试确定该梁的截面尺寸及所需的纵向受拉钢筋截面面积 A_s。

解: 根据已给材料,分别由附表 1-1 和附表 1-3 查得:$f_{cd} = 16.1 \text{MPa}$,$f_{td} = 1.52 \text{MPa}$,$f_{sd} = 330 \text{MPa}$。由表 3-2 查得 $\xi_b = 0.53$。最小配筋百分率计算:$45(f_{td}/f_{sd}) = 45 \times (1.52/330) = 0.21$,且不应小于 0.2,故取 $\rho_{min} = 0.21\%$。

(1)确定截面尺寸

假设 $\rho = 0.01$,$b = 300 \text{mm}$,则:

$$\xi = \rho \frac{f_{sd}}{f_{cd}} = 0.01 \times \frac{330}{16.1} = 0.205 < \xi_b = 0.53$$

$$h_0 = \sqrt{\frac{\gamma_0 M_d}{\xi(1 - 0.5\xi) f_{cd} b}} = \sqrt{\frac{1.0 \times 170 \times 10^6}{0.205 \times (1 - 0.5 \times 0.205) \times 16.1 \times 300}} = 437 \text{mm}$$

设 $a_s = 40 \text{mm}$,$h = h_0 + a_s = 437 + 40 = 477 \text{mm}$。

现取梁高 $h = 500 \text{mm}$,则 $h_0 = h - a_s = 500 - 40 = 460 \text{mm}$。

(2)求截面受压区高度 x 和受拉钢筋面积(A_s)

由基本公式(3-7),取 $M = M_u$ 得:

$$170 \times 10^6 = 16.1 \times 300 \cdot x \cdot \left(460 - \frac{x}{2}\right)$$

整理后得：

$$x^2 - 920x + 70393 = 0$$

解一元二次方程，得截面受压区高度 $x = 84.2$mm。

由于 $x = 84.2$mm $< \xi_b h_0 = 0.53 \times 460 = 244$mm，将 x 值代入式(3-6)，得受拉纵向钢筋截面面积为：

$$A_s = \frac{f_{cd}bx}{f_{sd}} = \frac{16.1 \times 300 \times 84.2}{330} = 1232\text{mm}^2$$

（3）选择钢筋直径和根数

查附表1-7，并结合构造要求，选用 4 $\underline{\Phi}$ 20（外径22.7mm），$A_s = 1256$mm$^2 > 1232$mm^2，钢筋净间距 $S_n = \frac{300 - 4 \times 22.7 - 2 \times 30}{3} = 49.7$mm > 30mm 且 $> d = 20$mm，可以。

（4）复核基本公式适用条件

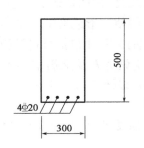

$$x = \frac{f_{sd}A_s}{f_{cd}b} = \frac{330 \times 1256}{16.1 \times 300} = 86\text{mm}$$

$$< \xi_b h_0 = 0.53 \times (500 - 30 - 22.7/2) = 0.53 \times 459 = 243\text{mm}$$

$$\rho = \frac{A_s}{bh_0} = \frac{1256}{300 \times 459} = 0.91\% > \rho_{min} = 0.21\%$$，且 ρ 处在梁的经济配筋率 $0.6\% \sim 1.5\%$ 之内，说明所选截面符合经济合理的要求。

（5）绘制截面配筋图

截面配筋图如图3-19所示。

图3-19 （尺寸单位:mm）

请读者将该梁截面改为 300mm $\times$ 550mm 和 300mm $\times$ 450mm，分别计算其配筋面积 A_s 并与上述结果进行比较。

【例题 3-4】 如图3-20a)所示的钢筋混凝土人行道板，计算跨径为2.05m，承受人群荷载标准值为 3.5kN/m^2，板厚为80mm。采用C30混凝土，受力钢筋为 HPB300 级，箍筋直径为8mm，其混凝土保护层厚度为20mm，Ⅰ类环境条件，安全等级为二级。试进行配筋计算。

解：$f_{cd} = 13.8$MPa，$f_{td} = 1.39$MPa，$f_{sd} = 250$MPa，$\xi_b = 0.58$，ρ_{min} 取 0.2% 和 $0.45 \times \frac{f_{td}}{f_{sd}} = 0.45 \times \frac{1.39}{250} = 0.25\%$ 二者较大值。

（1）确定计算简图

沿垂直于板跨度方向取宽度为1m的板带作为计算单元。因此，板的计算简图为一承受均布荷载的简支梁(板)。计算跨径 $L = 2.05$m，板上作用的荷载为板自重 g_1 和人群荷载 q_1，其中 g_1 为钢筋混凝土重度（取为 25kN/m^3）与截面面积乘积，即 $g_1 = 25 \times 0.08 \times 1 = 2$kN/m，$q_1 = 3.5 \times 1 = 3.5$kN/m。

（2）求跨中截面的最大弯矩设计值

自重弯矩标准值 $\quad M_{G1} = \frac{1}{8}g_1 L^2 = \frac{1}{8} \times 2 \times 2.05^2 = 1.051$kN $\cdot$ m

人群荷载的弯矩标准值　　　$M_{Q1} = \frac{1}{8} q_1 L^2 = \frac{1}{8} \times 3.5 \times 2.05^2 = 1.839 \text{kN} \cdot \text{m}$

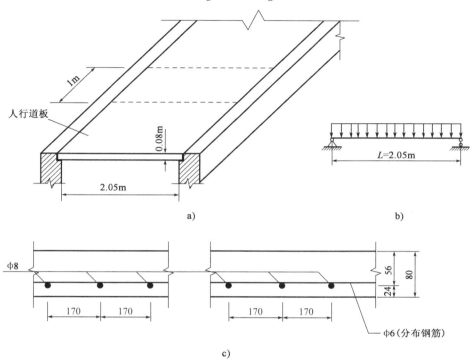

图 3-20　例题 3-4 图(尺寸单位:mm)

a)计算单元;b)计算简图;c)截面配筋图

由基本组合,得到板跨中截面的弯矩组合设计值:

$$M_d = \gamma_{G1} M_{G1} + \gamma_{Q1} M_{Q1} = 1.2 \times 1.051 + 1.4 \times 1.839 = 3.836 \text{kN} \cdot \text{m}$$

取 $\gamma_0 = 1.0$,则弯矩计算值 $M = \gamma_0 M_d = 3.836 \text{kN} \cdot \text{m}$

(3)求截面受压区高度 x

设 $a_s = 25 \text{mm}$。板的有效高度 $h_0 = h - a_s = 80 - 25 = 55 \text{mm}$。

由式(3-7)得 $3.836 \times 10^6 = 13.8 \times 1000 \times x \times \left(55 - \frac{x}{2}\right)$

整理上式后得 $x^2 - 110x + 556 = 0$

解以上一元二次方程,得截面受压区高度:

$$x = 5.3 \text{mm} < \xi_b h_0 = 0.58 \times 55 = 32 \text{mm}$$

(4)求受拉钢筋面积(A_s)

将 x 值代入式(3-6),得受拉纵向钢筋截面面积为:

$$A_s = \frac{f_{cd} bx}{f_{sd}} = \frac{13.8 \times 1000 \times 5.3}{250} = 293 \text{mm}^2$$

(5)选择钢筋直径和根数

查附表 1-8 并结合构造要求,选用 φ8@170。单位板宽的钢筋截面面积 $A_s = 296 \text{mm}^2 > 293 \text{mm}^2$。

（6）验算基本公式适用条件并绘制截面配筋图

$$x = \frac{f_{sd} A_s}{f_{cd} b} = \frac{250 \times 296}{13.8 \times 1000} = 5.4 \text{mm}$$

$$< \xi_b h_0 = 0.58 \times (80 - 20 - 8/2) = 0.58 \times 56 = 32 \text{mm}$$

$$\rho = \frac{A_s}{b h_0} = \frac{296}{1000 \times 56} = 0.53\% > \rho_{min} = 0.25\% \text{，且 } \rho \text{ 处在板的经济配筋率 } 0.3\% \sim 0.8\%$$

之内。

说明截面设计符合经济合理的要求。根据上述计算成果，绘制的截面配筋图如图 3-20c)所示。

五、计算表格的编制及应用

从上面的例题可以看出，在设计截面时，需要反复求解一个关于 x 的二次方程。为了简化计算，可引用一些参数，编制成表格。

在式（3-10）中，令 $A_0 = \xi(1 - 0.5\xi)$，可得：

$$M_u = f_{cd} b h_0^2 A_0 \tag{3-19}$$

式中：A_0——截面抵抗矩系数。

在式（3-11）中，令 $\zeta_0 = 1 - 0.5\xi$，可得：

$$M_u = f_{sd} A_s h_0 \zeta_0 \tag{3-20}$$

式中：ζ_0——内力臂系数。

显然，A_0 和 ζ_0 仅与 ξ 有关，给出一系列 ξ 的值，就可以得到相应的一系列 A_0 和 ζ_0 值，它们对应关系，详见附表 1-6。

在进行配筋计算时，先由下式求出 A_0：

$$A_0 = \frac{M}{f_{cd} b h_0^2} \tag{3-21}$$

查附表 1-6，可求得相应的 ξ 和 ζ_0，按下列公式之一计算 A_s：

$$A_s = \frac{M}{f_{sd} h_0 \zeta_0} \tag{3-22a}$$

$$A_s = \xi b h_0 \frac{f_{cd}}{f_{sd}} \tag{3-22b}$$

ξ 和 ζ_0，也可直接由下列公式计算：

$$\xi = 1 - \sqrt{1 - 2A_0} \tag{3-23}$$

$$\zeta_0 = 0.5(1 + \sqrt{1 - 2A_0}) \tag{3-24}$$

【**例题 3-5**】 用查表法计算例题 3-3。

解：由式（3-21）得：

$$A_0 = \frac{M}{f_{cd} b h_0^2} = \frac{170 \times 10^6}{16.1 \times 300 \times 460^2} = 0.1663$$

查附表 1-6，$\xi = 0.1831$，$\zeta_0 = 0.9085$ 或由式（3-23）和式（3-24）直接计算：

$$\xi = 1 - \sqrt{1 - 2A_0} = 1 - \sqrt{1 - 2 \times 0.1663} = 0.1831 < \xi_b = 0.62$$

$$\zeta_0 = 0.5(1 + \sqrt{1 - 2A_0}) = 0.5(1 + \sqrt{1 - 2 \times 0.1663}) = 0.9085(0.908)$$

由式(3-22a)求 A_s 得：

$$A_s = \frac{M}{f_{sd}h_0\zeta_0} = \frac{170 \times 10^6}{330 \times 460 \times 0.9085} = 1232\text{mm}^2$$

其余步骤同例题 3-3。

第六节　双筋矩形截面受弯构件

当截面所承受的弯矩较大,而截面尺寸由于某些条件限制不能加大,以及混凝土强度等级不能提高时,常会出现下列情况:如果按单筋截面计算,则受压区高度 x 将大于界限受压区高度 x_b 而成为超筋截面,即受压区混凝土在受拉钢筋应力达到屈服之前发生破坏。因此,无论怎样增加钢筋,截面的承载力也不会提高,也就是说,按单筋截面进行设计是无法满足截面承载力要求的。在这种情况下,为了提高截面的承载力,可以考虑在受压区配置一定数量的钢筋,以协助混凝土承受压力,将受压区高度 x 减小到界限受压区高度 x_b 之内,使受压区混凝土被压碎前,受拉钢筋应力先达到屈服。这种在受拉区和受压区同时配有受力钢筋的截面称为双筋截面。

此外,当截面上承受的弯矩可能改变符号时,也必须采用双筋截面。

有时,也有可能由于某些构造上的原因而形成双筋截面的。如连续梁的内支点附近,纵向钢筋需沿梁的全长通过,若计算中考虑受压区的这部分受压钢筋的作用,则亦可按双筋截面处理。

双筋截面虽然可以提高正截面承载力和延性,并由于受压钢筋的存在和混凝土徐变的影响,可减小受弯构件在短期及长期荷载作用下的变形,但其耗钢量较大,不经济。

一、受压钢筋的应力

双筋截面破坏时的受力特点和破坏特征与单筋截面相似,试验表明,只要满足 $\xi \leqslant \xi_b$,双筋截面仍具有适筋破坏特征。因此,在建立双筋截面承载力计算公式时,受拉钢筋的应力可取其抗拉强度设计值,受压混凝土的应力图形可简化为矩形应力图形,其应力值取为 f_{cd},而受压钢筋的应力则另外分析。

《公路桥规》规定,当梁中配有按受力计算需要的纵向受压钢筋时,箍筋应采用封闭式。它能够约束受压钢筋的纵向压屈变形。由于受压钢筋和受压混凝土在相同纤维处的变形是相等的,即 $\varepsilon_s = \varepsilon_c$,故受压钢筋的应力为 $\sigma_s = \varepsilon_c E_s$。当 $x = 2a_s'$ 时,则 A_s' 处的纤维应变约为 0.002,于是 $\sigma_s = \varepsilon_c E_s = 0.002 \times 2.0 \times 10^5 = 400\text{N/mm}^2$,对于强度设计值不超过 400MPa 的热轧钢筋, A_s' 的应力可达 f_{sd}'。而当 $x < 2a_s'$ 时,则受压钢筋的位置将离中和轴太近,截面破坏时,其应力可能达不到其抗压强度设计值。因此,为了保证受压区混凝土边缘被压碎时,受压钢筋能达到抗压强度设计值,受压区高度 x 应满足：

$$x \geqslant 2a_s'$$

二、基本公式

双筋矩形截面受弯构件正截面抗弯承载力计算图式见图 3-21。根据平衡条件,可写出下列基本公式：

$$f_{cd}bx + f_{sd}'A_s' = f_{sd}A_s \tag{3-25}$$

$$\gamma_0 M_d \leqslant M_u = f_{cd} bx \left(h_0 - \frac{x}{2} \right) + f'_{sd} A'_s (h_0 - a'_s) \qquad (3-26)$$

或

$$\gamma_0 M_d \leqslant M_u = -f_{cd} bx \left(\frac{x}{2} - a'_s \right) + f_{sd} A_s (h_0 - a'_s) \qquad (3-27)$$

式中：f'_{sd}——钢筋的抗压强度设计值；

A'_s——受压钢筋截面面积；

a'_s——受压钢筋合力点至受压区边缘的距离。

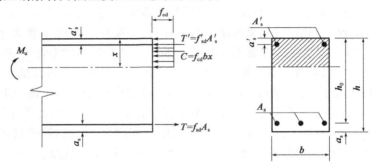

图 3-21　双筋矩形截面抗弯承载力计算图式

三、基本公式适用条件

1. 受拉钢筋屈服条件

为了避免出现超筋截面，保证受拉钢筋在受压区混凝土被压碎之前屈服，受压区高度 x 应满足：

$$\xi \leqslant \xi_b \text{ 或 } x \leqslant \xi_b h_0 \qquad (3-28)$$

2. 受压钢筋屈服条件

为了保证受压钢筋达到抗压强度设计值，受压区高度 x 应满足：

$$x \geqslant 2a'_s \qquad (3-29)$$

对于双筋截面，其最小配筋率一般均能满足，不必验算。

当 $x < 2a'_s$ 时，受压钢筋未屈服，对于受压钢筋保护层混凝土厚度不大的情况，可按图 3-22 对受压钢筋合力作用点取矩，并取 $x = 2a'_s$，即忽略受压区混凝土合力对该点的力矩，列出平衡方程式：

$$M_u = f_{sd} A_s (h_0 - a'_s) \qquad (3-30)$$

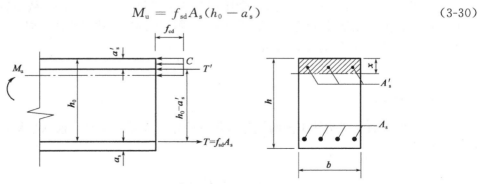

图 3-22　$x < 2a'_s$ 时双筋截面 M_u 计算图

四、基本公式的应用

1. 截面复核

与单筋矩形截面的截面复核类似,即在截面尺寸 b、$h(h_0)$,纵向钢筋截面面积 A_s、A'_s,材料强度 f_{cd}、f_{sd} 和 f'_{sd} 均为给定的情况下,要求确定此截面的抗弯承载力 M_u,并与该截面所承受的弯矩计算值 $\gamma_0 M_d$ 进行比较,判断该截面是否安全。

首先应检查钢筋布置是否符合规范要求,然后再进行该问题的求解。

求解该问题所依据的是基本公式(3-25)和公式(3-26)及其适用条件,基本公式中只有两个未知数,受压区高度 x 和 M_u,故可以得到唯一的解。

当 $\gamma_0 M_d > M_u$ 时,不安全;当 $\gamma_0 M_d < M_u$ 时,安全。

计算抗弯承载力 M_u 时,先由式(3-25)计算出受压区高度 x,然后根据 x 值的不同情况,分别按相关公式计算抗弯承载力 M_u。

当 $x \leqslant \xi_b h_0$ 且 $x \geqslant 2a'_s$ 时,梁处于适筋状态,将 x 代入式(3-26),计算抗弯承载力 M_u。

当 $x > \xi_b h_0$ 时,截面受拉钢筋配量过多,梁处于超筋状态,将 $x = \xi_b h_0$ 代入式(3-26)计算抗弯承载力 M_u。

当 $x < 2a'_s$ 时,受压钢筋未屈服,没有充分利用,按式(3-30)计算抗弯承载力 M_u。

【例题 3-6】 已知某一钢筋混凝土双筋截面梁,截面配筋如图 3-23 所示。截面尺寸 $b \times h =$ 200mm×500mm,混凝土 C35,纵向受力钢筋为 HRB400 级,箍筋(HPB300)直径为 10mm,Ⅰ类环境条件,安全等级为二级。承受的弯矩组合设计值为 $M_d = 190$kN·m,试验算该梁的正截面抗弯承载力。

解: (1)计算受压区高度 x

梁的有效高度　　　　　　　　　　$h_0 = 435$mm

受压区高度　　　$x = \dfrac{A_s f_{sd} - A'_s f'_{sd}}{f_{cd} b} = \dfrac{1527 \times 330 - 509 \times 330}{16.1 \times 200} = 104$mm

(2)计算截面的抵抗矩 M_u

由于 $x = 104$mm $< \xi_b h_0 = 0.53 \times 435 = 231$mm 且 $x = 104$mm $> 2a'_s = 80$mm,梁处于适筋状态,将 $x = 104$mm 代入式(3-26),得:

$$M_u = f_{cd} b x \left(h_0 - \frac{x}{2} \right) + A'_s f'_{sd} (h_0 - a'_s)$$

$$= 16.1 \times 200 \times 104 \times \left(435 - \frac{104}{2} \right) + 509 \times 330 \times (435 - 40)$$

$$= 195 \times 10^6 \text{N} \cdot \text{mm}$$

$$= 195 \text{kN} \cdot \text{m}$$

(3)判断

由于 $M_u = 195$kN·m $> M = 190$kN·m,所以,安全。

【例题 3-7】 已知某一钢筋混凝土双筋截面梁,截面配筋如图 3-24 所示。截面尺寸 $b \times h =$ 200mm×550mm,混凝土 C35,纵向受力钢筋为 HRB400 级,箍筋(HPB300)直径为 10mm,

Ⅰ类环境条件,安全等级为一级。承受的弯矩组合设计值为 $M_d = 188$kN·m,试验算该梁的正截面抗弯承载力。

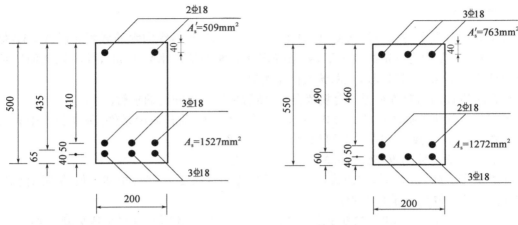

图 3-23　例题 3-6 图(尺寸单位:mm)　　　　图 3-24　例题 3-7 图(尺寸单位:mm)

解:(1)计算受压区高度 x

梁的有效高度　　　　　　　　$h_0 = h - a_s = 550 - 60 = 490$mm

受压区高度　　　　　　$x = \dfrac{A_s f_{sd} - A'_s f'_{sd}}{f_{cd} b}$

$$= \dfrac{1272 \times 330 - 763 \times 330}{16.1 \times 200} = 52\text{mm}$$

(2)计算截面的抵抗矩 M_u

由于 $x = 52$mm$< 2a'_s = 80$mm,受压钢筋不屈服,由式(3-30)得:

$M_u = A_s f_{sd}(h_0 - a'_s) = 1272 \times 330 \times (490 - 40) = 188.9 \times 10^6$N·mm$= 188.9$kN·m

(3)判断

由于 $M_u = 188.9$kN·m$< \gamma_0 M_d = 1.1 \times 188 = 206.8$kN·m,所以,不安全。

2. 截面设计

设计双筋截面时,一般有下述两种情况:

(1)已知截面所必须承担的弯矩计算值 $M = \gamma_0 M_d$,截面尺寸和材料强度设计值。计算受拉钢筋配筋面积 A_s 和受压钢筋配筋面积 A'_s。

求解该问题所依据的是基本公式(3-25)和公式(3-26)及其适用条件,基本公式是两个独立的方程,需要求解的未知数有三个(A_s、A'_s、x),说明该问题没有唯一的解答。从数学上来讲,属于多解问题,需要建立一个补充方程,才可求得一组满足基本方程及其适用条件的解;从设计上来讲,就是在满足基本公式(3-25)和公式(3-26)及其适用条件的前提下,确定一组尽可能经济合理的解答。设计时,为了经济,应使总用钢量 $A_{sum} = A_s + A'_s$ 为最小。

由式(3-25)和式(3-26)可以得到总用钢量 A_{sum} 的表达式为:

$$A_{sum} = \dfrac{M - f_{cd} b h_0^2 \xi (1 - 0.5\xi)}{f'_{sd}(h_0 - a'_s)} \left(1 + \dfrac{f'_{sd}}{f_{sd}}\right) + \xi \dfrac{f_{cd}}{f_{sd}} b h_0 \tag{3-31}$$

而由 $\dfrac{\mathrm{d}A_{sum}}{\mathrm{d}\xi}=0$ 的条件,可以获得总用钢量 $A_{sum}=A_s+A_s'$ 为最小时的相对受压区高度:

$$\xi=\dfrac{1+\dfrac{f_{sd}'}{f_{sd}}\cdot\dfrac{a_s'}{h_0}}{1+\dfrac{f_{sd}'}{f_{sd}}} \tag{3-32}$$

当 $f_{sd}=f_{sd}'$,$\dfrac{a_s'}{h_0}=0.05\sim0.15$ 时,按式(3-32)可求得 $\xi=0.525\sim0.575$。因此,设计时为简化计算,可统一取 $\xi=\xi_b$,即:

$$x=\xi_b h_0 \tag{3-33}$$

将式(3-33)代入式(3-26)、式(3-25)得:

$$A_s'=\dfrac{M-f_{cd}bh_0^2\xi_b(1-0.5\xi_b)}{f_{sd}'(h_0-a_s')} \tag{3-34}$$

$$A_s=\xi_b bh_0\dfrac{f_{cd}}{f_{sd}}+\dfrac{f_{sd}'}{f_{sd}}A_s' \tag{3-35}$$

具体求解步骤如下:

①假设 a_s 和 a_s',并求得 $h_0=h-a_s$。

②验算是否需要采用双筋截面。当 $M>M_u=f_{cd}bh_0^2\xi_b(1-0.5\xi_b)$ 时,需采用双筋截面。

③由式(3-34)求 A_s'。

④由式(3-35)求 A_s。

⑤分别选择受压钢筋和受拉钢筋直径及根数,并进行截面钢筋布置。

(2)已知截面的弯矩计算值 $M=\gamma_0 M_d$,截面尺寸、材料强度设计值和受压钢筋配筋面积 A_s'。计算受拉钢筋配筋面积 A_s。

这类问题往往是由于变号弯矩的需要,或由于构造要求,已在受压区配置有截面面积为 A_s' 的受压钢筋。因此,应充分利用 A_s',以减少 A_s,达到节约钢材的目的。

求解该问题所依据的也是基本公式(3-25)和公式(3-26)及其适用条件,基本公式是两个独立的方程,需要求解的未知数仅有两个 (x,A_s),说明该问题有唯一的解答,可直接联立求解。

具体求解步骤如下:

①假设 a_s,求得 $h_0=h-a_s$。

②求受压区高度 x。将各已知值代入式(3-26),可得到:

$$x=h_0-\sqrt{h_0^2-\dfrac{2[M-f_{sd}'A_s'(h_0-a_s')]}{f_{cd}b}} \tag{3-36}$$

③当 $x>\xi_b h_0$ 时,说明已知的 A_s' 太小,仍为超筋截面,需加大 A_s'。此时,A_s' 也为未知,可按第一类问题求解。

④当 $x<2a_s'$ 时,说明受压钢筋配置过多,未屈服,没有充分利用,按式(3-30)得受拉钢筋面积:

$$A_s=\dfrac{M}{f_{sd}(h_0-a_s')} \tag{3-37}$$

⑤当 $x\leqslant\xi_b h_0$ 且 $x\geqslant2a_s'$ 时,梁处于适筋状态,将 x 代入式(3-25),得受拉钢筋面积:

$$A_s = bx\frac{f_{cd}}{f_{sd}} + A'_s\frac{f'_{sd}}{f_{sd}} \tag{3-38}$$

⑥选择受拉钢筋直径及根数,并进行截面钢筋布置。

【例题 3-8】 一钢筋混凝土梁,截面尺寸 $b×h=250mm×600mm$,混凝土 C30,受拉钢筋 HRB400 级,I 类环境条件,安全等级为二级。箍筋(HPB300)直径为 10mm,箍筋的混凝土保护层厚度为 20mm。承受的弯矩组合设计值为 $M_d=400kN \cdot m$。

求所需钢筋截面面积(A_s,A'_s)。

解:(1)检查是否需采用双筋截面

假定 $a_s=70mm$,$h_0=h-a_s=600-70=530mm$。

由式(3-16)可求得单筋截面所能承担的最大弯矩设计值 M_{ub} 为:

$$M_{ub} = f_{cd}bh_0^2\xi_b(1-0.5\xi_b) = 13.8 × 250 × 530^2 × 0.53 × (1-0.5×0.53)$$
$$= 377.51 × 10^6 N \cdot mm < \gamma_0 M_d = 400 × 10^6 N \cdot mm$$

所以,应设计成双筋截面。

(2)求 A'_s

假定 $a'_s=40mm$。

由式(3-34)可得:

$$A'_s = \frac{M - f_{cd}bh_0^2\xi_b(1-0.5\xi_b)}{f'_{sd}(h_0-a'_s)}$$
$$= \frac{400 × 10^6 - 377.51 × 10^6}{330 × (530-40)} = 139mm^2$$

(3)求 A_s

由式(3-35)可得:

$$A_s = \xi_b bh_0\frac{f_{cd}}{f_{sd}} + \frac{f'_{sd}}{f_{sd}}A'_s$$
$$= 0.53 × 250 × 530 × \frac{13.8}{330} + \frac{330}{330} × 139 = 3076mm^2$$

(4)选配钢筋

查附表 1-7,并结合构造要求,受拉钢筋选用 3 ⏀ 28+3 ⏀ 25,$A_s=3320mm^2$,$a_s=20+10+\frac{31.6}{2}+\frac{1473}{1847+1473}×\left(\frac{31.6}{2}+30+\frac{28.4}{2}\right)=72mm$。

受压钢筋选用 2 ⏀ 16,$A'_s=402mm^2$,$a'_s=20+10+\frac{18.4}{2}=39mm$。

(5)复核

受压区高度

$$x = \frac{A_s f_{sd} - A'_s f'_{sd}}{f_{cd}b}$$
$$= \frac{3320 × 330 - 402 × 330}{13.8 × 250} = 279.1mm$$

$$x > 2a'_s = 78mm$$

且 $x < \xi_b h_0 = 0.53 × (600-72) = 279.8mm$,可以。

受拉钢筋净间距 $S_n = \dfrac{250 - 3 \times 31.6 - 2 \times (20 + 10)}{2} = 48\text{mm} > 30\text{mm}$，可以。

（6）绘制截面配筋图

根据上述计算成果，绘制的截面配筋图如图 3-25 所示。

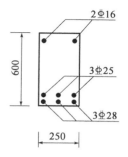

图 3-25　例题 3-8 图（尺寸
单位：mm）

【例题 3-9】　由于构造要求，在例题 3-8 中的截面上已配置 3Φ20 的受压钢筋。

求所需受拉钢筋截面面积（A_s）。

解：（1）由式（3-36）求 x

$$M_1 = f'_{sd} A'_s (h_0 - a'_s) = 330 \times 942 \times \left(530 - 20 - 10 - \frac{22.7}{2}\right)$$
$$= 152 \times 10^6 \text{N} \cdot \text{mm}$$
$$M_2 = M - M_1 = 400 \times 10^6 - 152 \times 10^6$$
$$= 248 \times 10^6 \text{N} \cdot \text{mm}$$
$$A_0 = \frac{M_2}{f_{cd} b h_0^2} = \frac{248 \times 10^6}{13.8 \times 250 \times 530^2} = 0.2559$$
$$\xi = 1 - \sqrt{1 - 2A_0} = 1 - \sqrt{1 - 2 \times 0.2559} = 0.3013$$
$$x = \xi h_0 = 0.3013 \times 530 = 160\text{mm}$$

（2）求受拉钢筋面积（A_s）

由于 $\xi_b h_0 = 0.53 \times 530 = 281\text{mm} > x > 2a'_s = 2 \times \left(20 + 10 + \dfrac{22.7}{2}\right) = 83\text{mm}$，梁处于适筋状态，将 ξ 代入式（3-38），得受拉钢筋面积：

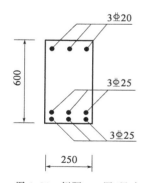

图 3-26　例题 3-9 图（尺寸
单位：mm）

$$A_s = \xi b h_0 \frac{f_{cd}}{f_{sd}} + A'_s \frac{f'_{sd}}{f_{sd}}$$
$$= 0.3013 \times 250 \times 530 \times \frac{13.8}{330} + 942 \times \frac{330}{330}$$
$$= 2611\text{mm}^2$$

（3）选配钢筋

查附表 1-7，并结合构造要求，选用受拉钢筋 3Φ25＋3Φ25，$A_s =$ 2945mm²，受拉钢筋净间距 $S_n = \dfrac{250 - 3 \times 28.4 - 2 \times (20 + 10)}{2} =$ 52mm＞30mm 且＞$d = 25\text{mm}$，可以。

（4）绘制截面配筋图

根据上述计算成果，绘制的截面配筋图如图 3-26 所示。

【例题 3-10】　截面尺寸及材料与例题 3-8 相同，承受的弯矩计算值 $M = 96.8\text{kN} \cdot \text{m}$，已在受压区配 2$\Phi$14 的受压钢筋。

求所需受拉钢筋截面面积（A_s）。

解：（1）求 x

$$M_1 = f'_{sd} A'_s (h_0 - a'_s) = 330 \times 308 \times (530 - 40)$$
$$= 49.8 \times 10^6 \text{N} \cdot \text{mm}$$

$$M_2 = M - M_1 = 96.8 \times 10^6 - 49.8 \times 10^6$$
$$= 47.0 \times 10^6 \text{N} \cdot \text{mm}$$

$$A_0 = \frac{M_2}{f_{cd} b h_0^2} = \frac{47.0 \times 10^6}{13.8 \times 250 \times 530^2} = 0.0485$$

$$\xi = 1 - \sqrt{1 - 2A_0} = 1 - \sqrt{1 - 2 \times 0.0485} = 0.0497$$

$$x = \xi h_0 = 0.0496 \times 530 = 26 \text{mm}$$

（2）求受拉钢筋面积（A_s）

由于 $x < 2a'_s = 2 \times \left(20 + 10 + \frac{16.2}{2}\right) = 76 \text{mm}$，说明受压钢筋配置过多，未屈服，没有充分利

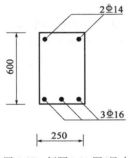

用，按式（3-37）得受拉钢筋面积：

$$A_s = \frac{M}{f_{sd}(h_0 - a'_s)} = \frac{96.8 \times 10^6}{330 \times (530 - 38)} = 596 \text{mm}^2$$

（3）选配钢筋

查附表 1-7，并结合构造要求，选用受拉钢筋 3 Φ 16，$A_s = 603 \text{mm}^2$，受拉钢筋净间距 $S_n = \dfrac{250 - 3 \times 18.4 - 2 \times (20 + 10)}{2} = 67 \text{mm} > 30 \text{mm}$ 且 $> d = 16 \text{mm}$，可以。

（4）绘制截面配筋图

根据上述计算成果，绘制的截面配筋图如图 3-27 所示。

图 3-27　例题 3-10 图（尺寸单位：mm）

第七节　T 形截面受弯构件

一、概述

当矩形截面受弯构件出现裂缝后，在裂缝截面处，中和轴以下的混凝土将不再承担拉力。因此，在矩形截面中，可将受拉区的混凝土挖去一部分（图 3-28），将纵向受拉钢筋集中布置在剩余受拉区混凝土内，形成由梁肋与翼缘组成的 T 形截面。其承载力与原矩形截面相比，不仅不会降低，而且还能节省混凝土，减轻构件自重。因此，钢筋混凝土 T 形截面受弯构件具有更大的跨越能力。

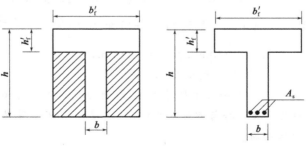

图 3-28　T 形截面示意图

如图 3-28 所示，T 形截面伸出部分称为翼缘板（简称翼板），其宽度为 b 的部分称为梁肋或腹板。钢筋混凝土受弯构件除采用独立的 T 形梁外，常采用肋形结构，例如桥梁结构中的桥面板和支承的梁，浇筑成整体，形成平板下有若干梁肋的结构。在荷载作用下，板与梁肋共

同弯曲。当承受正弯矩时，梁截面上部受压，位于受压区的翼板参与工作而成为梁有效截面的一部分，即为 T 形截面；在负弯矩作用下，位于梁截面上部的翼板受拉后混凝土开裂，不起受力作用，梁有效截面成为与梁肋等宽的矩形截面。因此，判断一个截面在计算时是否属于 T 形截面，不是看截面本身形状，而是要看其翼板是否能参加抗压作用。从这个意义上讲，I 形梁、II 形梁、箱形梁以及空心板，在正截面抗弯承载力计算中均可按 T 形截面处理。

下面以板宽为 b_f 的空心板截面为例，将其换算成等效工字形截面，即可按 T 形截面计算其正截面抗弯承载力。

设空心板截面高度为 h，圆孔直径为 D，孔洞面积形心轴距板截面上、下缘距离分别为 y_1 和 y_2（图 3-29）。

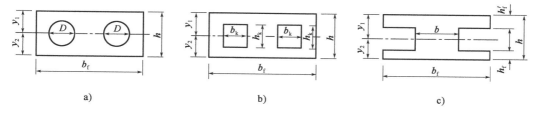

图 3-29　空心板截面换算示意图

a)圆孔空心板截面；b)等效矩形孔空心板截面；c)等效工字形截面

将空心板截面换算成等效的工字形截面的方法，是先根据面积、惯性矩不变的原则，将空心的圆孔（直径为 D）换算成 $b_k \times h_k$ 的矩形孔，可按下列各式计算：

按面积相等
$$b_k \times h_k = \frac{\pi}{4} D^2$$

按惯性矩相等
$$\frac{1}{12} b_k h_k^3 = \frac{\pi}{64} D^4$$

联立求解上述两式，可得到：

$$b_k = \frac{\sqrt{3}}{6} \pi D, \quad h_k = \frac{\sqrt{3}}{2} D \tag{3-39}$$

然后，在圆孔的形心位置和空心板截面宽度、高度都保持不变的条件下，可进一步得到等效工字形截面尺寸。

上翼板厚度
$$h'_f = y_1 - \frac{1}{2} h_k = y_1 - \frac{\sqrt{3}}{4} D \tag{3-40}$$

下翼板厚度
$$h_f = y_2 - \frac{1}{2} h_k = y_2 - \frac{\sqrt{3}}{4} D \tag{3-41}$$

腹板厚度
$$b = b_f - 2 b_k = b_f - \frac{\sqrt{3}}{3} \pi D \tag{3-42}$$

换算工字形截面见图 3-29c）。当空心板截面孔洞为其他形状时，均可按上述原则换算成相应的等效工字形截面。在异号弯矩作用时，工字形截面总有上翼板或下翼板位于受压区，故正截面承载力可按 T 形截面计算。

　　T形截面的受压翼板宽度越大,截面的受弯承载力也越大(因为受压翼板宽度增大,可使受压区高度减小,内力偶臂长度增大)。但试验及理论分析表明,与肋部共同工作的翼板宽度是有限的。沿翼板宽度方向上的纵向压应力分布如图 3-30 所示,离肋部越远,翼板参与受力的程度越小。为了简化计算,假定距肋部一定范围内的翼板全部参与工作,并假定其压应力是均匀分布的。而在这个范围以外的部分,则不考虑它参与受力。这个范围称为受压翼板的有效宽度 b_f'。受压翼板的有效宽度 b_f' 与影响翼板传递剪力能力的翼板厚度、梁的计算跨度和受力情况(单独梁肋,现浇肋形结构中的 T 形梁)等很多因素有关。《公路桥规》规定,T 形截面梁(内梁)的受压翼板有效宽度 b_f' 取下列三者中的最小值。

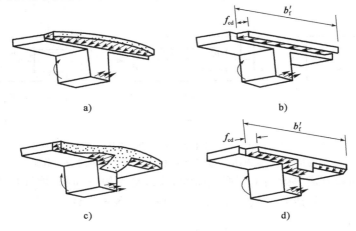

图 3-30　T形截面受压区的实际应力分布图和计算应力图

　　(1)简支梁计算跨径的 1/3。对连续梁各中间跨正弯矩区段,取该跨计算跨径的 0.2 倍;边跨正弯矩区段,取该跨计算跨径的 0.27 倍;各中间支点负弯矩区段,则取该支点相邻两跨计算跨径之和的 0.07 倍。

　　(2)相邻两梁肋的平均间距。

　　(3)$b+2b_h+12h_f'$。当 $h_h/b_h<1/3$ 时,取 $b+6b_h+12h_f'$。此处,b、b_h、h_h 和 h_f' 分别见图 3-31,h_h 为承托根部厚度。

　　图 3-31 中在翼缘与梁肋连接处设置的承托,又称梗腋,是为了增强翼缘与梁肋之间的联系,并增强翼板根部的抗剪能力而采取的构造措施。

图 3-31　T形截面受压翼板有效宽度计算示意图

　　边梁受压翼板的有效宽度取相邻内梁翼板有效宽度之半加上边梁腹板宽度之半,再加上 6 倍的外侧悬臂板平均厚度或外侧悬臂板实际宽度两者中的较小者。

对于箱形梁,其翼板有效宽度的确定方法详见《公路桥规》。

需要指出,以上给出的 T 形梁的翼板有效宽度,是针对受弯工作状态得出的。对于承受轴力的构件是不适用的。《公路桥规》规定,预应力混凝土梁在计算预加力引起的混凝土应力时,由预加力作为轴向力产生的应力可按实际翼板全宽计算;由预加力偏心引起的弯矩产生的应力可按翼板有效宽度计算。对超静定结构进行作用(或荷载)效应分析时,T 形梁受压翼板的计算宽度可取实际全宽。

二、T 形截面的分类及判别

T 形截面受压区很大,混凝土足够承担压力,一般不需设置受压钢筋,设计成单筋截面即可。

对 T 形截面梁进行计算时,按中和轴所在位置不同分为两种类型:当中和轴通过翼板,受压面积为矩形[图 3-32a)]时,称为第 Ⅰ 类 T 形截面;当中和轴通过腹板,受压面积为 T 形[图 3-32b)]时,称为第 Ⅱ 类 T 形截面。

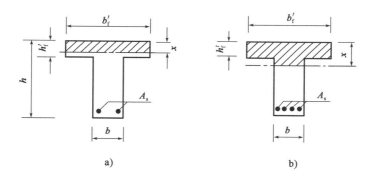

a) b)

图 3-32　两类 T 形截面
a)第 Ⅰ 类;b)第 Ⅱ 类

从图 3-32 不难看出,当受压区高度 x 等于翼板厚度 h'_f 时,为两类 T 形截面的界限情况。因此,可以利用这个界限条件的截面应力图形(图 3-33),建立两类 T 形截面的判别式。

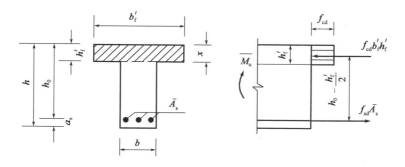

图 3-33　受压区高度 $x=h'_\mathrm{f}$ 时 T 形截面计算应力图

由图 3-33 的截面平衡条件得:

$$\sum X = 0 \qquad \overline{A}_\mathrm{s} f_\mathrm{sd} = f_\mathrm{cd} b'_\mathrm{f} h'_\mathrm{f} \tag{3-43}$$

$$\sum M = 0 \qquad \overline{M}_{u} = f_{cd}b'_{f}h'_{f}\left(h_0 - \frac{h'_{f}}{2}\right) \tag{3-44}$$

式中：$\overline{M}_{u}$——中和轴通过翼缘下缘时，截面所抵抗的弯矩；

$\quad \overline{A}_{s}$——中和轴通过翼缘下缘时，受拉钢筋面积。

从式(3-43)和式(3-44)可以看出：

如果
$$A_s \leqslant \frac{f_{cd}b'_{f}h'_{f}}{f_{sd}} \tag{3-45a}$$

或
$$M \leqslant f_{cd}b'_{f}h'_{f}\left(h_0 - \frac{h'_{f}}{2}\right) \tag{3-45b}$$

说明 $x \leqslant h'_{f}$，为第 I 类 T 形截面。

如果
$$A_s > \frac{f_{cd}b'_{f}h'_{f}}{f_{sd}} \tag{3-45c}$$

或
$$M > f_{cd}b'_{f}h'_{f}\left(h_0 - \frac{h'_{f}}{2}\right) \tag{3-45d}$$

说明 $x > h'_{f}$，为第 II 类 T 形截面。

三、基本公式

对于第 I 类 T 形截面，由图 3-34 的平衡条件，可得基本公式：

$$\sum X = 0 \qquad f_{cd}b'_{f}x = f_{sd}A_s \tag{3-46}$$

$$\sum M = 0 \qquad M_{u} = f_{cd}b'_{f}x\left(h_0 - \frac{x}{2}\right) \tag{3-47a}$$

或
$$M_{u} = f_{sd}A_s\left(h_0 - \frac{x}{2}\right) \tag{3-47b}$$

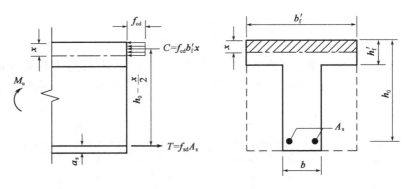

图 3-34　第 I 类 T 形截面抗弯承载力计算图式

将以上各式与矩形截面基本公式(3-6)、公式(3-7)相比较，可以看出，第 I 类 T 形截面相当于 $b'_{f} \times h$ 的矩形截面。

对于第 II 类 T 形截面，由图 3-35 的平衡条件，可得基本公式：

$$\sum X = 0 \qquad f_{cd}\left[(b'_{f} - b)h'_{f} + bx\right] = f_{sd}A_s \tag{3-48}$$

$$\sum M = 0 \qquad M_{u} = f_{cd}\left[(b'_{f} - b)h'_{f}\left(h_0 - \frac{h'_{f}}{2}\right) + bx\left(h_0 - \frac{x}{2}\right)\right] \tag{3-49}$$

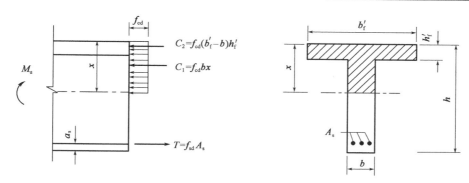

图 3-35　第Ⅱ类 T 形截面抗弯承载力计算图式

四、基本公式适用条件

不论是第Ⅰ类 T 形截面还是第Ⅱ类 T 形截面,基本公式均应满足适筋截面的条件,即:

$$\xi \leqslant \xi_{b} \ 或 \ x \leqslant \xi_{b}h_0 \tag{3-50}$$

$$\rho = \frac{A_s}{bh_0} \geqslant \rho_{\min} \tag{3-51}$$

对于第Ⅰ类 T 形截面,由于 $x \leqslant h_f'$,所以,一般均能满足 $x \leqslant \xi_b h_0$ 的条件,故一般可不进行式(3-50)验算;对于第Ⅱ类 T 形截面,所需受拉钢筋较多,一般均能满足 $\rho \geqslant \rho_{\min}$ 的要求,可不作式(3-51)的验算。

需要指出的是,不论是第Ⅰ类 T 形截面还是第Ⅱ类 T 形截面,其配筋率 ρ 都是按肋宽计算的,即 $\rho = \dfrac{A_s}{bh_0}$,这是因为最小配筋率是根据钢筋混凝土梁的极限弯矩等于素混凝土梁的开裂弯矩这一条件确定的,T 形截面素混凝土梁(肋宽为 b,梁高为 h)的开裂弯矩与矩形截面($b \times h$)的素混凝土梁的开裂弯矩相比,增加不多,为简化计算并考虑以往的设计经验,此处 $\rho_{\min}$ 仍采用 $b \times h$ 矩形截面的数值。

五、基本公式的应用

1. 截面复核

与单筋矩形截面复核类似,即在截面尺寸 b_f'、h_f'、b 和 $h(h_0)$,纵向钢筋截面面积 A_s,材料强度 f_{cd}、f_{sd} 均为给定的情况下,要求确定此截面抗弯承载力 M_u,并与该截面所承受的弯矩计算值 $\gamma_0 M_d$ 进行比较,判断该截面是否安全。

求解该问题所依据的是第Ⅰ类 T 形截面的基本公式(3-46)和公式(3-47a)或第Ⅱ类 T 形截面的基本公式(3-48)和公式(3-49)及其适用条件,每一类 T 形截面基本公式中只有两个未知数,即受压区高度 x 和 M_u,故可以得到唯一的解。具体步骤如下:

(1)检查钢筋布置是否符合规范要求。

(2)判断 T 形截面类型。当满足式(3-45a)时,为第Ⅰ类 T 形截面;当满足式(3-45c)时,为第Ⅱ类 T 形截面。

(3)计算截面的抗弯承载力 M_u。对第Ⅰ类 T 形截面,按 $b_f' \times h$ 的单筋矩形截面进行计算;对第Ⅱ类 T 形截面,先按式(3-48)计算出受压区高度 x,当 $x \leqslant \xi_b h_0$ 时,梁处于适筋状态,将 x

代入式(3-49)计算截面抵抗矩 M_u;当 $x>\xi_b h_0$ 时,说明受拉钢筋配量过多,梁处于超筋状态,将 $x=\xi_b h_0$ 代入式(3-49),求截面抗弯承载力 M_u。

2. 截面设计

设计 T 形截面时,一般是已知截面弯矩计算值 $M=\gamma_0 M_d$,截面尺寸和材料强度设计值。计算截面所需要的受拉钢筋面积 A_s。

(1)假设 a_s。

空心板梁往往采用绑扎钢筋骨架,因此可根据等效工字形截面下翼板厚度 h_f,在实际截面中按布置一层或两层钢筋来假设 a_s 值,这与前述单筋矩形截面相同。对于预制或现浇 T 形梁,往往多用焊接钢筋骨架,由于多层钢筋的叠高一般不超过 $(0.15\sim0.2)h$,故可假设 $a_s=30mm+(0.07\sim0.1)h$。这样可得到有效高度 $h_0=h-a_s$。

(2)判断 T 形截面类型。

当满足式(3-45b)时,为第 I 类 T 形截面;当满足式(3-45d)时,为第 II 类 T 形截面。

(3)计算受压区高度 x。

若为第 I 类 T 形截面,按 $b_f'\times h$ 的单筋矩形截面计算,即由式(3-47a)计算 x。若为第 II 类 T 形截面,则按式(3-49),解一元二次方程,计算出受压区高度 x。

(4)计算受拉钢筋面积 A_s。

若为第 I 类 T 形截面,即 $x\leqslant h_f'$ 时,将 x 代入式(3-46),得受拉钢筋面积。

若为第 II 类 T 形截面,当 $x\leqslant\xi_b h_0$ 时,梁处于适筋状态,将 x 代入式(3-48),得受拉钢筋面积:

$$A_s=bx\frac{f_{cd}}{f_{sd}}+\frac{f_{cd}(b_f'-b)h_f'}{f_{sd}} \tag{3-52}$$

当 $x>\xi_b h_0$ 时,则应修改截面,适当加大翼板尺寸,或设计成双筋 T 形截面。

(5)选择受拉钢筋直径及根数,并进行截面钢筋布置。

【例题 3-11】 已知 T 形截面梁的截面尺寸、钢筋布置如图 3-36 所示 $(A_s=2333mm^2)$。该梁所用材料:混凝土 C30,纵向钢筋 HRB400 级,箍筋(HPB300)直径为 10mm,箍筋的混凝土保护层厚度为 20mm。I 类环境条件,安全等级为二级。截面弯矩组合设计值 $M_d=500kN\cdot m$。试验算正截面是否满足承载力的要求?

解:(1)由式(3-45)判别 T 形截面类型
$$a_s=70mm,h_0=h-a_s=800-70=730mm$$
$$A_s=2333mm^2$$
$$>\frac{f_{cd}b_f'h_f'}{f_{sd}}=\frac{13.8\times500\times100}{330}=2091mm^2$$

属于第 II 类 T 形截面。

(2)按第 II 类 T 形截面计算抗弯承载力 M_u

受压区高度:
$$x=\frac{A_s f_{sd}-f_{cd}(b_f'-b)h_f'}{f_{cd}b}$$
$$=\frac{2333\times330-13.8\times(500-300)\times100}{13.8\times300}$$

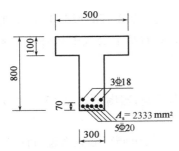

图 3-36 例题 3-11 图(尺寸单位:mm)

$$=119\text{mm}<\xi_b h_0=0.53\times730=387\text{mm}$$

将 x 代入式(3-49),得:

$$M_u=f_{cd}\left[(b'_f-b)h'_f\left(h_0-\frac{h'_f}{2}\right)+bx\left(h_0-\frac{x}{2}\right)\right]$$

$$=13.8\times\left[(500-300)\times100\times\left(730-\frac{100}{2}\right)+\right.$$

$$\left.300\times119\times\left(730-\frac{119}{2}\right)\right]$$

$$=518\times10^6\text{N}\cdot\text{mm}=518\text{kN}\cdot\text{m}$$

(3)判断

由于 $M_u=518\text{kN}\cdot\text{m}>\gamma_0 M_d=500\text{kN}\cdot\text{m}$,所以,该梁安全。

【例题3-12】 预制混凝土简支 T 形梁如图 3-37 所示,计算跨径 $L=19.6\text{m}$,相邻两梁中心距为 1.6m,截面高度 $h=1.3\text{m}$,翼板有效宽度 $b'_f=1.6\text{m}$(预制宽度1.58m),混凝土 C30,纵向钢筋 HRB400 级,箍筋(HPB300)直径为 10mm,箍筋的混凝土保护层厚度为 25mm。Ⅰ类环境条件,安全等级为二级。跨中截面弯矩组合设计值 $M_d=2600\text{kN}\cdot\text{m}$,试进行配筋(焊接钢筋骨架)计算及截面复核。

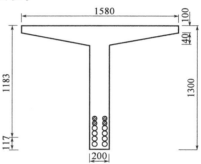

图 3-37 例题 3-12 图(尺寸单位:mm)

解:由于采用的是焊接钢筋骨架,故设 $a_s=30+0.07h=30+0.07\times1300=121\text{mm}$,则 $h_0=h-a_s=1300-121=1179\text{mm}$,翼板按等厚度考虑,则 $h'_f=\frac{100+140}{2}=120\text{mm}$。

(1)确定翼板有效宽度 b'_f

按梁的计算跨度考虑时,$b'_f=\frac{L}{3}=\frac{19600}{3}=6533\text{mm}$;按梁平均间距考虑时,$b'_f=1600\text{mm}$;按梁翼板厚度考虑时,$b'_f=b+12h'_f=200+12\times120=1640\text{mm}$;取上述三者中的最小值,即 $b'_f=1600\text{mm}$。

(2)判别 T 形截面类型

$$\gamma_0 M_d=2600\times10^6\text{N}\cdot\text{mm}<f_{cd}b'_f h'_f\left(h_0-\frac{h'_f}{2}\right)$$

$$=13.8\times1600\times120\times\left(1179-\frac{120}{2}\right)=2965\times10^6\text{N}\cdot\text{mm}$$

所以,属于第Ⅰ类 T 形截面。

(3)按 $b'_f\times h$ 的单筋矩形截面计算 A_s

由式(3-21)得:

$$A_0=\frac{\gamma_0 M_d}{f_{cd}b'_f h_0^2}=\frac{2600\times10^6}{13.8\times1600\times1179^2}=0.0847$$

由式(3-23)和式(3-24)得:

$$\xi=1-\sqrt{1-2A_0}=1-\sqrt{1-2\times0.0847}=0.0886$$

$$x = \xi h_0 = 0.0886 \times 1179 = 104\text{mm} < h_f' = 120\text{mm}$$

$$\zeta_0 = 0.5 \times (1 + \sqrt{1 - 2A_0}) = 0.5 \times (1 + \sqrt{1 - 2 \times 0.0847}) = 0.956$$

由式(3-22a)求 A_s 得：

$$A_s = \frac{\gamma_0 M_d}{f_{sd} h_0 \zeta_0} = \frac{2600 \times 10^6}{330 \times 1179 \times 0.956} = 6990\text{mm}^2$$

(4)选择钢筋直径和根数

选用 $8 \oplus 32 + 4 \oplus 16$，$A_s = 6434 + 804 = 7238\text{mm}^2 > 6990\text{mm}^2$，钢筋叠高层数为 6 层。梁的纵筋混凝土保护层厚度取 35mm，钢筋重心至梁下边缘的距离为：

$$a_s = \frac{6434 \times (35 + 2 \times 35.8) + 804 \times (35 + 4 \times 35.8 + 18.4)}{7238} = 117\text{mm}$$

如图 3-37 所示，梁实际有效高度 $h_0 = h - a_s = 1300 - 117 = 1183\text{mm}$。

钢筋横向净间距 $S_n = 200 - 2 \times 35 - 2 \times 35.8 = 58\text{mm} > 40\text{mm}$ 且 $> 1.25d = 1.25 \times 32 = 40\text{mm}$，可以。

(5)复核正截面承载力

①判别 T 形截面类型：

$$A_s = 7238\text{mm}^2 < \frac{f_{cd} b_f' h_f'}{f_{sd}} = \frac{13.8 \times 1600 \times 120}{330} = 8029\text{mm}^2$$

属于第 Ⅰ 类 T 形截面。

②受压区高度：

$$x = \frac{A_s f_{sd}}{f_{cd} b_f'} = \frac{7238 \times 330}{13.8 \times 1600} = 108\text{mm} < h_f' = 120\text{mm}$$

③计算正截面抗弯承载力：

$$\rho = \frac{A_s}{b h_0} = \frac{7238}{200 \times 1183} = 3.10\% > \rho_{min} = \max(0.2\%, 0.45 f_{td}/f_{sd}) = 0.2\%$$

$$M_u = f_{cd} b_f' x \left(h_0 - \frac{x}{2} \right) = 13.8 \times 1600 \times 108 \left(1183 - \frac{108}{2} \right) = 2692\text{kN} \cdot \text{m} > 2600\text{kN} \cdot \text{m}$$

满足要求。

【例题 3-13】 预制钢筋混凝土简支空心板，截面如图 3-38a)所示，混凝土 C30，纵向钢筋 HRB400 级，箍筋(HPB300)直径为 10mm，箍筋的混凝土保护层厚度为 20mm。Ⅰ 类环境条件，安全等级为二级，跨中截面弯矩组合设计值 $M_d = 600\text{kN} \cdot \text{m}$。

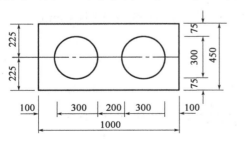

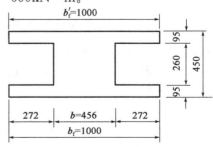

a)   b)

图 3-38 例题 3-13 图(尺寸单位：mm)

求所需受拉钢筋截面面积(A_s)。

解：先将空心板截面换算为等效的工字形截面[图3-38b)]。

上翼板厚度 $\qquad h_f' = y_1 - \dfrac{\sqrt{3}}{4}D = 225 - \dfrac{\sqrt{3}}{4} \times 300 \approx 95\text{mm}$

下翼板厚度 $\qquad h_f = y_2 - \dfrac{\sqrt{3}}{4}D = 225 - \dfrac{\sqrt{3}}{4} \times 300 \approx 95\text{mm}$

腹板厚度 $\qquad b = b_f - \dfrac{\sqrt{3}}{3}\pi D = 1000 - \dfrac{\sqrt{3}}{3} \times 3.14 \times 300 \approx 456\text{mm}$

空心板采用绑扎钢筋骨架，假设钢筋一排布置，$a_s = 40\text{mm}$，则 $h_0 = 450 - 40 = 410\text{mm}$。

（1）判别 T 形截面类型

$$\gamma_0 M_d = 600 \times 10^6 \text{N} \cdot \text{mm} > f_{cd}b_f'h_f'\left(h_0 - \frac{h_f'}{2}\right)$$

$$= 13.8 \times 1000 \times 95 \times \left(410 - \frac{95}{2}\right) = 475 \times 10^6 \text{N} \cdot \text{mm}$$

所以，属于第Ⅱ类 T 形截面。

（2）求 x

由 $M_u = f_{cd}\left[(b_f' - b)h_f'\left(h_0 - \dfrac{h_f'}{2}\right) + bx\left(h_0 - \dfrac{x}{2}\right)\right]$，有：

$$600 \times 10^6 = 13.8 \times 456x\left(410 - \frac{x}{2}\right) + 13.8 \times (1000 - 456) \times 95 \times \left(410 - \frac{95}{2}\right)$$

解得 $x = 166\text{mm} < \xi_b h_0 = 0.53 \times 410 = 217\text{mm}$。

（3）求受拉钢筋面积(A_s)

$$A_s = \frac{f_{cd}}{f_{sd}}bx + \frac{f_{cd}(b_f' - b)h_f'}{f_{sd}}$$

$$= \frac{13.8 \times 456 \times 166}{330} + \frac{13.8 \times (1000 - 456) \times 95}{330} = 5327\text{mm}^2$$

（4）选配钢筋

选用受拉钢筋 $8 \oplus 25 + 4 \oplus 22$，$A_s = 5447\text{mm}^2$，纵筋的混凝土保护层 $c = 30\text{mm} > d = 25\text{mm}$。受拉钢筋净间距 $S_n = \dfrac{1000 - 2 \times 30 - 8 \times 28.4 - 4 \times 25.1}{11} = 56\text{mm} >$ 30mm 且 $> d = 25\text{mm}$，可以。

（5）绘制截面配筋图

根据上述计算成果，绘制的截面配筋图如图3-39所示。

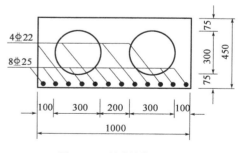

图 3-39　（尺寸单位：mm）

📖 **小　结**

（1）钢筋混凝土受弯构件正截面的破坏形态有三种。适筋截面延性破坏时，受拉钢筋先屈服，而后受压混凝土被压碎；超筋截面脆性破坏时，受拉钢筋未屈服，而受压混凝土被压碎；少

筋截面脆性破坏时,受拉区一开裂,受拉钢筋就屈服,甚至进入强化阶段,而后受压混凝土可能被压碎,也可能未被压碎;

对于单筋矩形截面,影响截面破坏形态的主要因素有纵向受拉钢筋配筋率,钢筋强度和混凝土强度。对于双筋矩形截面,除了上述三个因素外,受压钢筋配筋率也是一项重要因素。

(2)适筋截面从开始加载到完全破坏的全过程,根据受力状态可分为如下三个阶段:

第Ⅰ阶段为整截面工作阶段,在这一阶段受压区混凝土应力分布接近三角形;受拉区应力图形呈曲线,随弯矩增加渐趋均匀,接近矩形分布。抗裂计算以Ⅰ$_a$应力状态为依据。

第Ⅱ阶段为带裂缝工作阶段,在裂缝截面处,受拉区混凝土大部分退出工作,拉力几乎全部由钢筋承担,受压区应力呈曲线分布。正常使用极限状态的计算以此为依据。

第Ⅲ阶段为破坏阶段,这时,受拉钢筋先屈服,裂缝向上延伸,受压区混凝土被压碎,应力图形呈曲线分布。承载力计算以Ⅲ$_a$应力状态为依据。

(3)受弯构件正截面承载力计算采用如下四个基本假定:

平截面假定;不考虑混凝土的抗拉强度;混凝土的应力—应变曲线采用的是由一段抛物线和一段水平线所构成的曲线;钢筋的应力—应变关系采用简化的理想弹塑性应力—应变关系。

(4)建立受弯构件正截面承载力计算公式的基本思路是:根据破坏特征给出计算应力图形;根据平衡条件,建立基本计算公式;给出基本公式的适用条件。

(5)在实际工程中,受弯构件应采用适筋截面。适筋截面的计算应力图形为:受拉钢筋应力达到其抗拉强度设计值 f_{sd},受压混凝土应力图形简化为等效矩形分布,其应力值取为 f_{cd},当有受压钢筋时,受压钢筋应力达到其抗压强度设计值 f'_{sd}。

上述计算应力图及其相应的计算公式的适用条件是 $x \leq \xi_b h_0$ 和 $x \geq 2a'_s$ 且 $\rho \geq \rho_{min}$。

(6)应用基本公式一般可以解决工程中的两类问题,即截面复核和截面设计。

截面复核是在已知截面尺寸、纵向钢筋截面面积及材料强度的情况下,要求确定此截面的抗弯承载力 M_u,并与该截面所承受的弯矩计算值 $\gamma_0 M_d$ 进行比较,判断该截面是否安全。求解该问题所依据的是基本公式及其适用条件,基本公式中只有两个未知数,即受压区高度 x 和 M_u,故可以得到唯一的解。

截面设计,是在已知截面所必须承担的弯矩计算值 $\gamma_0 M_d$ 的情况下,要求选择材料(混凝土强度等级和钢筋的等级),确定截面尺寸及配筋量以及钢筋的直径、根数和布置。即在满足基本公式及其适用条件的前提下,确定一个尽可能经济合理的方案。该问题的求解,一般需要经过反复试算,应尽可能使纵向钢筋配筋率处在各类梁经济配筋率范围之内。

(7)构造要求是钢筋混凝土结构设计中的重要问题,是基本公式能够应用的前提。受弯构件的截面尺寸拟定、材料选择、钢筋的直径和根数选配和布置等都必须符合相关构造要求。

思 考 题

3-1 设计受弯构件时,应进行哪些计算和验算?

3-2 钢筋混凝土受弯构件正截面有哪些破坏形态?各自的破坏特点是什么?

3-3 适筋截面从开始加载到完全破坏的全过程,一般可分为几个阶段?各阶段截面应力分布的特点是什么?

3-4　受弯构件正截面承载力计算采用了哪些基本假定？

3-5　什么是配筋率？配筋率对钢筋混凝土梁正截面破坏有何影响？

3-6　最小配筋率是根据什么原则确定的？界限受压区高度是根据什么情况得出的？

3-7　双筋截面与单筋截面有什么本质区别？各自的应用范围是什么？

3-8　受压钢筋 A'_s 的抗压强度设计值 f'_{sd} 得到充分利用的条件是什么？

3-9　对双筋矩形截面，当 A'_s 为未知时，取 $\xi=\xi_b$，有什么工程意义？当 A'_s 为已知时，为什么要充分利用已有的受压钢筋 A'_s。

3-10　对双筋截面，当 $A'_s=A_s$ 时，如何计算截面的抗弯承载力 M_u？

3-11　T形截面分为哪几类？如何判断？

3-12　T形截面梁为什么要规定翼板有效宽度？翼板有效宽度考虑了哪些方面的因素？

3-13　有四根钢筋混凝土单筋梁，其截面如图 3-40 所示，它们所采用的混凝土强度等级，钢筋级别和所承受的外弯矩(其中包括自重产生的弯矩在内)均相同。试问哪一根梁所需的受拉钢筋最少？哪根最多？为什么？

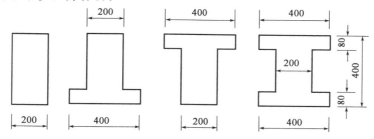

图 3-40　思考题 3-13 图(尺寸单位：mm)

📖 习　　题

3-1　一单筋矩形截面梁，截面尺寸 $b\times h=250\text{mm}\times500\text{mm}$，梁使用的材料是：混凝土 C30，钢筋 HRB400 级，Ⅰ类环境条件，安全等级为二级。试问该截面最大约能承受多大的弯矩组合设计值？

3-2　一矩形截面梁，截面尺寸 $b\times h=250\text{mm}\times500\text{mm}$，梁使用的材料是：混凝土 C30，纵向钢筋 HRB400 级，箍筋(HPB300)直径为 10mm，箍筋的混凝土保护层厚度为 20mm。Ⅰ类环境条件，安全等级为二级。

(1)当受拉区配有 2Φ20 的纵向钢筋时，试求此截面所能承受的弯矩组合设计值。

(2)当受拉区配有 4Φ20 的纵向钢筋时，试求此截面所能承受的弯矩组合设计值。

(3)当受拉区配有 8Φ20 的纵向钢筋时(此时，应按受拉纵向钢筋布置成两排考虑)，试求此截面所能承受的弯矩组合设计值。

(4)用基本公式所表达的关系，论证 M_u 是否随钢筋截面面积 A_s 的增加而增大。

3-3　已知一矩形截面简支梁，截面尺寸 $b\times h=200\text{mm}\times500\text{mm}$，计算跨度为 $l=6.0\text{m}$，承受的均布荷载 $q=18.82\text{kN/m}$(已考虑了荷载分项系数和梁自重)。混凝土强度等级选用 C30，钢筋采用 HRB400 级。箍筋(HPB300)直径为 10mm，箍筋的混凝土保护层厚度为 20mm。

Ⅰ类环境条件,安全等级为二级。试计算受拉钢筋截面面积,选配钢筋并绘制截面配筋图。

3-4 图 3-41 所示钢筋混凝土悬臂板,试画出受力主钢筋位置示意图。悬臂板根部截面高度为 140mm,C30 混凝土和 HRB400 级纵向钢筋;箍筋(HPB300)直径为 10mm,箍筋的混凝土保护层厚度为 20mm。Ⅰ类环境条件,安全等级为二级;悬臂板根部截面最大弯矩组合设计值 $M_d = -13.2$kN·m,试进行截面设计。

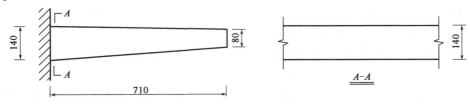

图 3-41 习题 3-4 图(尺寸单位:mm)

3-5 已知一矩形截面简支梁,计算跨度为 $l = 5.0$m,承受的均布荷载组合设计值 $q = 75$kN/m(已考虑了荷载分项系数和梁自重)。梁的截面高度 h 因受限制只能取 450mm,$b = 200$mm 若混凝土强度等级选用 C30,纵向钢筋 HRB400 级。箍筋(HPB300)直径为 10mm,箍筋的混凝土保护层厚度为 20mm。Ⅰ类环境条件,安全等级为二级。

(1)计算截面所需的受拉钢筋和受压钢筋的截面面积;

(2)如果受压区配置了 3Φ20 的受压钢筋,试计算截面所需的受拉钢筋截面面积。

(提示:预计受拉钢筋布置两排,故建议取 $h_0 = h - 70$mm)

3-6 一 T 形截面梁及配筋见图 3-42,弯矩组合设计值 $M_d = 300$kN·m,混凝土 C30,纵向钢筋 HRB400 级。箍筋(HPB300)直径为 10mm,箍筋的混凝土保护层厚度为 20mm。Ⅰ类环境条件,安全等级为二级。试验算梁的正截面承载力是否满足要求。

3-7 一 T 形截面梁及配筋见图 3-43,计算跨径 $L = 19.6$m,弯矩组合设计值 $M_d = 1250$kN·m,混凝土 C30,纵向钢筋 HRB400 级。箍筋(HPB300)直径为 10mm,箍筋的混凝土保护层厚度为 20mm。Ⅰ类环境条件,安全等级为二级。试验算梁的正截面承载力是否满足要求。

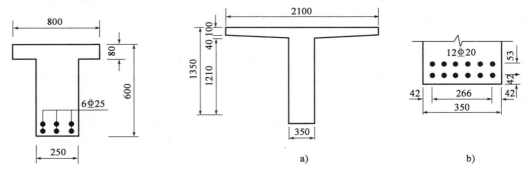

图 3-42 习题 3-6 图(尺寸单位:mm)　　　图 3-43 习题 3-7 图(尺寸单位:mm)

3-8 已知某翼板位于受压区的简支 T 形截面梁,计算跨径 $l = 21.6$m,相邻两梁轴线间距离为 1.6m,翼板板厚度 $h_f' = 110$mm,梁高 $h = 1350$mm,梁肋宽 $b = 200$mm,采用 C30 混凝土,HRB400 级纵向钢筋。截面承受的弯矩组合设计值 $M_d = 1950$kN·m。箍筋(HPB300)直径为 10mm,箍筋的混凝土保护层厚度为 20mm。Ⅰ类环境条件,安全等级为二级。试求所需受拉钢筋截面面积。

3-9　图 3-44 所示为装配式 T 形截面简支梁桥横向布置图，简支梁的计算跨径为 24.20m，试求边梁和中梁受压翼板的有效宽度 b_f。

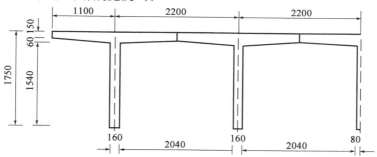

图 3-44　习题 3-9 图(尺寸单位：mm)

3-10　钢筋混凝土空心板的截面尺寸如图 3-45 所示，试做出其等效的工字形截面。

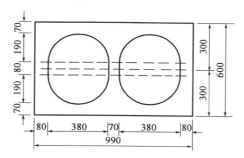

图 3-45　习题 3-10 图(尺寸单位：mm)

第四章　受弯构件斜截面承载力计算

第一节　概　　述

如图 4-1a)所示的矩形截面简支梁,在对称集中荷载作用下,当忽略梁的自重时,在纯弯段内仅有弯矩作用,在支座附近的剪弯段为弯矩和剪力共同作用的区段。当梁上荷载较小时,裂缝尚未出现,可将钢筋混凝土梁近似看作匀质弹性体,任一点的主拉应力、主压应力以及它们与梁轴线的夹角可按材料力学公式计算,主应力轨迹线如图 4-1b)所示,实线是主拉应力迹线,虚线是主压应力迹线。随着荷载增加,当主拉应力超过混凝土的抗拉强度时,混凝土在垂直于主拉应力方向将开裂,近支座处将出现沿主压应力轨迹发展的斜裂缝,斜裂缝向上发展指向荷载作用点,下端将跨越纵筋直至梁底。斜裂缝的出现和发展使梁内应力的分布和数值发生变化,最终可能导致在剪力较大的近支座区段内不同部位的混凝土被压碎或拉坏而丧失承载能力,即发生斜截面破坏。

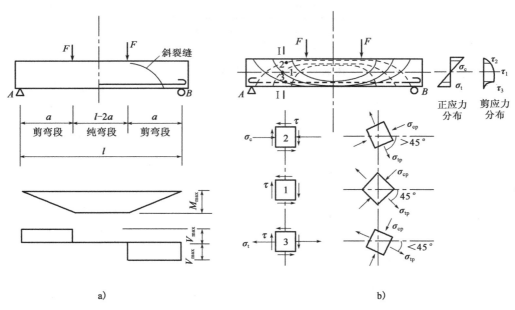

图 4-1　梁内力图及主应力轨迹图
a)弯矩图和剪力图;b)主应力轨迹图

为了防止梁的斜截面破坏,应使梁具有一个合理的截面尺寸,并配置必要的受剪钢筋。受剪钢筋包括箍筋与弯起钢筋(斜筋),弯起钢筋大多利用纵向主筋弯起,箍筋与弯起钢筋(斜筋)又统称为腹筋。腹筋与纵向主筋、架立筋及构造钢筋焊接(或绑扎)在一起,形成牢靠的钢筋骨架。配置了箍筋、弯起钢筋和纵向主筋的梁称为有腹筋梁,仅有纵向主筋而未配置腹筋的梁称为无腹筋梁。

在钢筋混凝土板中,相对于正截面承载力而言,斜截面承载力往往是足够的,故受弯构件斜截面承载力主要是对梁及厚板而言的。受弯构件斜截面承载力计算,包括斜截面抗剪承载力和斜截面抗弯承载力两部分内容。但是,在一般情况下,对斜截面抗弯承载力只需通过满足构造要求来保证,而不必进行计算。

第二节　影响斜截面抗剪能力的主要因素

试验研究表明,影响有腹筋梁斜截面抗剪能力的主要因素有剪跨比、混凝土强度等级、纵向受拉钢筋的配筋率和箍筋数量及强度等。

一、剪跨比

试验表明,受弯构件的抗剪承载力与构件中的弯矩和剪力的组合情况有关。为了反映这一因素,可以用一个无量纲参数即剪跨比 m 来表示:

$$m = \frac{M}{V h_0} \tag{4-1}$$

式中:m——剪跨比;

M、V——梁中计算截面的弯矩和剪力;

h_0——截面的有效高度。

对集中荷载作用下的简支梁(图 4-2),第一个集中荷载作用点截面的剪跨比即等于剪跨与截面的有效高度 h_0 的比值,即 $m = \frac{a}{h_0}$。但是,必须注意,对第二或第三个集中荷载作用点的计算,不能用该截面至支座的距离与截面的有效高度比去计算其剪跨比 m,而应按式(4-1)确定。

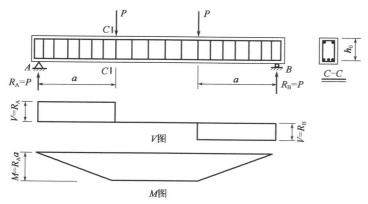

图 4-2　集中荷载作用下的简支梁

剪跨比 m 实质上反映了梁内正应力 σ 和剪应力 τ 的相对关系。一方面,剪压区混凝土截面上的应力大致与其内力成正比(正应力大致与弯矩 M 成正比,而剪应力大致与剪力 V 成正

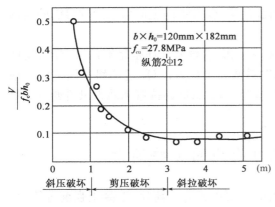

图 4-3　剪跨比对梁抗剪能力的影响

比);另一方面,剪跨比会影响 M 和 V 的相对大小。所以,剪跨比 m 不同,σ/τ、M/V 也不同,主应力的大小和方向也会随之改变,最终导致斜截面抗剪能力发生变化。

试验表明,剪跨比越大,梁的抗剪能力越低。如图 4-3 所示为一组截面尺寸、纵筋配筋率和混凝土强度基本相同,仅剪跨比变化的无腹筋梁的试验结果。可以看出,m 的影响是很明显的。随着剪跨比 m 的增大,梁的抗剪能力逐步降低。剪跨比 $m>3$ 时,剪跨比对斜截面抗剪能力的影响将不明显。

二、配箍率及箍筋强度

斜裂缝出现后,箍筋承担了相当部分的剪力。所以,箍筋配得越多,箍筋的强度越高,梁的抗剪能力也越高。配箍量一般用配箍率来表示,即:

$$\rho_{sv} = \frac{A_{sv}}{bs_v} \tag{4-2}$$

式中:ρ_{sv}——配箍率;

A_{sv}——斜截面内配置在沿梁长度方向一个箍筋间距 s_v 范围内的箍筋各肢总截面面积;

b——梁截面的宽度或腹板宽度;

s_v——沿梁长度方向箍筋的间距。

图 4-4 为配箍率和箍筋强度的乘积与梁的抗剪能力的关系图,由图可见,当其他条件相同时,两者大致呈线性关系。但是,配箍率过高,在箍筋未达屈服强度之前,梁即发生斜截面受剪破坏。

三、纵筋配筋率

如图 4-5 所示为纵筋配筋率与梁的受剪承载力的关系图,由图可见,增加纵筋配筋率将提高梁的受剪承载力。这是因为纵筋可发挥暗销作用,它能减小裂缝宽度,增加咬合力,从而加大剪压区高度,故可提高梁的抗剪承载力。

四、混凝土强度

斜截面破坏是因混凝土到达极限强度而发生的,所以混凝土的强度对梁的抗剪承载力影响很大。

试验表明,混凝土强度越高,梁的抗剪能力也越高。当其他条件(剪跨比、配箍率、纵筋配筋率及钢材种类)相同时,梁的抗

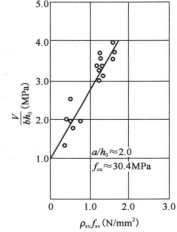

图 4-4　配箍率对梁抗剪能力的影响

剪能力与混凝土的抗压强度大致呈线性关系(图4-6)。但是,当混凝土强度较高时,梁的抗剪能力增长速度将减缓。

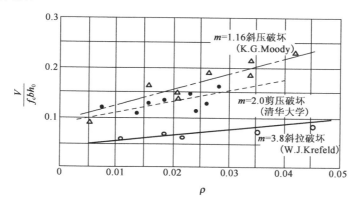

图 4-5　纵筋配筋率对梁抗剪能力的影响

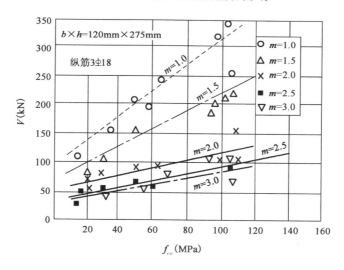

图 4-6　混凝土强度对梁的抗剪能力的影响

五、截面尺寸和形状

(1)截面尺寸的影响

截面尺寸对无腹筋梁的抗剪承载力有较大的影响,尺寸大的构件,破坏时的平均剪应力($\tau = V/bh_0$)比尺寸小的构件要降低。有试验表明,在其他参数(混凝土强度、纵筋配筋率、剪跨比)保持不变时,梁高扩大 4 倍,破坏时的平均剪应力可下降 25%~30%。

对于有腹筋梁,截面尺寸的影响将减小。

(2)截面形状的影响

这主要是指 T 形梁,其翼板大小对抗剪承载力有影响。适当增加翼板宽度,可提高抗剪承载力 25%,但翼板过大,增大作用就趋于平缓。另外,加大梁宽也可提高抗剪承载力。

第三节　斜截面受力特点和受剪破坏形态

一、无腹筋梁斜截面受力特点

实际工程中，除了截面高度很小的梁和板以外，一般均设计成有腹筋梁。无腹筋梁的抗剪承载力很低，且一旦出现斜裂缝就会很快发生斜截面破坏。为了解钢筋混凝土梁的斜截面受力特点和破坏特征，先讨论无腹筋梁的斜截面受力特点。

由于斜裂缝的出现，梁在剪弯段内的应力状态发生很大变化，主要表现在：

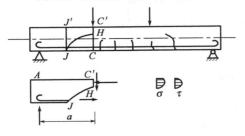

图 4-7　斜截面受力状态

（1）斜裂缝出现前，剪力是全截面承担的，但斜裂缝出现后，剪力主要由剪压区（图 4-7 中 $C'H$ 面）承担，混凝土剪应力大大增加。同时，混凝土剪压区面积因斜裂缝的出现和发展而减小，剪压区的混凝土压应力将大大增加。

（2）斜裂缝出现后，与斜裂缝相交处的纵向钢筋应力，由于斜裂缝的出现而突然增大。因为该处（JJ' 截面）的纵向钢筋在斜裂缝出现前承受自身截面弯矩引起的拉力，但斜裂缝出现后，纵向钢筋要承受斜裂缝端点处（CC' 截面）截面弯矩引起的拉力，且后者大于前者，故纵向受拉钢筋在斜裂缝出现后便产生了应力增量。

二、有腹筋梁斜截面受力特点

配置了箍筋的梁，在斜裂缝出现前，箍筋的应力很小，主要由混凝土传递剪力；斜裂缝出现后，与斜裂缝相交的箍筋应力增大。此时，有腹筋梁如同桁架，箍筋和混凝土斜压杆分别成为桁架的受拉腹杆和受压腹杆，纵向受拉钢筋成为桁架的受拉弦杆，剪压区混凝土则成为桁架的受压弦杆（图 4-8）。当将纵向受力钢筋在梁的端部弯起时，弯起钢筋起着和箍筋相似的作用，可以提高梁斜截面的抗剪承载力。

图 4-8　有腹筋梁的剪力传递

三、无腹筋梁斜截面受剪破坏形态

大量试验结果表明，无腹筋梁斜截面受剪破坏主要有如下三种形态：

1. 斜压破坏

当剪力较大、弯矩较小，即剪跨比 m 较小（$m<1$）时，无腹筋梁常会发生斜压破坏［图 4-9a］。首先在支座和集中荷载作用点间梁的腹部出现若干条平行的腹剪斜裂缝，随着荷载的增加，梁腹被这些斜裂缝分割为若干斜向短柱，最后因混凝土斜柱被压碎而破坏。抗剪承载力取决于混凝土的抗压强度，破坏荷载很高，但变形很小，属于脆性破坏。

2.剪压破坏

当剪跨比 m 适中（$1≤m≤3$）时，无腹筋梁常会发生剪压破坏[图 4-9b)]。其特征是，在剪弯区段的受拉区边缘先出现一些垂直裂缝，它们沿竖向延伸一小段长度后，就斜向延伸成一些斜裂缝，而后又形成一条贯穿的较宽的主要斜裂缝，也称为临界斜裂缝，临界斜裂缝向荷载作用点延伸，使斜截面剪压区的高度缩小，最后导致剪压区的混凝土破坏，使斜截面丧失承载力。

这种破坏发生时，破坏荷载较出现斜裂缝时的荷载为高，但仍属于脆性破坏。

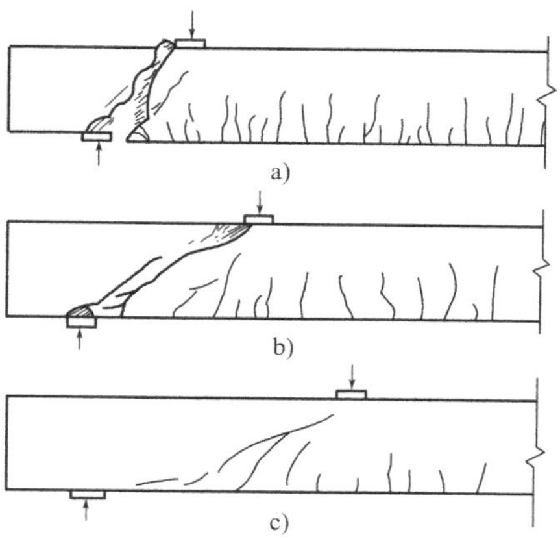

图 4-9　斜截面破坏形态
a)斜压破坏；b)剪压破坏；c)斜拉破坏

3.斜拉破坏

当剪跨比 m 较大（$3<m<6$）时，无腹筋梁常会发生斜拉破坏[图 4-9c)]。其特点是斜裂缝很平，裂缝一旦出现，便迅速向集中荷载作用点延伸，并很快形成临界斜裂缝，梁随即破坏。

整个破坏过程急速而突然，破坏荷载与出现斜裂缝时的荷载很接近，其承载力取决于混凝土的抗拉强度。破坏前梁的变形很小，并且往往只有一条斜裂缝，破坏具有明显的脆性。

图 4-10 是三种破坏形态的荷载—挠度（$F\text{-}f$）曲线图。可见，各种破坏形态的斜截面承载力是不同的，斜压破坏时最大，其次为剪压破坏，斜拉破坏最小。它们在达到峰值荷载时，跨中挠度都不大，破坏时荷载都会迅速下降，表明它们都属脆性破坏类型，但脆性程度是不同的。混凝土的极限拉应变值比极限压应变值小得多，所以斜拉破坏最脆，斜压破坏次之，剪压破坏脆性最小。进行结构设计时，应使斜截面破坏呈剪压破坏，避免发生斜拉、斜压破坏。

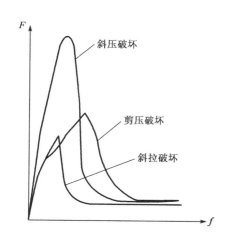

图 4-10　斜截面破坏的 $F\text{-}f$ 曲线

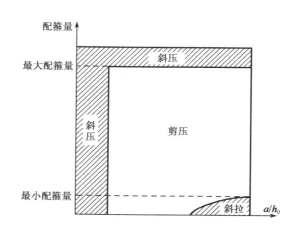

图 4-11　斜截面受剪破坏的条件示意图

四、有腹筋梁斜截面受剪破坏形态

配置箍筋的梁,其斜截面受剪破坏形态与无腹筋梁类似。当剪跨比较大($m>3$),且箍筋配置数量过少时,易发生斜拉破坏。其破坏特征与无腹筋梁相同,破坏时箍筋被拉断。当箍筋配置过量或剪跨比很小($m<1$)时,发生斜压破坏,其特征是混凝土斜向柱体被压碎,但箍筋不屈服。当箍筋配置数量虽然过少但剪跨比适中($1\leqslant m\leqslant 3$),或剪跨比不是太小($m\geqslant 1$)且箍筋数量适中时,发生剪压破坏,其特征是箍筋受拉屈服,剪压区混凝土压碎,斜截面抗剪承载力随配箍率及箍筋强度的增加而增大。

通过以上对剪弯区段可能发生的三种破坏形态的叙述,我们可以用图 4-11 的示意图来进一步概括这三种破坏形态发生的条件。如果一根钢筋混凝土梁的截面尺寸和材料强度等级已定,则斜压破坏将发生在图中所示剪跨比过小或箍筋用量过多的情况下,而斜拉破坏将发生在图中所示剪跨比过大,同时箍筋用量又过少的情况下,其余均为剪压型破坏。

从斜截面的破坏形态看,无论是斜压破坏、剪压破坏还是斜拉破坏,都属于脆性破坏。在实际工程中,不允许以这几种破坏形态来控制构件的承载力。在某些对延性有较高要求的结构中,应避免在正截面受弯破坏发生之前发生斜截面受剪破坏。

第四节　斜截面抗剪承载力计算

为防止斜截面受剪三种破坏(剪压、斜拉和斜压破坏),《公路桥规》通过斜截面抗剪承载力公式计算防止剪压破坏,通过截面尺寸限制条件和一定的构造措施防止斜压和斜拉破坏。

由于影响受弯构件斜截面抗剪能力的因素很多,影响机理也很复杂,精确计算相当困难。《公路桥规》中关于斜截面抗剪承载力的计算公式是根据剪压破坏形态,在试验结果和理论研究分析的基础上建立的。

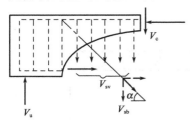

图 4-12　抗剪承载力的组成

梁发生剪压破坏时,斜截面的抗剪承载力 V_u 可认为由以下三部分组成(图 4-12),即:

$$V_u = V_c + V_{sv} + V_{sb} \qquad (4-3)$$

在有腹筋梁中,箍筋的存在抑制了斜裂缝的开展,使剪压区面积增大,导致了剪压区混凝土抗剪能力的提高。其提高程度与箍筋的抗拉强度和配箍率有关。因而式(4-3)中的 V_c 与 V_{sv} 是紧密相关的,但两者目前尚无法分别予以精确定量描述,而只能用 V_{cs} 来表达混凝土和箍筋的综合抗剪承载力,即:

$$V_u = V_{cs} + V_{sb} \qquad (4-4)$$

以上式中:V_c——混凝土剪压区所承受的剪力;

V_{sv}——与斜裂缝相交的箍筋承受的剪力;

V_{cs}——混凝土和与斜裂缝相交的箍筋共同承受的剪力;

V_{sb}——与斜裂缝相交的弯起钢筋承受的剪力。

一、斜截面抗剪承载力计算公式

《公路桥规》根据国内外的有关试验资料,对配有腹筋的钢筋混凝土梁斜截面抗剪承载力的计算采用下述半经验半理论的公式:

$$\gamma_0 V_d \leqslant V_u = V_{cs} + V_{sb} = \alpha_1 \alpha_2 \alpha_3 (0.45 \times 10^{-3}) b h_0 \sqrt{(2 + 0.6P)} \sqrt{f_{cu,k} \rho_{sv} f_{sv}} +$$
$$(0.75 \times 10^{-3}) f_{sd} \sum A_{sb} \sin\theta_s \qquad (4\text{-}5)$$

式中: V_d——斜截面受压端正截面上由作用(或荷载)效应所产生的最大剪力组合设计值(kN);

$\quad\gamma_0$——桥梁结构的重要性系数;

$\quad V_u$——构件斜截面抗剪承载力(kN);

$\quad\alpha_1$——异号弯矩影响系数,计算简支梁和连续梁近边支点梁段的抗剪承载力时, $\alpha_1 = 1.0$;计算连续梁和悬臂梁近中间支点梁段的抗剪承载力时, $\alpha_1 = 0.9$;

$\quad\alpha_2$——预应力提高系数(详见第十章)。对钢筋混凝土受弯构件, $\alpha_2 = 1$;

$\quad\alpha_3$——受压翼缘的影响系数,对具有受压翼缘的截面,取 $\alpha_3 = 1.1$;

$\quad b$——斜截面受压端正截面处矩形截面宽度(mm),或 T 形和 I 形截面腹板宽度(mm);

$\quad h_0$——斜截面受压端正截面的有效高度,自纵向受拉钢筋合力点到受压翼缘的距离(mm);

$\quad P$——斜截面内纵向受拉钢筋的配筋率, $P = 100\rho$, $\rho = A_s / b h_0$, 当 $P > 2.5$ 时,取 $P = 2.5$;

$f_{cu,k}$——混凝土立方体抗压强度标准值(MPa);

$\quad\rho_{sv}$——箍筋配筋率,见式(4-2);

$\quad f_{sv}$——箍筋抗拉强度设计值(MPa);

$\quad f_{sd}$——弯起钢筋的抗拉强度设计值(MPa);

$\quad A_{sb}$——斜截面内在同一个弯起钢筋平面内的弯起钢筋总截面面积(mm²);

$\quad\theta_s$——弯起钢筋的切线与构件水平纵向轴线的夹角。

二、计算公式的适用条件

斜截面抗剪承载力的计算公式,是根据剪压破坏受力特点和实测数据确定的,没有考虑斜压与斜拉两种破坏情况。为了防止上述两种破坏情况的发生,计算公式必须确定两个限制条件:

1.上限值——截面最小尺寸

试验和分析结果表明,当梁的截面过小,配置的腹筋过多时,梁将发生斜压破坏。为了防止发生斜压破坏,同时为防止梁特别是薄腹梁在使用阶段斜裂缝开展过大,《公路桥规》规定了截面最小尺寸的限制条件。

矩形、T 形和 I 形截面受弯构件截面尺寸应满足:

$$\gamma_0 V_d \leqslant (0.51 \times 10^{-3}) \sqrt{f_{cu,k}} b h_0 \quad (\text{kN}) \qquad (4\text{-}6)$$

式中: V_d——验算截面处由作用(或荷载)产生的剪力组合设计值(kN);

$f_{cu,k}$——混凝土立方体抗压强度标准值(MPa);

$\quad b$——相应于剪力组合设计值处矩形截面的宽度或 T 形、I 形截面的腹板宽度(mm);

$\quad h_0$——相应于剪力组合设计值处的截面有效高度,即自纵向受拉钢筋合力点至受压边缘的距离(mm)。

式(4-6)表示了梁在相应情况下斜截面抗剪承载力的上限值,相当于限制了梁所必须具有的最小截面尺寸。如果上述条件不能满足,则应加大梁截面尺寸或提高混凝土的强度等级。

2. 下限值与最小配箍率

斜裂缝出现后,斜裂缝处的主拉应力将全部由箍筋承受。为了防止发生斜拉破坏,穿过斜裂缝的钢筋(腹筋)不能太少。

《公路桥规》规定:矩形、T形和I形截面的受弯构件,若符合公式(4-7)要求时,则不需要进行斜截面抗剪承载力计算,而仅按构造要求配置箍筋。

$$\gamma_0 V_d \leqslant 0.50 \times 10^{-3} \alpha_2 f_{td} b h_0 \quad (\text{kN}) \tag{4-7}$$

式中:f_{td}——混凝土的抗拉强度设计值(MPa);

其余符号意义同前。

式(4-7)实际上是规定了梁的抗剪承载力的下限值。对于板式受弯构件,混凝土的抗剪下限值可按式(4-7)提高25%。

当受弯构件的设计剪力符合式(4-7)的条件时,按构造要求配置箍筋,并应满足最小配箍率的要求。《公路桥规》规定的最小配箍率为:

HPB300 $\qquad\qquad\qquad\qquad \rho_{sv} \geqslant 0.0014$ $\qquad\qquad\qquad\qquad$ (4-8a)

HRB400 $\qquad\qquad\qquad\qquad \rho_{sv} \geqslant 0.0011$ $\qquad\qquad\qquad\qquad$ (4-8b)

三、斜截面抗剪承载力计算方法

在实际工程中受弯构件斜截面抗剪承载力的计算通常有两类问题,即截面复核和截面设计。以下以等高度简支梁为例说明斜截面抗剪承载力的计算方法。

1. 截面复核

《公路桥规》规定,在进行钢筋混凝土简支梁斜截面抗剪承载力计算时,其计算位置应按照下列规定选取:

(1)距支座中心 $h/2$(梁高一半)处的截面[图 4-13a)的截面 1-1]。

(2)受拉区弯起钢筋弯起点处的截面[图 4-13a)的截面 2-2、3-3],以及锚于受拉区的纵向钢筋开始不受力处的截面[图 4-13b)截面 4-4]。

(3)箍筋数量或间距改变处的截面[图 4-13b)的截面 5-5]。

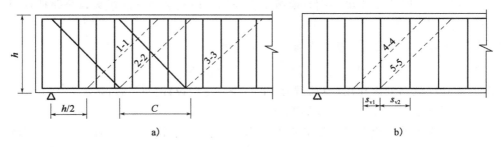

图 4-13　斜截面抗剪承载力复核截面位置
a)配置弯起钢筋时;b)仅配置箍筋时

(4)梁的肋板宽度改变处的截面。

对于此类承载力复核问题,即已知材料强度、截面尺寸、腹筋配置情况,要求校核斜截面所能承受的剪力时,只要将已知数据代入式(4-5),即可求得解答。

需要注意的是,用式(4-5)进行复核时,式中的 V_d、b、h_0 均为斜截面顶端位置处对应的数值,而规范给出的验算点为斜截面底端的位置。因此,需要有一个从规范规定位置到斜截面顶端位置的转换方法。《公路桥规》规定了斜截面投影长度 C 的计算公式,即:

$$C = 0.6mh_0$$

式中:m——斜截面受压端正截面处的广义剪跨比,$m = \dfrac{M_d}{V_d h_0}$,当 $m > 3.0$ 时,取 $m = 3.0$;

$\quad V_d$——通过斜截面顶端正截面的剪力组合设计值;

$\quad M_d$——对应最大剪力组合设计值的弯矩组合设计值。

由于剪跨比 $m = \dfrac{M_d}{V_d h_0}$ 中的 V_d、b、h_0 均为斜截面受压端正截面处的内力值,并不是斜截面底端位置处的值,因此,不能由斜截面底端位置的值直接确定出斜裂缝顶端剪压区位置,理论上讲,应该采用"试算"的方法。但试算的工作太麻烦,可以采用下述简化方法:

(1)确定斜截面底端验算点位置。

(2)以底端位置向跨中方向取距离为 h_0(此 h_0 取为底端验算点截面值)的截面,认为验算斜截面顶端在此正截面上。

(3)由验算斜截面顶端的位置坐标,从内力包络图求得该截面处的最大剪力组合设计值 V_d 及相应的弯矩组合设计值 M_d,进而求得剪跨比 m 以及斜截面投影长度 $C = 0.6mh_0$(此 h_0 取斜截面顶端正截面的有效高度值)。

(4)由斜截面投影长度 C,确定与斜截面相交的纵向受拉钢筋配筋百分率 P、弯起钢筋截面面积 A_{sb} 和箍筋配筋率 ρ_{sv}。

(5)将上述数值代入式(4-5),进行斜截面抗剪承载力复核。

同时应注意复核梁截面尺寸及配箍率,并检验已配的箍筋直径和间距是否满足构造规定。

2. 截面设计

斜截面抗剪配筋设计问题,即已知梁的计算跨径、材料强度、截面尺寸、跨中截面纵筋配置情况,要求配置箍筋、初步确定弯起钢筋的数量及弯起位置。对于等高度简支梁,可以按照下述步骤进行。

(1)根据荷载组合画出剪力设计值包络图。

(2)根据已知条件及支座中心处的最大剪力计算值 $V_0 = \gamma_0 V_{d,0}$,$V_{d,0}$ 为支座中心处最大剪力组合设计值。按照式(4-6),对截面尺寸进行检查,若不满足,必须修改截面尺寸或提高混凝土强度等级,以满足式(4-6)的要求。

(3)由式(4-7)求得按构造要求配置箍筋所能承受的剪力 $V = 0.50 \times 10^{-3} \alpha_2 f_{td} b h_0$,其中 b 和 h_0 可按跨中截面取值,由剪力设计值包络图可得到按构造配置箍筋的区段长度 l_1。

(4)在支点和按构造配置箍筋区段之间的剪力设计值由混凝土、箍筋和弯起钢筋共同承担。按《公路桥规》规定,取距离支点中心 $h/2$ 处的剪力组合设计值记作 V'_d,将 V'_d 分为两部分,其中至少 60% 由混凝土和箍筋共同承担,至多 40% 由弯起钢筋承担,如图 4-14 所示用水平线将剪力设计图分割为两部分。

（5）箍筋设计。

根据构造要求选定箍筋种类和直径后，由式（4-5），可得：

$$s_v \leqslant \frac{\alpha_1^2 \alpha_3^2 \times 0.2 \times 10^{-6}(2+0.6P)\sqrt{f_{cu,k}} A_{sv} f_{sv} b h_0^2}{(\xi \gamma_0 V_d')^2} \quad \text{(mm)} \qquad (4-9)$$

式中：ξ——混凝土和箍筋的剪力分配系数，$\xi \geqslant 0.6$。

根据式（4-9）计算箍筋间距并进行布置，布置箍筋时，应注意满足《公路桥规》规定的构造要求。

（6）弯起钢筋的数量及初步弯起位置。

弯起钢筋是由纵向受拉钢筋弯起而成，常对称于梁跨中线成对弯起，以承担图 4-14 中所分配的剪力。设计第一排弯起钢筋 A_{sb1} 时，其应承担的剪力为距离支点中心 $h/2$ 处由弯起钢筋承担的那部分剪力。设计第一排以后的每一排弯起钢筋时，取用前一排弯起钢筋起弯点处应由弯起钢筋承担的那部分剪力设计值（图 4-14）。

所需要的弯起钢筋截面面积可由下式计算：

$$A_{sbi} = \frac{\gamma_0 V_{sbi}}{(0.75 \times 10^{-3}) f_{sd} \sin\theta_s} \quad \text{(mm}^2\text{)} \qquad (4-10)$$

考虑到梁支座处的支承反力较大以及纵向受拉钢筋的锚固要求，《公路桥规》规定，在钢筋混凝土梁的支点处，应至少有两根并且不少于总数 1/5 的下层受拉主钢筋通过，即这部分钢筋不能在梁间弯起，而其余的纵向受拉钢筋可以在满足规范要求的条件下弯起。布置弯起钢筋时，还需满足《公路桥规》对弯起钢筋的弯角及弯筋之间的位置关系要求：

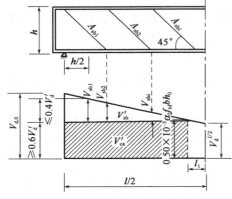

图 4-14 腹筋初步设计计算简图

①钢筋混凝土梁的弯起钢筋一般与梁纵轴成 45°角。弯起钢筋以圆弧弯折，圆弧半径（以钢筋轴线为准）不宜小于 20 倍钢筋直径。

②简支梁第一排（对支座而言）弯起钢筋的末端弯折点应位于支座中心截面处，以后各排弯起钢筋的末端弯折点应落在或超过前一排弯起钢筋弯起点截面。

四、计算实例

【例题 4-1】　已知等高度矩形截面简支梁，截面尺寸 $b \times h = 200\text{mm} \times 600\text{mm}$，混凝土采用 C30，箍筋选用双肢φ8@100 的 HPB300 级钢筋，纵向受拉钢筋配筋率 $\rho = 3\%$，$a_s = 40\text{mm}$；支点处剪力组合设计值 $V_d = 260\text{kN}$，距支点 $h/2$ 处剪力组合设计值 $V_d' = 249\text{kN}$，I 类环境条件，安全等级为二级。试确定距支点 $h/2$ 处斜截面抗剪承载力是否满足要求（近似取斜截面水平投影长度 $C = h_0$）。

解：（1）截面尺寸复核

$$h_0 = h - a_s = 600 - 40 = 560\text{mm}$$

$$(0.51 \times 10^{-3})\sqrt{f_{cu,k}} b h_0 = 0.51 \times 10^{-3} \times \sqrt{30} \times 200 \times 560$$
$$= 313\text{kN} > \gamma_0 V_d = 260\text{kN}$$

截面尺寸满足要求。

$$0.50 \times 10^{-3} \alpha_2 f_{td} bh_0 = 0.50 \times 10^{-3} \times 1.0 \times 1.39 \times 200 \times 560$$
$$= 78 \text{kN} < \gamma_0 V_d = 260 \text{kN}$$

需要按计算配置抗剪钢筋。

（2）计算距支点 $h/2$ 处斜截面抗剪承载力 V_u

$$P = 100\rho = 3.0 > 2.5, \text{取} P = 2.5$$

$$\rho_{sv} = \frac{A_{sv}}{bs_v} = \frac{2 \times 50.3}{200 \times 100} = 0.503\% > \rho_{sv,min} = 0.14\%$$

$$V_u = \alpha_1 \alpha_3 (0.45 \times 10^{-3}) bh_0 \sqrt{(2 + 0.6P) \sqrt{f_{cu,k}} \rho_{sv} f_{sv}}$$
$$= 1 \times 1 \times (0.45 \times 10^{-3}) \times 200 \times 560 \times \sqrt{(2 + 0.6 \times 2.5) \sqrt{30} \times 0.00503 \times 250}$$
$$= 247 \text{kN}$$

（3）计算斜截面受压端对应的正截面处由荷载产生的最大剪力组合设计值 V_{d1}'

斜截面水平投影长度 $C = 0.6mh_0$，近似取斜截面水平投影长度 $C = h_0$ 处截面内力进行计算，由剪力图可求得 $V_{d1}' = 228 \text{kN}$，$\gamma_0 V_{d1}' = 228 \text{kN} < V_u = 247 \text{kN}$，验算点处的斜截面抗剪承载力满足要求。

【例题 4-2】　已知等高度矩形截面简支梁，截面尺寸 $b \times h = 200 \text{mm} \times 600 \text{mm}$，混凝土采用 C30，纵向受拉钢筋及箍筋采用 HPB300 级钢筋，纵向受拉钢筋 $A_s = 672 \text{mm}^2$，$a_s = 40 \text{mm}$；支点处由混凝土及箍筋承受的剪力组合设计值 $V_d = 121 \text{kN}$，距支点 $h/2$ 处由混凝土及箍筋承受的剪力组合设计值 $V_d' = 110 \text{kN}$，I 类环境条件，安全等级为二级。试确定该斜截面箍筋间距 s_v。

解：（1）截面尺寸复核

$$h_0 = h - a_s = 600 - 40 = 560 \text{mm}$$
$$(0.51 \times 10^{-3}) \sqrt{f_{cu,k}} bh_0 = 0.51 \times 10^{-3} \times \sqrt{30} \times 200 \times 560$$
$$= 313 \text{kN} > \gamma_0 V_d = 121 \text{kN}$$

截面尺寸满足要求。

$$0.50 \times 10^{-3} \alpha_2 f_{td} bh_0 = 0.50 \times 10^{-3} \times 1.0 \times 1.39 \times 200 \times 560$$
$$= 78 \text{kN} < \gamma_0 V_d = 121 \text{kN}$$

需要按计算配置抗剪钢筋。

（2）计算箍筋用量

$P = 100\rho = 0.6 < 2.5$，箍筋选用双肢 $\phi 8$，则：

$$s_v \leq \frac{\alpha_1^2 \alpha_3^2 \times 0.2 \times 10^{-6} (2 + 0.6P) \sqrt{f_{cu,k}} A_{sv} f_{sv} bh_0^2}{(\xi \gamma_0 V_d')^2}$$
$$= \frac{1 \times 1 \times (0.2 \times 10^{-6}) \times (2 + 0.6 \times 0.6) \times \sqrt{30} \times 2 \times 50.3 \times 250 \times 200 \times 560^2}{110^2}$$
$$= 337 \text{mm}$$

依据《公路桥规》，支座中心向跨径方向长度相当于一倍梁高范围内，箍筋间距应不大于 100mm（参见本章第六节中箍筋的构造要求）。故取 $s_v = 100 \text{mm}$。

第五节　斜截面抗弯承载力计算

由于抵抗剪力的需要,会有部分纵向受力钢筋弯起,这时就存在斜截面抗弯承载力的问题。如图 4-15 所示,由于斜裂缝的开展,梁被斜裂缝分成两部分,且将绕位于受压区的公共铰而转动。在极限状态下,与斜裂缝相交的纵向钢筋、箍筋和弯起钢筋的应力均达到其抗拉强度设计值,受压区混凝土的应力达到抗压强度设计值。此时,对剪压区混凝土合力作用点取矩,可得抗弯承载力计算公式:

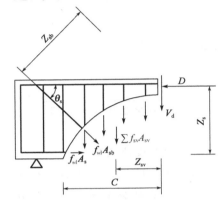

图 4-15　斜截面抗弯承载力计算见图

$$\gamma_0 M_\mathrm{d} \leqslant f_\mathrm{sd} A_\mathrm{s} Z_\mathrm{s} + \sum f_\mathrm{sd} A_\mathrm{sb} Z_\mathrm{sb} + \sum f_\mathrm{sv} A_\mathrm{sv} Z_\mathrm{sv}$$

(4-11)

式中:　M_d——斜截面受压顶端正截面的最大弯矩组合设计值;

A_sv、A_sb、A_s——与斜截面相交的箍筋、弯起钢筋和弯起后剩余的纵向受力钢筋的截面面积。

一般情况下,斜截面抗弯承载力不需要计算,而是通过构造措施来保证,具体构造措施将在下一节中介绍。

第六节　全梁承载能力校核与构造要求

一、全梁承载能力校核

全梁承载能力校核的目的,就是为了进一步检查初步设计完成的钢筋混凝土受弯构件沿长度方向任一截面都不出现正截面及斜截面破坏。

在前面章节中,分别介绍了钢筋混凝土受弯构件正截面抗弯承载力、斜截面抗剪承载力和斜截面抗弯承载力的计算方法。实际工作中,一般首先是根据主要控制截面(如简支梁的跨中截面)的正截面抗弯承载力要求,计算并确定纵向钢筋的数量并布置,然后根据支点附近区段的斜截面抗剪承载力要求,计算并确定箍筋及弯起钢筋的数量并布置,最后根据弯矩和剪力设计值沿梁长方向的变化情况,进行全梁承载能力的校核,使所设计的钢筋混凝土梁沿梁长方向的任一截面均满足正截面抗弯、斜截面抗剪和斜截面抗弯承载力三方面的要求。

全梁承载能力校核可通过图解法来解决,即采用弯矩包络图与材料抵抗弯矩图进行校核。

二、材料抵抗弯矩图(材料图)

根据荷载布置情况,将其产生的各个正截面最大弯矩值绘制成图形,即弯矩包络图(M 图)。根据截面配筋情况,将梁各个正截面能够承受的弯矩设计值绘成图形,称作抵抗弯矩图(M_u 图)。纵向钢筋截面面积的确定是根据梁控制截面的最大弯矩(通常为跨中弯矩)设计值进行计算。如果纵向受力钢筋沿梁长度方向的截面面积没有改变,则在全梁范围内其他截面必然也满足正截面抗弯承载力要求,但纵筋沿梁通长布置有时是不经济的,因为沿梁多数截面的纵筋强度没有被充分利用,有的则根本不需要。因此,从正截面的抗弯承载力来看,把纵筋在不需要的地方弯起或截断是较为经济合理的。

如图 4-16 所示,一简支梁计算跨径为 l,跨中截面布置有 6 根纵向受拉钢筋(2N1+2N2+2N3),其正截面抗弯承载力 $M_{u,l/2} \geq \gamma_0 M_{d,l/2}$。将 2N1 伸过支座中心线,而将 2N2 和 2N3 在跨间弯起。这样在 DE 段有 6 根纵向受拉钢筋(2N1+2N2+2N3),材料抵抗弯矩图为一水平直线 de。在 BC 段(C 为弯起钢筋和梁中心线的交点)有(2N1+2N2)的纵筋,在 OA 段(A 为弯起钢筋和梁轴线的交点)只有 2N1 的纵筋,材料抵抗弯矩图显然比 DE 段小,这时可以近似认为截面抗弯承载力与纵向钢筋截面面积成正比,例如,图 4-16 中 $M_{u,1}=M_{u,l/2} \times A_{s,1}/A_s$,$M_{u1,2}=M_{u,l/2} \times A_{s1,2}/A_s$。因此,在 OA 和 BC 段,材料抵抗弯矩图可分别用水平直线 o'a 和 bc 来表示。在 CD 段,弯起的 2N3 逐渐靠近中和轴,所能抵抗的弯矩逐渐减小,至 C 点时近似为零,材料抵抗弯矩图用斜线 cd 表示。在 AB 段,弯起的 2N2 逐渐靠近中和轴,所能抵抗的弯矩逐渐减小,至 A 点时近似为零,材料抵抗弯矩图用斜线 ab 表示。

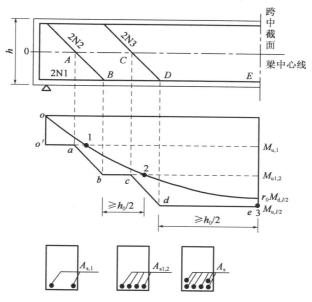

图 4-16　简支梁的弯矩包络图与抵抗弯矩图

在跨中 3 点处,抵抗弯矩图与弯矩包络图最接近,所有钢筋的强度得到最充分利用,故称 3 点为所有钢筋的强度充分利用点。在 2 点处以及以左,(2N1+2N2)的配筋已经足够(截面面积为 $A_{s1,2}$,抗弯承载力为 $M_{u1,2}$),2N3 钢筋已经没有必要,故称 2 点为 2N3 钢筋的不需要点,也是理论截断点,2 点同时为(2N1+2N2)钢筋的强度充分利用点。

在混凝土梁的受拉区中,弯起钢筋的弯起点可设在按正截面抗弯承载力计算不需要该钢筋的截面(即不需要点)之前,但弯起钢筋与梁中心线的交点应位于不需要该钢筋的截面(即不需要点)之外。

三、纵筋弯起的构造要求

纵筋弯起点的位置要考虑以下几方面因素:

1. 保证正截面的抗弯承载力

纵筋弯起后,剩下的纵筋数量减少,正截面的抗弯承载力要降低。为保证正截面的抗弯承载力满足要求,为保证每一个截面均有 $M_u \geqslant M$,M_u 图必须将 M 图全部包住。

2. 保证斜截面的抗剪承载力

在设计中如果要利用弯起的纵筋抵抗斜截面的剪力,则弯起钢筋的弯起位置还要满足下列要求:简支梁第一排(相对支座而言)弯起钢筋的末端弯折点应位于支座中心截面处,以后各排弯起钢筋的末端折点应落在或超过前一排弯起钢筋的弯起点,以防止出现不与弯起钢筋相交的斜裂缝。

3. 保证斜截面的抗弯承载力

在第五节中讲述了斜截面抗弯承载力的计算公式,但一般情况下,斜截面抗弯承载力不需要计算,而是通过构造措施来保证,即满足如图 4-16 所示的要求:弯起点应在按正截面抗弯承载力计算该钢筋强度被充分利用的截面(即充分利用点)以外,其距离 s_1 应大于或等于 $h_0/2$。这样就能保证斜截面抗弯承载力满足要求,下面对此进行证明。

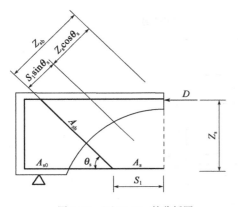

图 4-17 $S_1 \geqslant 0.5h_0$ 的分析图

如图 4-17 所示,不考虑箍筋,弯起前纵向受拉钢筋面积为 A_s,弯起钢筋面积为 A_{sb},弯起后剩余纵向受拉钢筋面积 $A_{s0} = A_s - A_{sb}$。对于剪压破坏截面,应满足正截面抗弯要求,故:

$$M_D = f_{sd} A_s Z_s \qquad (4\text{-}12)$$

如果出现斜裂缝,则作用在斜截面上的弯矩仍为 M_D,设斜截面所能承受的弯矩为 M_{uD},则:

$$M_{uD} = f_{sd} A_{s0} Z_s + f_{sd} A_{sb} Z_{sb} \qquad (4\text{-}13)$$

由图 4-17 可得:

$$Z_{sb} = S_1 \sin\theta_s + Z_s \cos\theta_s \qquad (4\text{-}14)$$

式中:θ_s——弯起钢筋与构件纵轴的夹角。

为保证不致沿斜截面发生斜截面受弯破坏,应使 $M_{uD} \geqslant M_D$,即 $Z_{sb} \geqslant Z_s$,可得:

$$S_1 \geqslant \frac{1-\cos\theta_s}{\sin\theta_s} Z_s \qquad (4\text{-}15)$$

一般情况下,$Z_s \approx 0.9h_0$,当 $\theta_s = 45°$ 时,$S_1 \geqslant 0.37h_0$;当 $\theta_s = 60°$ 时,$S_1 \geqslant 0.52h_0$。为计算方便,设计中取 $S_1 \geqslant 0.5h_0$。由此,《公路桥规》规定,受拉区弯起钢筋弯起点,应设在按正截面抗弯承载力计算充分利用该钢筋强度的截面(称为充分利用点)以外不小于 $0.5h_0$ 处。

除上述要求外,纵筋弯起还应满足下列要求:

弯起钢筋一般由按正截面抗弯承载力计算不需要的纵向钢筋弯起供给,当采用焊接骨架配筋时,亦可采用专设的斜短钢筋焊接,但不得采用不与主筋焊接的斜钢筋(浮筋)。

弯起钢筋的弯起角宜取 45°。弯起钢筋的末端(弯终点以外)应留有锚固长度:受拉区不应小于 20d,受压区不应小于 10d,d 为钢筋直径;对环氧树脂涂层钢筋应增加 25%;对 HPB300 钢筋尚应设置半圆弯钩。

四、纵向钢筋截断与锚固

1. 纵向钢筋在支座处的锚固

伸入支座的纵向钢筋应有足够的锚固长度,以防止斜裂缝形成后纵向钢筋被拔出。为此,《公路桥规》作了如下规定:

(1)在钢筋混凝土梁的支点处,应至少有两根且不少于总数1/5的下层受拉主钢筋通过。

(2)两外侧钢筋,应延伸出端支点以外,并弯成直角,顺梁高延伸至顶部,与顶层纵向架立钢筋相连。两侧之间的其他未弯起钢筋,伸出支点截面以外的长度不应小于 $10d$(环氧树脂涂层钢筋为 $12.5d$),d 为受拉钢筋直径;HPB300 钢筋应带半圆弯钩。

2. 纵向钢筋在梁跨间的截断与锚固

《公路桥规》规定,梁内纵向受拉钢筋不宜在受拉区截断。如需截断时,为保证钢筋强度的充分利用,应自该钢筋强度充分利用点向外至少延伸长度($l_a + h_0$)再截断,同时,尚应满足自该钢筋理论截断点至少延伸 $20d$(对环氧树脂涂层钢筋为 $25d$)。其中,l_a 为受拉钢筋的最小锚固长度,h_0 为梁的有效高度,d 为钢筋直径。纵向受压钢筋如在跨间截断时,应延伸至该钢筋的理论截断点以外至少 $15d$(环氧树脂涂层钢筋为 $20d$)。

纵向受拉钢筋在跨间截断时的延伸长度见图 4-18。

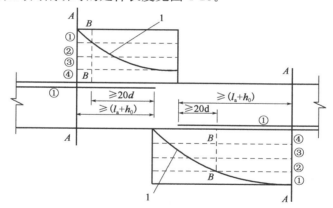

图 4-18 纵向受拉钢筋截断时的延伸长度

1-弯矩图;①②③④-钢筋批号;A-A-钢筋强度充分利用截面;B-B-按计算不需要钢筋①的截面

五、箍筋的构造要求

箍筋直径应不小于 8mm 且不小于 1/4 主钢筋直径。箍筋的最小配筋率,对 HPB300 钢筋为 0.14%,对 HRB400 钢筋为 0.11%。当梁中配有计算需要的纵向受压钢筋,或在连续梁、悬臂梁近中间支点负弯矩的梁段,应采用封闭式箍筋,同时,同排内任一纵向钢筋离箍筋折角处的纵向钢筋(角筋)的距离应不大于 150mm,或 15 倍箍筋直径(取两者中较大者),否则,应设复合箍筋,见图 5-3。相邻箍筋的弯钩接头,沿纵向其位置应错开。

箍筋的间距不应大于梁高的 1/2 且不大于 400mm;当所箍钢筋为按受力需要的纵向受压钢筋时,不应大于所箍钢筋直径的 15 倍,且不应大于 400mm。对于钢筋绑扎搭接接头范围内的箍筋间距,当搭接钢筋受拉时,不应大于钢筋直径的 5 倍,且不大于 100mm;当搭接钢筋受压时,不应大于钢筋直径的 10 倍,且不大于 200mm。在支座中心向跨径方向长度相当于不小于 1 倍梁高范围内,箍筋间距应不大于 100mm。

近梁端第一根箍筋应设置在距端面一个混凝土保护层距离处。梁与梁或梁与柱的交接范围内可不设箍筋;靠近交接面的第一根箍筋,与交接面的距离不宜大于 50mm。

第七节 装配式钢筋混凝土简支梁设计

1. 已知设计数据及要求

钢筋混凝土简支梁桥全长 $L_0 = 19.96$m,计算跨径 $L = 19.50$m。T 形截面梁的尺寸如图 4-19 所示,桥梁处于 I 类环境条件,设计使用年限 50 年,安全等级为二级,$\gamma_0 = 1$。

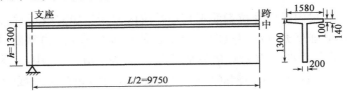

图 4-19 20m 钢筋混凝土简支梁尺寸(尺寸单位:mm)

梁体采用 C30 混凝土,轴心抗压强度设计值 $f_{cd} = 13.8$MPa,轴心抗拉强度设计值 $f_{td} = 1.39$MPa。主筋采用 HRB400 钢筋,抗拉强度设计值 $f_{sd} = 330$MPa;箍筋采用 HPB300 钢筋,直径 8mm,抗拉强度设计值 $f_{sd} = 250$MPa。

简支梁控制截面的弯矩组合设计值和剪力组合设计值为:

跨中截面 $\qquad M_{d,l/2} = 2500.00$kN·m,$V_{d,l/2} = 152.36$kN

1/4 跨截面 $\qquad M_{d,l/4} = 1932$kN·m

支点截面 $\qquad M_{d,0} = 0$,$V_{d,0} = 576.50$kN

2. 跨中截面的纵向受拉钢筋计算

(1)T 形截面梁受压翼板的有效宽度 b_f'

由图 4-19 所示的 T 形截面受压翼板厚度的尺寸,可得翼板平均厚度 $h_f' = \dfrac{140+100}{2} = 120$mm。则可得到:

$$b_{f1}' = \frac{1}{3}L = \frac{1}{3} \times 19500 = 6500\text{mm}$$

$b_{f2}' = 1600$mm(本算例为装配式 T 形梁,相邻两主梁的平均间距为 1600mm,图 4-19 所示 1580mm 为预制梁翼缘板宽度)

$$b_{f3}' = b + 2b_h + 12h_f' = 200 + 2 \times 0 + 12 \times 120 = 1640\text{mm}$$

故取受压翼板的有效宽度 $b_f' = 1600$mm。

(2)钢筋数量计算

钢筋数量(跨中截面)计算及截面复核略。

跨中截面主筋为 $8\phi32 + 2\phi20$,焊接骨架的钢筋层数为 5 层,纵向钢筋面积 $A_s = 6434 + 628 = 7062$mm²,布置如图 4-20 所示。

$$a_s = 35 + \frac{6434 \times 0.5 \times 4 \times 35.8 + 628 \times (0.5 \times 22.7 + 4 \times 35.8)}{6434 + 628} \approx 115\text{mm}, \text{截面有效高度}$$

$h_0 = 1185\text{mm},$ 抗弯承载力 $M_u = 2637.5\text{kN} \cdot \text{m} > \gamma_0 M_{d,l/2} = 2500\text{kN} \cdot \text{m}$。

3. 腹筋设计

（1）截面尺寸检查

根据构造要求，梁最底层钢筋 2 Φ 32 通过支座截面，支

点截面有效高度为 $h_0 = h - \left(35 + \dfrac{35.8}{2}\right) = 1247\text{mm}$。

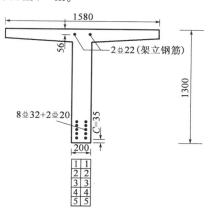

图 4-20　（尺寸单位：mm）

$$
\begin{aligned}
(0.51 \times 10^{-3}) \sqrt{f_{cu,k}} bh_0 &= (0.51 \times 10^{-3}) \times \\
&\quad \sqrt{30} \times 200 \times 1247 \\
&= 696.67\text{kN} > \gamma_0 V_{d,0} \\
&= 576.50\text{kN}
\end{aligned}
$$

截面尺寸符合设计要求。

（2）检查是否需要根据计算配置箍筋

跨中截面　　　　$(0.5 \times 10^{-3}) f_{td} bh_0 = (0.5 \times 10^{-3}) \times 1.39 \times 200 \times 1185 = 164.72\text{kN}$

支座截面　　　　$(0.5 \times 10^{-3}) f_{td} bh_0 = (0.5 \times 10^{-3}) \times 1.39 \times 200 \times 1247 = 173.33\text{kN}$

因 $\gamma_0 V_{d,l/2} = 152.36\text{kN} < (0.5 \times 10^{-3}) f_{td} bh_0 < \gamma_0 V_{d,0} = 576.50\text{kN}$，故可在梁跨中的某长度范围内按构造配置箍筋，其余区段应按计算配置腹筋。

（3）计算剪力图分配

在图 4-21 所示的剪力包络图中，支点处剪力计算值 $V_0 = \gamma_0 V_{d,0}$，跨中剪力计算值 $V_{l/2} = \gamma_0 V_{d,l/2}$。

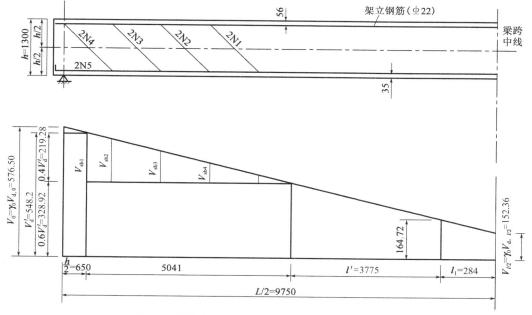

图 4-21　计算剪力分配图（尺寸单位：mm；剪力单位：kN）

混凝土结构设计原理

$V_x = \gamma_0 V_{d,x} = (0.5 \times 10^{-3}) f_{td} b h_0 = 164.72 \text{kN}$ 的截面距跨中截面的距离可由剪力包络图按比例求得为:

$$l_1 = \frac{L}{2} \times \frac{V_x - V_{l/2}}{V_0 - V_{l/2}}$$

$$= 9750 \times \frac{164.72 - 152.36}{576.5 - 152.36}$$

$$= 284 \text{mm}$$

在 l_1 长度内可按构造要求布置箍筋。

同时,根据《公路桥规》规定,在支座中心线向跨径长度方向不小于 1 倍梁 $h = 1300 \text{mm}$ 的范围内,箍筋的间距最大为 100mm。

距支座中心线为 $h/2$ 处的计算剪力值(V'_d)由剪力包络图按比例求得为:

$$V'_d = \frac{LV_0 - h(V_0 - V_{l/2})}{L}$$

$$= \frac{19500 \times 576.5 - 1300(576.5 - 152.36)}{19500}$$

$$= 548.2 \text{kN}$$

其中应由混凝土和箍筋承担的剪力值至少为 $0.6V'_d = 0.6 \times 548.2 = 328.92 \text{kN}$;应由弯起钢筋(包括斜筋)承担的剪力计算值最多为 $0.4V'_d = 219.28 \text{kN}$。

设置弯起钢筋区段长度为 L',则:

$$\frac{219.28}{548.2 - 152.36} = \frac{L'}{9750 - 650}$$

则 $L' = 5041 \text{mm}$。

(4)箍筋设计

采用直径为 8mm 的双肢箍筋,箍筋截面面积 $A_{sv} = n A_{sv1} = 2 \times 50.3 = 100.6 \text{mm}^2$,按式(4-5)设计箍筋时,式中的斜截面内纵筋配筋率 P 及截面有效高度 h_0 可近似按支座截面和跨中截面的平均值取用,计算如下:

跨中截面

$$P_{l/2} = 100\rho = 100 \times \frac{A_s}{bh_0} = 100 \times \frac{6434 + 628}{200 \times 1185} = 2.98 > 2.5$$

取 $P_{l/2} = 2.5$,$h_0 = 1185 \text{mm}$。

支点截面

$$P_0 = 100\rho = 100 \times \frac{1608}{200 \times 1247} = 0.64, h_0 = 1247 \text{mm}$$

则平均值分别为:

$$P = \frac{2.5 + 0.64}{2} = 1.57, h_0 = \frac{1185 + 1247}{2} = 1216 \text{mm}$$

箍筋间距为:

102

$$s_v = \frac{\alpha_1^2 \alpha_3^2 (0.2 \times 10^{-6})(2 + 0.6P)\sqrt{f_{cu,k}} A_{sv} f_{sv} b h_0^2}{(0.6 V_d')^2}$$

$$= \frac{1 \times (1.1)^2 \times (0.2 \times 10^{-6})(2 + 0.6 \times 1.57)\sqrt{30} \times 100.6 \times 250 \times 200 \times (1216)^2}{(0.6 \times 548.2)^2}$$

$$= 268\text{mm}$$

确定箍筋间距 s_v 的设计尚应考虑《公路桥规》的构造要求。

若箍筋间距计算值取 $s_v = 250\text{mm} \leqslant \frac{1}{2} h = 650\text{mm}$ 及 400mm，满足规范的要求，且采用φ8的双肢箍筋，箍筋配筋率 $\rho_{sv} = \frac{A_{sv}}{bs_v} = \frac{100.6}{200 \times 250} = 0.20\% > 0.14\%$（HPB300 钢筋），故取 $s_v = 250\text{mm}$。

综合上述计算，在支座中心向跨径方向的 1300mm 范围内，设计箍筋间距 $s_v = 100\text{mm}$，而后至跨中截面的箍筋间距统一取 $s_v = 250\text{mm}$。

（5）弯起钢筋及斜筋设计

设焊接钢筋骨架的架立钢筋（HRB400）为φ22，钢筋的重心至梁受压翼板上边缘距离 $a_s' = 56\text{mm}$。

弯起钢筋的角度为 45°，弯起钢筋末端与架立筋焊接。为了得到每对弯起钢筋分配的剪力，由各排弯起钢筋的末端折点应落在前一排弯起钢筋弯起点的构造规定，得到各排弯起钢筋的弯起点计算位置，首先计算弯起钢筋上下弯点之间的垂直距离 Δh_i（图 4-22）。

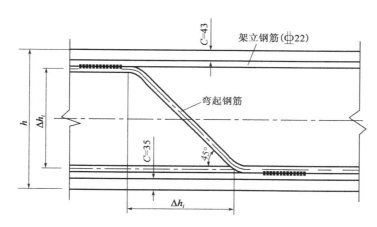

图 4-22 弯起钢筋细节（尺寸单位：mm）

现拟弯起 N1～N4 钢筋，将计算的各排弯起钢筋弯起点截面的 Δh_i 以及至支座中心距离 x_i、分配的剪力计算值 V_{sbi}、所需的弯起钢筋面积 A_{sbi} 值列入表 4-1。

现将表 4-1 中有关计算举例说明如下。

根据《公路桥规》规定，简支梁的第一排弯起钢筋（对支座而言）的末端弯折点应位于支座中心截面处。这时，Δh_1 为：

$$\Delta h_1 = 1300 - [(35 + 35.8 \times 1.5) + (43 + 25.1 + 35.8 \times 0.5)] = 1125\text{mm}$$

弯筋的弯起角为 45°，则第一排弯筋（2N4）的弯起点 1 距支座中心距离为 1125mm。弯筋与梁纵轴线交点 1′距支座中心距离为 $1125 - [1300/2 - 35 - 35.8 \times 1.5] = 564\text{mm}$。

弯起钢筋计算表   表 4-1

弯起点	1	2	3	4
Δh_i(mm)	1125	1090	1054	1031
距支座中心距离 x_i(mm)	1125	2215	3269	4300
分配的计算剪力值 V_{sbi}(kN)	219.28	198.62	151.20	105.36
需要的弯筋面积 A_{sbi}(mm²)	1253	1135	864	602
可提供的弯筋面积 A_{sbi}(mm²)	1608 (2 ⏀ 32)	1608 (2 ⏀ 32)	1608 (2 ⏀ 32)	628 (2 ⏀ 20)
弯筋与梁轴交点到支座中心距离 x_i'(mm)	564	1690	2779	3840

对于第二排弯起钢筋可得到：

$$\Delta h_2 = 1300 - [(35 + 35.8 \times 2.5) + (43 + 25.1 + 35.8 \times 0.5)] = 1090 \text{mm}$$

弯起钢筋(2N3)的弯起点 2 距支点中心距离为 $1125 + \Delta h_2 = 1125 + 1090 = 2215 \text{mm}$。

分配给第二排弯起钢筋的计算剪力值 V_{sb2}，由此比例关系可得到：

$$\frac{5041 + 650 - 1125}{5041} = \frac{V_{sb2}}{219.28}$$

$$V_{sb2} = 198.62 \text{kN}$$

其中，$0.4V_d' = 219.28 \text{kN}$，$h/2 = 650 \text{mm}$，设置弯起钢筋的区段长为 5041mm。

所需要提供的弯起钢筋面积 (A_{sb2}) 为：

$$\begin{aligned}
A_{sb2} &= \frac{V_{sb2}}{0.75 \times 10^{-3} f_{sd} \sin 45°} \\
&= \frac{198.62}{0.75 \times 10^{-3} \times 330 \times 0.707} \\
&= 1135 \text{mm}^2
\end{aligned}$$

第二排弯起钢筋与梁轴线交点 $2'$ 距支座中心距离为：

$$2215 - [1300/2 - (35 + 35.8 \times 2.5)] = 1690 \text{mm}$$

其余各排弯起钢筋的计算方法与第二排弯起钢筋的计算方法相同。

由表 4-1 可见，弯起钢筋 N1 的弯起点距支座中心距离为 4300mm，在设置弯筋区域长度之内。

按照计算剪力初步布置弯起钢筋，如图 4-23 所示。

现在按照同时满足梁跨间各正截面和斜截面抗弯要求，确定弯起钢筋的弯起点位置是否满足构造要求。由已知跨中截面弯矩计算值 $M_{l/2} = \gamma_0 M_{d,l/2} = 2500 \text{kN} \cdot \text{m}$，支座中心处 $M_0 = \gamma_0 M_{d,0} = 0$，近似取计算弯矩包络图为二次抛物线，其方程为 $M_{d,x} = M_{d,l/2}\left(1 - \frac{4x^2}{l^2}\right)$，做出梁的计算弯矩包络图（图 4-23）。$M_{l/4} = 2500 \times \left(1 - \frac{4 \times 4.875^2}{19.50^2}\right) = 1875 \text{kN} \cdot \text{m}$，与已知值 $M_{d,l/4} = 1932 \text{kN} \cdot \text{m}$ 相比，两者相对误差为 3%，故可用该二次抛物线方程来描述简支梁弯矩包络图。

各排弯起钢筋弯起后，相应正截面抗弯承载力 M_{ui} 计算见表 4-2。

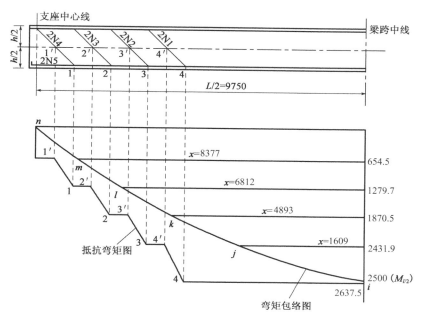

图 4-23　梁的弯矩包络图与抵抗弯矩图

(尺寸单位:mm;弯矩单位:kN·m)

钢筋弯起后相应各正截面抗弯承载力　　　　　表 4-2

梁　区　段	截 面 纵 筋	有效高度 h_0 (mm)	T 形截面类型	受压区高度 x (mm)	抗弯承载力 M_{ui} (kN·m)
支座中心～1 点	2 ⏀ 32	1247	第一类	24.0	654.5
1 点～2 点	4 ⏀ 32	1229	第一类	48.1	1279.7
2 点～3 点	6 ⏀ 32	1211	第一类	72.1	1870.5
3 点～4 点	8 ⏀ 32	1193	第一类	96.2	2431.9
4 点～梁跨中	8 ⏀ 32+2 ⏀ 20	1185	第一类	105.5	2637.5

将表 4-2 的正截面抗弯承载力 M_{ui} 在图 4-23 上用各平行线表示出来,他们与弯矩包络图的交点分别为 i、j、…、n,以各 M_{ui} 值代入前述抛物线方程,可求得 i、j、…、n 到跨中截面距离 x 值(图 4-23)。

现在以图 4-23 中所示弯起钢筋弯起点初步位置来逐个检查是否满足《公路桥规》的要求。

①第一排弯起钢筋(2N4)。

其充分利用点"l"的横坐标 $x=6812$mm,而 2N4 的弯起点 1 的横坐标 $x_1=9750-1125=8625$mm,说明 1 点位于 m 点左边,且 $x_1-x=8625-6812=1813$mm$>h_0/2=1229/2=615$mm,满足要求。

其不需要点"m"的横坐标 $x=8377$,而 2N4 钢筋与梁中轴线交点 $1'$ 的横坐标 $x_1'=9750-564=9186$mm$>x=8377$mm,亦满足要求。

②第二排弯起钢筋(2N3)。

其充分利用点 k 横坐标 $x=4893$mm,而 2N3 的弯起点 2 的横坐标 $x_2=9750-2215=$

$7535\text{mm} > x = 4893\text{mm}$ 且 $x_2 - x = 7535 - 4893 = 2642\text{mm} > h_0/2 = 1211/2 = 606\text{mm}$，满足要求。

其不需要点 l 的横坐标 $x = 6812\text{mm}$，而 2N3 钢筋与梁中轴线交点 $2'$ 的横坐标 $x_2' = 9750 - 1690 = 8060\text{mm} > x(6812\text{mm})$，故满足要求。

③第三排弯起钢筋（2N2）。

其充分利用点 j 的横坐标 $x = 1609\text{mm}$，2N2 的弯起点 3 的横坐标 $x_3 = 9750 - 3269 = 6481\text{mm} > x = 1609\text{mm}$，且 $x_3 - x = 6481 - 1609 = 4872\text{mm} > h_0/2 = 1193/2 = 597\text{mm}$，满足要求。

其不需要点 k 的横坐标 $x = 4893\text{mm}$，2N2 钢筋与中轴线交点 $3'$ 的横坐标 $x_3' = 9750 - 2779 = 6971\text{mm} > x = 4893\text{mm}$，故满足要求。

④第四排弯起钢筋（2N1）。

其充分利用点 i 的横坐标 $x = 0$，2N1 的弯起点 4 的横坐标 $x_4 > 0$，且 $x_4 - x > h_0/2$，满足要求。

其不需要点 j 的横坐标 $x = 1609\text{mm}$，2N1 钢筋与中轴线交点 $4'$ 的横坐标 $x_4' > x = 1609\text{mm}$，故满足要求。

由上述检查结果可知图 4-23 所示弯矩钢筋弯起点初步位置满足要求。

由 2N2、2N3 和 2N4 钢筋弯起点形成的抵抗弯矩图远大于弯矩包络图，故进一步调整上述弯起钢筋的弯起点位置，在满足规范对弯起钢筋弯起点要求前提下，使抵抗弯矩图接近弯矩包络图，在弯起钢筋之间，增设直径为 16mm 的斜筋。如图 4-24 所示即为调整后主梁弯起钢筋、斜筋布置图。

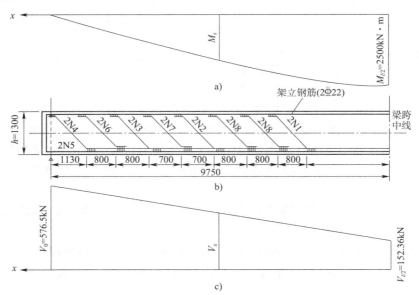

图 4-24 梁弯起钢筋和斜筋设计布置图（尺寸单位：mm）

a)相应于剪力计算值 V_x 的弯矩计算值 M_x 的包络图；b)弯起钢筋和斜筋布置示意图；c)剪力计算值 V_x 的包络图

4. 斜截面抗剪承载力的复核

图 4-24b)为梁的弯起钢筋和斜筋设计布置示意图，箍筋设计见前述的结果。

对于钢筋混凝土简支梁斜截面抗剪承载能力的复核,按照《公路桥规》关于复核截面位置和复核方法的要求逐一进行。本例以距支座中心处为 $h/2$ 处斜截面抗剪承载力复核作介绍。

(1)选定斜截面顶端位置

由图 4-24b)可得到距支座中心为 $h/2$ 处截面的横坐标为 $x=9750-650=9100$mm,正截面的有效高度 $h_0=1247$mm。现取斜截面的投影长度 $c'≈h_0=1247$mm,则得到选择的斜截面顶端位置 A(图 4-25),其横坐标为 $x=9100-1247=7853$mm。

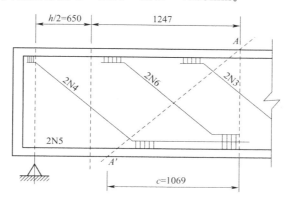

图 4-25 距支座中心 $h/2$ 处斜截面抗剪承载力计算图式(尺寸单位:mm)

(2)斜截面抗剪承载力复核

A 处正截面上的剪力 V_x 及相应的弯矩 M_x 计算如下:

$$V_x = V_{l/2} + (V_0 - V_{l/2})\frac{2x}{L}$$

$$= 152.36 + (576.5 - 152.36) \times \frac{2 \times 7853}{19500}$$

$$= 493.98\text{kN}$$

同前,计算弯矩包络图为二次抛物线,方程为 $M_{d,x}=M_{d,l/2}\left(1-\dfrac{4x^2}{l^2}\right)$,则:

$$M_x = M_{l/2}\left(1-\frac{4x^2}{L^2}\right)$$

$$= 2500 \times \left(1-\frac{4 \times 7853^2}{19500^2}\right)$$

$$= 878.18\text{kN}$$

A 处正截面有效高度 $h_0=1229$mm$=1.229$m,(主筋为 4ϕ32),则实际广义剪跨比 m 及斜截面投影长度 c 分别为:

$$m = \frac{M_x}{V_x h_0} = \frac{878.18}{493.98 \times 1.229} = 1.45 < 3$$

$$c = 0.6mh_0 = 0.6 \times 1.45 \times 1.229$$

$$= 1.069\text{m} < 1.247\text{m}$$

将要复核的斜截面如图 4-25 所示 AA' 斜截面(虚线表示),斜角 $\beta = \tan^{-1}(h_0/c) = \tan^{-1}(1.229/1.069) \approx 49.0°$。

斜截面内纵向受拉主筋有 $2\phi32(2N5)$，相应的主筋配筋率 P 为：

$$P = 100\frac{A_s}{bh_0} = \frac{100 \times 1608}{200 \times 1247} = 0.64 < 2.5$$

箍筋的配筋率 ρ_{sv}（取 $s_v = 250mm$ 时）为：

$$\rho_{sv} = \frac{A_{sv}}{bs_v} = \frac{100.6}{200 \times 250} = 0.201\% > \rho_{min}(= 0.14\%)$$

与斜截面相交的弯起钢筋有 $2N4(2\phi32)$、$2N3(2\phi32)$；斜筋有 $2N6(2\phi16)$。

按式(4-5)规定的单位要求，将以上计算值代入式(4-5)，则得到 AA' 斜截面抗剪承载力为：

$$V_u = \alpha_1\alpha_2\alpha_3(0.45 \times 10^{-3})bh_0\sqrt{(2+0.6P)}\sqrt{f_{cu,k}\rho_{sv}f_{sv}} + (0.75 \times 10^{-3})f_{sd}\sum A_{sb}\sin\theta_s$$

$$= 1 \times 1 \times 1.1 \times (0.45 \times 10^{-3}) \times 200 \times 1229\sqrt{(2+0.6 \times 0.64)}\sqrt{30} \times 0.00201 \times 250 +$$

$$(0.75 \times 10^{-3}) \times 330 \times (2 \times 1608 + 402) \times 0.707$$

$$= 311.67 + 633.09$$

$$= 944.76kN > V_x = 493.98kN$$

故距离支座中心为 $h/2$ 处的斜截面抗剪承载力满足设计要求。

📖 小　结

(1)受弯构件在弯矩和剪力共同作用的区段常常产生斜截面破坏。斜截面破坏带有脆性破坏的性质，应当避免。为了防止受弯构件发生斜截面破坏，除必须进行斜截面承载力的计算外，尚应使构件有一个合理的截面尺寸，并配置必要的腹筋。

(2)斜裂缝出现前后，梁的受力状态发生了明显的变化。斜裂缝出现以后，剪力主要由斜裂缝上端剪压区的混凝土截面来承受，剪压区成为受剪的薄弱区域；与斜裂缝相交处纵筋和箍筋的拉应力也明显增大。钢筋混凝土梁沿斜裂缝破坏的形态主要有斜压破坏、剪压破坏和斜拉破坏三种类型。

(3)箍筋和弯起钢筋可以直接承担部分剪力，并限制斜裂缝的延伸和开展，提高剪压区的抗剪能力；还可以增强骨料咬合作用和摩阻作用，提高纵筋的销栓作用。因此，配置腹筋可使梁的抗剪承载力有较大提高。

(4)影响受弯构件斜截面抗剪承载力的因素主要有剪跨比、混凝土强度、腹筋面积和强度、纵筋配筋率、截面尺寸和形状等。

(5)钢筋混凝土受弯构件斜截面破坏的各种形态中，斜压破坏和斜拉破坏可以通过一定的构造措施来避免。对于常见的剪压破坏，因为梁的抗剪承载力变化幅度较大，设计时则必须进行计算。《公路桥规》的基本公式就是根据这种破坏形态的受力特征而建立的。抗剪承载力计算公式有适用范围，其截面限制条件是为了防止斜压破坏，最小配箍率和箍筋的构造要求是为了防止斜拉破坏。

(6)材料抵抗弯矩图是按照梁实配的纵向钢筋的数量计算并画出的各截面所能抵抗的弯矩图，利用材料抵抗弯矩图并根据正截面和斜截面的抗弯承载力来确定纵筋的弯起点和截断的位置时，应满足一定的构造要求，同时要保证受力钢筋的有效锚固构造措施，满足《公路桥规》规定的锚固要求。

📖 思　考　题

4-1　试述剪跨比的概念及其对无腹筋梁斜截面受剪破坏的影响。

4-2　钢筋混凝土受弯构件在荷载作用下为什么会出现斜裂缝？它发生在梁的什么区段内？如何防止斜截面破坏？

4-3　有腹筋梁斜裂缝出现后，其传力过程和无腹筋梁有什么区别？腹筋对提高抗剪承载力的作用有哪些？

4-4　试述梁斜截面受剪破坏的三种形态及其破坏特征。

4-5　影响斜截面抗剪能力的主要因素有哪些？

4-6　在设计中采用什么措施来防止梁的斜压破坏和斜拉破坏？

4-7　计算梁斜截面抗剪承载力时应取哪些计算截面？

4-8　什么是材料抵抗弯矩图？如何绘制？

📖 习　　题

4-1　等高度钢筋混凝土矩形截面简支梁，截面尺寸 $b×h=200mm×500mm$，$a_s=40mm$，混凝土采用 C30，箍筋选用双肢φ8@100 的 HPB300 级钢筋，纵向受拉钢筋配筋率 $\rho=1.5\%$，支点处剪力组合设计值 $V_d=195kN$，距支点 $h/2$ 处剪力组合设计值 $V_d'=186kN$，箍筋的保护层厚度为 20mm。I 类环境条件，安全等级为二级。试确定距支点 $h/2$ 处斜截面抗剪承载力是否满足要求。

4-2　一等高度钢筋混凝土矩形截面简支梁，梁计算跨度 $l_0=6.76m$，承受均布荷载组合设计值 25kN/m（包括自重）。截面尺寸 $b×h=200mm×500mm$，混凝土采用 C30，纵向受拉钢筋采用 HRB400 级，箍筋采用 HPB300 级，箍筋的保护层厚度为 20mm。I 类环境条件，安全等级为二级。求：(1)确定纵向受力钢筋；(2)若只配箍筋不配弯起钢筋，试确定箍筋的直径和间距。

4-3　一等高度钢筋混凝土矩形截面简支梁（图 4-26），采用 C30 混凝土，纵筋采用 HRB400 级，箍筋采用 HPB300 级，箍筋保护层厚度为 20mm。I 类环境条件，安全等级为二级。如果忽略梁自重及架立钢筋的作用，试求此梁所能承受的最大荷载设计值 P，此时该梁为正截面破坏还是斜截面破坏？

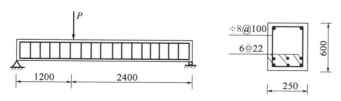

图 4-26　习题 4-3 图(尺寸单位:mm)

4-4　一等高矩形截面简支梁，截面尺寸 $b×h=250mm×550mm$，计算跨径 $l=5400mm$，承受均布荷载，支点计算剪力 $V_d=162kN$，跨中计算剪力 $V_{d,l/2}=0$，混凝土强度等级 C30，纵向受力钢筋为 HRB400 级，跨中布置有 4φ25，伸入支座 2φ25，箍筋为 HPB300 级，采用双肢φ8箍筋，箍筋的保护层厚度为 20mm。试求箍筋间距和第一排弯起钢筋面积。

4-5 已知一等高 T 形截面简支梁,安全等级为二级,I类环境条件。计算跨径 $L=19.5\text{m}$,截面尺寸 $b=200\text{mm}$,$b'_f=1500\text{mm}$,$h=1300\text{mm}$,$h'_f=130\text{mm}$,C30 混凝土,纵向受力钢筋为 HRB400 级,$a_s=47\text{mm}$,箍筋为 HPB300 级钢筋,其保护层厚度为 20mm,采用双肢φ8,$S_v=200\text{mm}$(支座中心向梁中一倍梁高范围内 $S_v=100\text{mm}$),纵筋弯起 4 次(3 排 2φ32 及一排 2φ16),有2φ32伸入支座,跨中弯矩 $M_{d,l/2}=2000\text{kN·m}$,支点剪力 $V_d=518\text{kN}$,跨中剪力 $V_{d,l/2}=98\text{kN}$,中间按直线分布,求距支点 $h/2$ 处斜截面抗剪承载力是否满足要求。

第五章 受压构件

第一节 受压构件的分类及一般构造要求

一、受压构件的分类

承受纵向压力的构件称为受压构件。当构件受到通过截面形心的轴向压力时,称为轴心受压构件。当构件受到的纵向压力不通过截面形心或在构件截面上同时作用着轴向压力 N 和弯矩 M 时,称为偏心受压构件。其中,若纵向压力 N 不通过截面的一个方向的主轴线时称为单向偏心受压,若 N 不通过截面两个主轴线时称为双向偏心受压构件(图 5-1)。

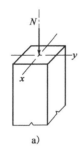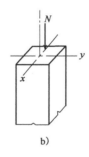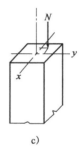

a)   b)   c)

图 5-1 受压构件的类型

在实际工程结构中,理想的轴心受压构件并不存在,通常由于荷载作用位置偏差、制作尺寸不准确、混凝土的非均质性、钢筋位置的偏离等原因,使构件存在着初始偏心,但是,如果偏心距很小,设计时可以忽略偏心影响,近似按轴心受压构件计算。例如,钢筋混凝土桁架拱中的受压腹杆。钢筋混凝土偏心受压构件在工程结构中极为常见,例如拱桥的钢筋混凝土拱肋、桁架的上弦杆、刚架的立柱、柱式墩(台)柱等。

实际桥梁工程结构中的钢筋混凝土偏心受压构件,在承受轴向压力及弯矩之外,还承受一定的剪力,但因剪力数值较小,故一般不予计算。因而,《公路桥规》中关于偏心受压构件的承载力计算,只限于正截面承载力计算。

二、构造要求

1.材料

混凝土的强度等级对受压构件的承载力影响较大,一般多采用 C30~C40 级混凝土。纵向受力钢筋一般采用 HPB300 级、HRB400 级等热轧钢筋。

2. 截面形式及尺寸

轴心受压构件截面一般为方形、矩形、圆形及正多边形等。截面最小边长不宜小于 250mm，构件的长细比 l_0/b 不宜过大，其中 l_0 为柱的计算长度，b 为截面边长。偏心受压构件截面一般采用矩形，截面高度大于 600mm 的偏心受压构件多采用 I 形或箱形截面，圆形截面主要用于柱式墩台、桩基础中。

3. 纵向钢筋

轴心受压构件中纵向受力钢筋应沿截面的四周均匀布置；偏心受压构件中纵筋一般在与弯矩作用方向相垂直的两边布置，对于圆形截面，则采用沿截面周边均匀布置的方式。

(1)纵向钢筋的直径不应小于 12mm。其净距不应小于 50mm，也不应大于 350 mm，水平浇筑的预制件的纵向钢筋的最小净距可参照受弯构件[图 3-8a)]。

(2)纵向受力钢筋应伸入基础和盖梁，伸入长度不应小于梁中关于钢筋锚固长度的规定。

(3)当偏心受压构件的截面高度 $h \geqslant 600mm$ 时，在侧面应设置直径为 $10\sim16mm$ 的纵向构造钢筋。

(4)纵向钢筋的配筋率，不应小于 0.5%（当混凝土强度等级为 C50 及以上时，应不小于 0.6%），同时还应满足一侧钢筋的配筋率不应小于 0.2%。受压构件的配筋率按构件的全截面面积计算，即对于矩形截面，$\rho = A'_s/(bh) \geqslant \rho_{\min}$。

受压构件中全部纵向钢筋的配筋率也不宜过大。当配筋率过大时，如果构件在短期内加载速度较快，则混凝土的塑性变形将来不及充分发展，有可能引起混凝土过早地破坏；另外，在长期荷载作用下，徐变使混凝土的应力降低较多，如果在荷载持续过程中突然卸载，由于混凝土徐变大部分不可恢复，钢筋的回弹使混凝土出现拉应力，甚至引起开裂。由于这些原因，以及考虑到经济和施工方便，《公路桥规》规定，受压构件全部纵向钢筋的配筋率不宜大于 5%。

4. 箍筋

受压构件中箍筋沿构件纵向等间距布置。为了使箍筋能起到防止纵筋压屈的作用，在柱中及其他受压构件中的箍筋应做成封闭式。

(1)箍筋直径不应小于纵向钢筋直径的 1/4，且不应小于 8mm。

(2)箍筋的间距，不应大于纵向受力钢筋直径的 15 倍且不大于构件短边尺寸（圆形截面采用 0.8 倍直径），并不大于 400mm。纵向受力钢筋搭接范围内箍筋间距不应大于纵向钢筋直径的 10 倍，且不大于 200mm。

(3)纵向钢筋的配筋率大于 3% 时，箍筋间距不应大于纵向受力钢筋直径的 10 倍，且不大于 200mm。

(4)构件的纵向钢筋应设置于离角筋中心距离不大于 150mm 或 15 倍箍筋直径（取较大者）范围内，如超出此范围设置纵向钢筋，应设复合箍筋（图 5-2）。

(5)侧面设置纵向构造钢筋的偏心受压构件必要时需设置复合箍筋（图 5-3）。

(6)为了防止纵向钢筋的纵向压屈，箍筋向外移动而导致角隅处混凝土拉崩，不应采用具有内折角的箍筋构造；当遇到柱截面内折角的构造时，则箍筋应按照图 5-4a)的方式布置。

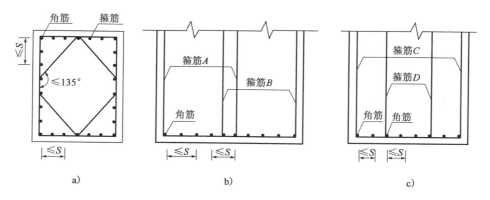

图 5-2 复合箍筋布置

a)、b)S 内设 3 根纵向受力钢筋;c)S 内设 2 根纵向受力钢筋

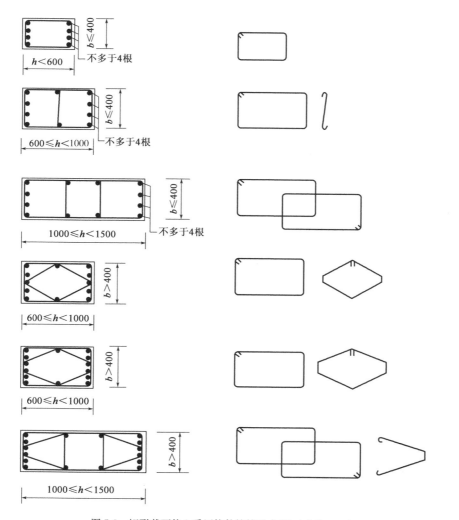

图 5-3 矩形截面偏心受压构件箍筋形式(尺寸单位:mm)

113

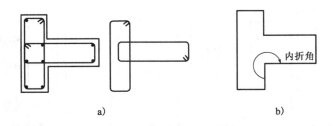

图 5-4　T形截面受压构件的箍筋形式
a)正确的形式；b)错误的形式

第二节　轴心受压构件

轴心受压构件按配筋方式不同，可分为两种基本形式：配有纵筋和普通箍筋的普通箍筋柱与配有纵筋和螺旋箍筋（或焊接环形箍筋）的螺旋箍筋柱（图 5-5）。

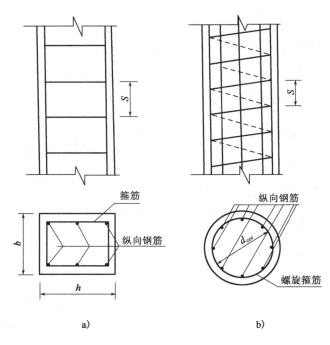

图 5-5　轴心受压构件
a)普通箍筋柱；b)螺旋箍筋柱

轴心受压构件的纵筋能协助混凝土承担轴向压力，减小构件截面尺寸；还能承受可能的附加偏心弯矩，防止构件突然脆裂破坏，增强构件延性，减小混凝土的徐变变形。箍筋的作用，是为了架立纵向钢筋，防止纵筋受力后外凸；承受剪力和扭矩；并与纵筋一起形成对核心混凝土的围箍约束作用；当采用密排箍筋时还能有效地增强对核心混凝土的约束，使核心混凝土处于三向受压状态，从而提高构件的承载力和延性。

一、普通箍筋柱

1. 试验研究分析

(1)长柱与短柱的划分

轴心受压柱可分为短柱和长柱两类。当柱的长细比较小时,柱的承载力仅取决于横截面尺寸和材料强度,这类柱称为短柱。当柱的长细比较大时,由于初始偏心距的影响将引起侧向变形,从而产生附加弯矩,导致柱的承载力降低,这类柱称为长柱。通常,当柱的长细比满足以下要求时属短柱,否则为长柱。

矩形截面柱 $l_0/b \leqslant 8$

圆形截面柱 $l_0/d \leqslant 7$

任意截面柱 $l_0/i \leqslant 28$

式中:l_0——柱的计算长度;

b——矩形截面的短边尺寸;

d——圆形截面直径;

i——任意截面的最小回转半径。

柱的计算长度与柱两端的支承情况有关,几种理想支承的柱计算长度如下:当两端铰支时,取 $l_0 = l$;当两端固定时,取 $l_0 = 0.5l$;当一端固定,一端铰支时,取 $l_0 = 0.7l$;当一端固定,一端自由时,取 $l_0 = 2l$,l 为柱的实际长度。实际工程中柱两端的支承情况与理想支承有差异,柱计算长度需要参考《公路桥规》进行取值。

(2)短柱的试验研究

大量的短柱试验表明,在轴心压力作用下,整个截面上的压应变基本上是均匀的,由于纵筋与混凝土之间存在黏结力,两者应变相同;当荷载较小时,混凝土处于弹性工作阶段,混凝土与钢筋的应力按照弹性规律分布,其应力比值约为两者弹性模量之比。随着荷载增大,由于混凝土变形的发展和变形模量的降低,混凝土应力增长逐渐变慢,而钢筋应力的增加越来越快。对于配置一般强度纵向钢筋的短柱,混凝土达到最大压应力之前,钢筋先达到其屈服强度,这时柱尚未破坏,变形继续增加,当混凝土应力达到最大压应力时,荷载达到峰值 N_u^0,柱才破坏;临近破坏时,柱四周出现明显的纵向裂缝,箍筋间的纵筋发生压屈,向外凸出,混凝土被压碎,整个柱破坏(图 5-6)。

(3)长柱的破坏特征

对于长细比较大的长柱,由于各种偶然因素造成的初始偏心距的影响是不可忽略的。由于初始偏心距的存在,加载后将产生附加弯矩,而附加弯矩所产生的侧向挠度又进一步加大了初始偏心距,这样相互影响的结果,最终使长柱在弯矩和轴力的共同作用下发生破坏。破坏时受压一侧往往产生较长的纵向裂缝,箍筋之间的纵向钢筋被压弯而向外鼓出,混凝土被压碎;而另一侧的混凝土被拉裂,在柱高度中部出现以一定间距分布的水平裂缝(图 5-7)。

对于长细比很大的细长柱,还有可能发生非材料破坏,即失稳破坏的现象。

试验表明,长柱的破坏荷载 N_{u0}^l 低于其他条件相同的短柱破坏荷载 N_{u0}^s,且柱越细长,破坏荷载值越小,《公路桥规》采用稳定系数 φ 来表示长柱受压承载力降低的程度,即

$$\varphi = \frac{N_{u0}^l}{N_{u0}^s}$$

图 5-6 短柱轴压破坏形态　　　　　　　　图 5-7 长柱的破坏

试验证明,稳定系数 φ 主要和构件的长细比 l_0/b 有关,l_0/b 越大,φ 值越小。此外,混凝土强度等级、钢筋种类和配筋率对 φ 也略有影响,但一般在计算中不予考虑。对矩形截面柱,当 $l_0/b \leqslant 8$ 时,柱的承载能力没有降低,φ 值可取 1.0。

《公路桥规》对稳定系数 φ 的取值见表 5-1。

钢筋混凝土轴心受压构件的稳定系数 φ　　　　　　　　　　表 5-1

l_0/b	$\leqslant 8$	10	12	14	16	18	20	22	24	26	28
l_0/d	$\leqslant 7$	8.5	10.5	12	14	15.5	17	19	21	22.5	24
l_0/i	$\leqslant 28$	35	42	48	55	62	69	76	83	90	97
φ	1.00	0.98	0.95	0.92	0.87	0.81	0.75	0.70	0.65	0.60	0.56
l_0/b	30	32	34	36	38	40	42	44	46	48	50
l_0/d	26	28	29.5	31	33	34.5	36.5	38	40	41.5	43
l_0/i	104	111	118	125	132	139	146	153	160	167	174
φ	0.52	0.48	0.44	0.40	0.36	0.32	0.29	0.26	0.23	0.21	0.19

2. 正截面承载力计算

根据以上分析,轴心受压构件截面应力如图5-8所示,考虑了稳定系数 φ 以后,普通箍筋柱正截面承载力计算公式为:

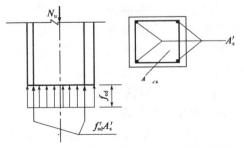

$$\gamma_0 N_d \leqslant N_u = 0.9\varphi(f_{cd}A + f_{sd}'A_s') \qquad (5\text{-}1)$$

式中:γ_0——结构的重要性系数;

　　　N_d——轴向力组合设计值;

　　　N_u——正截面抗压承载力;

　　　φ——轴心受压构件的稳定系数,可按表5-1取用;

　　　f_{cd}——混凝土轴心抗压强度设计值;

　　　A——构件毛截面面积,当纵筋配筋率 $\rho' > 3\%$ 时,式中 A 应用 $(A-A_s')$ 代替;

图 5-8 普通箍筋柱正截面受压承载力计算简图

f'_{sd}——纵向钢筋的抗压强度设计值；

A'_s——全部纵向钢筋的截面面积。

轴心受压普通箍筋柱正截面承载力计算也分为截面设计与截面复核两类问题。

（1）截面设计

当截面尺寸已知时，首先根据构件的长细比（l_0/b），由表 5-1 查得稳定系数 φ，再由式（5-1）计算所需钢筋截面面积，可得：

$$A'_s = \frac{\gamma_0 N_d - 0.9\varphi f_{cd} A}{0.9\varphi f'_{sd}} \tag{5-2}$$

若截面尺寸未知，可在适宜的配筋率范围（$\rho' = 0.8\% \sim 1.5\%$）内，选取一个 ρ' 值，并暂设 $\varphi = 1$。这时，可将 $A'_s = \rho' A$ 代入式（5-1），得：

$$A \geqslant \frac{\gamma_0 N_d}{0.9\varphi(f_{cd} + f'_{sd}\rho')} \tag{5-3}$$

所需构件截面面积 A 确定后，应结合构造要求选取截面尺寸。然后，按构件的实际长细比（l_0/b），由表 5-1 查得稳定系数，再由式（5-2）计算所需的钢筋截面面积 A'_s。

（2）承载力复核

对已经设计好的截面进行承载力复核时，首先应根据构件的长细比（l_0/b），由表 5-1 查得稳定系数，然后由公式（5-1）求得 N_u。若所求得的 $N_u > \gamma_0 N_d$，说明构件的承载力是足够的。

【例题 5-1】　有一现浇的钢筋混凝土轴心受压柱，柱高 5m，底端固定，顶端铰接。承受的轴向压力组合设计值 $N_d = 950$kN，结构重要性系数 $\gamma_0 = 1.0$。采用 C30 混凝土，纵筋采用 HRB400 级，箍筋采用 HPB300 级。试设计柱的截面尺寸及配筋。

解：查表 $f_{cd} = 13.8$MPa，$f'_{sd} = 330$MPa。设 $\rho' = 0.01$，暂取 $\varphi = 1$，由式（5-3）求得柱的截面面积为：

$$\begin{aligned}
A &\geqslant \frac{\gamma_0 N_d}{0.9\varphi(f_{cd} + f'_{sd}\rho')} \\
&= \frac{1.0 \times 950 \times 10^3}{0.9 \times 1 \times (13.8 + 330 \times 0.01)} = 61728.4\text{mm}^2
\end{aligned}$$

选取正方形截面，$b = \sqrt{61728.4} = 248.5$mm，取 $b = 250$mm。

柱的计算长度 $l_0 = 0.7L = 0.7 \times 5000 = 3500$mm，$l_0/b = 3500/250 = 14$，查表 5-1 得，$\varphi = 0.92$。

所需钢筋截面面积由式（5-2）求得：

$$\begin{aligned}
A'_s &= \frac{\gamma_0 N_d - 0.9\varphi f_{cd} A}{0.9\varphi f'_{sd}} \\
&= \frac{950 \times 10^3 - 0.9 \times 0.92 \times 13.80 \times 250^2}{0.9 \times 0.92 \times 330} \\
&= 863\text{mm}^2
\end{aligned}$$

选 8Φ12，供给的钢筋截面面积 $A'_s = 905$mm²，实际的配筋率 $\rho' = 905/(250 \times 250) = 0.0145$，$\rho'_{min} = 0.5\% < \rho' < \rho'_{max} = 5\%$，且一侧受压钢筋的配筋率为 $0.72\% > 0.2\%$，故满足要求。钢筋布置如图 5-9 所示，箍筋选 ϕ8，

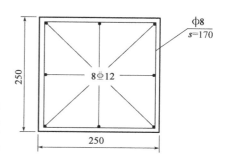

图 5-9　例题 5-1 图（尺寸单位：mm）

间距$s=170$mm$<15d=15\times12=180$mm,同时小于截面短边尺寸 250mm,且小于 400mm。

二、螺旋箍筋柱

当柱承受很大的轴向压力而截面尺寸又受到限制时,若采用普通箍筋柱,即使提高混凝土强度等级和增加纵筋配筋量,也不足以承受该荷载时,应考虑采用螺旋箍筋柱,以提高承载能力。但螺旋箍筋柱用钢量较多,施工复杂,造价较高。

1.试验研究分析

混凝土柱在轴心压力作用下,将产生横向变形。当横向变形受到约束时,混凝土的抗压强度将得到提高。普通箍筋柱中的箍筋间距较大,不能有效地约束混凝土受压时的横向变形,对提高混凝土抗压强度基本不起作用。在螺旋箍筋柱中,沿柱高配置的间距很密的螺旋筋(或焊接环筋)像一个套筒(图 5-10),将核心混凝土包住,限制了核心混凝土的横向变形,使其处于三向受压状态,从而提高了柱的承载能力和变形能力。因为这种柱是通过配置横向钢筋来间接地提高承载力,所以又叫间接钢筋柱。

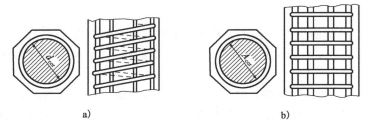

a) b)

图 5-10 螺旋箍筋形式
a)螺旋箍筋柱;b)焊接环筋柱

螺旋箍筋柱的试验结果如图 5-11 所示,图中 OAB 是普通箍筋柱的荷载—轴向应变曲线,OAC 则是螺旋筋柱的荷载—轴向应变曲线。由此可知:①普通箍筋柱在达到极限荷载 N_u^a 后,曲线下降、柱子破坏;②螺旋筋柱从开始加荷至荷载达到第一个峰值 N_u^a 之前,其受力和变形性能与普通箍筋柱大致相同,达到 N_u^a 之后,如果螺旋筋配置得足够,柱并未破坏,尚能继续加荷。当荷载较小时,螺旋筋受力很小,混凝土基本不受约束。随着荷载的增加,螺旋筋中的拉应力不断增大。当荷载加到相当于普通箍筋柱的极限荷载 N_u^a 时,螺旋筋外的混凝土保护层开始开裂剥落,混凝土受压面积减小,因而承载能力有所下降。但由于螺旋筋间距较小,足

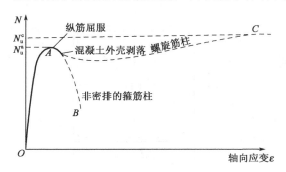

图 5-11 柱荷载—轴向应变曲线

以防止螺旋筋之间的纵筋压屈,因而纵筋仍能继续承担荷载;而核心部分混凝土由于受到螺旋筋的约束仍能受压,其抗压强度超过轴心抗压强度 f_{cd},补偿了外围混凝土所负担的荷载,曲线又逐渐回升。当荷载增大到第二个峰值 N_u^c 时,螺旋筋屈服,不能再约束核心混凝土的横向变形,核心部分混凝土的抗压强度也不再提高,混凝土压碎,构件破坏。第二个峰值荷载 N_u^c 大于普通箍筋柱的极限荷载 N_u^a,其大小与

螺旋筋的间距有关,间距越小,其值越大。螺旋筋柱的变形能力比普通箍筋柱高很多,具有更大的延性。

2.正截面承载力计算

螺旋箍筋柱核心混凝土因套筒作用而提高了混凝土的轴心抗压强度,可利用第一章介绍的圆柱体混凝土周围加液压所得到的近似关系式来进行计算:

$$f_{cc} = f_{cd} + K'\sigma_r \tag{5-4}$$

式中:f_{cc}——被约束后的混凝土轴心抗压强度;

σ_r——当螺旋筋屈服时,核心混凝土受到的径向压应力值;

K'——间接钢筋的有效系数。

取一个螺旋箍筋间距范围内的柱体为研究对象,沿柱截面直径截出螺旋箍筋的脱离体(图 5-12),由平衡条件可得:

$$\sigma_r s d_{cor} = 2 f_{sd} A_{s01} \tag{5-5}$$

$$\sigma_r = \frac{2 f_{sd} A_{s01}}{s d_{cor}} = \frac{2 f_{sd} A_{s01} \pi d_{cor}}{4 \cdot \frac{\pi d_{cor}^2}{4} s} = \frac{f_{sd} A_{s0}}{2 A_{cor}} \tag{5-6}$$

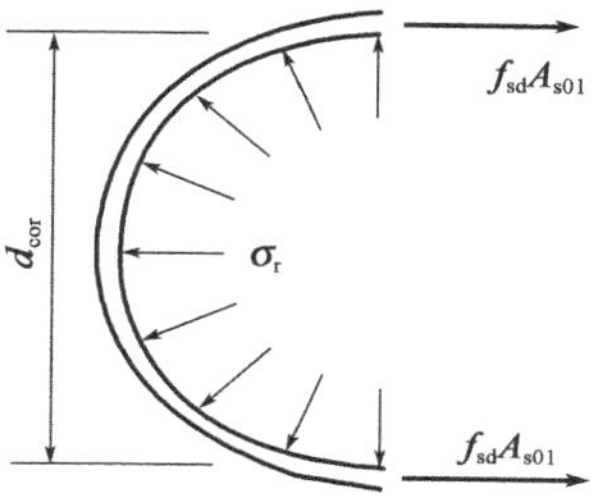

把式(5-6)代入式(5-4),有:

$$f_{cc} = f_{cd} + \frac{K'}{2} \frac{f_{sd} A_{s0}}{A_{cor}} = f_{cd} + k \frac{f_{sd} A_{s0}}{A_{cor}} \tag{5-7a}$$

图 5-12 螺旋筋受力示意图

式中:f_{sd}——间接钢筋的抗拉强度设计值;

s——沿构件轴线方向间接钢筋的间距;

A_{cor}——构件的核心截面面积(取箍筋内皮间面积);

d_{cor}——构件的核心截面直径;

k——间接钢筋对承载力的影响系数,当 $f_{cu,k} \leqslant 50 \text{N/mm}^2$ 时,取 $k=2.0$,当 $f_{cu,k} = 80 \text{N/mm}^2$ 时,$k=1.7$;当 $50 \text{N/mm}^2 < f_{cu,k} < 80 \text{N/mm}^2$ 时,按直线内插法确定;

A_{s0}——间接钢筋的换算截面面积,即按体积相等的条件把间接钢筋换算为沿柱轴线方向单位长度上相当的纵向钢筋的截面面积,即:

$$A_{s0} = \pi d_{cor} A_{s01} / s \tag{5-7b}$$

A_{s01}——螺旋式或焊接环式单根间接钢筋的截面面积。

根据轴向力的平衡,可得螺旋箍筋柱正截面承载力 N_u 的计算公式:

$$\begin{aligned} N_u &= f_{cc} A_{cor} + f'_{sd} A'_s \\ &= \left(f_{cd} + k \frac{f_{sd} A_{s0}}{A_{cor}} \right) A_{cor} + f'_{sd} A'_s \\ &= f_{cd} A_{cor} + k f_{sd} A_{s0} + f'_{sd} A'_s \end{aligned}$$

为保持与偏心受压构件正截面承载力计算具有相近的可靠度,将承载力 N_u 乘系数 0.9,则承载力公式为:

$$\gamma_0 N_d \leqslant N_u = 0.9 (f_{cd} A_{cor} + k f_{sd} A_{s0} + f'_{sd} A'_s) \tag{5-8}$$

式(5-8)右边括号中第一项为核心混凝土无约束时的抗压承载力,第二项为受螺旋筋约束后核心混凝土提高的抗压承载力,最后一项为纵向钢筋的抗压承载力。

为了保证间接钢筋外面的混凝土保护层在使用时不过早剥落,《公路桥规》规定,按式(5-8)算得的螺旋箍筋柱的正截面抗压承载力不超过按式(5-1)算得的普通箍筋柱的正截面抗压承载力的1.5倍。同时,凡属下列情况之一的,不考虑间接钢筋的影响而按普通箍筋柱计算:

(1)当 $l_0/i > 48$ 或 $l_0/d > 12$ 时,由于柱长细比较大,正截面承载力由于纵向弯曲而降低,使螺旋筋的作用不能发挥。

(2)按式(5-8)算得的正截面抗压承载力小于按式(5-1)算得的。

(3)当间接钢筋的换算面积 A_{s0} 小于纵向钢筋的全部截面面积的25%时,则认为间接钢筋配置太少,对混凝土的有效约束作用难以保证。

3.构造要求

纵向受力钢筋沿圆周均匀布置,其截面面积应不小于螺旋形或焊接环形箍筋内核心混凝土截面面积的0.5%,构件核心混凝土截面面积应不小于整个截面面积的2/3。

螺旋箍筋的直径应不小于纵向受力钢筋直径的1/4,且不小于8mm。为了保证螺旋箍筋能起到限制核心混凝土横向变形的作用,必须对箍筋的间距(即螺距)加以限制。《公路桥规》规定,螺旋箍筋的间距应不大于核心混凝土直径的1/5,亦不大于80mm,也不应小于40mm,以利于混凝土浇筑。

【例题 5-2】 某现浇圆形截面轴心受压柱,直径 $d=500$mm,计算高度 $l_0=5$m,两端铰接;承受轴心压力组合设计值 $N_d=4800$kN,安全等级为二级,Ⅰ类环境条件;C30混凝土,纵向钢筋采用HRB400级钢筋,箍筋采用HPB300级钢筋。

要求:选择纵向受力钢筋与箍筋,并配置。

解:由于 $l_0/d=10<12$,可以考虑配置螺旋箍筋以提高承载力。

(1)解法一:先选择确定纵向钢筋

取纵向钢筋配筋率 $\rho'=0.025$,则纵向钢筋截面面积为:

$$A'_s = \rho' A = \frac{0.025 \times 3.14 \times 500^2}{4} = 4906 \text{mm}^2$$

选择 13$\oplus$22,则可提供的钢筋截面面积 $A'_s=4941$mm^2。

箍筋拟用ϕ12,其混凝土的保护层取20mm,于是,柱的核心直径及核心截面面积为:

$$d_{cor} = d - 2 \times (20 + 12) = 500 - 64 = 436 \text{mm}$$

$$A_{cor} = \frac{\pi d_{cor}^2}{4} = \frac{3.14 \times 436^2}{4} = 149225 \text{mm}^2$$

所需螺旋箍筋的换算截面面积为:

$$A_{s0} = \frac{\gamma_0 N_d - 0.9(f_{cd} A_{cor} + f'_{sd} A'_s)}{0.9 k f_{sd}}$$

$$= \frac{1.0 \times 4800 \times 10^3 - 0.9 \times (13.8 \times 149225 + 330 \times 4941)}{0.9 \times 2 \times 250}$$

$$= 3287 \text{mm}^2$$

$A_{s0}=3287$mm$^2 > 0.25 A'_s = 0.25 \times 4941 = 1235$mm^2,满足构造要求。

取 $s=40$mm,满足不小于40mm,并不大于80mm的构造要求,则所需螺旋箍筋的截面面

积为:

$$A_{s01} = \frac{A_{s0}s}{\pi d_{cor}} = \frac{3287 \times 40}{3.14 \times 436} = 96\text{mm}^2$$

今螺旋箍筋选取$\phi 12$,可提供截面面积113.1mm^2。

按照以上配置,螺旋箍筋柱的实际承载力计算如下:

$$A_{s0} = \frac{\pi d_{cor} A_{s01}}{s} = \frac{3.14 \times 436 \times 113.1}{40} = 3871 \text{ mm}^2$$

$$N_u = 0.9(f_{cd} A_{cor} + f'_{sd} A'_s + k f_{sd} A_{s0})$$

$$= 0.9 \times (13.8 \times 149225 + 330 \times 4941 + 2 \times 250 \times 3871)$$

$$= 5062.8 \times 10^3 \text{N} > \gamma_0 N_d = 4800\text{kN}$$

下面再按照普通箍筋柱计算承载力,$l_0/d = 5000/500 = 10$,查表5-1,得到:

$$\varphi = 0.98 - \frac{0.98 - 0.95}{10.5 - 8.5} \times (10 - 8.5) = 0.9575$$

配筋率为:

$$\rho' = \frac{4941}{3.14 \times 500^2/4} = 2.5\% < 3\%$$

于是:

$$N_u = 0.9\varphi(f_{cd}A + f'_{sd}A'_s)$$

$$= 0.9 \times 0.9575 \times \left(\frac{13.8 \times 3.14 \times 500^2}{4} + 330 \times 3871 \right)$$

$$= 3434.7 \times 10^3 \text{N}$$

由于$1.5 \times 3434.7 = 5152.05\text{kN} > 5062.8\text{kN}$,可见,在使用荷载作用下,混凝土保护层不会脱落,该螺旋箍筋柱的承载力确定为5062.8kN,纵筋与箍筋的设置可以满足要求。

(2)解法二:先选择确定螺旋箍筋

纵筋保护层厚度按照30mm考虑,则核心直径及核心截面面积分别为:

$$d_{cor} = d - 2 \times 30 = 2 \times 250 - 60 = 440\text{mm}$$

$$A_{cor} = \frac{\pi d_{cor}^2}{4} = \frac{3.14 \times 440^2}{4} = 151976\text{mm}^2$$

螺旋箍筋直径选择10mm,满足规范要求的不小于8mm。螺旋箍筋间距初步选定为$s = 50\text{mm} < d_{cor}/5 = 88\text{mm}$,且小于80 mm,不小于40mm。

查表,单肢螺旋箍筋的截面面积$A_{s01} = 78.5\text{mm}^2$。其换算截面面积为:

$$A_{s0} = \frac{\pi d_{cor} A_{s01}}{s} = \frac{3.14 \times 440 \times 78.5}{50} = 2169\text{mm}^2$$

于是,所需要的纵筋截面面积为:

$$A'_s = \frac{N/0.9 - f_{cd} A_{cor} - k f_{sd} A_{s0}}{f'_{sd}}$$

$$= \frac{4800 \times 10^3/0.9 - 13.8 \times 151976 - 2 \times 250 \times 2169}{330}$$

$$= 6520\text{mm}^2$$

$A_{s0} = 2169\text{mm}^2 > 0.25A'_s = 0.25 \times 6520 = 1630\text{mm}^2$,满足按照螺旋箍筋柱计算承载力的要求。

A'_s 选择 14ϕ25，可提供的钢筋截面面积为 $A'_s = 6872 \text{mm}^2$。纵向钢筋净间距为：

$$\frac{3.14 \times (500 - 2 \times 20 - 2 \times 10 - 28.4) - 14 \times 28.4}{14} = 64\text{mm} > 50\text{mm}$$

螺旋箍筋柱的承载力为：

$$N_u = 0.9(f_{cd}A_{cor} + f'_{sd}A'_s + kf_{sd}A_{s0})$$
$$= 0.9 \times (13.8 \times 151976 + 330 \times 6872 + 2 \times 250 \times 2169)$$
$$= 4904.6 \times 10^3 \text{N} > \gamma_0 N_d = 4800\text{kN}$$

下面再按照普通箍筋柱计算承载力。

此时，配筋率 $\rho' = \dfrac{6872}{3.14 \times 500^2/4} = 3.50\% > 3\%$，于是有：

$$N_u = 0.9\varphi[f_{cd}(A - A'_s) + f'_{sd}A'_s]$$
$$= 0.9 \times 0.9575 \times \left[13.8 \times \left(\frac{3.14 \times 500^2}{4} - 6872\right) + 330 \times 6872\right]$$
$$= 4206.4 \times 10^3 \text{N}$$
$$1.5 \times 4206.4 = 6309.6\text{kN} > 4904.6\text{kN}$$

故该螺旋箍筋柱的承载力为 4904.6kN。

(3)解法一与解法二对比

解法一先预估纵筋配筋率，再确定箍筋用量，为常规做法。解法二先配置条件要求较多的箍筋，不足部分再由纵筋承受，故更容易一次计算成功。

第三节　偏心受压构件的受力特点与破坏特征

一、试验研究分析

大量试验结果表明，偏心受压短柱的破坏最后都是由于受压区混凝土被压碎而造成的，但是引起混凝土压碎的原因不同，其破坏特征也不相同，据此可将偏心受压构件的破坏分为大、小偏心受压破坏两种破坏形态。

1.大偏心受压破坏

当纵向压力的偏心距较大，且受拉钢筋 A_s 的数量不过多时，在荷载作用下，靠近轴向力 N 的一侧受压，另一侧受拉。随着荷载的增加，首先在受拉区出现横向裂缝，并不断开展，形成主裂缝。临近破坏荷载时，受拉钢筋首先达到屈服，受拉区横向裂缝迅速开展，并向受压区延伸，使受压区高度迅速减小，混凝土压应力迅速增大，在压应力较大的混凝土受压边缘附近出现纵向裂缝。当受压区边缘混凝土的应变达到其极限值，受压区混凝土被压碎，构件即告破坏。破坏时，若混凝土受压区不是过小，受压钢筋应力都可达到受压屈服强度(图5-13)。

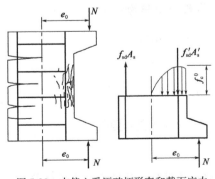

图5-13　大偏心受压破坏形态和截面应力

　　这种破坏的过程和特征与适筋的双筋受弯构件类似,有明显的预兆,属塑性破坏。由于其破坏是始于受拉钢筋先屈服,然后受压钢筋屈服,最后受压区混凝土被压碎而导致构件破坏,故又称为受拉破坏。其承载力主要取决于受拉钢筋强度。

　　2. 小偏心受压破坏(受压破坏)

　　小偏心受压破坏包括以下三种情况:

　　(1)当偏心距很小时[图 5-14a)、b)],构件全截面受压,靠近纵向力一侧的压应力大于另一侧。随着荷载增大,压应力较大一侧的混凝土先被压碎,同时该侧受压钢筋也达到受压屈服强度,而另一侧的混凝土和钢筋在破坏时均未达到其相应的抗压强度[图 5-14a)],这种破坏称为"正向破坏";但当偏心距很小,靠近纵向力较近一侧的钢筋数量过多,而另一侧钢筋数量过少时,破坏也可能发生在距离纵向力较远一侧,这种破坏称为"反向破坏"[图 5-14b)]。

　　(2)当偏心距较小时[图 5-14c)],截面大部分受压,小部分受拉。但由于中和轴离受拉钢筋 A_s 很近,无论受拉钢筋数量多少,钢筋应力都很小,破坏总是发生在受压的一侧,破坏时,混凝土被压碎,受压钢筋达到屈服强度;临近破坏时,受拉区混凝土横向裂缝开展不明显,受拉钢筋也达不到屈服强度。

　　(3)当偏心距较大而受拉钢筋数量过多时[图 5-14d)],截面还是部分受压,部分受拉。但由于受拉钢筋配置过多,受拉钢筋应力尚未达到屈服强度之前,受压区混凝土已先达到极限压应变而破坏,同时受压钢筋达到抗压屈服强度,其破坏特征与超筋梁类似。

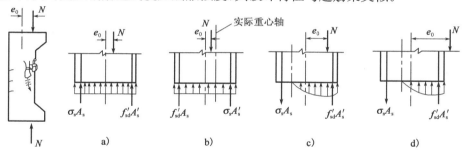

图 5-14　小偏心受压破坏形态和截面应力

　　以上三种破坏情况的共同特征是:构件的破坏是由于受压区混凝土被压碎而造成的,故统称为受压破坏。破坏时,靠近纵向力一侧的受压钢筋压应力一般均达到屈服强度,而另一侧的钢筋,不论是受拉还是受压,其应力均达不到屈服强度。受拉区横向裂缝不明显,也无明显主裂缝。纵向开裂荷载与破坏荷载很接近,压碎区段很长,破坏无明显预兆,属脆性破坏(图 5-14),且混凝土强度等级越高,破坏越突然。其承载力主要取决于压区混凝土抗压强度及受压钢筋强度。

二、大、小偏心受压破坏的界限

　　由上述试验结果,大、小偏心受压之间的根本区别是,截面破坏时离轴向力较远侧钢筋是否屈服。大偏心受压破坏时,受拉钢筋应力能达到抗拉屈服强度,而小偏心受压破坏构件则不能,则在大、小偏心受压破坏之间必然存在着一种界限状态,称为界限破坏。在界限破坏下,构件在受拉钢筋屈服的同时,受压区边缘混凝土达到极限压应变值被压碎。界限破坏可作为区分大小偏心受压破坏的界限。

图 5-15 为各类偏心受压构件在破坏时截面平均应变分布的关系。从加载至接近破坏为止,各类偏心受压构件在一定长度范围内截面平均应变值的分布均能较好地符合平截面假定。

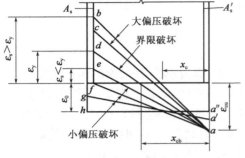

图 5-15　受压构件界限破坏应变示意图

其中 ad 线表示界限破坏情况,受拉钢筋达到屈服应变 ε_y 时,受压区边缘混凝土也同时达到极限压应变 ε_{cu},受压区高度为 x_{cb}。当 $x_c < x_{cb}$ 时,为大偏心受压破坏,如图中 ab 线和 ac 线,受拉钢筋的应变 $\varepsilon_s > \varepsilon_y$。当 $x_c > x_{cb}$ 时,为小偏心受压破坏,如 ae 线和 af 线,受拉钢筋的应变分别为 $\varepsilon_s < \varepsilon_y$ 和 $\varepsilon_s = 0$,受拉钢筋的应变亦可能为压应变,如 $a'g$ 线,而 $a''h$ 线表示轴心受压破坏时截面上的均匀压应变 $\varepsilon_0 = 0.002$。两类偏压构件的界限破坏特征与受弯构件适筋梁和超筋梁的界限破坏特征相似,因此,与受弯构件一样,可用界限相对受压区高度 ξ_b 来判别两种不同偏心受压破坏形态:当 $\xi \leqslant \xi_b$ 时,截面为大偏心受压破坏;当 $\xi > \xi_b$ 时,截面为小偏心受压破坏。ξ_b 值可由表 3-2 查得。

三、N_u-M_u 关系曲线

偏心受压构件是弯矩 M 和轴力 N 共同作用的构件,弯矩和轴力的不同组合使偏心距不同,构件破坏的形态也不同,即给定截面、配筋和材料的偏心受压构件达到承载力极限状态时,截面承受的轴力 N 与弯矩 M 是相关的,构件可以在不同 N 和 M 的组合下达到承载能力极限状态。

图 5-16 是一组配筋、材料强度及截面尺寸均相同的试件,当偏心距变化时的 N_u-M_u 承载力相关试验曲线。曲线分为受压破坏和受拉破坏两个曲线段,图中 $M_u = 0$,N_u 最大,属轴压破坏;$N_u = 0$ 时,M_u 不是最大,属纯弯破坏;界限破坏时,M_u 最大。由此曲线可以看出,小偏心受压破坏时,N_u 随 M_u 的增大而减小;大偏心受压破坏时,N_u 随 M_u 的增大而增大。因为相关曲线上任一点的坐标(N_u、M_u)代表截面承载力的一组内力组合及对应的荷载偏心距 e_0,故当给出的一组内力(N、M)位于图中 N_u-M_u 曲线的内侧时,表明构件尚未达到承载能力极限状态,是安全的;若位于曲线的外侧,则表明构件的承载力不够。

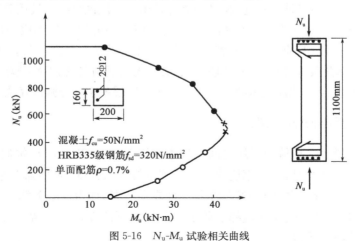

图 5-16　N_u-M_u 试验相关曲线

四、偏心受压构件的纵向弯曲影响

偏心受压构件在偏心压力 N 作用下,将产生纵向弯曲(即侧向变形 f),导致控制截面上的弯矩由 Ne_0 增大为 $N(e_0+f)$(图 5-17),从而导致构件抗压承载力的降低。通常将截面弯矩中的 Ne_0 称为一阶弯矩,弯矩 Nf 称为二阶弯矩或附加弯矩。

偏心受压构件在二阶弯矩影响下的破坏类型与构件的长细比有密切关系。图 5-18 表示截面尺寸、配筋、材料强度、支承情况和轴向力偏心距等完全相同,仅长细比不同的三个钢筋混凝土偏心受压柱,从加荷开始直至破坏的轴向力和弯矩关系曲线。图中,$ABCD$ 是钢筋混凝土偏心受压构件发生材料破坏时的 N_u-M_u 曲线。

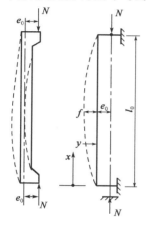

图 5-17　纵向弯曲

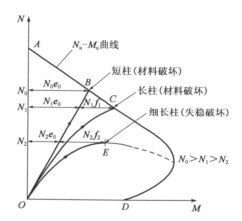

图 5-18　构件长细比对破坏形态的影响

对于长细比较小的短柱,由于纵向弯曲很小,可以忽略侧向变形引起的二阶弯矩的影响,其 N-M 关系如直线 OB 所示。随着荷载的增大,当短柱达到极限承载力时,N-M 关系线与 N_u-M_u 曲线相交于 B 点,表明截面材料达到极限强度而发生破坏,即材料破坏。

对于长细比较大的长柱,由于长柱受偏心力作用时的侧向变形 f 较大,二阶弯矩的影响已不可忽视,因此实际偏心距是随荷载的增大而非线性增加,即 M 较 N 增长更快,其 N-M 关系如曲线 OC 所示。当长柱达到极限承载力时,N-M 关系线与 N_u-M_u 曲线相交于 C 点,故长柱的破坏类型亦属材料破坏。

对于长细比很大的细长柱,其 N-M 关系如曲线 OE 所示,当偏心压力达到最大值时(E 点),侧向变形 f 突然剧增,此时若增加很小的轴向力,即可引起二阶弯矩迅速增加,导致构件破坏。此时,截面材料都未达到破坏时的极限值,这种破坏称为失稳破坏。在荷载达到最大值以后,如能控制荷载逐渐减小以保持构件的继续变形,则随着侧向变形的增大或荷载的减小,截面也可达到材料破坏(E' 点),但此时的抗压承载力已远小于失稳破坏时的承载力。

由此可见,当偏心距相同时,随着长细比的增大,构件的承载力依次降低,即 $N_0>N_1>N_2$;从破坏类型来看,短柱、长柱均为材料破坏,而细长柱会发生失稳破坏。工程中应尽可能避免采用细长柱,因其破坏具有突然性,且材料强度尚未充分发挥。本书将主要介绍发生材料破坏的偏压构件的计算方法。

五、偏心距增大系数η

偏心受压构件控制截面的实际弯矩为:

$$M = N(e_0 + f) = N\frac{e_0 + f}{e_0}e_0$$

令

$$\eta = \frac{e_0 + f}{e_0} = 1 + \frac{f}{e_0} \qquad (5\text{-}9)$$

则

$$M = N \cdot \eta e_0$$

η 称为偏心受压构件考虑纵向弯曲影响(二阶效应)的轴向力偏心距增大系数。

由式(5-9)可见,η越大表明二阶弯矩的影响越大,则截面所承担的一阶弯矩在总弯矩中所占比例就相对越小。当偏心受压构件为短柱时,则 $\eta = 1$。

《公路桥规》根据偏心压杆的极限曲率理论分析,规定偏心距增大系数 η 计算表达式为:

$$\eta = \left[1 + \frac{1}{1300e_0/h_0}(l_0/h)^2\zeta_1\zeta_2 \right] \qquad (5\text{-}10)$$

$$\zeta_1 = 0.2 + 2.7e_0/h_0 \leqslant 1.0$$

$$\zeta_2 = 1.15 - 0.01\frac{l_0}{h} \leqslant 1.0$$

式中: l_0 ——构件的计算长度,可参照本章第二节的规定或按工程经验确定;

e_0 ——轴向力对截面重心轴的偏心距,不小于 20mm 和偏压方向截面最大尺寸的 1/30 两者的较大值;

h_0 ——截面的有效高度, $h_0 = h - a_s$ (对圆形截面取 $h_0 = r + r_s$, r 及 r_s 意义见本章第六节);

h ——截面高度,对圆形截面取 $h = d$, d 为圆形截面直径;

ζ_1 ——荷载偏心率对截面曲率的影响系数;

ζ_2 ——构件长细比对截面曲率的影响系数。

《公路桥规》规定,计算偏心受压构件正截面承载力时,对长细比 $l_0/i > 17.5$ 的构件或长细比 $l_0/h > 5$ (矩形截面)、$l_0/d > 4.4$ (圆形截面)的构件,应考虑构件在弯矩作用平面内挠曲对轴向力偏心距的影响。此时,应将轴向力对截面重心轴的偏心距 e_0 乘以偏心距增大系数 η。

第四节 矩形截面偏心受压构件正截面承载力计算

一、基本公式

由于偏心受压构件正截面破坏特征与受弯构件正截面破坏特征是类似的,故其正截面抗压承载力计算仍采用了与受弯构件正截面承载力计算相同的基本假定(见第三章第四节),混凝土压应力图形也采用等效矩形应力分布图形,其应力为 f_{cd},受压区高度 $x = \beta x_c$,β 的取值同前。

1. 大偏心受压构件

(1)计算公式

当截面为大偏心受压破坏时,在承载能力极限状态下截面的计算应力图形如图 5-19 所示。受拉区混凝土退出工作,全部拉力由钢筋承担,受拉钢筋应力达到其抗拉强度设计值 f_{sd};受压区混凝土应力达到 f_{cd},一般情况下,受压钢筋能达到其抗压强度设计值 f'_{sd}。

根据图 5-19 所示的计算应力图形,由轴向力的平衡和各力对受拉钢筋合力点取矩,可以得到下面两个基本计算公式:

$$\sum N = 0 \qquad \gamma_0 N_d \leqslant N_u = f_{cd}bx + f'_{sd}A'_s - f_{sd}A_s \qquad (5\text{-}11)$$

$$\sum M_{A_s} = 0 \quad \gamma_0 N_d e_s \leqslant N_u e_s = f_{cd}bx\left(h_0 - \frac{x}{2}\right) + f'_{sd}A'_s(h_0 - a'_s) \qquad (5\text{-}12)$$

式中:e_s——轴向力作用点至钢筋 A_s 合力作用点的距离,$e_s = \eta e_0 + h/2 - a_s$; $\qquad (5\text{-}13)$

e_0——轴向力对截面重心轴的偏心距,$e_0 = \dfrac{M_d}{N_d}$;

η——偏心距增大系数,按式(5-10)计算。

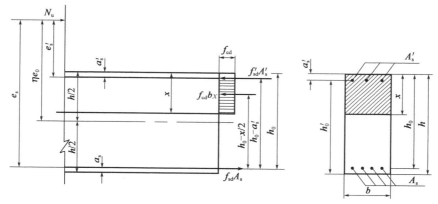

图 5-19 矩形截面大偏心受压构件正截面承载力计算简图

(2)适用条件

为了保证截面为大偏心受压破坏,破坏时受拉钢筋应力能达到其抗拉强度设计值,必须满足下列条件:

$$\xi \leqslant \xi_b \qquad (5\text{-}14a)$$

或 $$x \leqslant x_b = \xi_b h_0 \qquad (5\text{-}14b)$$

为保证截面破坏时,受压钢筋应力能达到其抗压强度设计值,要求满足:

$$x \geqslant 2a'_s \qquad (5\text{-}15)$$

2.小偏心受压构件

(1)计算公式

对小偏心受压构件,截面可能大部分受压,小部分受拉[图 5-14c],也可能全截面受压[图 5-14a]。靠近偏心压力 N 作用的一侧混凝土先被压碎,受压钢筋 A'_s 的应力达到屈服强度 f'_{sd},而另一侧钢筋 A_s 可能受拉或受压,但均不屈服。计算时,受压区混凝土应力图形仍简化为等效矩形图形。由图 5-20a)、b)中的力的平衡条件可得:

$$\sum N = 0 \qquad \gamma_0 N_d \leqslant N_u = f_{cd}bx + f'_{sd}A'_s - \sigma_s A_s \qquad (5\text{-}16)$$

$$\sum M_{A_s} = 0 \qquad \gamma_0 N_d e_s \leqslant N_u e_s = f_{cd}bx\left(h_0 - \frac{x}{2}\right) + f'_{sd}A'_s(h_0 - a'_s) \qquad (5\text{-}17)$$

或 $\qquad \sum M_{A'_s} = 0 \qquad \gamma_0 N_d e'_s \leqslant N_u e'_s = f_{cd}bx\left(\dfrac{x}{2} - a'_s\right) - \sigma_s A_s(h_0 - a'_s)$ (5-18)

$$e'_s = \frac{h}{2} - \eta e_0 - a'_s$$ (5-19)

$$\sigma_s = \varepsilon_{cu} E_s\left(\frac{\beta}{x/h_0} - 1\right)$$ (5-20)

式中：σ_s——钢筋 A_s 的应力值，以受拉为正，σ_s 值应满足 $-f'_{sd} \leqslant \sigma_s \leqslant f_{sd}$。当 $\sigma_s = -f'_{sd}$，且 $f'_{sd} = f_{sd}$ 时，可得 $\xi = 2\beta - \xi_b$。故当 $\xi \geqslant 2\beta - \xi_b$ 时，钢筋应力 σ_s 将达到抗压屈服强度，即 $\sigma_s = -f'_{sd}$。

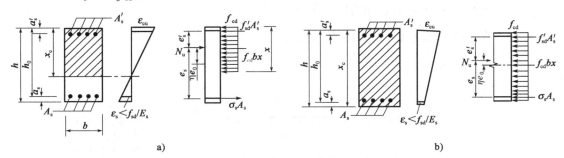

图 5-20 小偏心受压计算图形
a)A_s 受拉不屈服；b)A_s 受压不屈服

（2）适用条件

小偏心受压构件计算公式的适用条件为：

①$\xi > \xi_b$ 或 $x > \xi_b h_0$。

②$x \leqslant h$，因为混凝土受压区高度不可能超过截面高度。

③$-f'_{sd} \leqslant \sigma_s \leqslant f_{sd}$。

对小偏心受压构件，当偏心压力 N 很大、偏心距 e_0 很小，即全截面受压情况下，且 A_s 的数量又较少时，离偏心压力较远一侧钢筋 A_s 的应力可能达到受压屈服强度，与 A_s 同侧的混凝土也有可能压坏，为使钢筋 A_s 数量不致过少，防止出现图 5-14b)所示的反向破坏。《公路桥规》规定：对于小偏心受压构件，若偏心压力作用于钢筋 A_s 合力点与 A'_s 合力点之间时，尚应符合下列条件：

$$\gamma_0 N_d e'_s \leqslant N_u e'_s = f_{cd}bh\left(\frac{h}{2} - a'_s\right) + f'_{sd}A_s(h_0 - a'_s)$$ (5-21)

$$e'_s = \frac{h}{2} - a'_s - e_0$$ (5-22)

如果式(5-21)不满足，则应增加 A_s 的用量。

二、非对称配筋的计算方法

1. 截面设计

在进行偏心受压构件的截面设计时，通常已知轴向力组合设计值 N_d 和相应的弯矩组合设计值 M_d 或偏心距 e_0，材料强度等级，截面尺寸 $b \times h$，以及弯矩作用平面内构件的计算长度，要求确定纵向钢筋数量。

首先需要判别大、小偏心受压类型。

如前所述,当 $\xi \leqslant \xi_b$ 时为大偏心受压;当 $\xi > \xi_b$ 时为小偏心受压。但是,截面设计时纵向钢筋数量未知,ξ 值无法计算,故还不能利用上述条件进行判别。此时可采用下述方法来初步判别大、小偏心受压类型。

当 $\eta e_0 > 0.3 h_0$ 时,可先按大偏心受压情况来计算 A_s 及 A'_s,然后判断其适用条件是否满足;当 $\eta e_0 \leqslant 0.3 h_0$ 时,则属于小偏心受压,这时应按小偏心受压情况来计算 A_s 及 A'_s。

不论大小偏心受压构件,在弯矩作用平面抗压承载力计算之后,均应按轴心受压构件验算垂直于弯矩作用平面的抗压承载力,计算公式为式(5-1)。

(1)大偏心受压构件的计算

① 第一种情况——A_s 和 A'_s 均为未知。

从式(5-11)和式(5-12)可知,由两个方程不能求解三个未知数 x、A_s 和 A'_s。与双筋受弯构件类似,为使($A_s + A'_s$)最小,就应充分发挥混凝土的作用,可取 $x = \xi_b h_0$ 作为补充条件,由式(5-12),令 $N = N_u$,可得:

$$A'_s = \frac{Ne_s - f_{cd}bh_0^2 \xi_b(1 - 0.5\xi_b)}{f'_{sd}(h_0 - a'_s)} \geqslant \rho'_{min}bh \qquad (5-23)$$

ρ'_{min} 为截面一侧(受压)钢筋的最小配筋率,由附表 1-5,$\rho'_{min} = 0.2\% = 0.002$。

若从上式求得的 $A'_s \geqslant 0.002bh$,即可将 A'_s 及 $x = \xi_b h_0$ 代入式(5-11)计算 A_s 值:

$$A_s = \frac{f_{cd}bh_0\xi_b + f'_{sd}A'_s - N}{f_{sd}} \geqslant \rho_{min}bh \qquad (5-24)$$

ρ_{min} 为截面一侧(受拉)钢筋的最小配筋率,由附表 1-5 ,$\rho_{min} = 0.2\% = 0.002$。由上式求得的 A_s 也不应小于最小配筋量 $0.002bh$。

如果按式(5-23)求得的 A'_s 为负值或小于 $\rho'_{min}bh$ 时,则不能将 A'_s 值直接代入式(5-24)求解 A_s,而应取 $A'_s = \rho'_{min}bh = 0.002bh$,按下述 A'_s 为已知的第二种情况求解 A_s 值。

② 第二种情况——A'_s 为已知,求 A_s。

当 A'_s 为已知时,从式(5-11)、式(5-12)可知,仅有 x 与 A_s 两个未知数,完全可以通过这两个公式联立求解 x 和 A_s。仿照双筋受弯构件的办法,由式(5-12),令 $N = \gamma_0 N_d$,解关于 x 的二次方程,得:

$$x = h_0 - \sqrt{h_0^2 - \frac{2[Ne_s - f'_{sd}A'_s(h_0 - a'_s)]}{f_{cd}b}} \qquad (5-25)$$

a. 当 $\xi > \xi_b$ 或 $x > \xi_b h_0$ 时,按小偏心受压重新计算,或按 A'_s 也为未知的第一种情况求解。

b. 当 $x < 2a'_s$ 时,受压钢筋应力可能达不到其抗压强度设计值,和双筋受弯构件类似,这时近似取 $x = 2a'_s$,对受压钢筋 A'_s 合力点取矩,可得:

$$A_s = \frac{Ne'_s}{f_{sd}(h_0 - a'_s)} \qquad (5-26)$$

$$e'_s = \eta e_0 - \frac{h}{2} + a'_s$$

c. 当 $2a'_s \leqslant x \leqslant \xi_b h_0$ 时,将 x 代入式(5-11),可得到受拉区所需钢筋数量 A_s 为:

$$A_s = \frac{f_{cd}bx + f'_{sd}A'_s - N}{f_{sd}} \tag{5-27}$$

如果所求得的 A_s 小于最小配筋量 $\rho_{min}bh$，则应取 $A_s = \rho_{min}bh$。

（2）小偏心受压构件的计算

①第一种情况——A_s 和 A'_s 均为未知。

由小偏心受压破坏基本公式（5-16）和公式（5-17）与一个应力方程（5-20）求解时，有四个未知数 x（或 ξ）、A_s 和 A'_s 和 σ_s，而可用的方程只有三个，因此需要补充一个附加条件才能求解。对于小偏心受压构件，远离偏心压力一侧的纵向钢筋无论受拉还是受压，其应力一般均未达到屈服强度，故可按最小配筋率配置 A_s，即 $A_s = 0.002bh$。

在轴向压力 N 较大而 e_0 较小的全截面受压情况下，为防止 A_s 配置过少而出现图 5-13b) 所示的反向破坏，A_s 还应不小于由式（5-21）求得的值，即

$$A_s \geqslant \frac{Ne'_s - f_{cd}bh\left(\dfrac{h}{2} - a'_s\right)}{f'_{sd}(h'_0 - a_s)} \tag{5-28}$$

依据上述两个条件选择并配置钢筋 A_s，则问题变成了 A_s 已知的情况，按第二种情况求 A'_s。

②第二种情况——A_s 为已知，求 A'_s。

此种情况有三个未知数 x（或 ξ）、A'_s 和 σ_s，可利用基本公式求解。令 $N = \gamma_0 N_d$，将式（5-20）代入式（5-18），可得关于 x 的一元三次方程，求解上述关于 x 的一元三次方程，计算较为繁琐。为了简化计算，将式（5-20）转化为下面的近似计算公式：

$$\sigma_s = f_{sd}\frac{\xi - \beta}{\xi_b - \beta} \tag{5-29}$$

令 $N = \gamma_0 N_d$，将式（5-29）代入式（5-18），可得关于 x 的一元二次方程，解方程得到 x 值后，即可求出相对受压区高度 $\xi = x/h_0$。

令 ξ_y 表示 $\sigma_s = -f'_{sd}$ 时对应的相对受压区高度。求解出的 ξ 可能出现以下情况。

a. $\xi_b < \xi \leqslant \xi_y$ 且 $\xi < h/h_0$。

表明破坏时 A_s 未达到屈服，σ_s 在 $-f'_{sd}$ 和 f_{sd} 之间，符合 σ_s 的公式条件。于是，将刚刚求解出的 ξ 代入基本公式，求出另一个未知数 A'_s。

b. $\xi_y < \xi < h/h_0$。

表明破坏时 A_s 受压屈服，超出 $\sigma_s = \varepsilon_{cu}E_s\left(\dfrac{\beta}{x/h_0} - 1\right)$ 的适用范围，应以 $\sigma_s = -f'_{sd}$ 代入小偏心受压的公式。于是，基本方程转化为：

$$N = f_{cd}bx + f'_{sd}A'_s + f'_{sd}A_s \tag{5-30}$$

$$N \cdot e_s = f_{cd}bx\left(h_0 - \frac{x}{2}\right) + f'_{sd}A'_s(h_0 - a'_s) \tag{5-31}$$

重新求解 x 和 A'_s。

c. $\xi \geqslant h/h_0$，且 $\xi > \xi_y$。

表明破坏时 A_s 受压屈服，应取 $\sigma_s = -f'_s$，$x > h$ 表明受压区超出截面之外，只能取 $x = h$。将 $\sigma_s = -f'_s$，$x = h$ 代入基本方程，直接解得：

$$A'_s = \frac{Ne_s - f_{cd}bh(h_0 - 0.5h)}{f'_{sd}(h_0 - a'_s)} \tag{5-32}$$

以上计算得到的 A'_s 应满足一侧纵筋配筋率要求，A_s、A'_s 之和应满足截面全部钢筋配筋率的要求。

要注意的是，以上求出的 A_s 还应保证构件不发生"反向破坏"，为此，A_s 还应满足式(5-28)的要求。

2. 截面复核

截面承载力复核需要考虑弯矩作用平面的承载力和垂直于弯矩作用平面的承载力，且应取二者的较小者作为偏心受压构件的承载力。

垂直于弯矩作用平面承载力的计算，可按照轴心受压构件进行。

下面介绍弯矩作用平面的承载力计算过程。

(1) 大、小偏心受压的判别

此时，截面的配筋已知，假设其为大偏心，对轴向力 N 的作用点取矩可得：

$$f_{cd}bx\left(e_s - h_0 + \frac{x}{2}\right) = f_{sd}A_s e_s - f'_{sd}A'_s e'_s \tag{5-33}$$

此时，$e'_s = \eta e_0 - \dfrac{h}{2} + a'_s$。

由式(5-33)，可解得 x 值，从而判别大小偏心受压。当 $x \leqslant \xi_b h_0$ 时为大偏心，当 $x > \xi_b h_0$ 时为小偏心。

(2) N_u 的计算

① $x \leqslant \xi_b h_0$，此时为大偏心。

a. $x \leqslant \xi_b h_0$ 且 $x \geqslant 2a'_s$ 时，满足大偏心的适用条件，代入大偏心受压的基本公式求出 N_u 的值。

b. $x \leqslant \xi_b h_0$ 但 $x < 2a'_s$ 时，受压钢筋 A'_s 没有屈服。取 $x = 2a'_s$，然后对 A'_s 合力点取矩，求出 N_u。

② $x > \xi_b h_0$，此时为小偏心。

由于这时受拉钢筋的应力不能取为 f_{sd}，故式(5-33)不成立，需要按照小偏心重新建立公式求解 x 值。

$$f_{cd}bx\left(e_s - h_0 + \frac{x}{2}\right) = \sigma_s A_s e_s + f'_{sd}A'_s e'_s \tag{5-34}$$

由式(5-34)及式(5-20)或式(5-29)联立，求解得到 x 值后，即可求出相对受压区高度 $\xi = x/h_0$。

a. $\xi_b < \xi \leqslant \xi_y$ 且 $\xi < h/h_0$。表明 A_s 未达到屈服，σ_s 在 $-f'_{sd}$ 和 f_{sd} 之间，符合 σ_s 的公式条件，故可将 ξ 代入式(5-16)，求出 N_u。

b. $\xi_y < \xi < h/h_0$。此时 A_s 受压屈服，超出 $\sigma_s = \varepsilon_{cu}E_s\left(\dfrac{\beta}{x/h_0} - 1\right)$ 的适用范围，应以 $\sigma_s = -f'_{sd}$ 代入式(5-16)，求出 N_u。

c. $\xi \geqslant h/h_0$ 且 $\xi > \xi_y$。表示 A_s 受压屈服，且中和轴已经在截面之外，故取 $\sigma_s = -f'_{sd}$，$x = h$ 代入式(5-16)，求出 N_u。

需要注意的是，对于小偏心受压构件，尚应保证构件不发生"反向破坏"。为此，需要按照下式求出 N_u：

$$N_{\mathrm{u}} = \frac{f_{\mathrm{cd}}bh(0.5h - a'_s) + f'_{\mathrm{sd}}A_s(h_0 - a'_s)}{e'_s} \quad (5-35)$$

小偏心受压构件的弯矩作用平面内承载力应取"正向破坏"、"反向破坏"承载力中的较小者。

【例题 5-3】 一钢筋混凝土偏心受压构件,计算长度 $l_0 = 9\mathrm{m}$,截面尺寸为 300mm×600mm,承受的轴向力组合设计值 $N_{\mathrm{d}} = 315\mathrm{kN}$,弯矩组合设计值 $M_{\mathrm{d}} = 230\mathrm{kN \cdot m}$,结构安全等级为二级,Ⅰ类环境;C30 混凝土,HRB400 纵向钢筋,拟取普通箍筋(HPB300)直径为 10mm。试按照非对称配筋选择 A_s、A'_s,并对实际布置的截面进行承载力复核。

解: $l_0/h = 9/0.6 = 15 > 5$,故应考虑偏心距增大系数 η 的影响。
$$N = \gamma_0 N_{\mathrm{d}} = 315\mathrm{kN}, M = \gamma_0 M_{\mathrm{d}} = 230\mathrm{kN \cdot m}$$

(1)计算偏心距增大系数 η

假设 $a_s = a'_s = 45\mathrm{mm}$,则 $h_0 = h - a_s = 600 - 45 = 555\mathrm{mm}$。

$$e_0 = \frac{M}{N} = \frac{230 \times 10^3}{315} = 730\mathrm{mm}$$

$$\zeta_1 = 0.2 + 2.7\frac{e_0}{h_0} = 0.2 + 2.7 \times \frac{730}{555} = 3.75 > 1, \text{取} \zeta_1 = 1$$

$$\zeta_2 = 1.15 - 0.01\frac{l_0}{h} = 1.15 - 0.01 \times \frac{9}{0.6} = 1$$

$$\eta = 1 + \frac{1}{1300\, e_0/h_0} \left(\frac{l_0}{h}\right)^2 \zeta_1 \zeta_2$$

$$= 1 + \frac{1}{1300 \times \frac{730}{555}} \times \left(\frac{9}{0.6}\right)^2 \times 1 \times 1 = 1.13$$

(2)判断大、小偏心

$\eta e_0 = 1.13 \times 730 = 825\mathrm{mm} > 0.3h_0 = 0.3 \times 555 = 167\mathrm{mm}$,按照大偏心受压构件计算。

(3)计算 A'_s

$$e_s = \eta e_0 + 0.5h - a_s = 825 + 0.5 \times 600 - 45 = 1080\mathrm{mm}$$

取 $x = \xi_b h_0 = 0.53 \times 555 = 294\mathrm{mm}$,则所需受压钢筋截面面积:

$$A'_s = \frac{Ne_s - f_{\mathrm{cd}}bx\left(h_0 - \frac{x}{2}\right)}{f'_{\mathrm{sd}}(h_0 - a'_s)}$$

$$= \frac{315 \times 10^3 \times 1080 - 13.8 \times 300 \times 294 \times \left(555 - \frac{294}{2}\right)}{330 \times (555 - 45)}$$

$$= -929\mathrm{mm}^2 < 0$$

A'_s 出现负值,应按构造要求取值。$A'_s = 0.002bh = 0.002 \times 300 \times 600 = 360\mathrm{mm}^2$。选 3 φ 14(钢筋外径 16.2mm),可提供截面面积 $A'_s = 462\mathrm{mm}^2$。按照Ⅰ类环境取箍筋保护层厚度 20mm,则 $a'_s = 20 + 10 + 16.2/2 = 38\mathrm{mm}$,实际取 $a'_s = 40\mathrm{mm}$。

(4)计算 A_s

此时,应按 A'_s 为已知的情况进行计算。受压区高度 x 的值为:

$$x = h_0 - \sqrt{h_0^2 - \frac{2[Ne_s - f'_{sd}A'_s(h_0 - a'_s)]}{f_{cd}b}}$$

$$= 555 - \sqrt{555^2 - \frac{2 \times [315 \times 10^3 \times 1080 - 330 \times 462 \times (555 - 40)]}{13.8 \times 300}}$$

$$= 129\text{mm} < \xi_b h_0 = 0.53 \times 555 = 294\text{mm}$$

且 $x > 2a'_s = 2 \times 40 = 80\text{mm}$

满足大偏心受压构件的适用条件。于是有：

$$A_s = \frac{f_{cd}bx + f'_{sd}A'_s - N}{f_{sd}}$$

$$= \frac{13.8 \times 300 \times 129 + 330 \times 462 - 315 \times 10^3}{330}$$

$$= 1125\text{mm}^2$$

选 $3 \oplus 22$（钢筋外径 25.1mm），可提供的截面面积 $A_s = 1140\text{mm}^2$。

此时，全部纵筋的配筋率 $\rho = \frac{462 + 1140}{300 \times 600} = 0.89\% > 0.5\%$，满足要求。

将 $3 \oplus 22$ 布置成一排，所需截面最小宽度 $b_{min} = 2 \times (20 + 10) + 2 \times 50 + 3 \times 25.1 = 235.3\text{mm} < b = 300\text{mm}$。Ⅰ类环境，箍筋保护层厚度 20mm，实际布置得到 $a_s = 20 + 10 + 25.1/2 = 43\text{mm}$，按照 45mm 布置。

截面配筋图如图 5-21 所示。

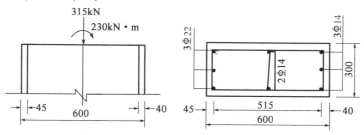

图 5-21　例题 5-3 图（尺寸单位：mm）

(5)弯矩作用平面内的承载力复核

下面保持偏心距 $e_0 = 730\text{mm}$ 不变，校核 N_u 是否大于 $\gamma_0 N_d$。

由于实际布置 $a_s = 45\text{mm}$，依据前面的计算结果可知，$\eta e_0 = 825\text{mm}$，$e_s = 1080\text{mm}$。

$$e'_s = \eta e_0 - \frac{h}{2} + a'_s = 825 - \frac{600}{2} + 40 = 565\text{mm}$$

依据大偏心受压对轴向力位置取矩建立平衡方程，得到：

$$f_{sd}A_s e_s = f_{cd}bx\left(e_s - h_0 + \frac{x}{2}\right) + f'_{sd}A'_s e'_s$$

代入数值得：

$$330 \times 1140 \times 1080 = 13.8 \times 300x\left(1080 - 555 + \frac{x}{2}\right) + 330 \times 462 \times 565$$

整理后得到：

$$x^2 + 1050x - 154665 = 0$$

解方程,得 $x=131\text{mm}<\xi_b h_0=0.53\times555=294\text{mm}$,且 $x>2a'_s=2\times40=80\text{mm}$
依据纵向力的平衡,有:

$$
\begin{aligned}
N_u &= f_{cd}bx+f'_{sd}A'_s-f_{sd}A_s \\
&= 13.8\times300\times131+330\times462-330\times1140 \\
&= 318.6\times10^3\text{N}>N=315\text{kN}
\end{aligned}
$$

(6)垂直于弯矩作用平面的承载力复核

$l_0/b=9/0.3=30>8$,查表 5-1,得到 $\varphi=0.52$。由于全部纵筋配筋率小于 3%,于是有:

$$
\begin{aligned}
N_u &= 0.9\varphi[f_{cd}bh+f'_{sd}(A_s+A'_s)] \\
&= 0.9\times0.52\times[13.8\times300\times600+330\times(462+1140)] \\
&= 1409.9\times10^3\text{N}>N=315\text{kN}
\end{aligned}
$$

可见,承载力满足要求。

【例题 5-4】 某钢筋混凝土偏心受压柱,$b\times h=250\text{mm}\times500\text{mm}$,计算长度 $l_0=2.5\text{m}$,承受的轴向力组合设计值 $N_d=1500\text{kN}$,弯矩组合设计值 $M_d=120\text{kN}\cdot\text{m}$,结构重要性系数 $\gamma_0=1$;混凝土采用 C30,纵向钢筋采用 HRB400。拟取普通箍筋(HPB300)直径为 10mm,其保护层厚度为 20mm。

要求:按照非对称配筋选择 A_s、A'_s,并对实际配置进行承载力复核。

解:$l_0/h=2500/500=5$,故偏心距增大系数 $\eta=1.0$。

$$
N=\gamma_0 N_d=1500\text{kN},M=\gamma_0 M_d=120\text{kN}\cdot\text{m}
$$

(1)截面设计

假设 $a_s=a'_s=40\text{mm}$,$h_0=h-a_s=500-40=460\text{mm}$。于是有:

$$
e_0=\frac{M}{N}=\frac{120\times10^3}{1500}=80\text{mm}
$$

$$
\eta e_0=80\text{mm}<0.3h_0=0.3\times460=138\text{mm}
$$

故按小偏心受压构件计算。按构造要求,需要 $A_s=0.002bh=0.002\times250\times500=250\text{mm}^2$。为了保证不发生反向破坏,需要 A_s 不能太小。

$$
e'_s=\frac{h}{2}-e_0-a'_s=\frac{500}{2}-80-40=130\text{mm}
$$

$$
\begin{aligned}
A_s &= \frac{Ne'_s-f_{cd}bh\left(\frac{h}{2}-a'_s\right)}{f'_{sd}(h_0-a'_s)} \\
&= \frac{1500\times10^3\times130-13.8\times250\times500\times(250-40)}{330\times(460-40)} \\
&= -1206.7\text{mm}^2<0
\end{aligned}
$$

故不需要考虑反向破坏。

依据截面面积不小于 250mm²,故选取 3 $\oplus$ 12(外径 13.9mm),可提供截面面积 $A_s=339\text{mm}^2$。Ⅰ类环境,混凝土保护层取 30mm,则 $a_s=30+13.9/2\approx37\text{mm}$,实际取 $a_s=40\text{mm}$。

$$
\sigma_s=f_{sd}\frac{x/h_0-\beta}{\xi_b-\beta}=330\times\frac{x/460-0.8}{0.53-0.8}
$$

$$
e_s=\eta e_0+\frac{h}{2}-a_s=80+\frac{500}{2}-40=290\text{mm}
$$

$$e'_s = \frac{h}{2} - \eta e_0 - a'_s = \frac{500}{2} - 80 - 40 = 130\text{mm}$$

对 A'_s 合力点取矩,得到:

$$f_{cd}bx\left(\frac{x}{2} - a'_s\right) = Ne'_s + \sigma_s A_s(h_0 - a'_s)$$

$$13.8 \times 250x\left(\frac{x}{2} - 40\right) = 1500 \times 10^3 \times 130 + 330 \times \frac{x/460 - 0.8}{0.53 - 0.8} \times 339 \times (460 - 40)$$

整理得:

$$x^2 + 139.4x - 193747 = 0$$

解方程,得:

$$x = 376\text{mm} > \xi_b h_0 = 0.53 \times 460 = 224\text{mm}$$

$$\sigma_s = 330 \times \frac{x/460 - 0.8}{0.53 - 0.8} = 330 \times \frac{376/460 - 0.8}{0.53 - 0.8} = -21.3\text{MPa}$$

根据纵向力的平衡,得到:

$$A'_s = \frac{N - f_{cd}bx + \sigma_s A_s}{f'_{sd}}$$

$$= \frac{1500 \times 10^3 - 13.8 \times 250 \times 376 - 21.3 \times 339}{330} = 593\text{mm}^2 > \rho_{\min}bh = 250\text{mm}^2$$

选取 3Φ16(钢筋外径 18.4mm),可提供截面面积 $A'_s = 603\text{mm}^2$。

全部纵筋配筋率 $\rho = \frac{339 + 603}{250 \times 500} = 0.754\% > 0.5\%$,满足最小配筋率的要求。

3Φ16 钢筋按一排布置,所需截面最小宽度 $b_{\min} = 2 \times (20 + 10) + 3 \times 18.4 + 2 \times 50 = 215.2\text{mm} < b = 250\text{mm}$。I 类环境,取保护层厚度厚度 30mm,则 $a'_s = 20 + 10 + 18.4/2 = 39.2\text{mm}$,实际取 $a'_s = 40\text{mm}$ 布置。截面纵筋布置如图 5-22 所示。

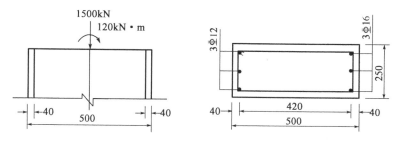

图 5-22 例题 5-4 图(尺寸单位:mm)

(2)弯矩作用平面承载力复核

按照偏心距 $e_0 = 80\text{mm}$ 计算 N_u。

由于实际布置取 $a_s = a'_s = 40\text{mm}$,与假设值相同,故依据前面的计算结果,有 $e_s = 290\text{mm}$,$e'_s = 130\text{mm}$。

对轴向力的作用点取矩,得到平衡方程:

$$f_{cd}bx\left(\frac{x}{2} + e_s - h_0\right) = \sigma_s A_s e_s + f'_{sd} A'_s e'_s$$

$$13.8 \times 250x\left(\frac{x}{2} + 290 - 460\right) = 330 \times \frac{x/460 - 0.8}{0.53 - 0.8} \times 339 \times 290 + 330 \times 603 \times 130$$

$$x^2 - 188.6x - 70720.8 = 0$$

解方程得 $x = 376\text{mm} > \xi_b h_0 = 0.53 \times 460 = 244\text{mm}$，属于小偏心受压构件。

$$\sigma_s = 330 \times \frac{x/460 - 0.8}{0.53 - 0.8} = 330 \times \frac{376/460 - 0.8}{0.53 - 0.8} = -21.3\text{MPa}$$

依据竖向力的平衡，得：

$$\begin{aligned}
N_u &= f_{cd}bx + f'_{sd}A'_s - \sigma_s A_s \\
&= 13.8 \times 250 \times 376 + 330 \times 603 + 21.3 \times 339 \\
&= 1503.4 \times 10^3\text{N} > N = 1500\text{kN}
\end{aligned}$$

(3) 垂直于弯矩作用平面承载力复核

$l_0/b = 2.5/0.25 = 10$，查表 5-1，得到 $\varphi = 0.98$。由于全部纵筋配筋率小于 3%，于是有：

$$\begin{aligned}
N_u &= 0.9\varphi[f_{cd}bh + f'_{sd}(A_s + A'_s)] \\
&= 0.9 \times 0.98 \times [13.8 \times 250 \times 500 + 330 \times (339 + 603)] \\
&= 1795.6 \times 10^3\text{N} > N = 1500\text{kN}
\end{aligned}$$

可见，承载力满足要求。

三、对称配筋的计算方法

在实际工程中，偏心受压构件在不同荷载的作用下，可能会产生方向相反的弯矩，当对称配筋与非对称配筋相比钢筋用量相差不大时，则宜采用对称配筋。对称配筋还有利于施工，避免出错。

采用对称配筋时，由于有 $a_s = a'_s$，$A_s = A'_s$，$f'_{sd} = f_{sd}$，计算得到一定程度的简化。

1. 截面设计

(1) 大、小偏心受压的判别

此时，由于 $A_s = A'_s$、$f'_{sd} = f_{sd}$，于是，根据力的平衡，可以直接求出 ξ：

$$\xi = \frac{N}{f_{cd}bh_0} \tag{5-36}$$

当 $\xi \leqslant \xi_b$ 时，按照大偏心受压构件计算；当 $\xi > \xi_b$ 时，按照小偏心受压构件计算。

(2) $\xi \leqslant \xi_b$ 时的计算

① 若 $\xi \leqslant \xi_b$ 且 $x \geqslant 2a'_s$，满足适用条件，代入基本方程求出：

$$A_s = A'_s = \frac{Ne_s - f_{cd}bh_0^2\xi(1 - 0.5\xi)}{f'_{sd}(h_0 - a'_s)} \tag{5-37}$$

② 若 $\xi \leqslant \xi_b$ 但 $x < 2a'_s$，此时受压钢筋 A'_s 没有屈服。取 $x = 2a'_s$，然后对 A'_s 的合力点取矩，得到：

$$A_s = A'_s = \frac{Ne'_s}{f_{sd}(h_0 - a'_s)} \tag{5-38}$$

(3) $\xi > \xi_b$ 时的计算

此时为小偏心，与求解 ξ 时的假设不符，原来求出的 ξ 不可用，需要重新求解。此时，即便

使用 $\sigma_s = f_{sd}\dfrac{\xi-\beta}{\xi_b-\beta}$ 这个近似公式,在求解 x 的过程中仍然遇到求解三次方程的问题。此时,依据《公路桥规》的规定,可采用下式计算 ξ 的值:

$$\xi = \frac{N-f_{cd}bh_0\xi_b}{\dfrac{Ne_s-0.43f_{cd}bh_0^2}{(\beta-\xi_b)(h_0-a_s')}+f_{cd}bh_0} + \xi_b \tag{5-39}$$

求出 ξ 后,代入基本方程,即可配筋截面面积:

$$A_s' = A_s = \frac{Ne_s-f_{cd}bh_0^2\xi(1-0.5\xi)}{f_{sd}'(h_0-a_s')} \tag{5-40}$$

对称配筋时,由于 A_s 用量与 A_s' 相等,不会发生"反向破坏",因而不必再由反向破坏公式求解 A_s。

2. 截面复核

截面受压承载力的复核与不对称配筋截面承载力复核的方法相同,只是计算中采用 $A_s = A_s'$、$f_{sd}' = f_{sd}$,且只考虑正向破坏的情况。

【例题 5-5】 矩形截面钢筋混凝土偏心受压柱,$b \times h = 300mm \times 400mm$,计算长度 $l_0 = 4m$;采用 C35 混凝土和 HRB400 纵筋;承受轴向压力设计值 $N_d = 450kN$,弯矩设计值 $M_d = 180kN \cdot m$;Ⅰ类环境,结构重要性系数 $\gamma_0 = 1.0$。拟取普通箍筋(HPB300)直径为 10mm,其保护层厚度为 20mm。

要求: 按对称配筋选择 A_s、A_s',并对实际配筋进行承载力复核。

解: 因 $l_0/h = 4/0.4 = 10 > 5$,故应考虑偏心距增大系数 η 的影响。

$$N = \gamma_0 N_d = 450kN, M = \gamma_0 M_d = 180kN \cdot m$$

(1)计算偏心距增大系数 η

假设 $a_s = a_s' = 45mm$,则 $h_0 = h - a_s = 400 - 45 = 355mm$。

$$e_0 = \frac{M}{N} = \frac{180 \times 10^3}{450} = 400mm$$

$$\zeta_1 = 0.2 + 2.7\frac{e_0}{h_0} = 0.2 + 2.7 \times \frac{400}{355} = 3.24 > 1,取 \zeta_1 = 1$$

$$\zeta_2 = 1.15 - 0.01\frac{l_0}{h} = 1.15 - 0.01\frac{4}{0.4} = 1.05 > 1,取 \zeta_2 = 1$$

$$\eta = 1 + \frac{1}{1300e_0/h_0}\left(\frac{l_0}{h}\right)^2\zeta_1\zeta_2$$

$$= 1 + \frac{1}{1300 \times \dfrac{400}{355}} \times \left(\frac{4}{0.4}\right)^2 \times 1 \times 1 = 1.07$$

(2)判断大、小偏心

$$x = \frac{N}{f_{cd}b} = \frac{450 \times 10^3}{16.1 \times 300} = 93mm < \xi_b h_0 = 0.53 \times 355 = 188mm$$

且 $x > 2a_s' = 90mm$,满足大偏心受压的适用条件。

(3)钢筋选择

$$e_s = \eta e_0 + 0.5h - a_s = 1.07 \times 400 + 0.5 \times 400 - 45 = 583mm$$

$$A_s = A'_s = \frac{Ne_s - f_{cd}bx\left(h_0 - \dfrac{x}{2}\right)}{f_{sd}(h_0 - a'_s)}$$

$$= \frac{450 \times 10^3 \times 583 - 16.1 \times 300 \times 93 \times \left(355 - \dfrac{93}{2}\right)}{330 \times (355 - 45)}$$

$$= 1210\text{mm}^2$$

每侧选择 3 Φ 25(钢筋外径 28.4mm),可提供截面面积 $A_s = A'_s = 1473\text{mm}^2$。布置成一排,所需截面最小宽度 $b_{min} = 2 \times (20+10) + 2 \times 50 + 3 \times 28.4 = 245.2\text{mm} < b = 300\text{mm}$。若取保护层厚度 30mm,则 $a_s = a'_s = 20 + 10 + 28.4/2 = 44.2\text{mm}$,实际取 a_s 及 a'_s 为 45mm。

截面配筋图如图 5-23 所示。

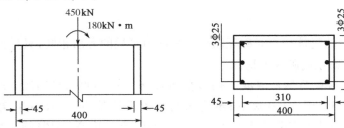

图 5-23　例题 5-5 图(尺寸单位:mm)

(4)弯矩作用平面内的承载力复核

保持偏心距 $e_0 = 400\text{mm}$ 不变,校核 N_u 是否大于 N。

由于实际布置 $a_s = a'_s = 45\text{mm}$,故由前面的计算结果可知,$e_s = 583\text{mm}$。

$$e'_s = \eta e_0 - \frac{h}{2} + a'_s = 1.07 \times 400 - \frac{400}{2} + 45 = 273\text{mm}$$

依据大偏心的情况对轴向力位置取矩建立平衡方程,得到:

$$f_{sd}A_s e_s = f_{cd}bx\left(e_s - h_0 + \frac{x}{2}\right) + f'_{sd}A'_s e'_s$$

$$330 \times 1473 \times 583 = 16.1 \times 300x\left(583 - 355 + \frac{x}{2}\right) + 330 \times 1473 \times 273$$

整理后得到:

$$x^2 + 456x - 62397 = 0$$

解之得:

$$x = 110\text{mm} < \xi_b h_0 = 0.53 \times 355 = 188\text{mm}$$

且

$$x > 2a'_s = 2 \times 45 = 90\text{mm}$$

满足大偏心受压的适用条件。于是有:

$$N_u = f_{cd}bx = 16.1 \times 300 \times 110 = 531.3 \times 10^3\text{N} > N = 450\text{kN}$$

(5)垂直于弯矩作用平面的承载力复核

应按轴心受压构件进行计算。查表 5-1,得到 $\varphi = 0.935$。

全部纵筋的配筋率　　　　$\rho' = \dfrac{2 \times 1473}{300 \times 400} = 2.46\% < 3\%$

$$N_u = 0.9\varphi[f_{cd}bh + f'_{sd}(A_s + A'_s)]$$
$$= 0.9 \times 0.935 \times (16.1 \times 300 \times 400 + 330 \times 2 \times 1473)$$
$$= 2443.9 \times 10^3 N > N = 450kN$$

可见,承载力满足要求。

【例题 5-6】 一钢筋混凝土柱,$b \times h = 250mm \times 500mm$,计算长度 $l_0 = 2.5m$;承受的轴向压力设计值 $N_d = 1450kN$,弯矩设计值 $M_d = 120kN \cdot m$;采用 C25 混凝土,HPB300 钢筋;Ⅰ类环境,结构重要性系数 $\gamma_0 = 1.0$。拟取普通箍筋(HPB300)直径为 10mm,其保护层厚度为 20mm。

要求:按对称配筋选择 A_s,并对实际配筋进行承载力复核。

解:因 $l_0/h = 2.5/0.5 = 5$,故取偏心增大系数 $\eta = 1$。

假设 $a'_s = a_s = 45mm$,则 $h_0 = h - a_s = 500 - 45 = 455mm$。

$$N = \gamma_0 N_d = 1450kN, M = \gamma_0 M_d = 120kN \cdot m$$

(1)配筋设计

$$x = \frac{N}{f_{cd}b} = \frac{1450 \times 10^3}{11.5 \times 250} = 504mm > \xi_b h_0 = 0.58 \times 455 = 264mm$$

所以,应按照小偏心受压考虑。偏心距为:

$$e_0 = \frac{M}{N} = \frac{120 \times 10^3}{1450} = 83mm$$

$$e_s = \eta e_0 + \frac{h}{2} - a_s = 83 + \frac{500}{2} - 45 = 288mm$$

$$\xi = \frac{N - f_{cd}bh_0\xi_b}{\dfrac{Ne_s - 0.43f_{cd}bh_0^2}{(\beta - \xi_b)(h_0 - a'_s)} + f_{cd}bh_0} + \xi_b$$

$$= \frac{1450 \times 10^3 - 11.5 \times 250 \times 455 \times 0.58}{\dfrac{1450 \times 10^3 \times 288 - 0.43 \times 11.5 \times 250 \times 455^2}{(0.8 - 0.58) \times (455 - 45)} + 11.5 \times 250 \times 455} + 0.58$$

$$= 0.803$$

所需钢筋截面面积为:

$$A'_s = A_s = \frac{Ne_s - f_{cd}bh_0^2\xi(1 - 0.5\xi)}{f'_{sd}(h_0 - a'_s)}$$

$$= \frac{1450 \times 10^3 \times 288 - 11.5 \times 250 \times 455^2 \times 0.803 \times (1 - 0.5 \times 0.803)}{250 \times (455 - 45)}$$

$$= 1283mm^2$$

选取 3φ25,可提供的截面面积 $A_s = A'_s = 1473mm^2$,钢筋布置成一排,所需截面最小宽度 $b_{min} = 2 \times (20 + 10) + 3 \times 25 + 2 \times 50 = 235mm < b = 250mm$。按照Ⅰ类环境,纵筋保护层厚度为 30mm,则 $20 + 10 + 25/2 = 42.5mm$。实际布置取 $a_s = a'_s = 45mm$。截面钢筋布置如图 5-24 所示。

(2)弯矩作用平面内承载力复核

$$h_0 = h - a_s = 500 - 45 = 455mm$$

$$\sigma_s = f_{sd}\frac{x/h_0 - \beta}{\xi_b - \beta} = 250 \times \frac{x/455 - 0.8}{0.58 - 0.8}$$

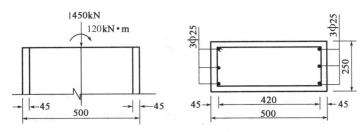

图 5-24　例题 5-6 图(尺寸单位:mm)

$$e_s = 288\text{mm}, e'_s = \frac{h}{2} - \eta e_0 - a'_s = \frac{500}{2} - 83 - 45 = 122\text{mm}$$

对轴向力作用点取矩,建立平衡方程,有:

$$f_{cd}bx\left(e_s - h_0 + \frac{x}{2}\right) = \sigma_s A_s e_s + f'_{sd} A'_s e'_s$$

$$11.5 \times 250x\left(288 - 455 + \frac{x}{2}\right) = 250 \times \frac{x/455 - 0.8}{0.58 - 0.8} \times 1473 \times 288 + 250 \times 1473 \times 122$$

$$x^2 + 403x - 299537.2 = 0$$

解方程,得:

$$x = 382\text{mm} > \xi_b h_0 = 0.58 \times 455 = 264\text{mm}$$

$$\sigma_s = f_{sd}\frac{x/h_0 - \beta}{\xi_b - \beta} = 250 \times \frac{x/455 - 0.8}{0.58 - 0.8} = 250 \times \frac{382/455 - 0.8}{0.58 - 0.8} = -82.4\text{MPa}$$

根据竖向力的平衡得到:

$$N_u = f_{cd}bx + f'_{sd}A'_s - \sigma_s A_s$$
$$= 11.5 \times 250 \times 382 + 250 \times 1473 + 82.4 \times 1473$$
$$= 1587.9 \times 10^3\text{N} > N = 1450\text{kN}$$

承载力满足要求。

(3)垂直于弯矩作用平面的承载力复核

由 $l_0/b = 2.5/0.25 = 10$,得到 $\varphi = 0.98$。配筋率 $\rho' = \frac{2 \times 1473}{250 \times 500} = 2.36\% < 3\%$。

$$N_u = 0.9\varphi(f_{cd}A + f'_{sd}A'_s)$$
$$= 0.9 \times 0.98 \times (11.5 \times 250 \times 500 + 250 \times 2 \times 1473)$$
$$= 1917.5 \times 10^3\text{N} > N = 1450\text{kN}$$

第五节　Ⅰ形截面偏心受压构件正截面承载力计算

为了节省混凝土和减轻构件自重,对于截面尺寸较大的装配式柱,一般均采用Ⅰ形截面。大跨径钢筋混凝土拱桥的主拱圈,常采用箱形截面,其正截面抗压承载力与Ⅰ形截面计算方法相同。

一、纵向受力钢筋集中布置在截面两端的Ⅰ形截面

试验研究表明,受力钢筋集中布置在截面两端的Ⅰ形截面偏心受压构件正截面破坏特征与矩形截面基本相同,因而其计算原则与矩形截面一致,仅需考虑截面形状的影响。

（1）I 形截面偏心受压构件正截面承载力计算,因其中性轴位置不同,可分为下列几种情况:

①当 $x \leqslant h'_f$ 时,中性轴位于上翼板内,其正截面承载力应按宽度为 b'_f 的矩形截面偏心受压构件计算。这种情况显然属于大偏心受压构件,注意验算 $x \geqslant 2a'_s$ 的条件。

②若 $h'_f < x \leqslant (h - h_f)$,中性轴位于腹板内(图 5-25),大、小偏心受压破坏均有可能发生。若为大偏心受压,则图中远侧钢筋应力 $\sigma_s = f_{sd}$;若为小偏心受压,则图中远侧钢筋应力为 $\sigma_s (< f_{sd})$。按下述公式进行计算。

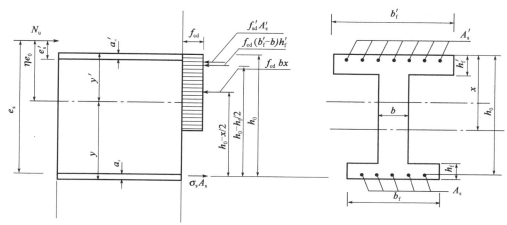

图 5-25　I 形截面偏心受压构件正截面承载力计算图式

由 $\sum N = 0$ 得:

$$\gamma_0 N_d \leqslant N_u = f_{cd}bx + f_{cd}(b'_f - b)h'_f + f'_{sd}A'_s - \sigma_s A_s \tag{5-41}$$

由 $\sum M_{A_s} = 0$ 得:

$$\gamma_0 N_d e_s \leqslant N_u e_s = f_{cd}bx\left(h_0 - \frac{x}{2}\right) + f_{cd}(b'_f - b)h'_f\left(h_0 - \frac{h'_f}{2}\right) + f'_{sd}A'_s(h_0 - a'_s) \tag{5-42}$$

由 $\sum M_N = 0$ 得:

$$f_{cd}bx\left(e_s - h_0 + \frac{x}{2}\right) + f_{cd}(b'_f - b)h'_f\left(e_s - h_0 + \frac{h'_f}{2}\right) = \sigma_s A_s e_s - f'_{sd}A'_s e'_s \tag{5-43}$$

式中:e_s——轴向力作用点至受拉边(或受压较小边)钢筋合力作用点的距离,$e_s = \eta e_0 + h_0 - y'$;

e'_s——轴向力作用点至受压较大边钢筋合力作用点的距离,$e'_s = \eta e_0 - y' + a'_s$;

y'——混凝土截面重心至受压较大边截面边缘的距离;

e_0——轴向力作用点至混凝土截面重心轴的距离,$e_0 = M_d/N_d$;

η——偏心距增大系数,按式(5-10)计算;

σ_s——受拉边(或受压较小边)钢筋的应力,取值与 x 有关:

当 $x \leqslant \xi_b h_0$ 时,取 $\sigma_s = f_{sd}$;

当 $x > \xi_b h_0$ 时,按式(5-20)或式(5-29)计算 σ_s。

③若 $(h - h_f) < x \leqslant h$,中性轴位于下翼板内。

141

由 $\sum N=0$ 得：

$$\gamma_0 N_d \leqslant N_u = f_{cd}bx + f_{cd}(b'_f-b)h'_f + f_{cd}(b_f-b)(x-h+h_f) + f'_{sd}A'_s - \sigma_s A_s \quad (5-44)$$

由 $\sum M_{A_s}=0$ 得：

$$\gamma_0 N_d e_s \leqslant N_u e_s = f_{cd}bx\left(h_0-\frac{x}{2}\right) + f_{cd}(b'_f-b)h'_f\left(h_0-\frac{h'_f}{2}\right) + f_{cd}(b_f-b) \cdot$$

$$\left(x-h+h_f\right)\left(h_f-a_s-\frac{x-h+h_f}{2}\right) + f'_{sd}A'_s(h_0-a'_s) \quad (5-45)$$

由 $\sum M_N=0$ 得：

$$f_{cd}bx\left(e_s-h_0+\frac{x}{2}\right) + f_{cd}(b'_f-b)h'_f\left(e_s-h_0+\frac{h'_f}{2}\right) + f_{cd}(b_f-b)(x-h+h_f) \cdot$$

$$\left(e_s+a_s-h_f+\frac{x-h+h_f}{2}\right) = \sigma_s A_s e_s - f'_{sd}A'_s e'_s \quad (5-46)$$

这种情况显然属于小偏心受压构件,受拉边(或受压较小边)钢筋应力 σ_s 应按式(5-20)或式(5-29)代入。

④若按式(5-46)求得的 $x>h$,则表示全截面均匀受压的情况,取 $x=h$,正截面承载力计算公式改写为下列形式。

由 $\sum N=0$ 得：

$$\gamma_0 N_d \leqslant N_u = f_{cd}A_c + f'_{sd}A'_s - \sigma_s A_s \quad (5-47)$$

由 $\sum M_{A_s}=0$ 得：

$$\gamma_0 N_d e_s \leqslant N_u e_s = f_{cd}A_c(h_0-y') + f'_{sd}A'_s(h_0-a'_s) \quad (5-48)$$

由 $\sum M_N=0$ 得：

$$f_{cd}A_c(e_s-h_0+y') = \sigma_s A_s e_s - f'_{sd}A'_s e'_s \quad (5-49)$$

显然,对这种情况,受压较小边钢筋应力可直接由式(5-49)求得:

$$\sigma_s = \left| \frac{f_{cd}A_c(e_s-h_0+y') + f'_{sd}A'_s e'_s}{A_s e_s} \right| \leqslant f'_{sd}$$

式中: A_c ——I 形截面面积。

应该指出上述公式是针对图 5-25 所示的轴向力作用在截面以外的情况导出的,受拉边(或受压较小边)钢筋应力以箭头方向为正(表示拉力)。当轴向力作用于 A_s 和 A'_s 之间时, e'_s 将出现负值,应按负值直接代入公式。计算钢筋应力 σ_s 出现负值表示为压力,亦应以负值直接代入公式。

实际上,式(5-41)~式(5-49)给出的I 形偏心受压构件正截面承载力计算公式,可以涵盖除圆形截面以外的所有情况。当 $h_f=0$, $b_f=b$ 时,即为 T 形截面;当 $h_f=h'_f=0$, $b_f=b'_f=b$ 时,即为矩形截面。

(2)I 形截面偏心受压构件的配筋设计可参照本章第三节介绍的矩形截面偏心受压构件配筋设计方法进行。

①非对称配筋。

当偏心距较大时,一般先按大偏心受压构件计算,取 $\sigma_s=f_{sd}$,并假设 $x=\xi_b h_0$,将其代入式(5-42),由 $\sum M_{A_s}=0$ 的条件,求得受压钢筋截面面积 A'_s。若所得 $A'_s \geqslant 0.002[bh+(b'_f-b)h'_f+(b_f-b)h_f]$,则将其代入式(5-43),由 $\sum N=0$ 条件,求得受拉钢筋截面面积 A_s,若所得 A_s

不满足构造要求,应按构造要求确定 A_s 值。

当偏心较小时,受拉边(或受压较小边)钢筋可先按构造要求确定,取 $A_s = 0.002[bh + (b'_f - h)h'_f + (b_f - b)h_f]$。这时应按小偏心受压构件计算,受拉边(或受压较小边)钢筋应力 σ_s 按式(5-20)或式(5-29)计算,这时应联立解方程式(5-42)和式(5-41),求得 x 和 A'_s,若 $\xi_b h_0 < x < h$,则所得 A'_s 即为所求,并应满足最小配筋率要求,且钢筋的总配筋率不小于毛截面面积的 0.5%。

②对称配筋。

采用对称配筋时,截面尺寸也是对称的,即 $A_s = A'_s, h_f = h'_f, b_f = b'_f$。

当 $\gamma_0 N_d \leqslant f_{cd} b \xi_b h_0 + f_{cd}(b'_f - b)h'_f$ 时,为大偏心受压构件,取 $\sigma_s = f_{sd}$,由式(5-41)求得混凝土受压区高度为:

$$x = \frac{\gamma_0 N_d - f_{cd}(b'_f - b)h'_f}{f_{cd} b}$$

若 $h'_f < x \leqslant \xi_b h_0$,将其代入式(5-42)求得钢筋截面面积为:

$$A_s = A'_s = \frac{\gamma_0 N_d e_s - f_{cd} b x \left(h_0 - \dfrac{x}{2}\right) - f_{cd}(b'_f - b)h'_f \left(h_0 - \dfrac{h'_f}{2}\right)}{f'_{sd}(h_0 - a'_s)}$$

当 $\gamma_0 N_d > f_{cd} b \xi_b h_0 + f_{cd}(b'_f - b)h'_f$ 时,为小偏心构件,σ_s 应按式(5-20)或式(5-29)计算,将其代入式(5-41),联立解方程式(5-41)和式(5-42),求得 x 值。采用该方法需解一元三次方程,较为繁琐。与矩形截面对称配筋小偏压构件类似,可采用下面的近似公式计算 ξ 或 x。

$$\xi = \frac{N - f_{cd}(b'_f - b)h'_f - f_{cd} b h_0 \xi_b}{\dfrac{N e_s - f_{cd}(b'_f - b)h'_f(h_0 - h'_f/2) - 0.43 f_{cd} b h_0^2}{(\beta - \xi_b)(h_0 - a'_s)} + f_{cd} b h_0} + \xi_b \qquad (5\text{-}50)$$

若 $\xi_b h_0 < x \leqslant (h - h_f)$,将 ξ 或 x 代入式(5-42),则得 $A_s = A'_f$ 值。

(3)I 形截面偏心受压构件的承载力复核可参照本章第三节介绍的矩形偏心受压构件承载能力复核方法进行。

对初步设计好的 I 形截面偏心受压构件进行承载力复核时,应由所有力对轴向力作用点取矩的平衡条件,即 $\sum N = 0$ 确定中性轴位置。

当 $\gamma_0 N_d \leqslant f_{cd} b \xi_b h_0 + f_{cd}(b'_f - b)h'_f$ 时,为大偏心受压构件,取 $\sigma_s = f_{sd}$,代入式(5-41)求 x;若 $h'_f < x \leqslant \xi_b h_0$,所得 x 即为所求,将其代入式(5-41),求得构件的轴向承载力。

$$N_u = f_{cd} b x + f_{cd}(b'_f - b)h'_f + f'_{sd} A'_s - f_{sd} A_s$$

若 $N_u > \gamma_0 N_d$,说明承载力是足够的。

若按上式求得的 $x \leqslant h'_f$,则应改为按宽为 b'_f 的矩形截面大偏心受压构件重新求 x,并进行承载力计算。

当 $\gamma_0 N_d > f_{cd} b \xi_b h_0 + f_{cd}(b'_f - b)h'_f$ 时,为小偏心受压构件,将 σ_s 的计算表达式(5-20)或式(5-29)代入式(5-43),解方程求得 x 值,若 $\xi_b h_0 < x \leqslant (h - h_f)$,则所得 x 即为所求,将其代入式(5-20)或式(5-29)计算钢筋应力 σ_s,然后将所得 σ_s 和 x 值代入式(5-41),求得构件所能承受的轴向承载力 N_u,若 $N_u > \gamma_0 N_d$,说明构件承载能力是足够的。

二、沿截面腹部均匀布置纵向受力钢筋的Ⅰ形截面

承受轴向力较大的Ⅰ形(或箱形)截面偏心受压构件,有时在腹板中也布置纵向受力钢筋。

由正截面承载力计算的基本假设,绘制的沿截面腹部均匀布置纵向受力钢筋的偏心受压构件正截面承载力计算图式见图 5-26。

从图 5-26 可以看出,沿截面腹部均匀布置纵向受力钢筋的偏心受压构件正截面承载力可以分解为三部分:

(1)集中布置在截面两端的纵向受力钢筋 A_s' 和 A_s 提供的承载能力($f_{sd}'A_s' - \sigma_s A_s$)。

(2)受压区混凝土提供的承载力 $f_{cd}[bx + (b_f' - b)h_f']$。

(3)沿截面腹部均匀布置纵向受力钢筋 A_{sw} 提供的承载力 N_{sw}。

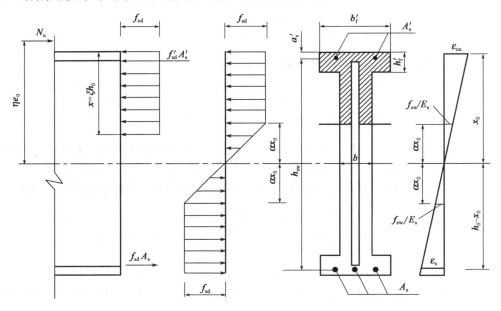

图 5-26　沿截面腹部均匀布置纵向受力钢筋的偏心受压构件正截面承载力计算简图

《公路桥规》规定,沿截面腹部均匀布置纵向受力钢筋且每排不少于 4 根的偏心受压构件正截面承载力,可按下列近似公式计算:

$$\gamma_0 N_d \leqslant f_{cd}[\xi b h_0 + (b_f' - b)h_f'] + f_{sd}'A_s' - \sigma_s A_s + N_{sw} \tag{5-51}$$

$$\gamma_0 N_d e_s \leqslant f_{cd}[\xi(1 - 0.5\xi)bh_0^2 + (b_f' - b)h_f'(h_0 - h_f'/2)] + f_{sd}'A_s'(h_0 - a_s') + M_{sw} \tag{5-52}$$

$$N_{sw} = \left(1 + \frac{\xi - \beta}{0.5\beta\omega}\right)f_{sw}A_{sw} \tag{5-53}$$

当 $\xi = x/h_0 > \beta$ 时,取 $N_{sw} = f_{sw}A_{sw}$。

$$M_{sw} = \left[0.5 - \left(\frac{\xi - \beta}{\beta\omega}\right)^2\right]f_{sw}A_{sw}h_{sw} \tag{5-54}$$

当 $\xi = x/h_0 > \beta$ 时,取 $M_{sw} = 0.5f_{sw}A_{sw}h_{sw}$。

以上式中:N_{sw}——沿截面腹部均匀配置的纵向受力钢筋所承担的轴向力;

M_{sw}——沿截面腹部均匀配置的纵向受力钢筋所承担的轴向力 N_{sw} 对截面受拉边（或受压边小边）钢筋合力作用点的力矩；

A_{sw}——沿截面腹部均匀配置的纵向受力钢筋的总截面面积；

f_{sw}——沿截面腹部均匀配置的纵向受力钢筋强度设计值；

h_{sw}——沿截面腹部均匀配置的纵向受力钢筋区段高度，$h_{sw}=h_0-a_s'$；

ω——沿截面腹部均匀配置纵向受力钢筋区段的高度与截面有效高度之比，$\omega=h_{sw}/h_0$；

σ_s——截面受拉边（或受压较小边）钢筋的应力，$\xi=x/h_0\leqslant\xi_b$ 时，取 $\sigma_s=f_{sd}$；$\xi=x/h_0>\xi_b$ 时，σ_s 值按式(5-20)式(5-29)计算；

其余各符号意义同前。

沿截面腹部均匀配置纵向受力钢筋的偏心受压构件的承载力复核和配筋设计，可参照矩形截面受压构件的计算步骤进行。

【例题 5-7】　有一跨径为 70m 的钢筋混凝土箱形拱，其截面尺寸如图 5-27 所示。在车辆荷载作用下，拱脚截面控制设计。单箱所承受的内力标准值为，恒载：轴力 $N_{GK}=6821.52$kN，弯矩 $M_{GK}=-768.84$N·m；活载：最大弯矩 $M_{QK}=2134.08$kN·m，相应的轴向力 $N_{QK}=641.52$kN，最小弯矩 $M_{QK}=-2090.71$kN·m，相应的轴向力 $N_{QK}=467.28$kN，I 类环境，结构重要性系数 $\gamma_0=1$。采用 C30 混凝土，$f_{cd}=13.8$MPa，$f_{td}=1.39$MPa，HPB300 钢筋，$f_{sd}=f_{sd}'=250$MPa，$E_s=2.1\times10^5$MPa，$\xi_b=0.58$。拟取普通箍筋（HPB300）直径为 10mm。试选择钢筋，并复核承载力。

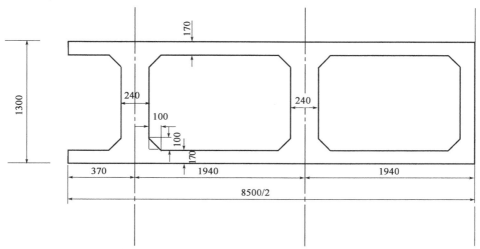

图 5-27　钢筋混凝土箱形拱截面尺寸(尺寸单位：mm)

解：(1)内力组合设计值

当恒载与活载效应同号时，有：

$$N_d=1.2\times6821.52+1.4\times467.28=8840.02\text{kN}$$

$$M_d=-[1.2\times768.84+1.4\times2090.71]=-3849.60\text{kN·m}$$

当恒载与活载效应异号时，有：

$$N_d=0.9\times6821.52+1.4\times641.52=7037.50\text{kN}$$

$$M_d = -0.9 \times 768.84 + 1.4 \times 2134.08 = 2295.76 \text{kN} \cdot \text{m}$$

最后,取 $N_d = 8840.02$ kN,$M_d = \pm 3849.60$ kN·m,按对称配筋设计。

（2）截面尺寸及偏心距计算

取一拱肋两边带翼缘的 Ⅰ 形截面为计算单元：$h = 1300$mm,$b = 240$mm,$b_f = b'_f = 1940$mm,$h_f = h'_f = 170$mm,取 $a_s = a'_s = 40$mm,则 $h_0 = 1300 - 40 = 1260$mm。

$$e_0 = \frac{M_d}{N_d} = \frac{3849.60}{8840.02} \times 1000 = 435.5 \text{mm}$$

$$e_s = e_0 + h_0 - y' = 435.5 + 1260 - \frac{1300}{2} = 1045.5 \text{mm}$$

$$e'_s = e_0 - y' + a'_s = 435.5 - \frac{1300}{2} + 40 = -174.5 \text{mm}$$

（3）配筋设计

因相对偏心距 $e_0/h_0 = 435.5/1260 = 0.346$ 较小,可先按小偏心受压构件计算。

$$\xi = \frac{N - f_{cd}(b'_f - b)h'_f - f_{cd}bh_0\xi_b}{\dfrac{Ne_s - f_{cd}(b'_f - b)h'_f(h_0 - h'_f/2) - 0.43f_{cd}bh_0^2}{(\beta - \xi_b)(h_0 - a'_s)} + f_{cd}bh_0} + \xi_b$$

$$= \frac{8840.02 \times 10^3 - 13.8 \times (1940 - 240) \times 170 - 13.8 \times 250 \times 1260 \times 0.58}{\dfrac{8840.02 \times 10^3 \times 1045.5 - 13.8 \times (1940 - 240) \times 170 \times (1260 - 170/2) - 0.43 \times 13.8 \times 250 \times 1260^2}{(0.8 - 0.58) \times (1260 - 40)} + 13.8 \times 250 \times 1260} + 0.58$$

$$= 0.766$$

$$x = \xi h_0 = 0.766 \times 1260 = 965 \text{mm} > \xi_b h_0 = 0.58 \times 1260 = 730.8 \text{mm}$$

且 $x = 965$mm$< h - h_f = 1300 - 170 = 1130$mm,说明 A_s 受拉且应力未达到屈服强度。

将 ξ 代入式(5-42),得：

$$A_s = A'_s = \frac{Ne_s - f_{cd}(b'_f - b)h'_f(h_0 - h'_f/2) - f_{cd}bh_0^2\xi(1 - 0.5\xi)}{f'_{sd}(h_0 - a'_s)}$$

$$= \frac{8840.02 \times 10^3 \times 1045.5 - 13.8 \times (1940 - 240) \times 170 \times (1260 - 170/2) - 13.8 \times 250 \times 1260^2 \times 0.766(1 - 0.5 \times 0.766)}{250 \times (1260 - 40)}$$

$$= 6451 \text{mm}^2$$

选择 $21\phi20$,供给的 $A_s = A'_s = 6598.2$mm^2。每侧钢筋布置成一排,按照Ⅰ类环境,取箍筋保护层厚度为 20mm,钢筋间净距为 $(1940 - 21 \times 20 - 2 \times 30)/20 = 73mm> 50$mm。$a_s = a'_s = 30 + 20/2 = 40$mm,与假设值相同,故截面的有效高度、$e_s$ 及 e'_s 均不变。

（4）承载力复核

由 $\sum M_N = 0$ 的平衡条件式(5-43)求混凝土受压区高度 x。

$$f_{cd}bx\left(e_s - h_0 + \frac{x}{2}\right) + f_{cd}(b'_f - b)h'_f\left(e_s - h_0 + \frac{h'_f}{2}\right) = \sigma_s e_s A_s - f'_{sd}A'_s e'_s$$

式中：$\sigma_s = f_{sd}\dfrac{x/h_0 - \beta}{\xi_b - \beta} = 250 \times \dfrac{x/1260 - 0.8}{0.58 - 0.8}$。

代入得：

$$13.8 \times 240x\left[1045.5 - 1260 + \frac{x}{2}\right] + 13.8 \times (1940 - 240) \times 170\left(1045.5 - 1260 + \frac{170}{2}\right)$$

$$= 250 \times \frac{x/1260 - 0.8}{0.58 - 0.8} \times 1045.5 \times 6598.2 - 250 \times 6598.2 \times (-174.5)$$

展开整理后得：

$$x^2 + 3328x - 4272710 = 0$$

解方程得 $x = 990\text{mm} > \xi_b h_0 = 0.58 \times 1260 = 730.8\text{mm}$，且 $x = 990\text{mm} < (h - h_f) = 1300 - 170 = 1130\text{mm}$。

受拉边或受拉较小边钢筋应力为：

$$\sigma_s = f_{sd} \frac{x/h_0 - \beta}{\xi_b - \beta} = 250 \times \frac{990/1260 - 0.8}{0.58 - 0.8} = 16.2\text{MPa（拉应力）}$$

截面所能承受的纵向力设计值为：

$$\begin{aligned}
N_u &= f_{cd}bx + f_{cd}(b'_f - b)h'_f + (f'_{sd} - \sigma_s)A_s \\
&= 13.8 \times 240 \times 990 + 13.8 \times (1940 - 240) \times 170 + (250 - 16.2) \times 6598.2 \\
&= 8809.74 \times 10^3 \text{N} = 8809.74\text{kN} < \gamma_0 N_d = 8840.02\text{kN（5\%以内）}
\end{aligned}$$

计算结果表明，结构的承载力满足要求。

第六节　圆形截面偏心受压构件正截面承载力计算

在桥梁结构中，钢筋混凝土圆形截面偏心受压构件应用很广，如柱式桥墩、台、钻孔灌注桩等。

圆形截面偏心受压构件的纵向受力钢筋，通常是沿圆周均匀布置，试验研究表明，钢筋混凝土圆形截面偏心受压构件的破坏，都是由于受压区混凝土压碎所造成的。荷载偏心距不同时，也会出现类似图 5-13 及图 5-14 所示的"受拉破坏"和"受压破坏"两种破坏形态。但是，对于钢筋沿圆周均匀布置的圆形截面来说，构件破坏时各根钢筋的应变是不等的，应力也不完全相同。随着荷载偏心距的增加，构件的破坏由"受压破坏"向"受拉破坏"的过渡基本上是连续的，故对于圆形截面偏压构件，可不必划分大、小偏心，而采用一个统一的计算方法。

《公路桥规》采用的圆形截面偏心受压构件正截面承载力计算公式是在试验研究的基础上，通过截面变形协调和内力平衡条件建立的。

引入下列假设作为计算的基础（图 5-28）：

(1)构件变形符合平截面假设。

(2)构件破坏时，受压边混凝土极限压应变取为：

$$\varepsilon_{cu} = 0.0033 \tag{5-55}$$

(3)构件达到极限破坏时，受压区混凝土的应力采用矩形应力图，矩形应力图的宽度取混凝土轴心抗压强度设计值 f_{cd}。

(4)不考虑受拉区混凝土参加工作，拉力全部由钢筋承担。

(5)将钢筋视为理想的弹塑性体，各根钢筋的应力根据其应变确定。

对于具有 n 根钢筋的圆形截面偏心受压构件，其正截面承载力计算的基本方程可写成下列形式：

$$N_u = D_c + D_s \tag{5-56}$$

$$M_u = M_c + M_s \tag{5-57}$$

式中：D_c——受压区混凝土应力的合力；

M_c——受压区混凝土应力的合力对 y 轴的力矩；

D_s——钢筋应力的合力；

M_s——钢筋应力的合力对 y 轴的力矩。

由图 5-28，受压区对应的圆心角为 $2\pi\alpha(\text{rad})$，r 为圆截面的半径，全截面面积为 $A=\pi r^2$，则受压区混凝土面积：

$$A_c=\alpha\left(1-\frac{\sin2\pi\alpha}{2\pi\alpha}\right)A \tag{5-58}$$

$$D_c=\alpha f_{cd}A\left(1-\frac{\sin2\pi\alpha}{2\pi\alpha}\right) \tag{5-59}$$

$$M_c=D_cZ_c=\frac{2}{3}f_{cd}Ar\frac{\sin^3\pi\alpha}{\pi} \tag{5-60}$$

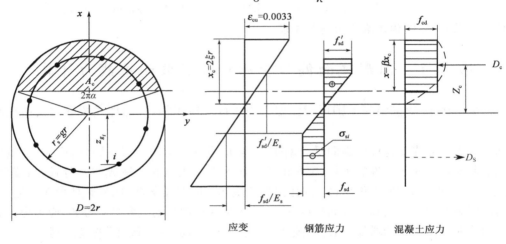

图 5-28　圆形截面偏心受压构件正截面承载力计算图式

为简化计算，将受拉区和受压区钢筋等效为钢环，钢环半径为 r_s，并近似认为受拉区和受压区钢环应力为钢筋强度 f_{sd} 和 f'_{sd} 的均匀分布，且受压区钢环所对应的圆心角近似也取为 α，受拉区钢环所对应的圆心角 α_t 近似为

$$\alpha_t=1.25-2\alpha\geqslant0 \tag{5-61}$$

若截面钢筋总面积为 A_s，受压区钢环面积即为 αA_s，受拉区钢环面积即为 $\alpha_t A_s$，假设 $f_{sd}=f'_{sd}$，则：

$$D_s=(\alpha-\alpha_t)f_{sd}A_s \tag{5-62}$$

$$M_s=f_{sd}A_sr_s\frac{\sin\pi\alpha+\sin\pi\alpha_t}{\pi} \tag{5-63}$$

将式(5-59)、式(5-60)、式(5-62)和式(5-63)代入式(5-56)和式(5-57)中，可得正截面抗压承载力计算应满足公式：

$$\gamma_0 N_d\leqslant N_u=\alpha f_{cd}A\left(1-\frac{\sin2\pi\alpha}{2\pi\alpha}\right)+(\alpha-\alpha_t)f_{sd}A_s \tag{5-64}$$

$$\gamma_0 N_d\eta e_0\leqslant N_u e_0=\frac{2}{3}f_{cd}Ar\frac{\sin^3\pi\alpha}{\pi}+f_{sd}A_sr_s\frac{\sin\pi\alpha+\sin\pi\alpha_t}{\pi} \tag{5-65}$$

在工程计算中,为了避免圆形截面偏心受压构件正截面承载力计算时采用迭代法的麻烦,使用查表计算方法,即由式(5-65)除以式(5-64),可得:

$$\eta\frac{e_0}{r}=\frac{\frac{2}{3}\frac{\sin^3\pi\alpha}{\pi}+\rho\frac{f_{sd}}{f_{cd}}\frac{r_s}{r}\frac{\sin\pi\alpha+\sin\pi\alpha_t}{\pi}}{\alpha\left(1-\frac{\sin2\pi\alpha}{2\pi\alpha}\right)+(\alpha-\alpha_t)\rho\frac{f_{sd}}{f_{cd}}} \tag{5-66}$$

令:
$$n_u=\alpha\left(1-\frac{\sin2\pi\alpha}{2\pi\alpha}\right)+(\alpha-\alpha_t)\rho\frac{f_{sd}}{f_{cd}}$$

则有:
$$\eta\frac{e_0}{r}=\frac{\frac{2}{3}\frac{\sin^3\pi\alpha}{\pi}+\rho\frac{f_{sd}}{f_{cd}}\frac{r_s}{r}\frac{\sin\pi\alpha+\sin\pi\alpha_t}{\pi}}{n_u} \tag{5-67}$$

式中:ρ——全部纵向受力钢筋配筋率。

则由式(5-64)可得正截面抗压承载力应满足:
$$\gamma_0 N_d\leqslant N_u=n_u A f_{cd} \tag{5-68}$$

工程应用可分为截面设计和截面复核两类问题。

在进行截面设计时,先计算截面偏心距 e_0 和偏心距增大系数 η,得到参数值 $\eta\frac{e_0}{r}$,再由式(5-68)计算出参数值 $n_u=\gamma_0 N_d/(Af_{cd})$,进而查附表1-9得到相应的参数值 $\rho\frac{f_{sd}}{f_{cd}}$,即可计算出所需的纵向钢筋的配筋率 ρ,据此再结合构造要求选择钢筋并进行截面布置。

在进行截面复核时,先计算截面偏心距 e_0 和偏心距增大系数 η,得到参数值 $\eta\frac{e_0}{r}$,再根据截面配筋情况计算出参数值 $\rho\frac{f_{sd}}{f_{cd}}$,进而查附表1-9得到相应的参数值 n_u,即可将 n_u 代入式(5-68),计算出正截面抗压承载力 N_u 并判断是否满足承载力要求。

📖 小　结

(1)配有普通箍筋的轴心受压柱,在破坏时混凝土达到极限压应变,应力达到轴心抗压强度设计值 f_{cd},纵向钢筋达到抗压强度设计值 f'_{sd}。配有螺旋箍筋的轴心受压柱,由于螺旋箍对混凝土的约束,提高了柱的承载力和变形性能。

(2)纵向弯曲将降低长柱的承载力,因而在轴心受压构件的计算中引入稳定系数 φ,在偏心受压构件计算中引入偏心距增大系数 η 来考虑其影响。

(3)偏心受压构件正截面破坏形态有两种:受拉破坏(大偏心受压破坏)和受压破坏(小偏心受压破坏);偏心受压构件正截面承载力计算采用的基本假定与受弯构件相同,偏心受压构件界限破坏的混凝土受压区相对高度 ξ_b 与受弯构件界限破坏的 ξ_b 完全相同。

(4)矩形截面偏心受压构件正截面承载力计算时,应根据不同破坏形态,采用相应的计算图形。大偏心受压时,受压钢筋和受拉钢筋都达到屈服,混凝土压应力图形与适筋梁的相同,其设计计算步骤也与受弯构件相似;小偏心受压时,离轴向力较近一侧的钢筋屈服,离轴向力较远一侧的钢筋无论受拉还是受压，一般都不屈服，其应力可近似采用线性公式(5-29)，混凝土压应力图形的变化较复杂，也简化为矩形。

(5)根据受压区高度 x 正确判别大、小偏心受压两种破坏形态：当 $x \leqslant \xi_b h_0$ 时，构件为大偏心受压；当 $x > \xi_b h_0$ 时，构件为小偏心受压。

但在截面设计时因 x 未知，可采用以下两种判别方法：

①用 ηe_0 来判别：

$\eta e_0 \leqslant 0.3 h_0$ 属小偏心受压破坏。

$\eta e_0 > 0.3 h_0$ 一般先按大偏心受压破坏进行计算，求出 x 后，如果 $x \leqslant \xi_b h_0$，说明判别正确，计算有效；如果 $x > \xi_b h_0$，说明判别错误，应改按小偏心受压破坏重新计算。

②对称配筋截面设计时，可用 x 判别：

当 $x = \dfrac{N}{f_{cd} b} \leqslant \xi_b h_0$，属大偏心受压破坏；反之属小偏心受压破坏。

(6)圆形截面偏心受压构件与单向偏心受压相似，也有两种破坏形态，即受拉和受压破坏。但构件的破坏由"受压破坏"向"受拉破坏"的过渡基本上是连续的，故可不必划分大、小偏心，而采用一个统一的计算方法。在实际设计中，可采用简化的方法进行计算。

思 考 题

5-1 轴心受压构件中配置纵向钢筋和箍筋有何意义？纵向钢筋和箍筋各有哪些构造要求？

5-2 配有纵向钢筋和普通箍筋的轴心受压短柱的破坏与长柱有何区别？其原因是什么？影响 φ 的主要因素有哪些？

5-3 螺旋箍筋柱的受压承载力和变形能力为什么能提高？

5-4 偏心受压短柱和长柱的破坏有何本质区别？偏心距增大系数 η 是如何推导的？采用偏心距增大系数的意义是什么？

5-5 大、小偏心受压破坏各自的特点、产生条件、判别条件以及截面应力计算图形各是怎样的？

5-6 试推导矩形截面承载力计算公式，其适用条件有哪些？

5-7 怎样进行偏心受压构件正截面承载力的设计与计算？

5-8 偏心受压构件 $N_u - M_u$ 关系曲线有什么特点和用途？

5-9 在工字形截面对称配筋的偏压构件设计中，如何判别中和轴的位置？

5-10 圆形截面偏心受压构件的纵向受力钢筋布置有何特点和要求？箍筋布置有何构造要求？

习 题

5-1 某普通箍筋柱承受轴心压力作用，其截面尺寸为 250mm×250mm，计算长度 l_0 = 5m，混凝土强度等级为 C30，采用 HRB400 级钢筋，配有 $A_s' = 1964 \text{mm}^2$ (4 ϕ 25)，Ⅰ类环境条件,安全等级为二级,拟取普通箍筋(HPB300)直径为 10mm,其保护层厚度为 20mm。试求该构件所能承受的最大轴向压力组合设计值。

5-2 已知圆形截面现浇混凝土柱,直径 450mm,承受轴心压力设计值 $N=4160$kN,计算长度 $l_0=3.5$m,混凝土强度等级为 C30,柱中纵筋采用 HRB400 级钢筋,箍筋采用 HPB300 级钢筋,I 类环境条件,安全等级为二级,拟取箍筋保护层厚度为 20mm。试设计该柱截面。

5-3 已知受压构件的轴向力组合设计值 $N_d=960$kN,相应弯矩组合设计值 $M_d=192$kN·m;截面尺寸 $b=300$mm,$h=500$mm,$a_s=a'_s=45$mm,混凝土强度等级为 C30,采用 HRB400 级钢筋,计算长度 $l_0=3.5$m,I 类环境条件,安全等级为二级,非对称配筋,拟取普通箍筋(HPB300)直径为 10mm,其保护层厚度为 20mm。求钢筋截面面积 A_s 及 A'_s。

5-4 已知受压构件的轴向力组合设计值 $N_d=550$kN,相应弯矩组合设计值 $M_d=150$kN·m;截面尺寸 $b=300$mm,$h=600$mm,$a_s=a'_s=45$mm,混凝土强度等级为 C35,采用 HRB400 级钢筋,计算长度 $l_0=3.6$m,I 类环境条件,安全等级为二级,非对称配筋,拟取普通箍筋(HPB300)直径为 10mm,其保护层厚度为 20mm。求钢筋截面面积 A_s 及 A'_s。

5-5 已知荷载作用下受压构件的轴向力设计值 $N_d=3170$kN,相应弯矩组合设计值 $M_d=83.6$kN·m;截面尺寸 $b=400$mm,$h=600$mm,$a_s=a'_s=45$mm,混凝土强度等级为 C35,采用 HRB400 级钢筋,计算长度 $l_0=6$m,I 类环境条件,安全等级为二级,非对称配筋,拟取普通箍筋(HPB300)直径为 10mm,其保护层厚度为 20mm。求钢筋截面面积 A_s 及 A'_s。

5-6 已知受压构件的轴向力组合设计值 $N_d=7500$kN,弯矩组合设计值 $M_d=1800$kN·m;截面尺寸 $b=800$mm,$h=1000$mm,$a_s=a'_s=45$mm,混凝土强度等级为 C30,采用 HRB400 级钢筋,计算长度 $l_0=6$m,I 类环境条件,安全等级为二级,对称配筋,拟取普通箍筋(HPB300)直径为 10mm,其保护层厚度为 20mm。求钢筋截面面积 A_s 及 A'_s。

5-7 已知受压构件的轴向力组合设计值 $N_d=880$kN,相应弯矩组合设计值 $M_d=280$kN·m;截面尺寸 $b=300$mm,$h=450$mm,$a_s=a'_s=45$mm,混凝土强度等级为 C30,采用 HRB400 级钢筋,配有 $A'_s=1964$mm²(4φ25),$A_s=603$mm²(3φ16),弯矩作用平面内计算长度 $l_{0x}=3.5$m,垂直于弯矩作用平面方向的计算长度 $l_{0y}=6$m,I 类环境条件,安全等级为二级,拟取普通箍筋(HPB300)直径为 10mm,其保护层厚度为 20mm。试复核截面是否安全。

5-8 已知某工字形截面受压构件,轴向力组合设计值 $N_d=870$kN,相应弯矩组合设计值 $M_d=420$kN·m;计算长度 $l_0=5.7$m,截面尺寸 $b=80$mm,$h=700$mm,$b_f=b'_f=350$mm,$h_f=h'_f=112$mm,$a_s=a'_s=45$mm,混凝土强度等级为 C35,采用 HRB400 级钢筋,I 类环境条件,安全等级为二级,拟取普通箍筋(HPB300)直径为 10mm,其保护层厚度为 20mm。试按对称配筋进行截面设计并复核。

5-9 圆形截面偏心受压构件的截面半径 $r=400$mm,计算长度 $l_0=8$m,混凝土强度等级为 C30,采用 HRB400 级钢筋,I 类环境条件,安全等级为二级;轴向力组合设计值 $N_d=1358$kN,相应弯矩组合设计值 $M_d=437$kN·m;拟取箍筋(HPB300)直径为 10mm,其保护层厚度为 20mm。试进行截面设计和复核。

第六章　受拉构件

第一节　概　述

当纵向拉力作用线与构件横截面形心轴线重合时,此构件称为轴心受拉构件;当纵向拉力作用线偏离构件横截面形心轴线时,或者构件上同时作用拉力和弯矩时,则此构件称为偏心受拉构件。在桥梁结构中,常见的受拉构件有:系杆拱桥的吊杆、斜拉桥的拉索、悬索桥的吊索、桁架拱桥及桁架梁桥中的拉杆等。

钢筋混凝土受拉构件需配置纵向钢筋和箍筋(图 6-1),为避免配筋过少引起脆性破坏,受拉构件钢筋的最小配筋百分率应不小于 0.2 和 $45f_{td}/f_{sd}$ 中较大值。箍筋直径应不小于 8mm,其间距一般为 150～200mm。虽然在构件中配置了纵向钢筋和箍筋,但是,由于混凝土抗拉强度很低,钢筋混凝土受拉构件在较小的拉力作用下,混凝土就会出现裂缝。

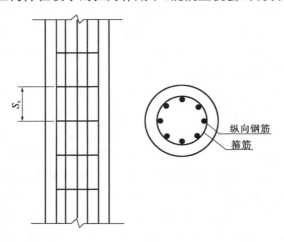

图 6-1　钢筋混凝土受拉构件钢筋布置示意图

第二节　轴心受拉构件

对钢筋混凝土轴心受拉构件进行正截面承载力计算时,引入以下两个假定:

(1)轴心拉力全部由钢筋承担,混凝土不参与受力。

(2)构件破坏时各钢筋应力达到钢筋抗拉强度设计值 f_{sd}。

钢筋混凝土轴心受拉构件,在开裂以前,混凝土与钢筋共同承受拉力。当构件开裂后,裂缝截面处的混凝土已完全退出工作,全部拉力由钢筋承担。当钢筋拉应力达到屈服强度时,构件即达到其承载能力极限状态。轴心受拉构件的正截面承载力计算公式如下：

$$\gamma_0 N_d \leqslant N_u = f_{sd} A_s \tag{6-1}$$

式中：γ_0——结构的重要性系数；

N_d——轴向拉力组合设计值；

N_u——截面抗拉承载力设计值；

f_{sd}——钢筋抗拉强度设计值；

A_s——截面上全部纵向受拉钢筋截面面积。

取轴向力计算值 $N = \gamma_0 N_d$，则由式（6-1）可得轴心受拉构件所需的纵向钢筋面积为：

$$A_s = \frac{N}{f_{sd}} \geqslant \rho_{min} bh \tag{6-2}$$

第三节　偏心受拉构件

偏心受拉构件按纵向拉力作用的位置不同，可分为大偏心受拉和小偏心受拉两种情况。当纵向拉力 N 作用于钢筋 A_s 合力点与钢筋 A_s' 合力点之间时，属于小偏心受拉情况；当纵向拉力 N 作用于钢筋 A_s 合力点与钢筋 A_s' 合力点范围以外时，属于大偏心受拉情况。本章只讨论矩形截面偏心受拉构件。

一、矩形截面小偏心受拉构件的正截面承载力计算

1. 受力特点

设矩形截面偏心受拉构件上作用的纵向拉力 N 的偏心距为 e_0，距纵向拉力较近一侧的钢筋为 A_s，较远一侧为 A_s'。当 $e_0 \leqslant \dfrac{h}{2} - a_s$ 时，即纵向拉力 N 作用于钢筋 A_s 合力点与钢筋 A_s' 合力点之间时，按小偏心受拉构件计算。

在小偏心受拉情况下，根据力的平衡条件，截面上不存在受压区，破坏前截面混凝土将全部裂通。因此，只要纵向拉力 N 作用于 A_s 与 A_s' 之间，不管偏心距多大，截面破坏时均为全截面受拉，拉力全部由钢筋承受。

2. 基本公式

小偏心受拉构件正截面承载力的计算图形如图 6-2 所示，不考虑混凝土的受拉作用，构件破坏时，钢筋 A_s 与 A_s' 应力均达到抗拉强度设计值 f_{sd}，根据力矩平衡关系，可得到承载力计算公式：

$$\gamma_0 N_d e_s \leqslant N_u e_s = f_{sd} A_s' (h_0 - a_s') \tag{6-3}$$
$$\gamma_0 N_d e_s' \leqslant N_u e_s' = f_{sd} A_s (h_0 - a_s') \tag{6-4}$$

式中：e_s——纵向力 N_d 作用点至钢筋 A_s 合力点的距离，$e_s = \dfrac{h}{2} - e_0 - a_s$；

e_s'——纵向力 N_d 作用点至钢筋 A_s' 合力点的距离，$e_s' = e_0 + \dfrac{h}{2} - a_s'$；

e_0——纵向力 N_d 作用点至混凝土重心的距离。

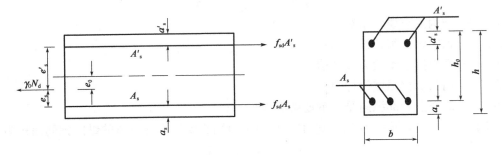

图 6-2 小偏心受拉构件正截面承载力计算图式

偏心拉力的作用可看成是轴向拉力和弯矩的共同作用,在设计中如有多组不同的内力组合(M_d、N_d)时,应按最大的轴向拉力组合设计值 N_d 与相应的弯矩组合设计值 M_d 计算钢筋面积。当对称布筋时,离轴向力较远一侧钢筋 A'_s 的应力可能达不到其抗拉强度设计值,因此,截面设计时,A_s 和 A'_s 值均按式(6-4)求解。

【例题 6-1】 已知一偏心受拉构件(见图 6-3),承受轴向拉力组合设计值 N_d＝650kN,弯矩组合设计值 M_d＝70kN·m;Ⅰ类环境条件;设计使用年限 100 年;结构安全等级为二级(γ_0＝1.0);截面尺寸为 $b \times h$＝300mm×450mm,采用 C30 混凝土和 HRB400 级钢筋,f_{td}＝1.39MPa,f_{sd}＝330MPa,试进行截面配筋。

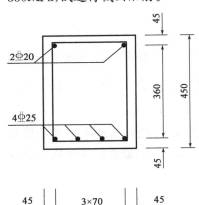

图 6-3 例题 6-1 图(尺寸单位:mm)

解:取 $a_s = a'_s$＝40mm,则 $h_0 = h - a_s$＝450－40＝410mm。

$$\rho_{min} = \max(0.2\%, 0.45 f_{td}/f_{sd}) = 0.2\%$$

(1)判断偏心情况

$$e_0 = \frac{70 \times 10^6}{650000} = 108\text{mm} < \frac{h}{2} - a_s = \frac{450}{2} - 40 = 185\text{mm}$$

表明纵向力作用在钢筋 A_s 和 A'_s 合力点之间,属于小偏心受拉。

(2)计算 A_s 和 A'_s

$$e'_s = 108 + \frac{450}{2} - 40 = 293\text{mm}$$

$$e_s = \frac{450}{2} - 108 - 40 = 77\text{mm}$$

由式(6-3)得:

$$A'_s = \frac{\gamma_0 N_d \cdot e_s}{f_{sd}(h_0 - a'_s)} = \frac{1.0 \times 650000 \times 77}{330 \times (410 - 40)}$$

$$= 410\text{mm}^2 > \rho_{min} bh = 270\text{mm}^2$$

选用 2 Φ 20,A'_s＝628mm²。

由式(6-4)得到:

$$A_s = \frac{\gamma_0 N_d \cdot e'_s}{f_{sd}(h_0 - a_s)} = \frac{1.0 \times 650000 \times 293}{330 \times (410 - 40)} = 1560\text{mm}^2 > \rho_{\min} bh = 270\text{mm}^2$$

选用 $4 \phi 25$，$A_s = 1964\text{mm}^2$。

截面配筋图如图 6-3 所示。

二、矩形截面大偏心受拉构件的正截面承载力计算

1. 受力特点

当偏心距 $e_0 > \dfrac{h}{2} - a_s$ 时，即纵向拉力 N 作用在 A_s 与 A'_s 范围之外。因为偏心距较大，受荷以后，截面部分受拉，部分受压。混凝土开裂后，根据截面内力平衡，截面必然存在受压区，拉区裂缝的开展受到限制，截面不会裂通。其最终破坏特点取决于受拉钢筋 A_s 的数量，当 A_s 适量时，受拉钢筋 A_s 首先达到屈服强度，然后混凝土受压区边缘达到极限压应变而破坏。当 A_s 过量时，受压区混凝土先被压坏，而受拉钢筋达不到屈服，类似于超筋梁破坏，在工程设计中应予避免。这两种破坏情况都属于大偏心受拉破坏，但设计是以第一种延性破坏情况为依据的。

2. 基本公式

大偏心受拉构件正截面承载力计算图式如图 6-4 所示，纵向受拉钢筋 A_s 的应力达到其抗拉强度设计值 f_{sd}，受压区混凝土应力图形可简化为矩形，其应力为混凝土抗压强度设计值 f_{cd}。受压钢筋 A'_s 的应力可假定达到其抗压强度设计值。根据平衡条件可得基本计算式如下：

$$\gamma_0 N_d \leqslant N_u = f_{sd} A_s - f'_{sd} A'_s - f_{cd} bx \tag{6-5}$$

$$\gamma_0 N_d e_s \leqslant N_u e_s = f_{cd} bx \left(h_0 - \frac{x}{2} \right) + f'_{sd} A'_s (h_0 - a'_s) \tag{6-6}$$

$$f_{sd} A_s e_s - f'_{sd} A'_s e'_s = f_{cd} bx \left(e_s + h_0 - \frac{x}{2} \right) \tag{6-7}$$

式中：$e_s = e_0 - \dfrac{h}{2} + a_s$，$e'_s = e_0 + \dfrac{h}{2} - a'_s$。

公式的适用条件：

$$2a'_s \leqslant x \leqslant \xi_b h_0 \tag{6-8}$$

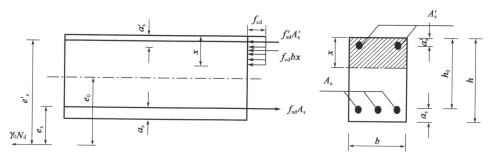

图 6-4　大偏心受拉构件正截面承载力计算图式

若 $x < 2a'_s$，取 $x = 2a'_s$，对 A'_s 合力点取矩得：

$$\gamma_0 N_d e'_s \leqslant f_{sd} A_s (h_0 - a'_s) \tag{6-9}$$

3. 截面设计

首先根据偏心距 e_0 判别类型，若 $e_0 > \dfrac{h}{2} - a_s$ 时，按大偏心受拉计算。

(1) A_s 及 A'_s 均未知

为充分利用混凝土的抗压能力，令 $x = \xi_b h_0$，由式(6-5)和式(6-6)可得：

$$A'_s = \frac{\gamma_0 N_d e_s - f_{cd} b h_0^2 \xi_b (1 - 0.5\xi_b)}{f'_{sd}(h_0 - a'_s)} \tag{6-10}$$

$$A_s = \frac{\gamma_0 N_d + f'_{sd} A'_s + f_{cd} b h_0 \xi_b}{f_{sd}} \tag{6-11}$$

A'_s 和 A_s 应分别满足最小配筋率要求。若由式(6-10)求得的 A'_s 为负值或小于 $\rho'_{min} bh$，则取 $A'_s = \rho'_{min} bh$，然后按 A'_s 已知的情况求 A_s。

当大偏心受拉构件为对称配筋时，由于 $f'_{sd} A'_s = f_{sd} A_s$，根据式(6-5)求得 x 为负值，亦即属于 $x < 2a'_s$ 的情况，此时可按式(6-9)求得 A_s 及 A'_s。

(2) 已知 A'_s 求 A_s

受压钢筋 A'_s 承担的弯矩为：

$$M' = f'_{sd} A'_s (h_0 - a'_s) \tag{6-12}$$

受压区混凝土承担的弯矩为：

$$M_1 = \gamma_0 N_d e_s - M' = \gamma_0 N_d e_s - f'_{sd} A'_s (h_0 - a'_s) \tag{6-13}$$

根据式(6-6)可知：

$$M_1 = f_{cd} \left(h_0 - \frac{x}{2} \right) bx \tag{6-14}$$

由式(6-13)及式(6-14)可解得：

$$x = h_0 - \sqrt{h_0^2 - 2 \times \frac{\gamma_0 N_d e_s - f'_{sd} A'_s (h_0 - a'_s)}{f_{cd} b}} \tag{6-15}$$

若 $x < 2a'_s$，则按(6-9)式计算 A_s；

若 $2a'_s \leqslant x \leqslant \xi_b h_0$，则：

$$A_s = \frac{f_{sd} A'_s + f_{cd} bx + \gamma_0 N_d}{f_{sd}} \tag{6-16}$$

若 $x > \xi_b h_0$，按 A_s 及 A'_s 均未知的情况重新计算 A'_s 及 A_s。

三、对称配筋的矩形截面钢筋混凝土双向偏心受拉构件的正截面抗拉承载力计算

$$\gamma_0 N_d \leqslant \frac{1}{\dfrac{1}{N_{ud}} + \sqrt{\left(\dfrac{e_{0x}}{M_{ux}} \right)^2 + \left(\dfrac{e_{0y}}{M_{uy}} \right)}} \tag{6-17}$$

式中：N_{ud}——构件截面轴心抗拉承载力设计值，按公式(6-1)计算；

e_{0x}、e_{0y}——轴向拉力对通过截面重心的 y 轴、x 轴的偏心距；

M_{ux}、M_{uy}——x 轴、y 轴方向的正截面抗弯承载力设计值，按受弯构件进行计算。

四、沿周边均匀配置纵向钢筋的圆形截面钢筋混凝土偏心受拉构件的正截面抗拉承载力计算

$$\gamma_0 N_d \leqslant \frac{1}{\dfrac{1}{N_{ud}} + \dfrac{e_0}{M_{ud}}} \tag{6-18}$$

式中：N_{ud}——构件截面轴心抗拉承载力设计值，按公式(6-1)计算；

$\quad\quad e_0$——轴向拉力对截面重心的偏心距；

$\quad\quad M_{ud}$——正截面抗弯承载力设计值，取 $N_{ud}=0$ 按沿周边均匀配置纵向钢筋的圆形截面钢筋混凝土偏心受压构件正截面抗压承载力计算。

【例题 6-2】 已知偏心受拉构件的截面尺寸为 $b \times h = 350\text{mm} \times 600\text{mm}$，采用 C30 混凝土和 HRB400 级钢筋，承受轴拉力组合设计值 $N_d = 140\text{kN}$，弯矩组合设计值 $M_d = 110\text{kN} \cdot \text{m}$，Ⅱ类环境条件；设计使用年限 100 年；结构安全等级为二级（$\gamma_0 = 1.0$）；$f_{td} = 1.39\text{MPa}$，$f_{cd} = 13.8\text{MPa}$，$f_{sd} = 330\text{MPa}$，试进行截面配筋。

解：(1)判定纵向力位置

设 $a_s = a_s' = 40\text{mm}$，则偏心距为：

$$e_0 = \frac{M_d}{N_d} = \frac{110 \times 10^6}{140 \times 10^3} = 786\text{mm} > \frac{h}{2} - a_s = \frac{600}{2} - 40 = 260\text{mm}$$

为大偏心受拉构件。因此可得：

$$e_s = e_0 - \frac{h}{2} + a_s = 786 - \frac{600}{2} + 40 = 526\text{mm}$$

$$e_s' = e_0 + \frac{h}{2} - a_s' = 786 + \frac{600}{2} - 40 = 1046\text{mm}$$

$$h_0 = h - a_s = 600 - 40 = 560\text{mm}$$

(2)计算所需纵向筋钢筋截面面积

取 $\xi = \xi_b = 0.53$，则可得到：

$$
\begin{aligned}
A_s' &= \frac{\gamma_0 N_d e_s - f_{cd} b h_0^2 \xi_b (1 - 0.5\xi_b)}{f_{sd}'(h_0 - a_s')} \\
&= \frac{1.0 \times 140000 \times 526 - 13.8 \times 350 \times 560^2 \times 0.53 \times (1 - 0.5 \times 0.53)}{330 \times (560 - 40)} \\
&= -3009\text{mm}^2
\end{aligned}
$$

截面受压侧最小配筋面积为 $A_s' = 0.002bh_0 = 0.002 \times 350 \times 560 = 392\text{mm}^2$，现选用 3 Φ 16，$A_s' = 603\text{mm}^2$

根据式(6-15)计算混凝土受压区高度 x 为：

$$
\begin{aligned}
x &= h_0 - \sqrt{h_0^2 - 2 \times \frac{\gamma_0 N_d e_s - f_{sd}' A_s'(h_0 - a_s')}{f_{cd} b}} \\
&= 560 - \sqrt{560^2 - 2 \times \frac{1.0 \times 140000 \times 526 - 330 \times 603 \times (560 - 40)}{13.8 \times 350}} \\
&= -11\text{mm} < 2a_s' (= 2 \times 40 = 80\text{mm})
\end{aligned}
$$

此时应按式(6-9)计算所需的 A_s 值，即：

$$A_s = \frac{\gamma_0 N_d \cdot e_s'}{f_{sd}(h_0 - a_s')} = \frac{1.0 \times 140000 \times 1046}{330 \times (560 - 40)} = 853 \text{mm}^2$$

选用 $4 \phi 18$, $A_s = 1018 \text{mm}^2$。钢筋配置如图 6-5 所示。

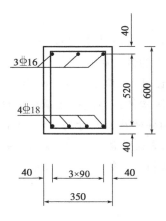

图 6-5 例题 6-2 图(尺寸单位:mm)

📖 小 结

(1)钢筋混凝土轴心受拉构件的受力特点是裂缝贯穿整个截面,裂缝截面拉力全部由钢筋承受。

(2)钢筋混凝土偏心受拉构件根据偏心拉力位置的不同,可分为两种情况:当偏心拉力作用在 A_s 合力点和 A_s' 合力点之间(即 $e_0 \leqslant h/2 - a_s$)时,为小偏心受拉;当偏心拉力作用在 A_s 合力点和 A_s' 合力点之外(即 $e_0 > h/2 - a_s$)时,为大偏心受拉。

(3)小偏心受拉构件的受力特点类似于轴心受拉构件,破坏时混凝土全部退出工作,拉力全部由钢筋承受;大偏心受拉构件的受力特点类似于大偏心受压构件,若配筋适量,破坏时受拉钢筋先屈服,然后受压区混凝土被压坏。

📖 思 考 题

6-1 钢筋混凝土轴心受拉构件在进行正截面承载能力计算时采用了哪些基本假定?

6-2 偏心受拉构件可分为几种,分类的依据是什么?各有什么特点?

6-3 推导大、小偏心受拉构件正截面承载力计算公式。

6-4 计算非对称配筋的大偏心受拉构件承载力时,若 $x < 2a_s'$ 或出现负值时,应该如何处理?

📖 习 题

6-1 已知矩形截面受拉构件截面尺寸为 $b = 300 \text{mm}$,$h = 600 \text{mm}$,截面上承受的轴向力组

合设计值 $N_d=600kN$,弯矩组合设计值 $M_d=65kN \cdot m$,$a_s=a'_s=40mm$,混凝土等级为 C30,HRB400 钢筋,结构安全等级为二级,Ⅰ类环境条件,求纵向钢筋面积。

6-2 已知矩形截面受拉构件截面尺寸为 $b=300mm$,$h=550mm$,截面上承受的轴向力组合设计值 $N_d=500kN$,弯矩组合设计值 $M_d=450kN \cdot m$,$a_s=a'_s=40mm$,混凝土等级为 C35,HRB400 钢筋,结构安全等级为一级,Ⅰ类环境条件,求纵向钢筋面积。

6-3 已知矩形截面受拉构件截面尺寸为 $b=900mm$,$h=1000mm$,截面上承受的轴向力 $N_d=500kN$,弯矩组合设计值 $M_d=400kN \cdot m$,$a_s=a'_s=60mn$,混凝土等级为 C30,HRB400 钢筋,结构安全等级为一级,Ⅰ类环境条件,求纵向钢筋面积。

第七章 受扭构件

弯梁桥和斜梁（板）桥是高等级公路和城市道路常用的桥梁。钢筋混凝土弯梁、斜梁（板），即使不考虑活荷载，仅在恒载作用下，梁的截面上除有弯矩 M、剪力 V 外，还有扭矩 T（图 7-1）。当力矩作用平面与构件正截面平行时，构件产生扭转，这类构件称为扭转构件。构件的扭转可以分为平衡扭转和协调扭转两大类，由荷载引起可由结构的平衡条件确定扭矩的扭转称为平衡扭转。由超静定结构中相邻构件的变形而引起，扭矩需要结合平衡条件和变形协调条件才能确定的扭转称为协调扭转或附加扭转。

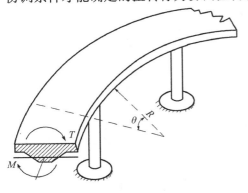

图 7-1　曲线梁示意图

由于扭矩的作用，构件中将产生剪应力及相应的主拉应力。当主拉应力超过混凝土的抗拉强度时，构件便会开裂，因此，必须配置适量的钢筋（纵筋和箍筋）来限制裂缝的开展和提高混凝土构件的抗扭能力。

在实际工程中，只承受扭矩作用的纯扭构件很少，一般是扭矩与弯矩、剪力和轴向力复合作用的受扭构件。《公路桥规》对弯剪扭构件的设计方法是以受弯构件的计算理论和纯扭构件的计算理论为基础建立起来的，所以需首先了解纯扭构件的受力性能和承载力计算方法。

第一节　纯扭构件

在扭矩作用下，矩形截面纯扭构件受力如图 7-2a)所示。由材料力学可知，弹性材料纯扭构件的最大剪应力产生在截面长边中点，相应地在与构件轴线呈 45°和 135°的方向产生主拉应力 σ_{tp} 和主压应力 σ_{cp}，并且 $|\sigma_{tp}| = |\sigma_{cp}| = \tau$。当主拉应力 σ_{tp} 达到混凝土的抗拉强度时，构件将沿垂直于主拉应力方向开裂。试验表明，素混凝土矩形截面纯扭构件在扭矩作用下，首先从构件长边侧面中点 m 附近出现斜向裂缝，然后裂缝沿 45°方向迅速延伸到该面的上下边缘 a、b，在顶面和底面上大致沿 45°方向继续向 c、d 两点延伸，很快形成三面开裂、一面受压的空间扭曲破坏面[图 7-2b)]，最后构件断裂而破坏，素混凝土纯扭构件的破坏是突然发生的脆性破坏。

图 7-3 为配置箍筋和纵筋的受扭构件从加载直到破坏的扭矩 T 和扭转角 θ 的关系曲线。由图 7-3 可知，加载初期截面扭转变形很小，其性能与素混凝土受扭构件相似。当斜裂缝出现以后，由于混凝土部分卸载，钢筋应力明显增大，扭转角加大，扭转刚度明显降低，在 $T\text{-}\theta$ 曲线上出现水平段。当扭转角增加到一定值后，钢筋应变趋于稳定，形成新的受力状态；当继续施

加荷载时,变形增长较快,裂缝的数量逐步增多,裂缝宽度逐渐加大,构件的四个面上形成连续的或不连续的与构件纵轴成某个角度的螺旋形裂缝。这时的 T-θ 关系大体还是呈直线变化;当荷载接近极限扭矩时,在构件截面长边上的斜裂缝中有一条发展为临界斜裂缝,与这条空间斜裂缝相交的部分箍筋(长肢)或部分纵筋将首先屈服,产生较大的非弹性变形,这时 T-θ 曲线趋于水平。达到极限扭矩时,和临界斜裂缝相交的箍筋(短肢)及纵向钢筋相继屈服,但未与临界斜裂缝相交的箍筋和纵筋并没有屈服。由于这时斜裂缝宽度已很大,混凝土在逐步退出工作,故构件的抵抗扭矩开始逐步下降,最后在构件的另一长边上出现压区塑性铰线或出现两个裂缝间混凝土被压碎的现象时构件破坏。

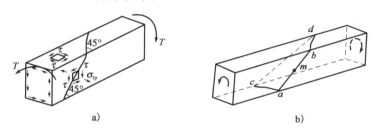

图 7-2 素混凝土纯扭构件的受力和破坏面图
a)受力图;b)破坏面

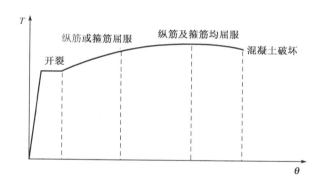

图 7-3 受扭构件的 T-θ 关系曲线

综上所述,钢筋混凝土构件抗扭性能的两个重要衡量指标是:①构件的开裂扭矩;②构件的破坏扭矩。

一、矩形截面纯扭构件的开裂扭矩

钢筋混凝土纯扭构件在开裂前钢筋中的应力很小,钢筋对开裂扭矩的影响不大,因此可以忽略钢筋对开裂扭矩的影响,即可按素混凝土纯扭构件来处理开裂扭矩的问题。

图 7-4 为矩形截面素混凝土纯扭构件在扭矩作用下的剪应力分布图。用弹性分析方法分析时,将混凝土视为单一匀质弹性材料。在扭矩作用下矩形截面中的剪应力分布如图 7-4a)所示,最大剪应力 τ_{max} 发生在截面长边的中点,四个角点上的剪应力为零。当最大剪应力 τ_{max} 或主拉应力达到混凝土抗拉强度时,按照弹性理论可以求出素混凝土纯扭构件的开裂扭矩。由于混凝土不是理想的弹性材料,故按弹性分析方法计算混凝土构件的开裂扭矩是偏低的。用

161

塑性分析方法分析时,将混凝土视为理想弹塑性材料,认为当截面上某一点应力达到屈服强度时,构件并不立即破坏,而是保持屈服强度继续变形,仍可继续加载,直到截面上各点的应力全部达到材料的屈服强度时,构件才达到极限承载能力而破坏。这时截面上剪应力分布图为矩形,如图 7-4b)所示,截面处于全塑性状态,由此剪应力产生的扭矩即为构件所能承担的开裂扭矩或极限扭矩。

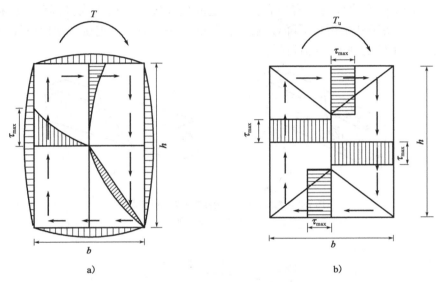

图 7-4　矩形截面纯扭构件剪应力分布

a)弹性阶段剪应力分布;b)塑性状态剪应力分布

现按图 7-4b)所示理想塑性材料的剪应力分布求其开裂扭矩。假定钢筋混凝土构件矩形截面进入全塑性状态时,出现与截面各边成 45°的剪应力界限分布区,形成的剪应力达到极限值 τ_{max},且 $\tau_{max} = f_{td}$,剪力流对截面的扭矩中心取矩,由平衡条件可得到:

$$T = \left\{ 2 \times \frac{b}{2} \times (h-b) \times \frac{b}{4} + 4 \times \frac{b}{2} \times \frac{b}{2} \times \frac{1}{2} \times \frac{b}{3} + 2 \times \frac{b}{2} \times \frac{b}{2} \left[\frac{2}{3} \times \frac{b}{2} + \frac{1}{2} (h-b) \right] \right\} \tau_{max}$$

$$= \frac{b^2}{6} (3h-b) \tau_{max} = W_t \tau_{max}$$

式中:W_t——矩形截面的抗扭塑性抵抗矩,其计算式为:

$$W_t = \frac{b^2}{6} (3h - b) \tag{7-1}$$

混凝土既不是弹性材料,又不是理想塑性材料,而是介于二者之间的弹塑性材料。对于低强度混凝土来说,塑性性能好一些;对高强度混凝土来说,其性能更接近于弹性。按弹性理论计算则低估了构件的开裂扭矩;按塑性分析方法计算则又会高估构件的开裂扭矩。此外,构件内除了作用有主拉应力外,还有与主拉应力成正交方向的主压应力。在拉压复合应力状态下,混凝土的抗拉强度要低于单向受拉的抗拉强度,而且混凝土内的微裂缝、裂隙和局部缺陷又会引起应力集中而降低构件的承载力。

《公路桥规》以塑性分析计算公式为基础,并根据试验结果取用 0.7 为修正系数,则开裂扭矩的计算公式为:

$$T_{cr} = 0.7W_t f_{td} \qquad (7-2)$$

式中：T_{cr}——矩形截面纯扭构件的开裂扭矩；

　　　f_{td}——混凝土抗拉强度设计值；

　　　W_t——矩形截面的抗扭塑性抵抗矩。

二、钢筋混凝土纯扭构件的破坏特征

由于素混凝土构件的抗扭承载力较小，所以一般通过配置钢筋来提高构件的抗扭承载力，混凝土受扭开裂后由钢筋承受拉应力。根据受扭构件斜裂缝的方向，理论上最合理的配筋形式应该是与主拉应力方向一致的螺旋钢筋。但这种配筋形式不仅不便于施工，而且只能适应一个方向的扭矩，而实际工程中构件可能承受两个方向的扭矩，若配置方向相反且互相垂直的两道螺旋钢筋，则会使构造复杂化并导致施工困难。因此，在受扭构件中一般都采用沿长度方向分布的横向受扭箍筋和沿构件截面周边均匀对称布置的受扭纵向钢筋组成的空间钢筋骨架来承受扭矩，这样也使受扭配筋形式与受弯和受剪的配筋形式相协调。

钢筋混凝土纯扭构件的试验结果表明，按受扭箍筋和受扭纵筋配量不同，其破坏特征分为少筋破坏、适筋破坏、部分超筋破坏和完全超筋破坏。

（1）少筋破坏　当箍筋和纵筋或其中之一配量过少时，构件抗扭承载力与素混凝土纯扭构件的抗扭承载力没有实质上的区别，其破坏扭矩基本上与开裂扭矩相等。这种少筋构件的受扭破坏是脆性的，没有任何预兆，在工程中应避免出现这类构件。为此，《公路桥规》对受扭构件的受扭箍筋和受扭纵筋的数量分别作了最小配筋率等构造规定。

（2）适筋破坏　当箍筋和纵筋配量适当时，在扭矩作用初期，由于钢筋应力很小，所以受力性能与素混凝土构件相似。但构件出现第一条裂缝后并不立即破坏，随着扭矩的增加，陆续出现多条大体平行的45°螺旋裂缝。与其中一条主裂缝相交的受扭箍筋和受扭纵筋首先达到屈服强度，然后主裂缝迅速开展，形成空间扭曲斜裂面，最后受压边混凝土被压碎，构件破坏。这种破坏具有一定的延性，工程中的受扭构件应尽可能设计成这种延性破坏特征的构件。受扭构件的抗扭承载力计算公式是以这种破坏形式为依据建立的。

（3）部分超筋破坏　当箍筋和纵筋的配置数量都比较多，而且其中一种又比另一种更偏多时，构件破坏前只有较少的那种钢筋受拉屈服，而另一种钢筋直到受压边混凝土压碎为止，仍未达到屈服强度。这种情况称为部分超筋破坏。由于其中部分钢筋仍能达到屈服强度，破坏特征并非完全脆性和完全没有预告，故这类构件在工程中还是可以采用的。

（4）完全超筋破坏　当箍筋和纵筋的配置数量都过多时，它们在构件破坏时均达不到屈服强度。破坏前构件上虽然会出现较密的螺旋裂缝，但直到破坏时这些裂缝的宽度仍然不大。构件的破坏是由于扭曲斜裂面的受压边混凝土被压碎而引起的。由于破坏具有明显的脆性性质而且没有预告，因此，应避免设计成这种"完全超筋"构件。具体做法可通过对构件最小截面尺寸的限制要求，以间接地规定截面的抗扭承载力上限和受扭钢筋的最大用量。

综上所述，钢筋混凝土受扭构件的受力性能与破坏形式不仅与受扭箍筋和受扭纵筋的绝对数量有关，而且还与二者的配筋强度比有关。为了使受扭箍筋和受扭纵筋能够匹配，二者强度都得到充分发挥，规范中采用"受扭纵筋与受扭箍筋的配筋强度比值 ζ"这一系数进行控制。

$$\zeta = \frac{f_{sd}A_{st}S_v}{f_{sv}A_{sv1}U_{cor}} \tag{7-3}$$

式中：A_{st}——受扭计算中取对称布置的全部受扭纵向钢筋的截面面积；

$\quad\quad A_{sv1}$——受扭计算中沿截面周边所配置箍筋的单肢截面面积；

$\quad\quad f_{sd}$——受扭纵筋的抗拉强度设计值；

$\quad\quad f_{sv}$——箍筋的抗拉强度设计值；

$\quad\quad S_v$——受扭箍筋的间距；

$\quad\quad U_{cor}$——截面核心部分的周长，$U_{cor}=2(b_{cor}+h_{cor})$，$b_{cor}$ 和 h_{cor} 分别为箍筋内表面范围内的截面核心部分的短边和长边尺寸。

即使在配筋强度比 ζ 不变的条件下，纵筋及箍筋的配筋量也会对受扭构件的破坏形态有影响。图 7-5 为 $\zeta=1$ 时箍筋配筋量 $f_{sv}A_{sv1}/S_v$ 和抗扭强度 T 的关系图。当配筋量过低时会出现少筋受扭构件的情况，如图中的 AB 段，扭转裂缝一出现，构件就破坏。BC 段为适筋受扭构件，这时随箍筋用量的增加，构件抗扭承载力提高很快。CD 段为部分超筋受扭构件，由于未屈服的钢筋不能充分发挥作用，构件的抗扭承载力增长速度相应变慢。到了完全超筋时（DE 段），配筋量的增加对抗扭强度的提高已不明显。试验表明，当 ζ 值在 $0.5\sim2.0$ 范围时，钢筋混凝土构件破坏时纵向钢筋和箍筋基本上能同时屈服，为稳妥起见，取限制条件 $0.6\leqslant\zeta\leqslant1.7$。$\zeta=1.2$ 左右为钢筋达到屈服的最佳值。

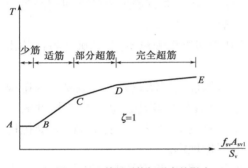

图 7-5　配筋量对抗扭强度的影响

三、矩形截面纯扭构件的承载力计算

试验表明，受扭构件开裂以后，由于钢筋对混凝土的约束，裂缝开展受到一定的限制，斜裂缝间混凝土的骨料咬合力还较大，使得混凝土仍具有一定的咬合力。同时，受扭裂缝往往是分布在四个侧面上相互平行、断断续续、前后交错的斜裂缝，这些斜裂缝只从表面向内延伸到一定的深度而不会贯穿整个截面，最终也不完全形成连续的、通长的螺旋形裂缝，混凝土在开裂后仍然能承担一部分扭矩。因此，钢筋混凝土受扭构件实际上是由钢筋（纵筋和箍筋）和混凝土共同提供构件的抗扭承载力 T_u，T_u 由混凝土承担的扭矩 T_c 和钢筋承担的扭矩 T_s 组成，即 $T_u=T_c+T_s$。

《公路桥规》中纯扭构件的抗扭承载力计算公式是在大量试验研究基础上，采用变角空间桁架模型理论得出的一个半理论半经验的统计公式，即：

$$\gamma_0 T_d \leqslant T_u = 0.35 f_{td}W_t + 1.2\sqrt{\zeta}\frac{f_{sv}A_{sv1}A_{cor}}{S_v} \tag{7-4}$$

式中：T_d——扭矩设计值（N·mm）；

$\quad\quad T_u$——抗扭承载力（N·mm）；

$\quad\quad A_{sv1}$——箍筋单肢截面面积（mm²）；

$\quad\quad A_{cor}$——箍筋内表面所围成的混凝土核心面积，$A_{cor}=b_{cor}h_{cor}$；

ζ——受扭纵筋与受扭箍筋的配筋强度比值,应符合 $0.6\leqslant\zeta\leqslant1.7$。

为了避免出现"少筋"和"完全超筋"这两种脆性破坏性质的构件,上述抗扭承载力计算公式有其适用范围的上限和下限。

1. 上限值

当抗扭钢筋配筋量过多时,受扭构件可能在抗扭钢筋屈服以前,便由于混凝土被压碎而破坏。这时,即使进一步增加钢筋,构件所能承担的破坏扭矩几乎不再增长,也就是说,其破坏扭矩取决于混凝土的强度和截面尺寸。因此,《公路桥规》规定钢筋混凝土矩形截面纯扭构件的截面尺寸应符合下式:

$$\frac{\gamma_0 T_{\mathrm{d}}}{W_{\mathrm{t}}} \leqslant 0.51 \times \sqrt{f_{\mathrm{cu,k}}} \tag{7-5}$$

式中:T_{d}——扭矩设计值(N·mm);

W_{t}——矩形截面受扭塑性抵抗拒(mm³);

$f_{\mathrm{cu,k}}$——混凝土立方体抗压强度标准值(MPa)。

2. 下限值

为防止纯扭构件在少筋时发生脆性破坏,应使配筋纯扭构件所承担的扭矩不小于其抗裂扭矩。《公路桥规》规定钢筋混凝土纯扭构件满足式(7-6)要求时,可不进行抗扭承载力计算,但必须按构造要求(最小配筋率)配置抗扭钢筋:

$$\frac{\gamma_0 T_{\mathrm{d}}}{W_{\mathrm{t}}} \leqslant 0.50 f_{\mathrm{td}} \tag{7-6}$$

《公路桥规》规定,纯扭构件的箍筋配筋率应满足:

$$\rho_{\mathrm{sv}} = \frac{A_{\mathrm{sv}}}{S_{\mathrm{v}} b} \geqslant 0.055 \frac{f_{\mathrm{cd}}}{f_{\mathrm{sv}}} \tag{7-7}$$

纵向受力钢筋配筋率应满足:

$$\rho_{\mathrm{st}} = \frac{A_{\mathrm{st}}}{bh} \geqslant 0.08 \frac{f_{\mathrm{cd}}}{f_{\mathrm{sd}}} \tag{7-8}$$

第二节 弯剪扭共同作用下矩形截面构件的承载力计算

一、弯剪扭构件的破坏特征

弯矩、剪力和扭矩共同作用下的钢筋混凝土构件,其受力状态十分复杂。构件的破坏特征及承载能力与所作用的外部荷载条件和构件的内在因素有关。如扭弯比 T/M、扭剪比 T/V_{b}、截面尺寸、配筋率等。

当配置的纵向配筋对称于截面的 x 轴和 y 轴时,以无量纲坐标 T/T_0 和 M/M_0 表示构件破坏时扭矩和弯矩的相对关系如图 7-6 所示。图中的 T 和 M 是构件在扭矩和弯矩共同作用下,构件破坏时扭矩和弯矩的极限承力力,T_0 和 M_0 为纯扭和纯弯的极限承载力。由于弯矩引起的纵向拉应力和扭矩引起的纵向拉应力叠加,所以加速了受扭构件的破坏,降低了抗扭能力,从图 7-6 可见,随着弯矩的增加,抗扭能力逐渐降低。

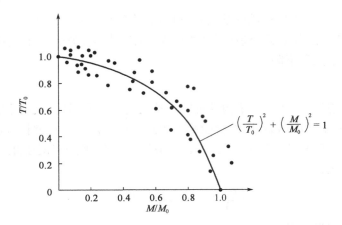

图 7-6 对称配筋截面的弯—扭相关曲线

在非对称配筋情况下,仅承受扭矩作用的构件的承载能力基本上由纵筋较少的一侧来控制。当构件受到弯扭联合作用时,由于弯矩需要较多的纵筋配置在弯曲受拉区,而对抗扭起决定作用的配筋量较小的一侧纵筋,则处于弯曲受压区。此时弯曲受压区的压应力与扭矩在该区所产生的拉应力可以相互抵消,从而提高了该侧的抗扭能力,且弯矩越大,其抗扭能力提高越多。

由试验研究可知,弯剪扭共同作用的矩形截面构件,随着扭弯比或扭剪比的不同及配筋情况的差异,主要有三种破坏类型。

1. 第Ⅰ类型(弯型)——受压区在构件的顶面

对于弯扭共同作用的构件,当扭弯比较小时,弯矩起主导作用。裂缝首先在弯曲受拉区梁底面出现,然后发展到两个侧面。顶部的受扭斜裂缝受到抑制而出现较迟,也可能一直不出现。但底部的弯扭裂缝开展较大,当底部钢筋应力达到屈服强度时裂缝迅速发展,即形成第Ⅰ类型(弯型)的破坏形态。

若底部配筋很多,弯扭共同作用的构件也会发生顶部混凝土先被压碎的破坏形式(脆性破坏),这也属第Ⅰ类型的破坏形态。

2. 第Ⅱ类型(剪扭型)——受压区在构件的一个侧面

当扭矩和剪力起控制作用,特别是扭剪比 $\chi(T/Vb)$ 较大时,裂缝首先在梁的某一竖向侧面出现,在该侧面由剪力与扭矩产生的拉应力方向一致,两者叠加后将加剧该侧面裂缝的开展;而在另一侧面,由于上述两者主拉应力方向相反,将抑制裂缝的开展,甚至不出现裂缝,这就造成一侧面受拉、另一侧面受压的破坏形态。

3. 第Ⅲ类型(扭型)——受压区在构件的底面

当扭弯比较大而顶部钢筋明显少于底部纵筋时,弯曲受压区的纵筋不足以承受被弯曲压应力抵消后余下的纵向拉力,这时顶部纵筋先于底部纵筋屈服,斜破坏面由顶面和两个侧面上的螺旋裂缝引起,受压区仅位于底面附近,从而发生底部混凝土被压碎的破坏形态。

当然,以上所述均属配筋适中的情况。若配筋过多,也能出现钢筋未屈服而混凝土压碎的破坏,设计应避免。对弯剪扭共同作用的构件,若剪力作用十分明显,而扭矩较小,也可能发生与受剪构件的剪压破坏类型相似的破坏形态。

二、弯剪扭构件的配筋计算方法

弯剪扭共同作用下的配筋计算目前多采用简化计算方法,《公路桥规》采取叠加法。正截面抗弯承载力计算方法如第三章前述,以下重点介绍剪扭构件的承载力计算和弯剪扭构件的承载力计算。

1. 剪扭构件

试验表明,构件在剪扭共同作用下,截面的某一受压区内承受剪应力和扭转应力的双重作用,这必将降低构件内混凝土的抗剪和抗扭能力,且分别小于单独受剪和受扭时相应的承载力。由于受扭构件的受力情况比较复杂,目前钢筋所承担的承载力采取简单叠加,而混凝土的抗扭和抗剪承载力应考虑其相互影响,因而在混凝土的抗扭承载力计算公式中引入剪扭构件混凝土抗扭承载力降低系数 β_t。

《公路桥规》在试验研究的基础上,对在剪扭共同作用下矩形截面构件的抗剪和抗扭承载力分别采用了如下计算公式。

(1)抗剪承载力

$$V_u = 0.5 \times 10^{-4} \alpha_1 \alpha_2 \alpha_3 (10 - 2\beta_t) bh_0 \sqrt{(2 + 0.6P)} \sqrt{f_{cu,k} \rho_{sv} f_{sv}} \tag{7-9}$$

$$\beta_t = \frac{1.5}{1 + 0.5 \dfrac{V_d W_t}{T_d bh_0}} \tag{7-10}$$

(2)抗扭承载力

$$T_u = 0.35 \beta_t f_{td} W_t + 1.2 \sqrt{\zeta} \frac{f_{sv} A_{sv1} A_{cor}}{S_v} \tag{7-11}$$

式中:V_u——剪扭构件的抗剪承载力(kN);

$\quad \beta_t$——剪扭构件混凝土抗扭承载力降低系数,当 $\beta_t < 0.5$ 时,取 $\beta_t = 0.5$;当 $\beta_t > 1.0$ 时,取 $\beta_t = 1.0$;

$\quad T_u$——剪扭构件的抗扭承载力(N·mm)。

T_d、V_d——分别为剪扭构件的扭矩设计值(N·mm)和剪力设计值(N)。

(3)截面限制条件(上限)

当构件抗扭钢筋配筋量过大时,构件将由于混凝土首先被压碎而破坏,因此必须规定截面的限制条件,以防止出现这种破坏现象。《公路桥规》规定,在弯剪扭共同作用下,矩形截面构件的截面尺寸必须符合条件:

$$\frac{\gamma_0 V_d}{bh_0} + \frac{\gamma_0 T_d}{W_t} \leqslant 0.51 \sqrt{f_{cu,k}} \tag{7-12}$$

(4)最小配筋率(下限)

为防止少筋破坏,《公路桥规》规定,剪扭构件箍筋配筋率满足:

$$\rho_{sv} \geqslant \rho_{sv,min} = \left[(2\beta_t - 1) \left(0.055 \frac{f_{cd}}{f_{sv}} - c \right) + c \right] \tag{7-13}$$

式中的 β_t 按式(7-10)计算。对于式中的 c 值,当箍筋采用 HPB300 钢筋时取 0.0014;当箍筋采用 HRB400 钢筋时取 0.0011。

剪扭构件纵向受力钢筋配筋率应满足：

$$\rho_{st} \geqslant \rho_{st,min} = \frac{A_{st,min}}{bh} = 0.08(2\beta_t - 1)\frac{f_{cd}}{f_{sd}}$$ (7-14)

式中：$A_{st,min}$——纯扭构件全部纵向钢筋最小截面面积；

ρ_{st}——纵向抗扭钢筋配筋率，$\rho_{st} = \frac{A_{st}}{bh}$；

A_{st}——全部纵向抗扭钢筋截面面积。

《公路桥规》规定，矩形截面弯剪扭构件，若符合条件：

$$\frac{\gamma_0 V_d}{bh_0} + \frac{\gamma_0 T_d}{W_t} \leqslant 0.50 f_{td}$$ (7-15)

此时，可不进行构件的抗扭承载力计算，仅需按以上最小配筋率及相关构造要求配置箍筋及抗扭纵筋。

2. 弯剪扭构件

对于在弯矩、剪力和扭矩共同作用下的构件，其纵向钢筋和箍筋应按下列规定计算并分别进行配置。

(1)抗弯纵向钢筋应按受弯构件正截面承载力计算，所需的钢筋截面面积配置在受拉区边缘。

(2)按剪扭构件计算纵向钢筋和箍筋。由抗扭承载力计算公式计算所需的纵向抗扭钢筋面积，并均匀、对称布置在矩形截面的周边，其间距不应大于300mm，在矩形截面的四角必须配置纵向钢筋；箍筋为按抗剪和抗扭承载力计算所需的截面面积之和进行布置。《公路桥规》规定，纵向受力钢筋的配筋率不应小于受弯构件纵向受力钢筋最小配筋率与剪扭构件纵向受力钢筋最小配筋率之和。配置在截面弯曲受拉边的纵向受力钢筋，其截面面积不应小于按受弯构件受拉钢筋最小配筋率计算出的面积与按受扭纵向钢筋最小配筋计算并分配到弯曲受拉边的面积之和。同时，其箍筋最小配筋率不应小于剪扭构件的箍筋最小配筋率。

第三节　Ｔ形和Ｉ形截面受扭构件

Ｔ形、Ｉ形截面可以看作是由简单矩形截面所组成的复杂截面（图7-7），在计算其抗裂扭矩、抗扭极限承载力时，可将截面划分为几个矩形截面，各个矩形面积划分的原则一般是按截面总高度确定腹板截面，然后再划分受压翼缘和受拉翼缘，并将总扭矩 T_d 按各个矩形分块的抗扭塑性抵抗矩按比例分配给各个矩形分块，可求得各个矩形分块所承担的扭矩。

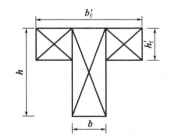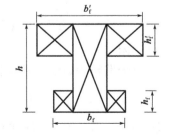

图7-7　Ｔ形、Ｉ形截面分块示意图

对于腹板部分矩形分块

$$T_{wd} = \frac{W_{tw}}{W_t} T_d \qquad (7\text{-}16)$$

对于受压翼缘（上翼缘）矩形分块

$$T'_{fd} = \frac{W'_{tf}}{W_t} T_d \qquad (7\text{-}17)$$

对于受拉翼缘（下翼缘）矩形分块

$$T_{fd} = \frac{W_{tf}}{W_t} T_d \qquad (7\text{-}18)$$

式中：T_d——截面所承受的扭矩组合设计值；

　　　T_{wd}——腹板所承受的扭矩组合设计值；

　T'_{fd}、T_{fd}——受压翼缘、受拉翼缘所承受的扭矩组合设计值；

　　　W_t——截面总的受扭塑性抵抗矩。

腹板、受压翼缘及受拉翼缘部分的矩形截面受扭塑性抵抗矩计算式如下：

腹板
$$W_{tw} = \frac{b^2}{6}(3h - b) \qquad (7\text{-}19)$$

受压翼缘
$$W'_{tf} = \frac{h_f'^2}{2}(b'_f - b) \qquad (7\text{-}20)$$

受拉翼缘
$$W_{tf} = \frac{h_f^2}{2}(b_f - b) \qquad (7\text{-}21)$$

式中：W_{tw}、W'_{tf}、W_{tf}——分别为腹板、受压翼缘、受拉翼缘矩形分块截面受扭塑性抵抗矩；

　　　　b、h——腹板宽度和截面总高度；

　　　　b'_f、h'_f——T 形、I 形截面受压翼缘的宽度和高度；

　　　　b_f、h_f——I 形截面受拉翼缘的宽度和高度。

计算时取用的翼缘宽度应符合 $b'_f \leqslant b + 6h'_f$ 及 $b_f \leqslant b + 6h_f$ 的规定。因此，T 形截面总的受扭塑性抵抗矩为：

$$W_t = W_{tw} + W'_{tf} \qquad (7\text{-}22)$$

I 形截面总的受扭塑性抵抗矩为：

$$W_t = W_{tw} + W'_{tf} + W_{tf} \qquad (7\text{-}23)$$

试验证明，I 形截面整体抗扭承载力大于上述各分块计算总和得出的承载力，故分块计算的办法是偏安全的。

T 形截面在弯矩、剪力和扭矩共同作用下的计算可按下列方法进行。

（1）按受弯构件的正截面抗弯承载力要求计算所需的纵向钢筋截面面积。

（2）按剪、扭共同作用下的承载力要求计算承受剪力所需的箍筋截面面积和承受扭矩所需的纵向钢筋截面面积和箍筋截面面积。对于腹板，考虑其同时承受剪力（全部剪力）和相应的分配扭矩，按上节所述剪、扭共同作用下的情况，即式（7-9）～式（7-11）计算，但应将公式中的 T_d 和 W_t 分别改为 T_{wd} 和 W_{tw}。对于受压翼缘和受拉翼缘，不考虑其承受剪力，按承受相应的分配扭矩的纯扭构件进行计算，但应将 T_d 和 W_t 改为了 T'_{fd}、W'_{tf} 和 T_{fd}、W_{tf}，同时箍筋和纵向抗扭钢筋的配筋率应满足纯扭构件的相应规定。

(3)叠加上述二步骤求得的纵向钢筋和箍筋截面面积,即为最后所需总值,各钢筋应按规范要求配置在相应的位置。

第四节　箱形截面受扭构件

在桥梁工程中,除了矩形、T形截面外,由于箱形截面具有抗扭刚度大、能承受异号弯矩且底部平整美观等优点,因此在连续梁桥、曲线梁桥和城市高架桥中得以广泛采用。

由于钢筋混凝土结构抗扭研究是一个相对发展较晚的领域,因此,目前国内对箱形截面受扭构件配筋的研究资料还较少。美国混凝土学会(ACI)的试验研究结果表明,箱形梁的抗扭强度与矩形梁相近,并规定当箱形梁壁厚与相应计量方向的宽度之比满足 $t_2/b \geqslant 1/4$ 或 $t_1/h \geqslant 1/4$ 时,其抗扭承载力可按具有相同总尺寸的带翼缘的矩形截面进行计算(即将箱形空洞部分视为实体),如图7-8所示;当 $1/10 \leqslant t_2/b < 1/4$ 或 $1/10 \leqslant t_1/h < 1/4$ 时,由于箱壁相应尺寸的减薄,其抗扭承载力较同尺寸的带翼缘的实心矩形梁有所降低。因此,在进行承载力计算时,可近似地将构件截面的抗扭承载力乘以一个折减系数 β_a。

由此,箱形截面剪扭构件的抗扭承载力计算公式为:

$$\gamma_0 T_d \leqslant 0.35 \beta_a \beta_t f_{td} W_t + 1.2 \sqrt{\zeta} \frac{f_{sv} A_{sv1} A_{cor}}{S_v} \tag{7-24}$$

式中:β_a——箱形截面有效壁厚折减系数,当 $0.1b \leqslant t_2 \leqslant 0.25b$ 或 $0.1h \leqslant t_1 \leqslant 0.25h$ 时,取 $\beta_a = 4t_2/b$ 或 $\beta_a = 4t_1/h$ 两者较小值;当 $t_2 > 0.25b$ 或 $t_1 > 0.25h$ 时,取 $\beta_a = 1.0$。

其抗剪承载力计算公式见式(7-9)。

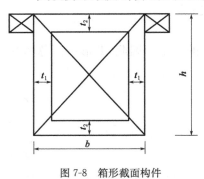

图7-8　箱形截面构件

在箱梁桥中,大多采用单箱单室截面且箱梁顶、底板的厚度都做得较薄,因此 $t_1/h < 1/10$ 或 $t_2/b < 1/10$ 的情况也是存在的。由于此时壁厚较薄,截面有可能发生扭曲,或发生腹板翘曲,从而导致箱梁局部混凝土被压碎的现象。这种破坏是脆性的、不可预见的,因此,对于受弯、扭共同作用的钢筋混凝土箱形截面构件,在确定其壁厚时,应持慎重态度,尤其是在支点截面处底板厚度更不宜太薄。在必要的时候可考虑对箱壁进行局部加厚或采取其他可行的构造措施,以防止发生脆性压碎。

第五节　构 造 要 求

抗扭纵筋应沿截面周边均匀对称布置,间距不宜大于300mm,直径不应小于8mm,数量至少要有4根,布置在矩形截面的四个角隅处;架立钢筋和梁侧面的水平钢筋若有可靠的锚固,也可以当抗扭钢筋;在抗弯钢筋一边,可选用较大直径的钢筋来满足抵抗弯矩和扭矩的需要。抗扭的钢筋骨架,可以采用人工绑扎或焊接,后者一般先焊成平面骨架,然后再焊接成整体。

为保证箍筋在扭坏的连续裂缝面上都能有效地承受主拉应力作用,抗扭箍筋必须做成封闭式箍筋(图 7-9),并且将箍筋在角端用 135°弯钩锚固在混凝土核心内,锚固长度不小于 10 倍的箍筋直径,相邻两根箍筋端头交接的位置宜错开交替布置。如箍筋的锚固长度不足,将导致抗扭失效或降低抗力,因此在箍筋的末端搭接处必须具有足够的锚固长度。为防止箍筋间纵筋向外屈曲而导致保护层剥落,箍筋间距不宜过大,箍筋最大间距根据抗扭要求不宜大于梁高的 1/2 且不大于 400mm,也不宜大于抗剪箍筋的最大间距。箍筋的直径不小于 8mm,且不小于 1/4 主钢筋直径。

对于由若干个矩形截面组成的 T 形、L 形、工字形等复杂截面的受扭构件,必须将各个矩形截面的抗扭钢筋配成笼状骨架,且使复杂截面内各个矩形单元部分的抗扭钢筋互相交错牢固地联成整体,如图 7-10 所示。

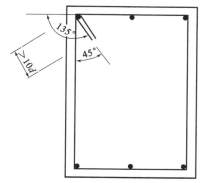
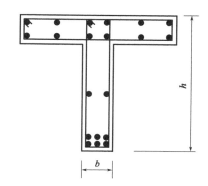

图 7-9　封闭式箍筋示意图　　　　　图 7-10　复杂截面箍筋配置图

【例题 7-1】　已知矩形截面短边尺寸 $b=250$mm,长边尺寸 $h=600$mm。截面上计算弯矩设计值 $M_d=100$kN·m、剪力设计值 $V_d=110$kN、扭矩设计值 $T_d=10$kN·m。Ⅰ类环境条件,设计使用年限 50 年,安全等级为二级,假定 $a_s=40$mm,箍筋内表皮至构件表面距离为 30mm。混凝土 C40,钢筋 HRB400(纵筋)和 HPB300 级钢筋(箍筋),试进行截面的配筋设计。

解:(1)有关参数计算

截面有效高度 $h_0=h-a_s=600-40=560$mm,核心混凝土尺寸 $b_{cor}=250-2×30=190$mm,$h_{cor}=600-2×30=540$mm。

由附表 1-1 查可得:C40 混凝土 $f_{cd}=18.4$MPa,$f_{td}=1.65$MPa;由附表 1-3 查可得 HRB400 钢筋 $f_{sd}=330$MPa,HPB300 钢筋 $f_{sd}=250$MPa,由表 3-2 查得 $\xi_b=0.53$。取 $\gamma_0=1.0$。

$$U_{cor}=2(h_{cor}+b_{cor})=2(190+540)=1460\text{mm}$$

$$A_{cor}=h_{cor}b_{cor}=190×540=102600\text{mm}^2$$

$$W_t=\frac{1}{6}b^2(3h-b)=\frac{1}{6}×250^2×(3×600-250)=1.615×10^7\text{mm}^3$$

(2)截面适用条件验算

$$0.51\sqrt{f_{cu,k}}=0.51×\sqrt{40}=3.23\text{N/mm}^2$$

$$0.50f_{td}=0.50×1.65=0.825\text{N/mm}^2$$

$$\frac{\gamma_0V_d}{bh_0}+\frac{\gamma_0T_d}{W_t}=\frac{1.0×110×10^3}{250×560}+\frac{1.0×10×10^6}{1.615×10^7}=1.40\text{N/mm}^2$$

171

由于 $0.5f_{td} < \dfrac{\gamma_0 V_d}{bh_0} + \dfrac{\gamma_0 T_d}{W_t} < 0.51\sqrt{f_{cu,k}}$，故截面尺寸符合要求，但需通过计算配置抗剪扭钢筋。

（3）抗弯纵筋计算

采用查表法进行配筋计算，有：

$$A_0 = \frac{\gamma_0 M_d}{f_{cd}bh_0^2} = \frac{1.0 \times 100 \times 10^6}{18.4 \times 250 \times 560^2} = 0.06932$$

查附表 1-6 可得 $\xi = 0.0723 < \xi_b = 0.53$，且 $\zeta_0 = 0.9638$，因而，所需的纵向钢筋面积为：

$$A_s = \frac{\gamma_0 M_d}{f_{sd}h_0\zeta_0} = \frac{1.0 \times 100 \times 10^6}{330 \times 560 \times 0.9638} = 561\text{mm}^2$$

受弯构件的一侧纵筋最小配筋百分率（%）应为 $45f_{td}/f_{sd} = 45 \times 1.65/330 = 0.225$ 且不小于 0.2，故最小配筋面积为：

$$A_{s,min} = 0.00225bh_0 = 0.00225 \times 250 \times 560 = 315\text{mm}^2$$

$A_s = 561\text{mm}^2 > A_{s,min}$，满足最小配筋要求。

（4）抗剪钢筋计算

混凝土抗扭承载力降低系数为：

$$\beta_t = \frac{1.5}{1 + 0.5(V_d W_t / T_d bh_0)} = \frac{1.5}{1 + 0.5\dfrac{110 \times 1.615 \times 10^7}{10 \times 10^3 \times 250 \times 560}} = 0.92$$

假定只设置箍筋，在斜截面范围内纵筋的配筋百分率按抗弯时纵筋数量计算，即：

$$P = 100\frac{A_s}{bh_0} = 100 \times \frac{561}{250 \times 560} = 0.401$$

取 $\alpha_1 = 1.0, \alpha_3 = 1.0$。

抗剪箍筋配筋率为：

$$\rho_{sv} = \left(\frac{\gamma_0 V_d}{0.5 \times 10^{-4}\alpha_1\alpha_2\alpha_3(10 - 2\beta_t)bh_0}\right)^2 \Big/ \left[(2 + 0.6P)\sqrt{f_{cu,k}}f_{sv}\right]$$

$$= \left(\frac{1.0 \times 110}{0.5 \times 10^{-4} \times 1.0 \times 1.0 \times 1.0 \times (10 - 2 \times 0.92) \times 250 \times 560}\right)^2 \Big/ \left[(2 + 0.6 \times 0.401)\sqrt{40 \times 250}\right]$$

$$\approx 0.001047$$

选用双肢闭口箍筋，$n = 2$，则可得到：

$$\frac{A_{sv1}}{S_v} = \frac{b\rho_{sv}}{2} = \frac{250 \times 0.001047}{2} = 0.131\text{mm}^2/\text{mm}$$

（5）抗扭钢筋计算

首先计算所需抗扭箍筋，取 $\zeta = 1.2$，则：

$$\frac{A_{sv1}}{S_v} = \frac{\gamma_0 T_d - 0.35\beta_t f_{td}W_t}{1.2\sqrt{\zeta}f_{sv}A_{cor}} = \frac{1.0 \times 10 \times 10^6 - 0.35 \times 0.92 \times 1.65 \times 1.615 \times 10^7}{1.2\sqrt{1.2} \times 250 \times 102600}$$

$$= 0.0421\text{mm}^2/\text{mm}$$

抗扭纵筋截面面积为：

$$A_{st} = \frac{\zeta \cdot f_{sv}A_{sv1}U_{cor}}{f_{sd}S_v} = \frac{1.2 \times 250 \times 0.0421 \times 1460}{330} = 55.88\text{mm}^2 \approx 56\text{mm}^2$$

(6)钢筋配置

总的箍筋配置所需值为$\dfrac{A_{sv1}}{S_v}=0.131+0.0421=0.173\text{mm}^2/\text{mm}$，取$S_v=120\text{mm}$，则$A_{sv1}=0.173\times120=20.76\text{mm}^2$，选用双肢$\phi8$封闭式箍筋，$A_{sv1}=50.300\text{mm}^2>20.76\text{mm}^2$。

若抗扭纵筋沿梁高按4层布置，则受拉区需配置纵筋面积，$A_{s,sum}=561+\dfrac{1}{4}A_{st}=561+\dfrac{56}{4}=575\text{mm}^2$，选用$4\phi14(A_{s,sum}=616\text{mm}^2)$，满足要求。

$$\rho_{st,min}=0.08(2\beta_t-1)\dfrac{f_{cd}}{f_{sd}}=0.08\times(2\times0.92-1)\times\dfrac{18.4}{250}=0.0049$$

受压区所需纵筋面积为$A_{s,sum}=\dfrac{1}{4}A_{st}=\dfrac{56}{4}=14\text{mm}^2$，受压区配筋最小面积为$\dfrac{1}{4}\rho_{st,min}bh=184\text{mm}^2$，受压区配筋$2\phi14(A'_s=308\text{mm}^2)$，满足要求。

沿梁高所配纵筋面积为：

$$A_{sw}=\dfrac{1}{2}A_{st}=28\text{mm}^2$$

根据《公路桥规》的要求，沿梁高最小配筋面积为$0.001bh=0.001\times250\times600=150\text{mm}^2$，沿梁高钢筋配置$4\phi14(616\text{mm}^2)$。

截面配筋图绘制如图7-11所示。

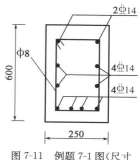

图7-11　例题7-1图(尺寸单位:mm)

📖　小　　结

(1)衡量钢筋混凝土构件抗扭性能的两个重要指标是:①构件的开裂扭矩;②构件的破坏扭矩。受扭构件的开裂扭矩以塑性分析计算公式为基础,并根据试验结果取用0.7为修正系数;实际工程中,采用箍筋和纵向钢筋组成的空间骨架来承担扭矩,在保证必要的保护层厚度下,沿截面周边布置钢筋,以增强抗扭能力,极限扭矩和抗扭刚度的大小很大程度上取决于抗扭钢筋的数量。

(2)钢筋混凝土纯扭构件依据所配箍筋和纵筋数量的多少,其破坏形态有四种,即①少筋破坏;②适筋破坏;③部分超筋破坏;④完全超筋破坏。为使受扭构件的纵筋和箍筋互相匹配,在破坏时均能达到屈服强度,纵筋与箍筋配筋强度比ζ应满足条件$0.6\leqslant\zeta\leqslant1.7$,工程设计中可取为$\zeta=1.2$。

(3)弯剪扭构件随着扭弯比或扭剪比的不同及配筋情况的差异,主要有三种破坏类型:①第Ⅰ类型(弯型);②第Ⅱ类型(剪扭型);③第Ⅲ类型(扭型)。

(4)对弯剪扭构件承载力计算,规范采用简化的"叠加法"进行。即按受弯构件和剪扭构件分别计算所需纵筋和箍筋,并将钢筋截面面积在相应位置叠加配置。

(5)受扭构件都必须满足截面限制条件,以避免完全超筋破坏;箍筋和纵筋应满足最小配筋率要求,以避免少筋破坏;同时,还必须满足有关的构造要求。

思 考 题

7-1 素混凝土纯扭构件的破坏有何特点?

7-2 为什么规定受扭构件的截面限制条件?若扭矩超过截面限制条件的要求,解决的方法是什么?

7-3 在什么情况下受扭构件应按最小配箍率和最小纵筋配筋率进行配筋?

7-4 弯剪扭构件的承载力计算是如何考虑剪和扭的相互影响?β_t 的物理意义是什么?

7-5 简述 T 形和工字形截面钢筋混凝土纯扭构件的承载力计算方法。①截面分块的原则是什么?②各分块面积承担的扭矩如何分配?

7-6 抗扭承载力公式中 ζ 的物理意义是什么? 在工程设计时应如何选择?

习 题

7-1 已知一钢筋混凝土矩形截面纯扭构件,截面尺寸 $b \times h = 150\text{mm} \times 300\text{mm}$。作用于构件上的扭矩组合设计值 $T_d = 4.0\text{kN} \cdot \text{m}$,采用 C30 混凝土,采用 HRB400 级钢筋,安全等级为一级,Ⅰ类环境条件,试计算其配筋量。

7-2 已知一均布荷载作用下钢筋混凝土矩形截面弯剪扭构件,截面尺寸 $b \times h = 200\text{mm} \times 400\text{mm}$。构件所承受的弯矩组合设计值 $M_d = 55\text{kN} \cdot \text{m}$,剪力组合设计值 $V_d = 50\text{kN}$,扭矩组合设计值 $T_d = 4\text{kN} \cdot \text{m}$。钢筋全部采用 HRB400 级钢,采用 C30 混凝土,安全等级为二级,Ⅰ类环境条件,试设计其配筋。

第八章　受弯构件的应力计算及裂缝宽度和变形验算

第一节　概　　述

混凝土结构构件按极限状态设计法设计时,为保证结构的安全性,必须按持久状况承载能力极限状态进行承载力计算,同时为满足结构的适用性和耐久性,尚应进行持久状况正常使用极限状态下裂缝宽度和变形验算及耐久性设计。除此之外,为满足施工阶段的强度要求,还应进行短暂状况下构件的混凝土和钢筋应力计算。

结构使用功能不同,对裂缝控制和变形的限制要求就不同。混凝土抗拉强度很低,在不大的拉应力作用下就可能出现裂缝。对于工程结构中普通钢筋混凝土构件,如受弯构件、受拉构件、偏心受压构件等,在使用阶段要限制其不出现裂缝是较难实现的,允许其带裂缝工作,因此不进行抗裂度验算。但是当裂缝开展宽度较大时,将导致渗漏、钢筋锈蚀,影响结构的耐久性,损害结构的外观、引起使用者不安。所以从适用性、耐久性及观瞻方面考虑,需要对裂缝宽度加以限制。

钢筋混凝土构件带裂缝工作时,其受拉区部分混凝土退出工作,构件将产生较大的变形。随着高强材料的使用,构件截面尺寸相应减小,使构件的变形加大。过大的变形将影响结构的正常使用、引起非结构构件的破坏、并使人产生不适的感觉。所以需要限制在使用荷载下构件的变形或挠度。

钢筋混凝土受弯构件在使用阶段的计算是以带裂缝工作阶段(即第Ⅱ阶段)的应力状态为依据的。由于裂缝宽度和变形(挠度)验算均属于正常使用极限状态,结构构件偶然超过这种状态而引起裂缝过宽、变形过大,至多是一时影响正常使用,不致构成重大的安全事故。因此在进行上述验算时,材料强度取标准值,作用效应组合取频遇组合,并应考虑荷载长期效应的影响。

耐久性是结构功能要求的一个重要方面,要求结构在规定的设计使用年限内不需进行大修或加固就能够安全正常使用。在混凝土结构使用过程中,会受到周围环境中的水、空气、侵蚀性介质以及材料本身有害成分的作用,从而导致混凝土产生劣化,随着时间的推移,会出现开裂、剥落、膨胀、松软、钢筋锈蚀及强度降低等现象,从而影响结构的安全性和适用性。《公路桥规》根据结构的使用年限和环境类别,提出了保证耐久性的规定和措施。

受弯构件正常使用阶段的验算和应力计算中,要用到"换算截面"的概念,因此,本章将先介绍换算截面的概念及其计算方法。

第二节 换算截面

一、基本假定

钢筋混凝土受弯构件受力进入第Ⅱ工作阶段,其特征是弯曲竖向裂缝已形成并开展,中性轴以下大部分混凝土已退出工作,受压区混凝土的压应力图形大致呈抛物线形,构件的荷载—挠度(跨中)关系曲线是一条接近于直线的曲线。

依据第Ⅱ工作阶段的应力状态进行计算时,采用以下三项基本假定。

1.平截面假定

根据平截面假定,平行于梁中性轴的各纵向纤维的应变与其到中性轴的距离成正比[图 8-1b]。同时,由于钢筋与混凝土之间的黏结力,钢筋与其同一水平线的混凝土应变相等,故有:

$$\frac{\varepsilon_c'}{x} = \frac{\varepsilon_c}{h_0 - x} \tag{8-1}$$

$$\varepsilon_s = \varepsilon_c \tag{8-2}$$

式中:ε_c——受拉钢筋重心处混凝土的拉应变;

ε_c'——受压区边缘混凝土的压应变;

ε_s——受拉钢筋重心处钢筋的拉应变;

x——受压区高度;

h_0——截面有效高度。

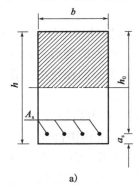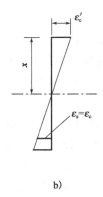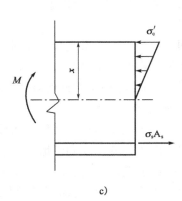

图 8-1 受弯构件的开裂截面

a)开裂截面;b)应变图;c)开裂截面的计算图式

2.弹性体假定

钢筋混凝土受弯构件在第Ⅱ工作阶段时,受压区混凝土的应力分布图形是曲线形,但与直线形相差不大,故可近似取直线形的应力分布图形,即:

$$\sigma_c' = \varepsilon_c' E_c \tag{8-3}$$

同时,假定受拉钢筋重心处混凝土的拉应力与拉应变成正比,即:

$$\sigma_c = \varepsilon_c E_c \tag{8-4}$$

3.受拉区混凝土不承受拉应力,拉应力完全由钢筋承受

由上述基本假定得出的钢筋混凝土受弯构件在第Ⅱ工作阶段的计算图式见图 8-1c)。

由式(8-2)、式(8-4)可得:

$$\sigma_c = \varepsilon_c E_c = \varepsilon_s E_c$$

因为

$$\varepsilon_s = \frac{\sigma_s}{E_s}$$

故有

$$\sigma_c = \frac{\sigma_s}{E_s} E_c = \frac{\sigma_s}{\alpha_{Es}} \tag{8-5}$$

式中:α_{Es}——钢筋混凝土构件截面的换算系数,为钢筋的弹性模量 E_s 和混凝土的弹性模量 E_c 比值,即 $\alpha_{Es} = E_s/E_c$。

二、开裂截面的换算截面

钢筋混凝土受弯构件是由钢筋和混凝土两种弹性模量不同的材料所组成,为了应用材料力学中关于匀质梁的计算公式,需要将钢筋和混凝土两种材料组成的实际截面,换算成拉压性能相同的假想匀质材料组成的截面,即换算截面。经此换算就可将钢筋混凝土受弯构件视为匀质弹性体,从而采用材料力学公式进行截面计算。

通常将钢筋截面面积 A_s 换算成假想的受拉混凝土截面面积 A_{sc},而此混凝土集中地位于受拉钢筋的重心处(图 8-2)。

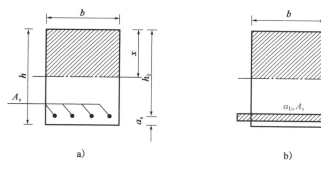

图 8-2　换算截面图

a)原截面;b)换算截面

假想的混凝土所承受的总拉力应与钢筋承受的总拉力相等,故有:

$$A_s \sigma_s = A_{sc} \sigma_c$$

又由式(8-5)知 $\sigma_s/\sigma_c = \alpha_{Es}$,则:

$$A_{sc} = A_s \sigma_s/\sigma_c = \alpha_{Es} A_s \tag{8-6}$$

将 $A_{sc} = \alpha_{Es} A_s$ 称为钢筋的换算面积,并将受压区的混凝土面积和受拉区的钢筋换算面积所组成的截面称为钢筋混凝土构件开裂截面的换算截面(图 8-2)。这样就可以按材料力学的方法来计算换算截面的几何特性。

1.单筋矩形截面

(1)换算截面面积

$$A_0 = bx + \alpha_{Es} A_s \tag{8-7}$$

（2）换算截面对中性轴的静矩

受压区
$$S_{oc}=\frac{1}{2}bx^2 \tag{8-8}$$

受拉区
$$S_{ot}=\alpha_{Es}A_s(h_0-x) \tag{8-9}$$

（3）受压区高度 x

对于受弯构件，开裂截面的中性轴通过其换算截面的形心轴，即 $S_{oc}=S_{ot}$，得到：

$$\frac{1}{2}bx^2=\alpha_{Es}A_s(h_0-x)$$

化简可得：

$$x=\frac{\alpha_{Es}A_s}{b}\left[\sqrt{1+\frac{2bh_0}{\alpha_{Es}A_s}}-1\right] \tag{8-10}$$

（4）换算截面惯性矩 I_{cr}

$$I_{cr}=\frac{1}{3}bx^3+\alpha_{Es}A_s(h_0-x)^2 \tag{8-11}$$

2. 双筋矩形截面

双筋矩形截面跟单筋矩形截面的不同之处是受压区配置有受压钢筋，因此，双筋矩形截面的换算截面几何特性的表达式可在单筋矩形截面的基础上，再计入受压钢筋换算截面 $\alpha_{Es}A_s'$ 即可。

3. 单筋 T 形截面

如图 8-3 所示，计算 T 形截面时，首先确定受压区高度 x，可先假定中性轴位于翼缘板内，此时截面受压区高度 x 即可按下式计算：

$$\frac{1}{2}b_f'x^2=\alpha_{Es}A_s(h_0-x)$$

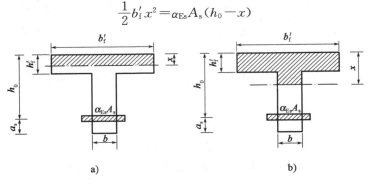

图 8-3　开裂状态下 T 形截面换算计算图式

a）第一类 T 形截面；b）第二类 T 形截面

若受压区高度 $x\leqslant h_f'$ 时，为第一类 T 形截面，可按宽度为 b_f' 的矩形截面，应用式（8-7）～式（8-11）来计算开裂截面的换算截面几何特性。

若受压区高度 $x>h_f'$ 时，表明中性轴位于 T 形截面的肋部，为第二类 T 形截面。这时，换算截面的 x 应按下式计算：

$$x=\sqrt{A^2+B}-A \tag{8-12}$$

$$A=\frac{\alpha_{Es}A_s+(b_f'-b)h_f'}{b},B=\frac{2\alpha_{Es}A_sh_0+(b_f'-b)(h_f')^2}{b}$$

换算截面对其中性轴的惯性矩 I_{cr} 为：

$$I_{cr} = \frac{b_f' x^3}{3} - \frac{(b_f' - b)(x - h_f')^3}{3} + \alpha_{Es} A_s (h_0 - x)^2 \tag{8-13}$$

三、全截面换算截面

钢筋混凝土受弯构件使用阶段和施工阶段设计计算，有时会用到全截面换算截面这一概念。全截面换算截面是混凝土全截面面积和钢筋的换算面积所组成的截面。对于图 8-4 所示的 T 形截面，全截面换算截面几何特性计算式为：

换算截面面积

$$A_0 = bh + (b_f' - b)h_f' + (\alpha_{Es} - 1)A_s \tag{8-14}$$

换算截面重心轴至翼板外边缘的距离

$$x = \frac{\frac{1}{2}bh^2 + \frac{1}{2}(b_f' - b)h_f'^2 + (\alpha_{Es} - 1)A_s h_0}{A_0} \tag{8-15}$$

换算截面对其重心轴的惯性矩

$$I_0 = \frac{1}{12}bh^3 + bh\left(\frac{1}{2}h - x\right)^2 + \frac{1}{12}(b_f' - b)(h_f')^3 + (b_f' - b)h_f'\left(\frac{h_f'}{2} - x\right)^2 +$$
$$(\alpha_{Es} - 1)A_s(h_0 - x)^2 \tag{8-16}$$

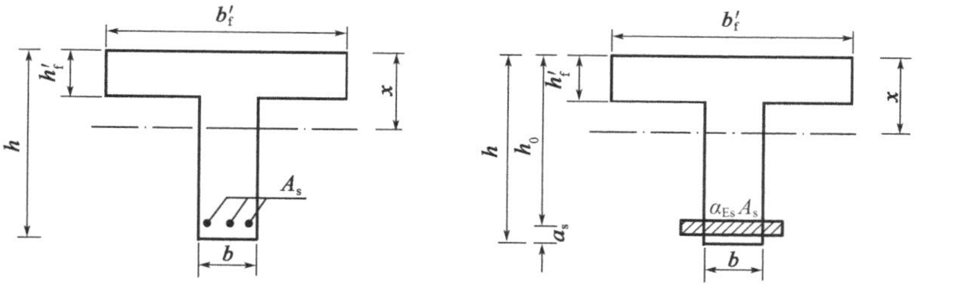

图 8-4　全截面换算示意图
a)原截面；b)换算截面

第三节　应 力 计 算

钢筋混凝土梁在施工阶段，特别是梁的运输、安装过程中，梁的支承条件、受力图式会发生变化。因此，应该根据受弯构件在施工中的实际受力体系进行应力计算。

《公路桥规》规定在进行施工阶段验算时，施工荷载除有特别规定外均采用标准值，进行荷载组合时不考虑荷载组合系数。构件在吊装时，构件重力应乘以动力系数 1.2 或 0.85，并可视构件具体情况适当增减。当用吊机(吊车)行驶于桥梁上进行安装时，应对已安装的构件进行验算，吊机(车)应乘以 1.15 的荷载系数。但当由吊机(车)产生的效应设计值小于按持久状况承载能力极限状态计算的荷载效应设计值时，则可不必验算。

对于钢筋混凝土受弯构件施工阶段的应力计算，可按第Ⅱ工作阶段进行。《公路桥规》规定受弯构件正截面应力应符合下列条件：

179

（1）受压区混凝土边缘纤维应力

$$\sigma_{cc}^t \leqslant 0.80 f_{ck}'$$

（2）受拉钢筋应力

$$\sigma_{si}^t \leqslant 0.75 f_{sk}$$

式中：f_{ck}'——施工阶段相应于混凝土立方体抗压强度 f_{cu}' 的混凝土轴心抗压强度标准值，按附表 1-1 以直线内插取用；

　　　f_{sk}——普通钢筋抗拉强度标准值，按附表 1-3 采用；

　　　σ_{si}^t——按短暂状况计算时受拉区第 i 层钢筋的应力。

对于钢筋的应力计算，一般仅需验算最外排受拉钢筋的应力，当内排钢筋强度小于外排钢筋强度时，则应分排验算。

下面分别介绍矩形截面和 T 形截面正应力验算方法。

（1）矩形截面（图 8-2）

截面应力验算按下列各式进行：

①受压区混凝土边缘

$$\sigma_{cc}^t = \frac{M_k^t x}{I_{cr}} \tag{8-17}$$

②受拉钢筋重心处

$$\sigma_{si}^t = \alpha_{Es} \frac{M_k^t (h_{0i} - x)}{I_{cr}} \tag{8-18}$$

式中：M_k^t——由临时的施工荷载标准值产生的弯矩值；

　　　h_{0i}——受压区边缘至受拉区第 i 层钢筋重心的距离；

　　　x——换算截面的受压区高度，按换算截面受压区和受拉区对中性轴面积矩相等的原则求得；

　　　I_{cr}——开裂截面换算截面惯性矩。

（2）T 形截面

T 形截面在弯矩作用下，其翼板可能位于受拉区[图 8-5a)]，也可能位于受压区[图 8-5b)、图 8-5c)]。

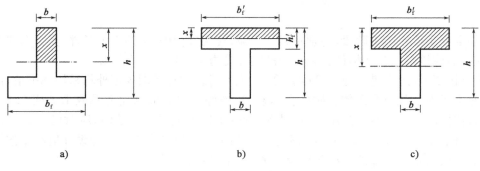

图 8-5　T 形截面梁受力状态图

a)倒 T 形截面；b)第一类 T 形截面；c)第二类 T 形截面

当翼板位于受拉区时,按照宽度为 b、高度为 h 的矩形截面进行应力验算。

当翼板位于受压区时,则先判别截面类型。

若 $x \leqslant h_f'$,表明中性轴在翼板中,则可按宽度为 b_f' 的矩形梁计算。

若 $x > h_f'$,这时应按式(8-12)计算受压区高度 x,再按式(8-13)计算换算截面惯性矩 I_{cr}。

截面应力验算仍按式(8-17)和式(8-18)进行。应力验算不满足时,应该调整施工方法,或者补充、调整某些钢筋。对于施工阶段的主应力验算,详见《公路桥规》规定。

第四节 裂缝宽度验算

钢筋混凝土结构的裂缝,按其产生的原因可分为以下几类:

(1)作用效应(如弯矩、剪力、扭矩及拉力等)引起的裂缝。其裂缝形态如前面章节中所述,这种裂缝一般是与受力钢筋以一定角度相交的横向裂缝。

(2)由外加变形或约束变形引起的裂缝。外加变形或约束变形一般有地基的不均匀沉降、混凝土的收缩及温度差等。约束变形越大,裂缝宽度也越大。例如在钢筋混凝土薄腹 T 形梁的腹板表面上出现中间宽两端窄的竖向裂缝,这是混凝土硬化时,腹板混凝土受到四周混凝土及钢筋骨架约束而引起的裂缝。

(3)钢筋锈蚀裂缝。由于保护层混凝土碳化或冬季施工中掺氯盐(这是一种混凝土促凝、早强剂)过多导致钢筋锈蚀。锈蚀产物的体积比钢筋被侵蚀的体积大(2~3)倍,这种体积膨胀使外围混凝土产生相当大的拉应力,引起混凝土开裂,甚至造成保护层混凝土剥落。钢筋锈蚀裂缝是沿钢筋长度方向劈裂的纵向裂缝。

过多的裂缝或过大的裂缝宽度会影响结构的外观,造成使用者不安。从结构本身来看,某些裂缝的发生或发展,将影响结构的使用寿命。为了保证钢筋混凝土构件的耐久性,必须在设计、施工等方面控制裂缝。

外加变形或约束变形引起的裂缝,往往是在构造上提出要求和在施工工艺上采取相应的措施予以控制。例如,混凝土收缩引起的裂缝,往往发生在混凝土的硬化初期,因此需要良好的初期养护条件和合理的混凝土配合比设计,所以在施工中要严格控制混凝土的配合比,保证混凝土的养护条件和时间。同时,《公路桥规》还规定,为防止过宽的收缩裂缝,对于钢筋混凝土薄腹梁,应沿梁腹高的两侧设置直径为 6~8mm 的水平纵向钢筋,并且具有规定的配筋率($0.001 \sim 0.002bh$),其中 b 为肋板宽度,h 为梁的高度。纵向钢筋间距在受拉区不应大于肋板宽度,且不应大于 200mm;在受压区不应大于 300mm。在支点附近剪力较大区段,肋板两侧纵向钢筋截面面积应予增加,纵向钢筋间距宜为 100~150mm。

钢筋锈蚀裂缝将影响结构的使用寿命,危害性较大,故必须防止其出现。实际工程中采取的预防措施有:保证有足够厚度的混凝土保护层,保证混凝土的密实性,严格控制早凝剂、早强剂的掺入量等。一旦钢筋锈蚀裂缝出现,应当及时处理。

钢筋混凝土构件在荷载作用下产生的裂缝宽度,主要通过设计计算和构造措施加以控制。本节将主要介绍钢筋混凝土受弯构件弯曲裂缝宽度的验算及控制方法。

一、裂缝特性、裂缝间距和宽度的特点

裂缝特性、裂缝间距和宽度具有以下特点。

(1)当拉应力达到混凝土抗拉强度,一般出现裂缝。因此,构件第一条裂缝一般出现在内力最大(或主拉应力最大)的截面或构件最薄弱的截面,最大裂缝宽度一般也在该截面。

(2)裂缝宽度与裂缝间距密切相关。裂缝间距大,裂缝宽度越大;裂缝间距小,裂缝宽度越小。裂缝间距与钢筋表面特征有关,采用螺纹钢筋,裂缝密而窄;采用光面钢筋,裂缝疏而宽。在钢筋面积相同的情况下,钢筋直径细、根数多,则裂缝密而窄,反之裂缝疏而宽,这是因为采用螺纹钢筋和细直径钢筋可以增加握裹力。

(3)裂缝间距和宽度随受拉区混凝土有效面积增大而增大,随混凝土保护层厚度增大而增大。《公路桥规》规定,在构造上要求保护层厚度不小于30mm,亦不大于50mm。

(4)裂缝宽度随受拉钢筋用量增大而减小。这是因为内力一定时,钢筋用量大,钢筋应力则小,因此裂缝宽度随之减小。

(5)裂缝宽度与荷载作用时间长短有关。在荷载长期作用下,由于受压区混凝土的徐变和受拉区裂缝间混凝土逐步退出工作,因此裂缝宽度随时间的延长而扩大,由上可知,裂缝宽度只能在实验基础上,采用近似计算方法进行验算。

二、裂缝最大宽度计算方法和裂缝宽度限值

对于钢筋混凝土构件裂缝宽度问题,各国均做了大量的试验和理论研究工作,提出了各种不同的裂缝宽度计算理论和方法,总的来说,可以归纳为两大类:第一类是理论计算法,它是根据某种理论来建立计算图式,最后得到裂缝宽度计算公式,然后对公式中一些不易通过计算获得的系数,利用试验资料加以确定;第二类是分析影响裂缝宽度的主要因素,然后利用数理统计方法来处理大量的试验资料而建立计算公式。《公路桥规》采用的就是数理统计方法。

根据试验结果分析,影响裂缝宽度的主要因素有:钢筋应力 σ_{ss}、钢筋直径 d、配筋率 ρ、保护层厚度 c、钢筋外形、荷载作用性质(短期、长期、重复作用)、构件受力性质(受弯、受拉、偏心受拉等)。具体考虑因素如下:

(1)混凝土强度等级(或抗拉强度)的影响:国内外资料大多认为混凝土强度对裂缝宽度影响不大,计算公式中可不考虑此项因素。

(2)钢筋保护层厚度 c 的影响:保护层厚度 c 对裂缝间距 l_{cr} 和表面裂缝宽度 w_f 均有影响。保护层愈厚,裂缝宽度愈宽。但是,从另一方面讲,容许裂缝宽度如规定为使用年限内钢筋不致锈蚀的开展宽度,则也与保护层厚度密切有关,即保护层愈厚,钢筋锈蚀的可能性愈小。因此,保护层厚度对计算裂缝宽度和容许裂缝宽度的影响可大致抵消,同时,一般构件保护层厚度与截面有效高度之比变异范围不大($c/h_0 = 0.05 \sim 0.10$),故在裂缝宽度计算公式中,暂时也可以不考虑保护层厚度的影响。

(3)受拉钢筋应力 σ_{ss} 的影响:在国内外文献中,一致认为受拉钢筋应力 σ_{ss} 是影响裂缝开展宽度的最主要因素,但裂缝宽度与 σ_{ss} 的关系则有不同的表达形式。采用在使用荷载作用下裂缝最大宽度 w_{fmax} 与 σ_{ss} 呈线性关系的形式是最简单的表达形式。

(4)钢筋直径 d 的影响:试验表明,在受拉钢筋配筋率和钢筋应力大致相同的情况下,裂

缝宽度随 d 的增大而增大。

（5）受拉钢筋配筋率的影响：试验表明，当钢筋直径相同、钢筋应力大致相同的情况下，裂缝宽度随着 ρ 值的增加而减小，当 ρ 接近某一数值（如 $\rho \geqslant 0.02$ 时），裂缝宽度基本不变。

（6）钢筋外形的影响：在裂缝宽度计算公式中，引用不同的系数 C_1 来考虑钢筋外形的影响，例如对螺纹钢筋取 $C_1 = 1.0$。

（7）荷载作用性质的影响：在裂缝宽度计算公式中，引用不同的系数 C_2 来考虑荷载作用性质的影响，例如对短期荷载作用取 $C_2 = 1.0$。

（8）构件受力性质的影响：在裂缝宽度计算公式中，引用不同的参数 C_3 来考虑构件受力性质对最大裂缝宽度的影响，例如对受弯构件取 $C_3 = 1.0$。

《公路桥规》中钢筋混凝土受弯构件的最大裂缝宽度计算公式，是在以上分析的基础上，选取主要的统计参数，再利用数理统计方法建立的。

《公路桥规》规定对矩形、T 形和工字形截面的钢筋混凝土构件，其最大裂缝宽度按下式计算：

$$w_{cr} = C_1 C_2 C_3 \frac{\sigma_{ss}}{E_s} \left(\frac{c + d}{0.36 + 1.7 \rho_{te}} \right) \tag{8-19}$$

式中：C_1——钢筋表面形状系数，对于光面钢筋，$C_1 = 1.4$；对于带肋钢筋，$C_1 = 1.0$；，对环氧树脂涂层带肋钢筋，$C_1 = 1.15$；

C_2——长期效应影响系数，$C_2 = 1 + 0.5 \dfrac{M_l}{M_s}$，其中 M_l 和 M_s 分别为按作用（或荷载）准永久组合和频遇组合计算的弯矩设计值（或轴力设计值）；

C_3——与构件受力性质有关的系数，当为钢筋混凝土板式受弯构件时，$C_3 = 1.15$；其他受弯构件，$C_3 = 1.0$，偏心受拉构件，$C_3 = 1.1$；圆形截面偏心受压构件 $C_3 = 0.75$；其他截面偏心受压构件，$C_3 = 0.9$；轴心受拉构件，$C_3 = 1.2$；

d——纵向受拉钢筋的直径（mm）；当用不同直径的钢筋时，改用换算直径 d_e，$d_e = \dfrac{\sum n_i d_i^2}{\sum n_i d_i}$，对钢筋混凝土构件，$n_i$ 为受拉区第 i 种普通钢筋的根数，d_i 为受拉区第 i 种普通钢筋的公称直径；对于焊接钢筋骨架，式(8-19)中的 d 或 d_e 应乘以 1.3 的系数；

c——最外排纵向受拉钢筋的混凝土保护层厚度（mm），当 $c > 50\text{mm}$ 时，取 50mm；

ρ_{te}——纵向受拉钢筋的有效配筋率，$\rho_{te} = \dfrac{A_s}{A_{te}}$，当 $\rho_{te} > 0.1$ 时，取 $\rho_{te} = 0.1$；当 $\rho_{te} < 0.01$ 时，取 $\rho_{te} = 0.01$；

A_{te}——有效受拉混凝土截面面积，轴心受拉构件取构件截面面积；受弯、偏心受拉、偏心受压构件取 $2a_s b$，a_s 为受拉钢筋重心至受拉区边缘的距离。对矩形截面，b 为截面宽度，对翼缘位于受拉区的 T 形、I 形截面，b 为受拉区有效翼缘宽度；

σ_{ss}——由作用频遇组合引起的开裂截面纵向受拉钢筋的应力（MPa），对于钢筋混凝土受弯构件，$\sigma_{ss} = M_s / (0.87 A_s h_0)$；其他受力性质构件的 σ_{ss} 计算式参见《公路桥规》；

E_s——钢筋弹性模量（MPa）。

正常使用极限状态下的裂缝宽度应按作用（或荷载）频遇组合并考虑长期效应影响进行验算，且不得超过表 8-1 的限值。

最大裂缝宽度限值 表 8-1

环 境 类 别	最大裂缝宽度限值(mm)	
	钢筋混凝土构件、采用预应力螺纹钢筋的 B 类预应力混凝土构件	采用钢丝或钢绞线的 B 类预应力混凝土构件
Ⅰ类——一般环境	0.20	0.10
Ⅱ类——冻融环境	0.20	0.10
Ⅲ类——近海或海洋氯化物环境	0.15	0.10
Ⅳ类——除冰盐等其他氯化物环境	0.15	0.10
Ⅴ类——盐结晶环境	0.10	禁止使用
Ⅵ类——化学腐蚀环境	0.15	0.10
Ⅶ类——磨蚀环境	0.20	0.10

第五节 变 形 验 算

钢筋混凝土受弯构件在使用荷载作用下将产生挠曲变形,而过大的挠曲变形将影响结构的正常使用。因此,为了确保桥梁的正常使用,把受弯构件的变形计算列为正常使用极限状态计算的一项主要内容,要求受弯构件具有足够刚度,使得构件在使用荷载作用下的最大变形(挠度)计算值不得超容许的限值。

受弯构件的挠度应考虑作用长期效应的影响,即按作用频遇组合和给定的刚度计算的挠度值,再乘以挠度长期增长系数 η_θ。η_θ 可按下列规定取值:

①当采用 C40 以下混凝土时,$\eta_\theta=1.60$。

②当采用 C40~C80 混凝土时,$\eta_\theta=1.45~1.35$,中间强度等级可按直线内插取用。

《公路桥规》规定,钢筋混凝土受弯构件按上述计算的长期挠度值,在消除结构自重产生的长期挠度后不应超过表 8-2 规定的限值。

钢筋混凝土梁桥允许的挠度值 表 8-2

构 件 种 类	允许的挠度值
梁式桥主梁跨中	$l/600$
梁式桥主梁悬臂端	$l_1/300$

注:l 为受弯构件的计算跨径;l_1 为悬臂长度。

一、受弯构件的挠度计算

1. 受弯构件的刚度

截面抵抗弯曲变形的能力称为抗弯刚度。构件截面的弯曲变形是用曲率 $\varphi=1/\rho$ 来度量的,ρ 是变形曲线(指平均中和轴)在该截面处的曲率半径,因此,曲率 φ 也就等于构件单位长度上两截面间的相对转角。

但是,钢筋混凝土受弯构件各截面的配筋不一样,承受的弯矩也不相等,弯矩小的截面可能不出现弯曲裂缝,其刚度要较弯矩大的开裂截面大得多,因此沿梁长度的抗弯刚度是个变值。为简化起见,把变刚度构件等效为等刚度构件,采用结构力学方法,按在两端部弯矩作用下构件转角相等的原则,则可求得等刚度受弯构件的等效刚度 B,即为开裂构件等效截面的抗弯刚度。

对钢筋混凝土受弯构件,《公路桥规》规定计算变形时的抗弯刚度为:

$$B = \frac{B_0}{\left(\frac{M_{cr}}{M_s}\right)^2 + \left[1 - \left(\frac{M_{cr}}{M_s}\right)^2\right]\frac{B_0}{B_{cr}}}$$ (8-20)

式中:B——开裂构件等效截面的抗弯刚度;

$\quad B_0$——全截面的抗弯刚度,$B_0 = 0.95E_c I_0$;

$\quad B_{cr}$——开裂截面的抗弯刚度,$B_{cr} = E_c I_{cr}$;

$\quad E_c$——混凝土的弹性模量;

$\quad I_0$——全截面换算截面惯性矩;

$\quad I_{cr}$——开裂截面的换算截面惯性矩;

$\quad M_s$——按频遇组合计算的弯矩值;

$\quad M_{cr}$——开裂弯矩,$M_{cr} = \gamma f_{tk} W_0$;

$\quad f_{tk}$——混凝土轴心抗拉强度标准值;

$\quad \gamma$——构件受拉区混凝土塑性影响系数,$\gamma = 2S_0/W_0$;

$\quad S_0$——全截面换算截面重心轴以上(或以下)部分面积对重心轴的面积矩;

$\quad W_0$——全截面换算截面抗裂验算边缘的弹性抵抗矩。

2. 作用频遇组合下的挠度

钢筋混凝土受弯构件在弯曲变形时,纯弯段的各横截面将绕中性轴转动一个角度 φ,但截面仍保持平面(图 8-6)。这时,按材料力学可得到挠度曲线的曲率:

$$\varphi = \frac{1}{\rho} = \frac{d^2 y}{dx^2} = \frac{M_s}{B}$$ (8-21)

挠度计算公式为:

$$y = w = \alpha \frac{M_s L^2}{B}$$ (8-22)

式中:α——与荷载形式、支承条件有关的挠度系数,例如承受均布荷载的简支梁,$\alpha = 5/48$。

3. 长期挠度

在长期荷载作用下,受弯构件的挠度还会不断增长,具体原因如下:

(1)受压混凝土发生徐变,使受压应变随时间而增长。同时,由于受压混凝土塑性发展,使内力臂减小从而引起受拉钢筋应力的增加。

(2)受拉混凝土和受拉钢筋间的黏结滑移徐变、受拉混凝土的应力松弛以及裂缝的向上发展,导致受拉混凝土不断退出工作,从而使受拉钢筋平均应变随时间增大。

(3)混凝土的收缩。

受弯构件在作用频遇组合下的挠度,乘以挠度长期增长系数 η_θ,即为长期挠度值。

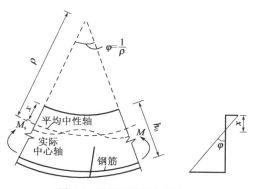

图 8-6　平截面假定示意图

二、预拱度的设置

对于钢筋混凝土梁式桥,梁的变形是由结构重力(恒载)和可变荷载两部分荷载作用产生的。

《公路桥规》规定:当由荷载频遇组合并考虑作用长期效应影响的长期挠度不超过计算跨径 $l/1600$ 时(l 为计算跨径),可不设预拱度。当不符合上述规定时则应设预拱度。钢筋混凝土受弯构件预拱度值按结构自重和 $1/2$ 可变荷载频遇值计算的长期挠度值之和采用,即:

$$\Delta = w_G + \frac{1}{2} w_Q \tag{8-23}$$

式中:Δ——预拱度值;

w_G——结构重力产生的长期竖向挠度;

w_Q——可变荷载频遇值产生的长期竖向挠度。

预拱度的设置应按最大的预拱值沿顺桥向做成平顺的曲线。

【**例题 8-1**】 某钢筋混凝土简支 T 形梁,梁长 $L_0 = 19.96$m,计算跨径 $L = 19.50$m;C40 混凝土,$f_{ck} = 26.8$MPa,$f_{tk} = 2.40$MPa,$E_c = 3.25 \times 10^4$MPa;Ⅱ 类环境条件,设计使用年限 50 年;安全等级为二级。主梁截面尺寸如图 8-7 所示;跨中截面主筋为 HRB400 级,钢筋截面面积 $A_s = 6836$mm^2($8\ \underline{\Phi}32 + 2\ \underline{\Phi}16$),$a_s = 111$mm,$E_s = 2 \times 10^5$MPa,$f_{sk} = 400$MPa。底排纵筋至混凝土下缘距离为 35mm。

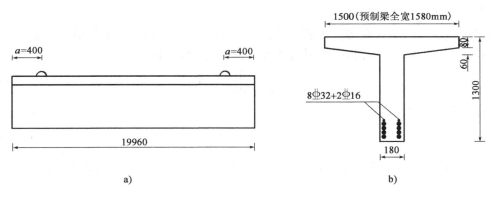

图 8-7　例题 8-1 图(尺寸单位:mm)

a)梁立面图;b)梁跨中截面图

简支梁吊装时,其吊点设在距梁端 $a = 400$mm 处,而梁自重在跨中截面引起的弯矩 $M_{G1} = 500$kN·m。主梁在使用阶段汽车荷载标准值产生的弯矩为 $M_{Q1} = 600$kN·m(未计入汽车冲击系数),人群荷载标准值产生的弯矩 $M_{Q2} = 55$kN·m,永久作用(恒载)标准值产生的弯矩 $M_G = 760$kN·m。试进行钢筋混凝土简支 T 形梁的验算。

解:(1)施工吊装时的正应力验算

根据图 8-7 所示梁的吊点位置及主梁自重(看作均布荷载),可以看到在吊点截面处有最大负弯矩,在梁跨中截面有最大正弯矩,均为正应力验算截面。本例以梁跨中截面正应力验算为例介绍计算方法。

①梁跨中截面的换算截面惯性矩 I_{cr} 计算。

根据《公路桥规》规定计算得到梁受压翼板的有效宽度为 $b_f' = 1500$mm,而受压翼板平均厚度为 110mm,有效高度 $h_0 = h - a_s = 1300 - 111 = 1189$mm。

$$\alpha_{Es} = \frac{E_s}{E_c} = \frac{2 \times 10^5}{3.25 \times 10^4} = 6.154$$

由式(8-12)计算截面混凝土受压区高度为:

$$\frac{1}{2} \times 1500 \times x^2 = 6.154 \times 6836 \times (1189 - x)$$

得到:

$$x = 231.71\text{mm} > h'_f (= 110\text{mm})$$

故为第二类 T 形截面。

$$A = \frac{\alpha_{Es} A_s + h'_f (b'_f - b)}{b} = \frac{6.154 \times 6836 + 110 \times (1500 - 180)}{180} = 1040$$

$$B = \frac{2\alpha_{Es} A_s h_0 + (b'_f - b) h'^2_f}{b} = \frac{2 \times 6.154 \times 6836 \times 1189 + (1500 - 180) \times 110^2}{180} = 644508$$

故 $\qquad x = \sqrt{A^2 + B} - A = \sqrt{1040^2 + 644508} - 1040 = 274\text{mm} > h'_f = 110\text{mm}$

$$I_{cr} = \frac{b'_f x^3}{3} - \frac{(b'_f - b)(x - h'_f)^3}{3} + \alpha_{Es} A_s (h_0 - x)^2$$

$$= \frac{1500 \times 274^3}{3} - \frac{(1500 - 180) \times (274 - 110)^3}{3} + 6.154 \times 6836 \times (1189 - 274)^2$$

$$= 43564.60 \times 10^6 \text{mm}^4$$

②正应力验算。

吊装时取动力系数为 1.2(起吊时主梁超重),则跨中截面计算弯矩为 $M_k = 1.2 M_{G1} = 1.2 \times 500 \times 10^6 = 600 \times 10^6 \text{N} \cdot \text{mm}$。

受压区混凝土边缘正应力为:

$$\sigma^t_{cc} = \frac{M_k x}{I_{cr}} = \frac{600 \times 10^6 \times 274}{43564.60 \times 10^6}$$

$$= 3.77\text{MPa} < 0.8 f'_{ck} (= 0.8 \times 26.8 = 21.44\text{MPa})$$

受拉钢筋的面积重心处的应力为:

$$\sigma^t_s = \alpha_{Es} \frac{M_k (h_0 - x)}{I_{cr}} = 6.154 \times \frac{600 \times 10^6 \times (1189 - 274)}{43564.60 \times 10^6}$$

$$= 77.55\text{MPa} < 0.75 f_{sk} (= 0.75 \times 400 = 300\text{MPa})$$

最下面一层钢筋($2\phi 32$)重心距受压边缘高度为:

$$h_{01} = 1300 - \left(\frac{35.8}{2} + 35\right) = 1247\text{mm}$$

则钢筋应力为:

$$\sigma_s = \alpha_{Es} \frac{M^t_k}{I_{cr}} (h_{01} - x)$$

$$= 6.154 \times \frac{600 \times 10^6}{43564.60 \times 10^6} \times (1247 - 274)$$

$$= 82.46\text{MPa} < 0.75 f_{sk} = 300\text{MPa}$$

验算结果表明,主梁吊装时混凝土正应力和钢筋拉应力均小于规范限值。

(2)最大裂缝宽度 w_{cr} 的验算

①带肋螺纹钢筋 $C_1=1.0$。

荷载频遇组合弯矩计算值为：

$$M_s = M_G + \psi_{11} \times M_{Q1} + \psi_{12} \times M_{Q2}$$
$$= 760 + 0.7 \times 600 + 1.0 \times 55$$
$$= 1235 \text{kN} \cdot \text{m}$$

荷载准永久组合弯矩计算值为：

$$M_l = M_G + \psi_{21} \times M_{Q1} + \psi_{22} \times M_{Q2}$$
$$= 760 + 0.4 \times 600 + 0.4 \times 55$$
$$= 1022 \text{kN} \cdot \text{m}$$

系数 $C_2 = 1 + 0.5 \dfrac{M_l}{M_s} = 1 + 0.5 \dfrac{1022}{1235} = 1.41$。

系数 C_3，非板式受弯构件 $C_3=1.0$。

②钢筋应力 σ_{ss}。

$$\sigma_{ss} = \frac{M_s}{0.87 h_0 A_s} = \frac{1235 \times 10^6}{0.87 \times 1189 \times 6836} = 175 \text{MPa}$$

③换算直径 d。

$$d = d_e = \frac{8 \times 32^2 + 2 \times 16^2}{8 \times 32 + 2 \times 16} = 30.2 \text{mm}$$

由于焊接钢筋骨架，则 $d = d_e = 1.3 \times 30.2 = 39.26 \text{mm}$。

④纵向受拉钢筋配筋率 ρ 的计算。

$$\rho_{te} = \frac{A_s}{2 a_s b} = \frac{6836}{2 \times 111 \times 180} = 0.17 > 0.1$$

取 $\rho_{te} = 0.1$。

⑤最大裂缝宽度 w_{cr} 的计算。

由式(8-19)计算可得到：

$$w_{cr} = C_1 C_2 C_3 \frac{\sigma_{ss}}{E_s} \left(\frac{c+d}{0.36 + 1.7 \rho_{te}} \right) = 1 \times 1.41 \times 1 \times \frac{175}{2 \times 10^5} \times \left(\frac{35 + 39.26}{0.36 + 1.7 \times 0.1} \right)$$
$$= 0.17 \text{mm} \leqslant [w_f] = 0.2 \text{mm}$$

满足要求。

(3)梁跨中挠度的验算

在进行梁变形计算时，应取梁与相邻梁横向连接后截面的全宽度受压翼板计算，即 $b'_{f1} = 1600 \text{mm}$，而 h'_f 仍为 110mm。

①T形梁换算截面的惯性矩 I_{cr} 和 I_0 计算。

由 $\dfrac{1}{2} b'_f x^2 = \alpha_{Es} A_s (h_0 - x)$，有 $\dfrac{1}{2} \times 1600 \times x^2 = 6.154 \times 6836 (1189 - x)$，求得：

$$x = 222.47 \text{mm} > h'_f = 110 \text{mm}$$

故梁跨中截面为第二类T形截面，需重新计算受压区 x 高度。

$$A = \frac{\alpha_{Es} A_s + h'_f (b'_{f1} - b)}{b} = \frac{6.154 \times 6836 + 110 \times (1600 - 180)}{180} = 1101$$

$$B = \frac{2\alpha_{Es}A_s h_0 + (b'_{fl} - b)h'^2_f}{b} = \frac{2 \times 6.154 \times 6836 \times 1189 + (1600 - 180) \times 110^2}{180}$$

$$= 651230.4$$

则 $x = \sqrt{A^2 + B} - A = \sqrt{1101^2 + 651230.4} - 1101 = 264\text{mm} > h'_f = 110\text{mm}$。

开裂截面的换算截面惯性矩 I_{cr} 为：

$$I_{cr} = \frac{1600 \times 264^3}{3} - \frac{(1600 - 180) \times (264 - 110)^3}{3} + 6.154 \times 6836 \times (1189 - 264)^2$$

$$= 44079.5 \times 10^6 \text{mm}^4$$

T 形梁的全截面换算截面面积 A_0 为：

$$A_0 = 180 \times 1300 + (1600 - 180) \times 110 + (6.154 - 1) \times 6836 = 425433\text{mm}^2$$

受压区高度 x 为：

$$x = \frac{\frac{1}{2} \times 180 \times 1300^2 + \frac{1}{2} \times (1600 - 180) \times 110^2 + (6.154 - 1) \times 6836 \times 1189}{425433}$$

$$= 476\text{mm}$$

全截面换算惯性矩 I_0 为：

$$I_0 = \frac{1}{12}bh^3 + bh\left(\frac{h}{2} - x\right)^2 + \frac{1}{12}(b'_{fl} - b)(h'_f)^3 + (b'_{fl} - b)h'_f\left(x - \frac{h'_f}{2}\right)^2 +$$

$$(\alpha_{Es} - 1)A_s(h_0 - x)^2$$

$$= \frac{1}{12} \times 180 \times 1300^3 + 180 \times 1300 \times \left(\frac{1300}{2} - 476\right)^2 + \frac{1}{12} + (1600 - 180) \times$$

$$(110)^3 + (1600 - 180) \times 110 \times \left(476 - \frac{110}{2}\right)^2 + (6.154 - 1) \times$$

$$6836 \times (1189 - 476)^2 = 8.09 \times 10^{10} \text{mm}^4$$

②计算开裂构件的抗弯刚度。

$$B_0 = 0.95E_c I_0 = 0.95 \times 3.25 \times 10^4 \times 8.09 \times 10^{10} = 2.50 \times 10^{15} \text{N} \cdot \text{mm}^2$$

$$B_{cr} = E_c I_{cr} = 3.25 \times 10^4 \times 44079.5 \times 10^6 = 1.43 \times 10^{15} \text{N} \cdot \text{mm}^2$$

$$W_0 = \frac{I_0}{h - x} = \frac{8.09 \times 10^{10}}{1300 - 476} = 0.98 \times 10^8 \text{mm}^3$$

$$S_0 = \frac{1}{2}b'_{fl}x^2 - \frac{1}{2}(b'_{fl} - b)(x - h'_f)^2 = \frac{1}{2} \times 1600 \times 476^2 - \frac{1}{2}(1600 - 180) \times$$

$$(476 - 110)^2 = 8.62 \times 10^7 \text{mm}^3$$

$$\gamma = \frac{2S_0}{W_0} = \frac{2 \times 8.62 \times 10^7}{0.98 \times 10^8} = 1.76$$

$$M_{cr} = \gamma f_{tk} W_0 = 1.76 \times 2.40 \times 0.98 \times 10^8 = 4.1395 \times 10^8 \text{N} \cdot \text{m} = 413.95\text{kN} \cdot \text{m}$$

$$B = \frac{B_0}{\left(\frac{M_{cr}}{M_s}\right)^2 + \left[1 - \left(\frac{M_{cr}}{M_s}\right)^2\right]\frac{B_0}{B_{cr}}} = \frac{2.50 \times 10^{15}}{\left(\frac{413.95}{1235}\right)^2 + \left[1 - \left(\frac{413.95}{1235}\right)^2\right] \times \frac{2.50 \times 10^{15}}{1.43 \times 10^{15}}}$$

$$= 1.50 \times 10^{15} \text{N} \cdot \text{mm}^2$$

③受弯构件跨中截面处的长期挠度值。

荷载频遇组合下跨中截面弯矩标准值 $M_s=1235\text{kN}\cdot\text{m}$,结构自重作用下跨中截面弯矩标准值 $M_c=760\text{kN}\cdot\text{m}$。对 C40 混凝土,挠度长期增长系数 $\eta_\theta=1.45$。

受弯构件跨中截面的长期挠度值为:

$$w_l=\frac{5}{48}\times\frac{M_s L^2}{B}\times\eta_\theta=\frac{5}{48}\times\frac{1235\times10^6\times(19.5\times10^3)^2}{1.50\times10^{15}}\times1.45=32.6\text{mm}$$

在结构自重作用下跨中截面的长期挠度值为:

$$w_G=\frac{5}{48}\times\frac{M_G L^2}{B}\times\eta_\theta=\frac{5}{48}\times\frac{760\times10^6\times(19.5\times10^3)^2}{1.50\times10^{15}}\times1.45=20\text{mm}$$

则消除结构自重影响后的长期挠度值(w_Q)为:

$$w_Q=w_l-w_G=32.6-20=12.6\text{mm}<\frac{L}{600}=\frac{19.5\times10^3}{600}=33\text{mm}$$

符合《公路桥规》的要求。

(4)预拱度设置

在荷载频遇组合并考虑荷载长期效应影响下梁跨中处产生的长期挠度为 $w_l=32.6\text{mm}>L/1600=19.5\times10^3/1600=12\text{mm}$,故跨中截面需设置预拱度,梁跨中截面处的预拱度为:

$$\Delta=w_G+\frac{1}{2}w_Q=20+\frac{1}{2}\times12.6=26.3\text{mm}$$

第六节　混凝土结构的耐久性

从钢筋混凝土应用于土木工程结构至今,大量的钢筋混凝土结构由于各种各样的原因而提前失效,达不到规定的服役年限。这其中有的是由于结构设计的抗力不足造成的,有的是由于使用荷载的不利变化引起的,但更多的是由于结构的耐久性不足导致的,例如,钢筋混凝土梁裂缝过宽;混凝土中钢筋锈蚀,严重时会造成混凝土剥落;钢筋混凝土梁下挠变形过大等等,虽不会立即造成桥梁安全性问题,但会降低使用性能。许多工程实践表明,早期损坏的结构需要花费大量的财力进行修补,造成了巨大的经济损失。因此,保证混凝土结构能在自然和人为的化学和物理环境下满足耐久性的要求,是一个十分迫切和重要的问题。在设计桥梁混凝土结构时,除了进行承载力计算、变形和裂缝验算外,还应在设计上考虑耐久性问题。

一、结构耐久性的基本概念

混凝土结构耐久性是指混凝土结构在自然环境、使用环境及材料内部因素的作用下,长期保持材料性能以及安全使用和外观要求的能力。

通过对大量结构提前失效的实例分析表明,引起结构耐久性失效的原因存在于结构设计、施工及维护的各个环节。

首先,虽然在许多国家的规范中都明确规定钢筋混凝土结构必须具备安全性、适用性与耐久性,但是,这一宗旨并没有充分地体现在具体的设计条文中,使得在以往的乃至现在的工程结构设计中普遍存在着重承载力设计而轻耐久性设计的现象。尽管以往设计规范提出一些保证混凝土结构耐久性构造措施之外,只是在正常使用极限状态验算中控制了一些与耐久性设计有关的参数,如混凝土结构的裂缝宽度等,但这些参数的控制对混凝土结构耐久性设计并不起决定性的作用,并且这些参数也会随时间而变化。同时,不合格的施工也会影响混凝土结构的耐久性,常见的混凝土施工质量不合格、钢筋保护层不足都有可能导致钢筋提前锈蚀。另外,在桥梁混凝土结构的使用过程中,由于没有合理的维护而导致结构耐久性的降低也是不容忽视的,如对桥梁结构的碰撞、磨损以及使用环境的劣化,都会使混凝土结构无法达到预定的使用年限。

因此,钢筋混凝土结构耐久性问题是一个十分迫切需要加以解决的问题。通过对钢筋混凝土结构耐久性的研究,一方面能对已有的混凝土桥梁进行科学的耐久性评定和剩余寿命预测,以选择对其正确的处理方法;另一方面也可对新建工程项目进行耐久性设计与研究,揭示影响结构寿命的内部与外部因素,从而提高工程的设计水平和施工质量,确保混凝土结构使用全过程的正常工作。因此,它既有服务于已建桥梁的现实意义,又有指导待建桥梁进行耐久性设计的重要指导作用。

二、影响混凝土结构耐久性的主要因素

影响混凝土结构耐久性的因素主要有内部和外部两个方面。内部因素主要有混凝土的强度、渗透性、保护层厚度、水泥品种、等级和用量、外加剂掺量等;外部条件则有环境温度、湿度、CO_2 含量等。耐久性问题往往是内部、外部不利因素综合作用的结果。而造成结构不足之处或有缺陷往往是设计不周、施工不良引起的,也有因使用维修不当引起的。现将常见的耐久性问题列举如下。

1. 混凝土冻融破坏

混凝土水化凝结后内部有很多毛细孔。在浇筑混凝土时,为了保证和易性,实际用水量多于水泥水化的需水量。这部分多余的水以游离水的形式滞留于混凝土毛细孔中。这些在毛细孔中的水遇到低温就会结冰,结冰时体积膨胀约 9%,引起混凝土内部结构的破坏。但一般混凝土中水的冰点温度要低一点。如果毛细孔中的水不超过 91.7% 时,毛细孔中空气可起缓冲调节作用,将一部分未结冰的水挤入胶凝孔,从而减小膨胀压力。在胶凝孔中处于过冷状态的水分因其蒸气压高于同温下冰(冰核)的蒸气压而向毛细孔中冰的界面处渗透,在毛细孔中产生渗透压力。由此可见,处于饱水状态(含水量达 91.7% 的极限值)的混凝土受冻时,毛细孔中同时受到膨胀压力和渗透压力,使混凝土结构产生内部裂缝和损伤,经多次反复,损伤积累到一定程度就引起结构破坏。

由上所述,要防止混凝土冻融循环破坏,主要措施有:降低水灰比,减少混凝土中的自由游离水。另一方面是在浇筑混凝土时加入引气剂,使混凝土中形成微细气孔,这可有效提高混凝土的抗冻性。采用引气剂时应注意施工质量,使气孔在混凝土中分布均匀。防止混凝土早期受冻可用加强养护、掺入防冻剂等方法。

2. 混凝土的碱集料反应

混凝土集料中某些活性矿物与混凝土微孔中的碱性溶液产生化学反应称为碱集料反应。碱集料反应产生碱—硅酸盐凝胶,并吸水膨胀,体积可增大 3~4 倍,从而引起混凝土剥落、开裂、强度降低,甚至导致破坏。引起碱集料反应有三个条件:(1)混凝土凝胶中有碱性物质。这

种碱性物质主要来自于水泥,若水泥中含碱(Na_2O、K_2O)且大于 0.6% 以上时则会很快析出到水溶液中,遇到活性集料可产生反应;(2)集料中有活性集料,如蛋白石、黑硅石、燧石,玻璃质火山石,安山岩等含 SiO_2 的集料;(3)水分。碱集料反应的充分条件是有水分,在干燥状态下很难发生碱集料反应。碱集料反应进展缓慢,要经多年时间才造成破坏,故常列入耐久性破坏之中。防止碱集料反应的主要措施是采用低碱水泥,或掺用粉煤灰等掺合料降低混凝土中的碱性;对含活性成分的集料加以控制。

3. 侵蚀性介质的腐蚀

化学介质对混凝土的侵蚀在石化、化学、轻工、冶金及港湾建筑中很普遍。有的工厂建了几年就濒临破坏,我国五六十年代在海港建造的码头几乎都已遭到不同程度的破坏。有些化学介质侵入造成混凝土中一些成分被溶解、流失,引起裂缝、孔隙、松散破碎;有的化学介质侵入与混凝土中一些成分的反应生成物体积膨胀,引起混凝土结构破坏。常见的一些主要侵蚀性介质的腐蚀有:

(1)硫酸盐腐蚀

硫酸盐溶液和水泥石中的氢氧化钙及水化铝酸钙发生化学反应,生成石膏和硫铝酸钙,产生体积膨胀,使混凝土破坏。

硫酸盐除一些工业企业存在外,在海水及一些土壤中也存在。当硫酸盐的浓度(以 SO_2 的含量表示)达 0.2% 时,就会产生严重的腐蚀。

(2)酸腐蚀

因混凝土是碱性材料,遇到酸性物质会产生反应,使混凝土产生裂缝并导致破坏。

酸存在于化工企业。此外,在地下水,特别在沼泽地区或泥炭地区广泛存在碳酸及溶有 CO_2 的水。除硫酸、硝酸、碳酸外,有些油脂、腐殖质也呈酸性,对混凝土有侵蚀作用。

(3)海水腐蚀

在海港和近海的混凝土建筑物,经常受到海水的侵蚀。海水中的 $NaCl$,$MgCl_2$,K_2SO_4 等成分,尤其是 Cl^- 及硫酸镁对混凝土有强的化学侵蚀作用。在海岸的飞溅区受到干湿的物理作用,也有利于 Cl^- 及 SO_4^{2-} 的渗入,造成钢筋锈蚀。

(4)盐类结晶型腐蚀

一些盐类与水泥石一些成分发生反应,生成物或者失去胶凝性,或者体积膨胀,使混凝土破坏。故对化学介质侵入破坏应采取特殊措施。

4. 磨损

磨损常见于工业地面、公路路面、桥面、飞机跑道、戈壁大风地区风蚀等。

5. 混凝土的碳化

混凝土的碳化是指大气中的二氧化碳与混凝土中的碱性物质氢氧化钙发生反应使混凝土的 pH 值下降。其他物质如二氧化硫(SO_2)、硫化氢(H_2S)也能与混凝土中碱性物质发生类似反应,使混凝土中性化,pH 值下降。混凝土碳化对混凝土本身无破坏作用,其主要危害是使混凝土中钢筋的保护膜受到破坏,引起钢筋锈蚀。混凝土碳化是研究混凝土耐久性的重要问题之一。

6. 钢筋锈蚀

钢筋锈蚀使混凝土保护层脱落,钢筋有效面积减小,导致承载力下降甚至结构破坏。因此,钢筋锈蚀是影响钢筋混凝土结构耐久性的关键问题。

三、混凝土结构耐久性设计基本要求

混凝土结构在预期的自然环境的化学和物理作用下,应能满足设计寿命要求,亦即混凝土结构在正常维护下应具有足够的耐久性。为此,对混凝土结构,除了进行承载能力极限状态和正常使用极限状态计算外,还应充分重视对结构耐久性的规定和要求。

混凝土结构的耐久性应根据使用环境类别和设计使用年限进行设计。根据工程经验,并参考国外有关规范,《公路桥规》将混凝土结构的使用环境分为 7 类并按表 8-3 的规定确定。

桥梁结构的环境类别 表 8-3

环境类别	环境条件
Ⅰ类——一般环境	仅受混凝土碳化影响的环境
Ⅱ类——冻融环境	受反复冻融影响的环境
Ⅲ类——近海或海洋氯化物环境	受海洋环境下氯盐影响的环境
Ⅳ类——除冰盐等其他氯化物环境	受除冰盐等氯盐影响的环境
Ⅴ类——盐结晶环境	受混凝土孔隙中硫酸盐结晶膨胀影响的环境
Ⅵ类——化学腐蚀环境	受酸碱性较强的化学物质侵蚀的环境
Ⅶ类——磨蚀环境	受风、水流或水中夹杂物的摩擦、切削、冲击等作用的环境

基于环境类别和使用年限,《公路桥规》对混凝土桥梁结构的耐久性在设计上有如下规定:

(1)结构混凝土材料耐久性的基本要求应符合表 8-4 的规定。

桥梁结构混凝土材料耐久性的基本要求 表 8-4

构件类别	梁、板、塔、拱圈、涵洞上部		墩台身、涵洞下部		承台、基础	
设计使用年限(年)	100	50、30	100	50、30	100	50、30
Ⅰ类——一般环境	C35	C30	C30	C25	C25	C25
Ⅱ类——冻融环境	C40	C35	C35	C30	C30	C25
Ⅲ类——近海或海洋氯化物环境	C40	C35	C35	C30	C30	C25
Ⅳ类——除冰盐等其他氯化物环境	C40	C35	C35	C30	C30	C25
Ⅴ类——盐结晶环境	C40	C35	C35	C30	C30	C25
Ⅵ类——化学腐蚀环境	C40	C35	C35	C30	C30	C25
Ⅶ类——磨蚀环境	C40	C35	C35	C30	C30	C25

(2)对于预应力混凝土构件,混凝土材料中的最大氯离子含量为 0.6%,最小水泥用量为 $350kg/m^3$,最低混凝土强度等级为 C40。

(3)特大桥和大桥的混凝土最大含碱量宜降至 $1.8kg/m^3$,当处于Ⅲ类、Ⅳ类或使用除冰盐和滨海环境时,宜使用非碱活性集料。

(4)处于Ⅲ类或Ⅳ类环境的桥梁,当耐久性确实需要时,其主要受拉钢筋宜采用环氧树脂

涂层钢筋;预应力钢筋、锚具及连接器应采取专门防护措施。

(5)水位变动区有抗冻要求的结构混凝土,其抗冻等级应符合有关标准的规定。

(6)有抗渗要求的混凝土结构,混凝土的抗渗等级应符合有关标准的要求。

最后,还需指出,未经技术鉴定或设计许可,不得改变结构的使用环境和用途。

《混凝土结构耐久性设计与施工指南》提出混凝土结构的耐久性设计应包括以下主要内容:

(1)耐久混凝土的选用。提出混凝土原材料选用原则的要求(水泥品种、等级、掺合料种类、集料品种、质量等)和混凝土配比的主要参数(最大水胶比、最大水泥用量、最小胶凝材料用量等)及引气要求等,根据需要提出混凝土的扩散系数、抗冻等级、抗裂性等具体指标;在设计施工图和相应说明中,必须标明水胶比等与耐久性混凝土相关的参数和要求。

(2)与结构耐久性有关的结构构造措施与裂缝控制措施。

(3)为使用过程中必要检测、维修和部件更换设置通道和空间,并做出修复时施工荷载作用下的结构承载力核算。

(4)与结构耐久性有关的施工质量要求,特别是混凝土的养护(包括温度和湿度控制)方法与期限以及保护层厚度的质量要求与质量保证措施;在设计施工图上应标明不同钢筋(如主筋或箍筋)的混凝土保护层厚度及施工允许偏差。

(5)结构使用阶段的定期维修与检测要求。

(6)对于可能遭受氯盐引起钢筋锈蚀的重要混凝土工程,宜根据具体环境条件和材料劣化模型,按《混凝土结构耐久性设计与施工指南》的要求进行结构使用年限的验算。

由以上所述可知,混凝土耐久性设计可能与混凝土材料、结构构造和裂缝控制措施、施工要求、定期检测和必要的防腐蚀附加措施等内容有关,并且混凝土结构的耐久性在很大程度上取决于结构施工过程中的质量控制与质量保证以及结构使用过程中的正确维修与例行检测,单独采取某一种措施可能效果不理想,需要根据混凝土结构物的使用环境、使用年限做出综合的防治措施,结构才能取得较好的耐久性。

📖 小　结

(1)混凝土结构构件除应按承载能力极限状态设计外,尚应进行正常使用极限状态的验算,以满足结构的正常使用功能和耐久性。正常使用极限状态验算主要包括裂缝控制验算、变形验算。

(2)对钢筋混凝土构件进行裂缝宽度限制的主要目的是防止因裂缝宽度过大,造成钢筋腐蚀,而影响结构的耐久性。但是,本章所讲的裂缝宽度计算只针对结构性裂缝,而工程中大量存在的非结构性裂缝,对结构耐久性的影响也不可忽视,设计中应给予充分重视。

(3)受弯构件的变形计算是正常使用极限状态计算的主要内容之一,受弯构件需要具有足够刚度,使得构件在使用荷载作用下的最大变形(挠度)计算值不得超容许的限值。其在使用阶段的挠度应按作用频遇组合和给定的刚度计算的挠度值,再乘以挠度长期增长系数 η_θ。当采用 C40 以下混凝土时,$\eta_\theta = 1.60$;当采用 C40～C80 混凝土时,$\eta_\theta = 1.45～1.35$,中间强度等级可按直线内插取用。

(4)《公路桥规》规定:当由作用频遇组合并考虑作用长期效应影响的长期挠度不超过计算

跨径 $l/1600$ 时（l 为计算跨径），可不设预拱度；当不符合上述规定时则应设预拱度。钢筋混凝土受弯构件预拱度值采用结构自重和 1/2 可变作用频遇值计算的长期挠度值之和进行设置。

（5）混凝土结构的耐久性是指在预定的设计使用年限内，在正常维护和使用条件下，在指定的工作环境中，结构不需要进行大修，即可满足正常使用和安全功能要求的能力。混凝土结构耐久性涉及面广，影响因素多，难以达到进行定量设计的程度。我国规范采用的耐久性设计方法是以混凝土结构的环境类别和设计使用年限为依据的概念设计，实际是针对影响耐久性能的主要因素提出相应的设计对策。

思　考　题

8-1　什么是换算截面？在进行截面换算时有哪些基本假定？

8-2　裂缝宽度及变形验算属于何种极限状态下的验算？为什么要进行这种验算？验算时以哪个应力阶段为依据？

8-3　钢筋混凝土构件中的裂缝对结构有哪些不利的影响？

8-4　在长期荷载作用下，受弯构件挠度不断增长的原因有哪些？

8-5　试分析影响混凝土结构耐久性的主要因素。《公路桥规》采用了那些措施来保证结构的耐久性？

习　　题

8-1　已知矩形截面钢筋混凝土简支梁的截面尺寸为 $b \times h = 300mm \times 550mm$，$a_s = 40mm$；C40 混凝土，HRB400 级钢筋；在截面受拉区配有纵向抗拉钢筋 3ϕ16（$A_s = 603mm^2$）；永久作用产生的弯矩标准值 $M_G = 45kN \cdot m$，汽车荷载产生的弯矩标准值为 $M_{Q1} = 20kN \cdot m$（未计入汽车冲击系数）；设计使用年限为 50 年，Ⅰ类环境条件，安全等级为一级；若不考虑长期荷载的作用，试求：

（1）构件的最大裂缝宽度；

（2）当配筋改为 2ϕ20（$A_s = 628mm^2$）时，求解梁的最大裂缝宽度。

8-2　已知一钢筋混凝土 T 形梁计算跨径 $L = 19.5m$，截面尺寸为 $b_f' \times h_f' = 1600mm \times 150mm$，$b \times h = 200mm \times 1500mm$，$h_0 = 1380mm$；C40 混凝土，HRB400 级钢筋；在截面受拉区配有纵向抗弯受拉钢筋 6ϕ32＋6ϕ16，$A_s = 6032mm^2$；永久作用产生的弯矩标准值 $M_G = 750kN \cdot m$，汽车荷载产生的弯矩标准值为 $M_{Q1} = 700kN \cdot m$（未计入汽车冲击系数）；Ⅰ类环境条件，设计使用年限为 50 年，安全等级为一级；验算次梁跨中挠度并确定是否应设计预拱度。

第九章　深受弯构件

钢筋混凝土深受弯构件是指跨度与其截面高度之比较小的梁。按照《公路桥规》的规定，梁的计算跨径 l 与梁的高度 h 之比 $l/h\leqslant 5$ 的受弯构件称为深受弯构件。深受弯构件又可分为短梁和深梁，$l/h\leqslant 2$ 的简支梁和 $l/h\leqslant 2.5$ 的连续梁称为深梁，$2<l/h\leqslant 5$ 的简支梁和 $2.5<l/h\leqslant 5$ 的连续梁称为短梁。

桥梁结构中的横隔梁和柱式墩台的盖梁均可按深受弯构件计算。深受弯构件因其跨高比较小，且在弯矩作用下梁正截面上的应变分布和开裂后的平均应变分布不符合平截面假定，故构件的破坏形态、计算方法与普通梁（跨高比 $l/h>5$ 的受弯构件）有较大差异。

第一节　深受弯构件的破坏形态

一、深梁的破坏形态

简支深梁主要有以下三种破坏形态。

1. 弯曲破坏

当纵向钢筋配筋率 ρ 较低时，随着荷载的增加，一般在最大弯矩作用截面附近首先出现垂直于梁底的弯曲裂缝并发展成为临界裂缝，纵向钢筋首先达到屈服强度，最后，梁顶混凝土被压碎，深梁即丧失承载力，这种破坏称为正截面弯曲破坏[图 9-1a)]。

当纵向钢筋配筋率 ρ 稍高时，在梁跨中出现垂直裂缝后，随着荷载的增加，梁跨中垂直裂缝发展缓慢，在弯剪区段内由于斜向主拉应力超过混凝土的抗拉强度而出现斜裂缝。梁腹斜裂缝两侧混凝土的主压应力，由于主拉应力的卸载作用而显著增大，梁内产生明显的应力重分布，形成以纵向受拉钢筋为拉杆、斜裂缝上部混凝土为拱腹的拉杆拱受力体系[图 9-1c)]。在此拱式受力体系中，受拉钢筋首先达到屈服而使梁破坏，这种破坏称为斜截面弯曲破坏[图 9-1b)]。

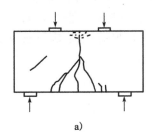 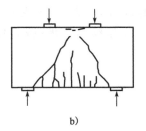 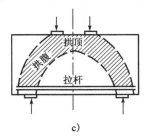

a)　　　　　　　　　　　b)　　　　　　　　　　　c)

图 9-1　简支深梁的弯曲破坏

a)正截面弯曲破坏；b)斜截面弯曲破坏；c)拉杆拱受力图式

2.剪切破坏

当纵向钢筋配筋率较高时,拱式受力体系形成后,随着荷载的增加,拱腹和拱顶(梁顶受压区)混凝土的压应力也随之增加,在梁腹出现许多大致平行于支座中心至加载点连线的斜裂缝,最后梁腹混凝土首先被压碎,这种破坏称为斜压破坏[图 9-2a)]。

深梁产生斜裂缝之后,随着荷载的增加,主要的一条斜裂缝会继续斜向延伸。临近破坏时,在主要斜裂缝的外侧,突然出现一条与它大致平行的通长劈裂裂缝,随之深梁破坏,这种破坏称为劈裂破坏[图 9-2b)]。

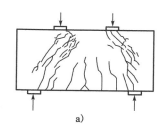
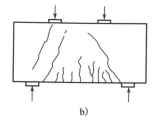

图 9-2　深梁的剪切破坏
a)斜压破坏;b)劈裂破坏

3.局部承压破坏和锚固破坏

深梁的支座处于竖向压应力与纵向受拉钢筋锚固区应力组成的复合应力作用区,局部应力很大。试验表明,在达到抗弯和抗剪承载力之前,深梁发生局部承压破坏的可能性比普通梁要大得多。深梁在斜裂缝发展时,支座附近的纵向受拉钢筋应力增加迅速,因此,深梁支座处容易发生纵向钢筋锚固破坏。

二、短梁的破坏形态

钢筋混凝土短梁的破坏形态主要有弯曲破坏和剪切破坏两种形态,也可能发生局部受压和锚固破坏。

1.弯曲破坏

短梁发生弯曲破坏时,随其纵向钢筋配筋率的不同,会发生以下破坏形态:

(1)超筋破坏。短梁与深梁不同,当纵向钢筋配筋率较大时,会发生纵向受拉钢筋未屈服之前,梁的受压区混凝土先被压坏的超筋破坏现象。

(2)适筋破坏。当钢筋混凝土短梁纵向钢筋配筋率适当时,纵向受拉钢筋首先屈服,随后受压区混凝土被压坏,短梁即告破坏,其破坏形态类似于普通梁的适筋破坏。

(3)少筋破坏。当纵向钢筋配筋率较小时,短梁受拉区出现弯曲裂缝,纵向受拉钢筋即屈服,但受压混凝土未被压碎,短梁由于挠度过大或裂缝过宽而失效。

2.剪切破坏

根据斜裂缝发展的特征,钢筋混凝土短梁会发生斜压破坏、剪压破坏和斜拉破坏的剪切破坏形态。集中荷载作用于钢筋混凝土短梁的试验与分析表明,当剪跨比小于1时,一般发生斜

197

压破坏；当剪跨比为 1～2.5 时，一般发生剪压破坏；当剪跨比大于 2.5 时，一般发生斜拉破坏。

短梁的局部受压破坏和锚固破坏情况与深梁相似。

综上所述，可见短梁的破坏特征基本上介于深梁和普通梁之间。

第二节　深受弯构件的计算

因钢筋混凝土深受弯构件具有与普通钢筋混凝土梁不同的受力特点和破坏特征，因此，对于跨高比 $l/h<5$ 的钢筋混凝土梁要按深受弯构件进行设计计算。同时，对于钢筋混凝土深梁，除应符合深受弯构件的设计计算一般规定外，还必须满足深梁的设计构造上的规定。

广泛用于公路桥梁的钢筋混凝土排架墩台在横桥向是由钢筋混凝土盖梁与柱（桩）组成的刚架结构，实际工程中，往往按简化图式来计算钢筋混凝土盖梁。当盖梁与柱的线刚度（EI/l）之比大于 5 时，双柱式墩台盖梁可按简支梁计算，多柱式墩台盖梁可按连续梁计算；当盖梁与柱的线刚度之比不大于 5 时，可按刚构计算。其中 E、I、l 分别为梁或柱的混凝土弹性模量、毛截面惯性矩、梁计算跨径或柱计算长度。

盖梁的计算跨径 l 取 l_c 和 $1.15l_n$ 两者较小者，其中 l_c 为盖梁支承中心之间的距离，l_n 为盖梁的净跨径。在确定盖梁的净跨径时，圆形截面柱可换算为边长等于 0.8 倍直径的方形截面柱。当盖梁作为连续梁或刚构分析时，计算跨径可取支承中心的距离。

一、深受弯构件（短梁）的计算

以桥梁墩台钢筋混凝土盖梁为例，介绍深受弯构件（短梁）的截面承载力计算方法。

1. 深受弯构件正截面抗弯承载力计算

钢筋混凝土盖梁作为深受弯构件（短梁），当正截面受弯破坏时，取受力隔离体如图 9-3 所示，可得到正截面抗弯承载能力 M_u 及满足设计要求的计算式：

$$\gamma_0 M_d \leqslant M_u = f_{sd} A_s z \tag{9-1}$$

$$z = \left(0.75 + 0.05\frac{l}{h}\right)(h_0 - 0.5x) \tag{9-2}$$

式中：M_d——盖梁最大弯矩组合设计值；

x——截面受压区高度，按一般钢筋混凝土受弯构件计算；

h_0——截面有效高度。

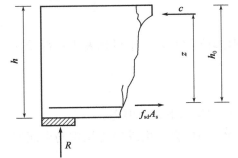

图 9-3　深受弯构件正截面承载力计算图式

2. 斜截面抗剪承载力计算

《公路桥规》根据有关试验资料及有关设计规范资料，对作为深受弯构件（短梁）的钢筋混凝土盖梁进行斜截面抗剪承载力计算的公式为：

$$\gamma_0 V_d \leqslant 0.5 \times 10^{-4} \alpha_1 \left(14 - \frac{l}{h}\right) b h_0 \sqrt{(2 + 0.6P)} \sqrt{f_{cu,k}\rho_{sv} f_{sv}} \tag{9-3}$$

式中：V_d——验算截面处的剪力组合设计值（kN）；

α_1——连续梁异号弯矩影响系数，计算近边支点梁端的抗剪承载力时，$\alpha_1 = 1.0$；计算中间支点梁段时，$\alpha_1=0.9$；刚构各节点附近时，$\alpha_1=0.9$；

P——受拉区纵向受拉钢筋的配筋百分率，$P=100\rho$，$\rho=A_s/bh_0$，当 $P>2.5$ 时，取 $P=2.5$；

ρ_{sv}——箍筋配筋率，$\rho_{sv}=A_{sv}/bS_v$，此处，A_{sv} 为同一截面内的箍筋各肢的总截面面积，S_v 为箍筋间距，箍筋配筋率应满足全梁承载能力校核与构造要求；

f_{sv}——箍筋的抗拉强度设计值（MPa），取值不宜大于 280MPa；

b——盖梁的截面宽度（mm）；

h_0——盖梁的截面有效高度（mm）。

由式(9-3)可见，影响深受弯构件截面承载能力的主要因素为截面尺寸、混凝土强度等级、跨高比、箍筋配筋率和纵向钢筋配筋率。应该注意的是，作为短梁设计计算的钢筋混凝土盖梁的纵向受拉钢筋，一般均应沿盖梁长度方向通长布置，中间不要切断或弯起。

按深受弯构件（短梁）计算的钢筋混凝土盖梁，依据受剪要求，其截面应符合下式要求：

$$\gamma_0 V_d \leqslant 0.33\times10^{-4}(l/h+10.3)\sqrt{f_{cu,k}}bh_0 \tag{9-4}$$

式中：V_d——验算截面处的剪力组合设计值（kN）；

b——盖梁的截面宽度（mm）；

h_0——盖梁的截面有效高度（mm）；

$f_{cu,k}$——混凝土立方体的抗压强度标准值（MPa）。

3.深受弯构件的最大裂缝宽度

按深受弯构件（短梁）计算的钢筋混凝土盖梁，要对其正常使用阶段进行裂缝宽度的验算。最大裂缝宽度 w_{cr} 的计算公式见第八章公式(8-19)，但式中系数 c_3 应取为 $c_3=(0.4l/h+1)/3$，l 和 h 分别为钢筋混凝土盖梁的计算跨径和截面高度。

计算的最大裂缝宽度不应超过表8-1规定的限值。

当盖梁跨中部分的跨高比 $l/h>5.0$ 时，钢筋混凝土盖梁宜按8.5节进行挠度验算并应满足《公路桥规》规定的限值。

二、悬臂深受弯构件的计算

公路桥梁柱式墩台的钢筋混凝土盖梁，除墩台柱之间盖梁外，往往还向柱外悬臂伸出。钢筋混凝土盖梁两端位于柱外的悬臂部分上设置有桥梁上部结构的外边梁时（图 9-4），当外边梁作用点至柱边缘的距离（圆形截面柱可换算为边长等于 0.8 倍直径的方形柱）大于盖梁截面高度时，属于一般的钢筋混凝土悬臂梁，其正截面和斜截面的承载力计算按第三章和第四章介绍的方法计算。但是，当外边梁的作用点至柱边缘的距离等于或小于盖梁截面高度 h 时可采用拉压杆模型按下列规定计算悬臂上缘拉杆的抗拉承载力（图 9-5）。

$$\gamma_0 T_{t,d} \leqslant f_{sd}A_s + f_{pd}A_p \tag{9-5}$$

$$T_{t,d} = \frac{x+b_c/2}{2}F_d \tag{9-6}$$

式中：$T_{t,d}$——盖梁悬臂上缘拉杆的内力设计值；

f_{sd}、f_{pd}——普通钢筋、预应力钢筋的抗拉强度设计值；

A_s、A_p——拉杆中的普通钢筋、预应力钢筋面积；

F_d——盖梁悬臂部分的竖向力设计值，按基本组合取用；

b_c——柱的支撑宽度，方形截面柱取截面边长，圆形截面柱取 0.8 倍直径；

x——竖向力作用点至柱边缘的水平距离；

h_0——盖梁的有效高度；

z——盖梁的内力臂，可取 $z = 0.9h_0$。

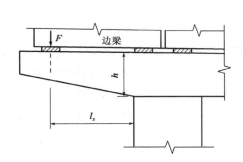

图 9-4　钢筋混凝土盖梁外悬臂示意图　　　　图 9-5　盖梁短悬臂部分的拉压杆模型

对于布置双支座的独柱墩的墩帽（顶部），可采用拉压杆模型按下列规定计算顶部横向受拉部位的抗拉承载力（图 9-6）：

$$\gamma_0 T_{t,d} \leqslant f_{sd} A_s \tag{9-7}$$

$$T_{t,d} = 0.45 F_d \left(\frac{2s - b'}{h} \right) \tag{9-8}$$

式中：$T_{t,d}$——墩顶的横向拉杆内力设计值；

F_d——墩顶的竖向力设计值，按基本组合取用；

s——双支座的中心距；

h——墩顶横向变宽度区段的高度，当 $h > b$ 时取 $h = b$，b 为墩帽顶部横向宽度；

b'——距离墩顶高度为 h 的位置处，墩帽或墩身的横向宽度；

f_{sd}——普通钢筋抗拉强度设计值；

A_s——拉杆中的普通钢筋面积，按盖梁顶部 $2h/9$ 高度范围内的钢筋计算。

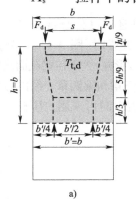 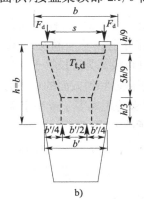 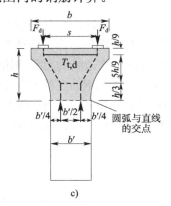

图 9-6　三种独柱墩的墩帽（顶部）配筋设计的拉压杆模型

a)矩形；b)倒梯形；c)花瓶形

📖 小　　结

（1）简支深梁主要有三种破坏形态,即弯曲破坏、剪切破坏及局部承压破坏和锚固破坏;短梁的破坏形态主要有两种破坏形态,即弯曲破坏和剪切破坏。

（2）影响深受弯构件截面承载能力的主要因素为:截面尺寸、混凝土强度等级、跨高比、箍筋配筋率和纵向钢筋配筋率。

（3）钢筋混凝土深受弯构件的受力特性是混凝土的平均应变不符合平截面假定,其计算方法是"撑杆—系杆体系"。它假定不考虑混凝土的抗拉作用,把一个不满足伯努利假设的混凝土构件模拟成在结点处互相连接的钢系杆(主钢筋)和混凝土抗压撑杆的组合,以形成能将全部施加的外力传送到各支承上的桁架。

（4）钢筋混凝土深梁内的主要钢筋有:纵向受拉钢筋、水平分布钢筋、竖向分布钢筋、附加水平钢筋和竖向钢筋和拉筋。

📖 思　考　题

9-1　根据高跨比的不同,一般将受弯构件划分为深梁、短梁和普通梁三大类,不同梁的破坏特征有何不同?

9-2　钢筋混凝土盖梁设计是实际工作中经常遇到的问题。钢筋混凝土盖梁作为短梁计算时,其承载力计算与普通梁的承载力计算有什么不同? 在正截面承载力计算中如何考虑高跨比的影响?

第十章　预应力混凝土结构

第一节　概　　述

一、预应力混凝土的概念

钢筋混凝土构件虽然已广泛应用于各种工程结构,但它仍存在一些缺点,例如混凝土的极限拉应变很小,一般只有 $(0.1 \sim 0.15) \times 10^{-3}$,再伸长就要出现裂缝。如果要求构件在使用时混凝土不开裂,则钢筋的拉应力只能达到 $20 \sim 30$MPa;即使允许开裂,为了保证构件的耐久性,常需将裂缝宽度限制在 $0.2 \sim 0.25$mm 以内,此时钢筋拉应力也只能达到 $150 \sim 250$MPa。可见,在钢筋混凝土结构中,钢筋的应力无法再提高,使用高强度钢筋将无法充分发挥其强度作用,相应地也无法使用高强度混凝土。

由于钢筋混凝土结构的缺点,钢筋混凝土结构在使用中存在三个方面的局限性:一是带裂缝工作,裂缝的产生不仅使构件刚度下降,而且不能应用于不允许开裂的结构中;二是若要满足裂缝控制的要求,则需要加大构件的截面尺寸或增加钢筋用量,这必然使构件自重增加,很难用于大跨结构;三是无法充分利用高强材料的强度。由于存在以上局限性导致钢筋混凝土结构的使用范围受到很大限制。要使钢筋混凝土结构得到进一步的发展,就必须克服混凝土抗拉能力差这一缺点,于是人们设想在荷载作用下的受拉区混凝土预先施加一定的压应力,使其能够部分或全部抵消由荷载产生的拉应力。这实际上是利用混凝土较高的抗压强度来弥补其抗拉能力的不足。所谓预应力混凝土,就是人为地事先在混凝土或钢筋混凝土中引入内部应力,且其数值和分布恰好能将使用荷载产生的应力抵消到一个合适程度的混凝土。预应力混凝土可使混凝土构件在使用荷载作用下不致开裂,或推迟开裂,或使裂缝宽度减小。

二、基本原理

对预应力原理的应用我们并不陌生,在日常事物中的例子也很多。例如在建筑工地用砖钳装卸砖块,被钳住的一叠水平砖块不会掉落;用环箍紧箍木桶,木桶盛水而不漏等,这些都是运用预应力原理的浅显事例。

现以如图 10-1 所示的简支梁为例,进一步说明预应力混凝土结构的基本原理。

设混凝土梁跨度为 L,截面为 $b \times h$,承受均布荷载 q(含自重),其跨中最大弯矩为 $M = qL^2/8$。此时跨中截面上、下缘的应力[图 10-1c)]为:

$$\left. \begin{array}{l} \text{上缘:} \sigma_{cu} \\ \text{下缘:} \sigma_{cb} \end{array} \right\} = \pm \frac{6M}{bh^2} \begin{cases} (\text{压应力}) \\ (\text{拉应力}) \end{cases}$$

假如预先在离该梁下缘 $h/3$(即偏心距 $e = h/6$)处布置高强钢丝束,并在梁的两端张拉锚固[图 10-1a)]，使钢束中产生一拉力 N_p，其弹性回缩的压力也为 N_p，将作用于梁端混凝土截面与钢束同高的水平处[图 10-1b)]。如令 $N_p = 3M/h$，则同样可求得 N_p 作用下，梁上、下缘所产生的应力[图 10-1d)]为：

上缘 $$\sigma_{cpu} = \frac{N_p}{bh} - \frac{N_p \cdot e}{bh^2/6} = \frac{3M}{bh^2} - \frac{1}{bh^2/6} \cdot \frac{3M}{h} \cdot \frac{h}{6} = 0$$

下缘 $$\sigma_{cpb} = \frac{N_p}{bh} + \frac{N_p \cdot e}{bh^2/6} = \frac{6M}{bh^2}（压应力）$$

梁在荷载 q 和预加力 N_p 共同作用下，跨中截面上、下缘的总应力[图 10-1e)]为：

$$\sigma_u = \sigma_{cu} + \sigma_{cpu} = \frac{6M}{bh^2} + 0 = \frac{6M}{bh^2}（压应力）$$

$$\sigma_b = \sigma_{cb} + \sigma_{cpb} = -\frac{6M}{bh^2} + \frac{6M}{bh^2} = 0$$

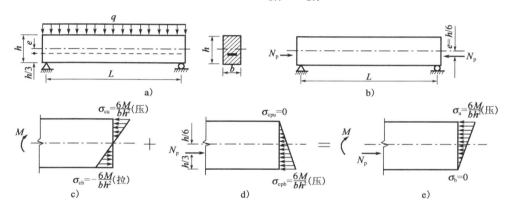

图 10-1 偏心预加力和外荷载作用下的应力分布

由此说明，由于预先给混凝土梁施加了预压应力，使混凝土梁截面在荷载 q 作用下在下边缘所产生的拉应力全部被抵消，因而可避免混凝土出现裂缝，混凝土梁可以全截面参加工作，提高了构件的刚度。预应力钢筋和混凝土都处于高应力状态下，因此预应力混凝土结构必须采用高强材料。值得注意的是，预加力 N_p 必须针对外荷载作用下可能产生的应力状态合理地施加，因为预加力效应不仅与 N_p 的大小有关，而且与其位置（即偏心距 e 的大小）有关。为了节省预应力钢筋的用量，设计中常尽量减小 N_p 值，因此在弯矩大的截面就必须尽量加大偏心距 e 值。如果沿全梁 N_p 值保持不变，对于外弯矩较小的截面，则需将 e 值相应减小，以免由于预加力弯矩过大而使梁的上缘出现拉应力，甚至出现裂缝。预加力 N_p 在各截面的偏心距 e 值的调整，在设计时通常通过曲线配筋的形式来实现。

三、配筋混凝土结构的分类

我国根据国内工程习惯，对以钢材为配筋的配筋混凝土结构系列，采用按其预应力度分成全预应力混凝土、部分预应力混凝土和钢筋混凝土共三种结构的分类方法。

1. 预应力度

《公路桥规》将预应力度 λ 定义为由预加应力大小确定的消压弯矩 M_0 与外荷载产生的弯

矩 M_s 的比值,即:

$$\lambda = \frac{M_0}{M_s}$$

(10-1)

式中:M_0——消压弯矩,也就是构件抗裂边缘预压应力抵消为零时的弯矩;

M_s——按作用(荷载)频遇组合计算的弯矩。

2. 配筋混凝土结构的分类

全预应力混凝土结构——在作用(荷载)频遇组合下,控制截面受拉边缘不允许出现拉应力,即 $\lambda \geqslant 1$。

部分预应力混凝土结构——在作用(荷载)频遇组合下,控制截面受拉边缘出现拉应力或出现不超过规定宽度的裂缝,即 $0 < \lambda < 1$。

钢筋混凝土结构——不预加应力的混凝土结构,即 $\lambda = 0$。

3. 部分预应力混凝土结构的分类

由上可知,部分预应力混凝土结构,就是指其预应力度介于全预应力混凝土结构和钢筋混凝土结构之间的预应力混凝土结构。为了设计的方便,《公路桥规》按照在作用(荷载)频遇组合下,控制截面受拉边缘允许出现拉应力的部分预应力混凝土构件分为以下两类。

A 类:在作用(荷载)频遇组合下控制截面受拉边缘允许出现拉应力,但控制拉应力不得超过允许值。

B 类:在作用(荷载)频遇组合下允许出现裂缝,但其最大裂缝宽度不得超过允许值。

本章介绍的预应力混凝土受弯构件设计与计算方法主要是针对全预应力混凝土构件和 A 类部分预应力混凝土构件。

四、受力阶段分析

构件从预加应力到承受外荷载,直至最后破坏,可分为两个主要阶段,即施工阶段和使用阶段。以下以简支梁为例分析预应力混凝土构件的各受力阶段。

1. 施工阶段

预应力混凝土构件在制作、运输和安装施工中,将承受不同的荷载作用。在这一过程中,构件在预应力作用下,全截面参与工作并处于弹性工作阶段,可采用材料力学的方法并根据《公路桥规》的要求进行设计计算。施工阶段按构件受力条件的不同,又可分为预加应力阶段和运输、安装阶段两个阶段。

(1)预加应力阶段

预加应力阶段,系指从预加应力开始至预加应力结束(即传力锚固)为止的受力阶段。构件所承受的作用主要是偏心预压力(即预加应力的合力)N_p。对于简支梁,由于 N_p 的偏心作用,构件将产生向上的反拱,形成以梁两端为支点的简支梁,因此梁的一期恒载(自重荷载)G_1 在施加预加力 N_p 的同时一起参加作用(图 10-2)。

(2)运输、安装阶段

在运输安装阶段,混凝土梁所承受的荷载仍是预加力 N_p 和梁的一期恒载。但由于引起预应力损失的因素相继增加,使 N_p 要比预加应力阶段小;同时梁的一期恒载作用应根据《公路桥规》的规定计入 1.20 或 0.85 的动力系数。构件在运输中的支点或安装时的吊点位置常与正常支承点不同,故应按梁起吊时一期恒载作用下的计算图式进行计算,需特别注意验算构件支点或吊点截面上缘混凝土的拉应力。

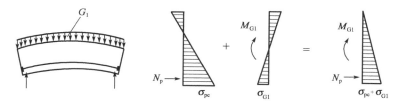

图 10-2　预加应力阶段截面应力分布

2. 使用阶段

使用阶段是指桥梁建成营运通车的整个工作阶段。构件除承受偏心预加力 N_p 和梁的一期恒载 G_1 外,还要承受桥面铺装、人行道、栏杆等后加的二期恒载 G_2 和车辆、人群等活荷载 Q。试验研究表明,预应力混凝土梁在使用阶段中的大部分工作状态基本处于弹性工作阶段。因此,梁截面的正应力为偏心预加力 N_p 与以上各项荷载所产生的应力之和(图 10-3)。

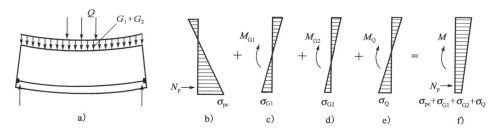

图 10-3　使用阶段各种作用下的截面应力分布

a)荷载作用下的梁;b)预加力 N_p 作用下的应力;c)一期恒载 G_1 作用下的应力;d)二期荷载 G_2 作用下的应力;e)活载作用下的应力;f)各种作用产生的应力之和

根据构件受力后的特征,使用阶段又可分为如下几个受力过程:

(1)加载至消压阶段

构件仅在永存预加力 N_p(即永存预应力 σ_{pe} 的合力)作用下,其下边缘混凝土的有效预压应力为 σ_{pc}。当构件加载至某一特定荷载,其下边缘混凝土的预压应力 σ_{pc} 恰被抵消为零,此时在控制截面上所产生的弯矩 M_0 称为消压弯矩[图 10-4b)],则有:

$$\sigma_{pc} - \frac{M_0}{W_0} = 0$$

或写成

$$M_0 = \sigma_{pc} \cdot W_0$$

式中:σ_{pc}——由永存预加力 N_p 引起的梁下边缘混凝土的有效预压应力;

W_0——全截面换算截面对受拉边的弹性抵抗矩。

一般把在 M_0 作用下控制截面上的应力状态,称为消压状态。应当注意,受弯构件在消压弯矩 M_0 和预加力 N_p 的共同作用下,只有控制截面下边缘纤维的混凝土应力为零(消压),而截面上其他点的应力都不为零(并非全截面消压)。

205

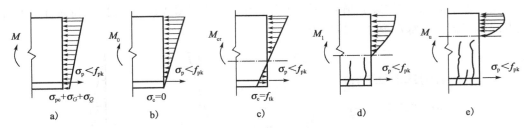

图 10-4 梁使用及破坏阶段的截面应力图

a)使用荷载作用于梁上;b)消压状态的应力;c)裂缝即将出现时的截面应力;d)带裂缝工作时的截面应力;e)截面破坏时的应力

（2）消压至即将开裂阶段

当构件在消压后继续加载,并使受拉区混凝土应力达到抗拉极限强度 f_{tk} 时的应力状态,即称为裂缝即将出现状态[图 10-4c]。构件出现裂缝时的理论临界弯矩称为开裂弯矩 M_{cr}。如果把受拉区边缘混凝土应力从零增加到应力为 f_{tk} 所需的外弯矩用 $M_{cr,c}$ 表示,则 M_{cr} 为 M_0 与 $M_{cr,c}$ 之和,即:

$$M_{cr} = M_0 + M_{cr,c}$$

式中:$M_{cr,c}$——相当于同截面钢筋混凝土梁的开裂弯矩。

（3）带裂缝工作阶段

继续增大荷载,则主梁截面下缘开始开裂,裂缝向截面上缘发展,梁进入带裂缝工作阶段[图 10-4d]。可以看出,在消压状态出现后,预应力混凝土梁的受力情况,就如同普通钢筋混凝土梁一样了。但是,由于预应力混凝土梁的开裂弯矩 M_{cr} 要比同截面、同材料的普通钢筋混凝土梁的开裂弯矩 $M_{cr,c}$ 大一个消压弯矩 M_0,故预应力混凝土梁在外荷载作用下裂缝的出现被大大推迟。

（4）破坏阶段

对于只在受拉区配置预应力钢筋且配筋率适当的受弯构件（适筋梁）,在荷载作用下,受拉区全部钢筋（包括预应力钢筋和非预应力钢筋）将先达到屈服强度,裂缝迅速向上延伸,而后受压区混凝土被压碎,构件即告破坏[图 10-4e]。破坏时,截面的应力状态与钢筋混凝土受弯构件相似,其计算方法也基本相同。

五、预应力混凝土结构的优点

预应力混凝土结构具有下列主要优点:

（1）提高了构件的抗裂度和刚度。对构件施加预应力后,使构件在使用荷载作用下可不出现裂缝,或可使裂缝大大推迟出现,有效地改善了构件的使用性能,提高了构件的刚度,增加了结构的耐久性。

（2）可以节省材料,减少自重。由于预应力混凝土采用高强材料,因而可减小构件截面尺寸,节省钢材与混凝土用量,降低结构物的自重。这对自重比例很大的大跨径桥梁来说,有着更显著的优越性。大跨度和重荷载结构采用预应力混凝土结构一般是经济合理的。

（3）可以减小混凝土梁的竖向剪力和主拉应力。预应力混凝土梁的曲线钢筋（束）,可使梁支座附近的竖向剪力减小;又由于混凝土截面上预压应力的存在,使荷载作用下的主拉应力进一步减小。这有利于减小梁的腹板厚度,使预应力混凝土梁的自重进一步减小。

(4)结构质量安全可靠。施加预应力时,钢筋(束)与混凝土都同时经受了一次强度检验。如果在张拉钢筋时构件质量表现良好,那么,在使用时也可以认为是安全可靠的,因此有人称预应力混凝土结构是经过预先检验的结构。

(5)预应力可作为结构构件连接的手段,促进了大跨度结构新体系与施工方法的发展。

(6)提高了结构的耐疲劳性能。因为具有强大预应力的钢筋在使用阶段由加荷或卸荷所引起的应力变化幅度相对较小,所以引起疲劳破坏的可能性也小,这对承受动荷载的桥梁结构来说是很有利的。

六、预应力混凝土结构的缺点

预应力混凝土结构具有下列一些缺点:

(1)工艺较复杂,对施工质量要求甚高,因而需要配备一支技术较熟练的专业队伍。

(2)需要有一定的专门设备,如张拉机具、灌浆设备等。先张法需要有张拉台座;后张法还要耗用数量较多、质量可靠的锚具等。

(3)预应力反拱度不易控制。它随混凝土徐变的增加而加大,如存梁时间过久再进行安装,就可能使反拱度很大,造成桥面不平顺。

(4)预应力混凝土结构的开工费用较大,对于跨径小、构件数量少的工程,成本较高。

但是,以上缺点是可以设法克服的。例如应用于跨径较大的结构,或跨径虽不大,但构件数量很多时,采用预应力混凝土结构就比较经济了。总之,只要从实际出发,因地制宜地进行合理设计和妥善安排,预应力混凝土结构就能充分发挥其优越性。

第二节　预加应力的方法与设备

一、预加应力的方法

施加预应力的方法有许多种,但基本可以分为两类,即先张法和后张法。在浇筑混凝土之前先张拉预应力筋的方法称为先张法,反之在浇筑混凝土之后张拉预应力筋的方法称为后张法。

1.先张法

先张法的主要工序如图 10-5 所示。先在台座上按设计规定的拉力张拉预应力筋,并用锚具临时锚固在台座上;然后架设模板,绑扎普通钢筋骨架,浇筑构件混凝土,待混凝土达到要求强度(一般不低于设计强度的 75%)后放张(即将临时锚固松开或将钢筋切断),让钢筋的回缩力通过钢筋与混凝土间的黏结作用传递给混凝土,使混凝土获得预压应力。

先张法所用的预应力筋束,一般可用高强钢丝、钢绞线等,不专设永久锚具,借助于混凝土的黏结力,以获得较好的自锚性能。

先张法施工工序简单,预应力钢筋靠黏结力自锚,不必耗费特制的锚具,临时固定所用的锚具,都可以重复使用,一般称为工具式锚具或夹具。在大批量生产时,先张法构件比较经济,质量也比较稳定。但先张法一般仅宜生产直线配筋的中小型构件,大型构件因需配合弯矩与剪力沿梁长度的分布而采用曲线配筋,这将使施工设备和工艺复杂化,且需配备庞大的张拉台座,同时构件尺寸大,起重、运输也不方便。

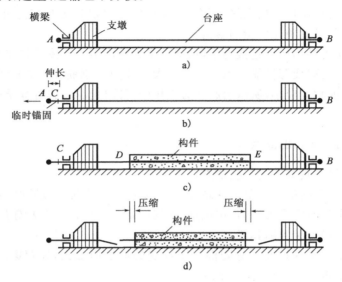

图 10-5　先张法工艺流程示意图

a)钢筋就位;b)张拉钢筋;c)浇筑构件;d)切断钢筋

2. 后张法

后张法是先浇筑构件混凝土,待混凝土结硬后,再张拉筋束的方法,如图 10-6 所示。先浇筑构件混凝土,并在其中预留穿束孔道(或设套管),待混凝土达到要求强度后,将筋束穿入预留孔道内,将千斤顶支承于混凝土构件端部,张拉筋束,使构件也同时受到反力压缩。待张拉到控制拉力后,使用特制的锚具将筋束锚固于混凝土构件上,使混凝土获得并保持其预压应力。最后,在预留孔道内压注水泥浆,以保护筋束不致锈蚀,并使筋束与混凝土黏结成为整体。

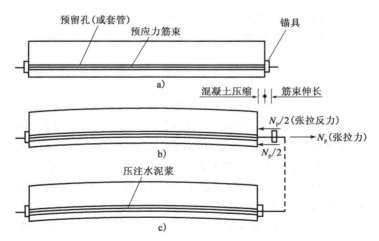

图 10-6　后张法工艺流程示意图

a)浇筑构件混凝土,预留孔道,穿入筋束;b)千斤顶支于混凝土构件上,张拉筋束;c)用锚具锚固筋束,并在孔道内灌浆

综上所述,施工工艺不同,建立预应力的方法也不同。后张法是靠工作锚具来传递和保持预加应力的;先张法则是靠黏结力来传递并保持预加应力的。

二、锚具

1. 对锚具的要求

无论是先张法或后张法构件所用的临时锚具,还是后张法构件所用的永久性工作锚具,都是保证预应力混凝土施工安全、结构可靠的技术关键性设备。因此,在设计、制造或选择锚具时,应注意满足下列要求:受力安全可靠;预应力损失要小;构造简单、紧凑,制作方便,用钢量少;张拉锚固方便迅速,设备简单。

2. 锚具的分类

按锚具传力锚固的受力原理,可分为:

(1)靠摩阻力锚固的锚具。如楔形锚、锥形锚和用于锚固钢绞线的 JM 锚与夹片式群锚等,都是借张拉筋束的回缩或千斤顶顶压,带动锥销或夹片将筋束楔紧于锥孔中而锚固的。

(2)依靠承压锚固的锚具。如镦头锚、钢筋螺纹锚等,是利用钢丝的镦粗头或钢筋螺纹承压进行锚固的。

(3)依靠黏结力锚固的锚具。如先张法的筋束锚固,以及后张法固定端的钢绞线压花锚具等,都是利用筋束与混凝土之间的黏结力进行锚固的。

对于不同形式的锚具,往往需要有专门的张拉设备配套使用。因此,在设计施工中,锚具与张拉设备的选择,应同时考虑。

3. 目前桥梁结构中常用的几种锚具

(1)锥形锚

锥形锚(又称为弗式锚)(图 10-7),主要用于钢丝束的锚固。它由锚圈和锚塞(又称锥销)两个部分组成。其工作原理是通过张拉钢束时顶压锚塞,把预应力钢丝楔紧在锚圈与锚塞之间,借助摩阻力锚固的。在锚固时,利用钢丝的回缩力带动锚塞向锚圈内滑进,使钢丝被进一步楔紧。

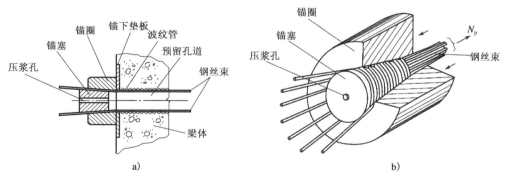

图 10-7　锥形锚具

目前在桥梁中常用的锥形锚,有锚固 $18\phi5mm$ 和锚固 $24\phi5mm$ 的钢丝束两种,并配用 600kN 双作用千斤顶或 YZ85 型三作用千斤顶张拉。锚塞用 45 号优质碳素结构圆钢经热处理制成,其硬度一般要求为洛氏硬度 HRC55～58 单位,以便顶塞后,锚塞齿纹能稍微压入钢丝表面,而获得可靠的锚固。锚圈用 5 号或 45 号钢冷作旋制而成,不作淬火处理。

锥形锚的优点是锚固方便,锚具面积小,便于在梁体上分散布置;缺点是锚固时钢丝的回缩量较大,预应力损失较其他锚具大。同时,它不能重复张拉和接长,使筋束设计长度受到千斤顶行程的限制。为防止受震松动,必须及时给预留孔道压浆。

(2)镦头锚

镦头锚(图 10-8)又称 BBRV 锚具,主要用于锚固钢丝束,也可锚固直径在 14mm 以下的钢筋束。钢丝的根数和锚具的尺寸依设计张拉力的大小选定。目前有锚固 12～133 根 ϕ5mm 和 12～84 根 ϕ7mm 两种锚具系列,配套的镦头机有 LD-10 型和 LD-20 型两种形式。

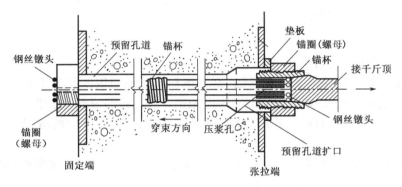

图 10-8　镦头锚锚具工作示意图

镦头锚的工作原理如图 10-8 所示。先将钢丝逐一穿过锚杯的蜂窝孔,然后用镦头机将钢丝端头镦粗如蘑菇形,借镦粗头直接承压将钢丝锚固于锚杯上。钢丝束一端为固定端,另一端为张拉端。在固定端将锚圈(大螺母)拧在锚杯上,即可将钢丝束锚固于梁端。在张拉端,先将与千斤顶连接的拉杆旋入锚杯内,用千斤顶支承于梁体上进行张拉,待达到设计张拉力时,将锚圈(螺母)拧紧,再慢慢放松千斤顶,退出拉杆,于是钢丝束的回缩力就通过锚圈、垫板,传递到梁体混凝土而获得锚固。

镦头锚锚固可靠,不会出现锥形锚那样的"滑丝"问题;锚固时的应力损失很小;镦头工艺,操作简便迅速。但筋束张拉吨位过大,钢丝数很多,施工也显麻烦,故大吨位镦头锚宜加大钢丝直径,由 ϕ5mm 改用 ϕ7mm,或改用钢绞线夹片锚具。此外,镦头锚对钢丝的下料长度要求很精确,误差不得超过 1/300。误差过大,张拉时可能由于受力不均匀发生断丝现象。

镦头锚适于锚固直线式配筋束,对于较缓和的曲线筋束也可采用。目前斜拉桥中锚固斜拉索的高振幅锚具——HiAm 式冷铸镦头锚,因锚杯内填入了环氧树脂、锌粉和钢球的混合料,使之具有较好的抗疲劳性能。

(3)钢筋螺纹锚具

当采用高强粗钢筋作为预应力筋束时,可采用螺纹锚具(图 10-9)固定。即借粗钢筋两端的螺纹,在钢筋张拉后直接拧上螺母进行锚固,钢筋的回缩力由螺母支承垫板承压传递给梁体而获得预应力。钢筋螺纹锚具制造的关键在于螺纹的加工,为了避免端部螺纹削弱钢筋截面,常采用特制的钢模冷轧成纹,使阴纹压入钢筋圆周之内,而阳纹则挤到钢筋圆周之外,这样可使螺纹段的平均直径与原钢筋直径相差无几,而且通过冷轧还提高了钢筋的强度。由于螺纹系冷轧而成,故又将螺纹锚具称为轧丝锚。

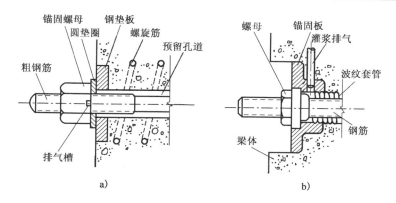

图 10-9 钢筋螺纹锚具

a)轧丝锚具；b)迪维达格锚具

近年来,国内外相继采用可直接拧上螺母和连接套筒的高强预应力螺纹钢,这种钢筋沿长度方向具有规则但不连续的凸形螺纹,可在任意位置进行锚固和接长。

螺纹锚具受力明确,锚固可靠,构造简单,施工方便,预应力损失小,并能重复张拉、放松或拆卸,还可简便地采用套筒接长。

(4)夹片锚具

夹片锚具主要用来锚固钢绞线筋束。由于钢绞线与周围接触的面积小,且强度高、硬度大,故对其锚具的锚固性能要求很高。我国从 20 世纪 60 年代开始先后研制的几种夹片锚具为 JM、XM、QM、YM、OVM 系列锚具(图 10-10),锚具为圆形,可锚固几根至几十根钢绞线组成的钢束。随着钢绞线的大量使用和钢绞线强度的大幅度提高,JM 锚具已难以满足要求,《公路桥规》中,JM12 锚具已取消使用。此外,还有一种扁形夹片锚,称为扁锚(BM 系列),适用于扁薄截面构件(如空心板梁等)。

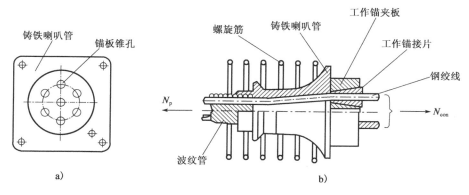

图 10-10 夹片锚具

夹片锚具的工作原理如图 10-10 所示。夹片锚由带锥孔的锚板和夹片所组成。张拉时,每个锥孔穿入 1 根钢绞线,张拉后各自用夹片将孔中的钢绞线抱夹锚固,每个锥孔各自成为一个独立的锚固单元。每个夹片锚具一般是由多个独立锚固单元组成,它能锚固由 1~55 根不等的 $\phi 15.2$mm 与 $\phi 12.7$mm 钢绞线所组成的筋束,其最大锚固吨位可达 11000kN,故夹片锚又称为大吨位钢绞线群锚体系。其特点是各根钢绞线均为单独工作,即一根钢绞线锚固失效也不会影响全锚,只需对失效锥孔的钢绞线进行补拉即可。但预留孔端部,因锚板锥孔布置的需要,必须扩孔,故工作锚下的一段预留孔道一般需设置成喇叭形,或配套设置专门的铸铁喇叭形锚垫板。

(5)固定端锚具

采用一端张拉时,其固定端锚具除可采用与张拉端相同的夹片锚具外,还可采用挤压锚具和压花锚具。

挤压锚具是利用压头机,将套在钢绞线端头上的软钢(一般为 45 号钢)套筒,与钢绞线一起强行顶压通过规定的模具孔挤压而成(图 10-11)。为增加套筒与钢绞线间的摩阻力,挤压前,在钢绞线与套筒之间衬置一硬钢丝螺旋圈,以便在挤压后使硬钢丝分别压入钢绞线与套筒内壁之内。

压花锚具是用压花机将钢绞线端头压制成梨形花头的一种黏结型锚具(图 10-12),张拉前预先埋入构件混凝土中。

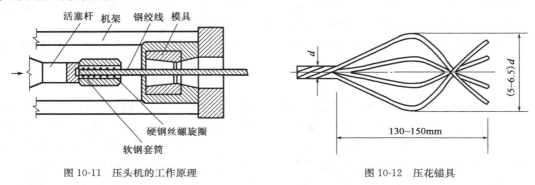

图 10-11 压头机的工作原理 　　　　　　　　图 10-12 压花锚具

(6)连接器

连接器有两种:钢绞线束 N_1 锚固后,需要再连接钢绞线束 N_2 的,叫锚头连接器[图 10-13a)];当需将两段未张拉的钢绞线束或粗钢筋 N_1、N_2 直接接长时,则可采用接长连接器[图 10-13b)]。

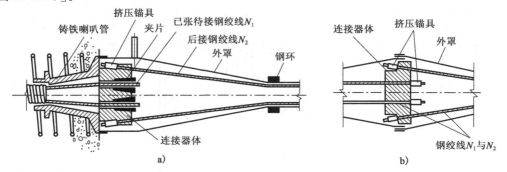

图 10-13 连接器构造

a)锚头连接器;b)接长连接器

三、施加预应力的其他设备

按照施工工艺的要求,预加应力尚需有以下一些设备或配件。

1.千斤顶

张拉预应力钢筋一般采用液压千斤顶,各种锚具都必须配置相应的千斤顶,才能顺利地进行张拉、锚固。如图 10-14 所示的千斤顶是与夹片配套的一种大直径的穿心单作用千斤顶。

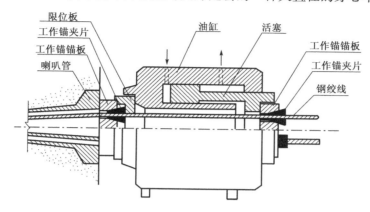

图 10-14 夹片锚张拉千斤顶安装示意图

2.制孔器

预制后张法构件时,需预先留好预应力筋束穿入的孔道。目前,国内主要采用的制孔器有两种:抽拔橡胶管与螺旋金属波纹管。

(1)抽拔橡胶管。在钢丝网橡胶管内事先穿入钢筋(称芯棒),再将胶管(连同芯棒一起)放入模板内,待浇筑混凝土达到一定强度后,抽去芯棒,再拔出胶管,则预留孔道形成。

(2)螺旋金属波纹管(简称波纹管)。在浇筑混凝土之前,将波纹管按筋束设计位置,绑扎于与箍筋焊连的钢筋托架上,再浇筑混凝土,结硬后即可形成穿束的孔道。使用波纹管制孔的穿束方法,有先穿法与后穿法两种。先穿法即在浇筑混凝土之前将筋束穿入波纹管中,绑扎就位后再浇筑混凝土;后穿法即浇筑混凝土成孔之后再穿筋束。

3.穿索机

在桥梁悬臂施工和尺寸较大的构件中,一般都采用后穿法穿束。对于大跨桥梁有的筋束很长,人工穿束十分吃力,故采用穿索(束)机。

穿索(束)机有两种类型:一是液压式,二是电动式,桥梁中多用前者。一般采用单根钢绞线穿入,穿束时应在钢绞线前端套一子弹形帽子,以减小穿束阻力。穿索机由电动机带动用四个托轮支承的链板,钢绞线置于链板上,并用四个与托轮相对应的压紧轮压紧,则钢绞线就可借链板的转动向前穿入构件的预留孔中。最大推力为 3kN,最大水平传送距离可达 150m。

4.灌孔水泥浆及压浆机

(1)水泥浆

在后张法预应力混凝土构件中,筋束张拉锚固后必须给预留孔道压注水泥浆,以免钢筋锈蚀,并使筋束与梁体混凝土结合为一整体。为保证孔道内水泥浆密实,应严格控制水灰比;另外可在水泥浆中加入适量膨胀剂,使水泥浆在硬化过程中膨胀,但应控制其自由膨胀率不大于 3%。

（2）压浆机

压浆机是孔道灌浆的主要设备，它主要由水泥浆、贮浆桶和压送灰浆的灰浆泵以及供水系统组成。压浆机的最大工作压力约达 1.50MPa（15 个大气压），可压送的最大水平距离为 150m，最大竖直高度为 40m。

5. 张拉台座

采用先张法生产预应力混凝土构件时，则需设置用作张拉和临时锚固筋束的张拉台座。它因需要承受张拉筋束巨大的回缩力，设计时应保证其具有足够的强度、刚度和稳定性。批量生产时，有条件的尽量设计成长线式台座，以提高生产效率。张拉台座的台面（即预制构件的底模），为了提高产品质量，有的构件厂已采用了预应力混凝土滑动台面，可防止在使用过程中台面开裂。

第三节　预应力混凝土结构的材料

一、混凝土

1. 预应力结构的混凝土的要求

（1）强度高。用于预应力结构的混凝土，必须采用高强度混凝土，因为强度高的混凝土对先张法构件可提高钢筋与混凝土之间的黏结力，对后张法构件可提高锚固端的局部承压承载力。《公路桥规》规定：预应力混凝土构件的混凝土强度等级不应低于 C40。而且，钢材强度越高，混凝土强度等级要求也相应提高。只有这样才能充分发挥高强钢材的抗拉强度，有效地减小构件截面尺寸，因而也可减轻结构自重。

（2）收缩、徐变小。以减少因收缩、徐变引起的预应力损失。

（3）快硬、早强。以便及早施加预应力，加快施工进度，提高设备、模板等的利用率。

2. 混凝土的配制要求与措施

为了获得强度高和收缩、徐变小的混凝土，应尽可能地采用高强度水泥，减少水泥用量，降低水灰比，选用优质坚硬的骨料，并注意采取以下措施：

（1）严格控制水灰比。高强混凝土的水灰比一般宜为 0.25～0.35。为增加和易性，可掺加适量的高效减水剂。

（2）注意选用高强度水泥并宜控制水泥用量不大于 $500kg/m^3$。水泥品种以硅酸盐水泥为宜，不得已需要采用矿渣水泥时，则应适当掺加早强剂以改善其早期强度较低的缺点。因火山灰水泥早期强度过低，收缩率又大，故不适于拌制预应力混凝土。

（3）注意选用优质活性掺和料，如硅粉、F 矿粉等，尤其是硅粉混凝土不仅可使收缩减小，还可使徐变显著减小。

（4）加强振捣与养护。

二、预应力钢材

预应力混凝土构件中，有预应力钢筋和非预应力钢筋（即普通钢筋）。这里主要对预应力钢筋作一简要介绍。

1. 对预应力钢筋的要求

（1）强度高。混凝土预压应力的大小，取决于预应力钢筋张拉应力的大小。考虑到构件在制作过程中会出现各种应力损失，因此需要较高的张拉应力，这就要求预应力钢筋具有较高的抗拉强度。

（2）要有较好的塑性。高强度钢材，其塑性性能一般较低，为了保证结构物在破坏之前有较大的变形能力，必须保证预应力钢筋有足够的塑性性能。

（3）要具有良好的黏结性能。先张法构件的预应力是靠钢筋和混凝土之间的黏结力来传递的，所以良好的黏结是其正常工作的保证。

（4）应力松弛损失要低。以减小由于钢筋应力松弛而引起的损失。

预应力钢材今后发展的总要求就是高强度、粗直径、低松弛和耐腐蚀。

2. 预应力钢筋的种类

《公路桥规》规定，预应力混凝土构件中的预应力筋应选用钢绞线、钢丝；中、小型构件或竖、横向预应力钢筋，也可选用预应力螺纹钢筋。预应力钢丝系指消除应力的光面钢丝和螺旋肋钢丝。钢绞线和钢丝的单向拉伸应力—应变关系曲线无明显的流幅，预应力螺纹钢筋则有明显的流幅。

（1）钢绞线

钢绞线是若干根高强钢丝扭结而成并经消除内应力后的盘卷状钢丝束。《公路桥规》根据国家标准《预应力混凝土用钢绞线》（GB/T 5224—2014）选用的钢绞线为 1×7 一种规格，是在绞线机上以 1 根直径较粗的钢丝为芯丝，6 根钢丝为边丝围绕其进行螺旋状绞捻而成一股钢绞线。如 $\phi 15 mm$ 钢绞线，它是由 6 根 $\phi 5 mm$ 钢丝为边丝，围绕一根直径为 $5.15 \sim 5.20 mm$ 的钢丝绞捻而成。

钢绞线强度为 $1720 \sim 1960 MPa$，并依松弛性能不同分成普通钢绞线（Ⅰ级松弛）和低松弛钢绞线（Ⅱ级松弛）两种。钢绞线具有截面集中，比较柔软、盘弯运输方便、与混凝土黏结性能良好等特点，可大大简化现场成束的工序，是一种较理想的预应力筋束。普通钢绞线的强度与弹性模量均较单根钢丝略小，但低松弛钢绞线已有改变。

据国外统计，钢绞线在预应力筋中的用量约占 75%，而钢丝与粗钢筋共约占 25%。国内使用高强度、低松弛钢绞线也将成为主要趋势。

（2）高强度钢丝

预应力混凝土结构常用的高强钢丝，是用优质碳素钢（含碳量为 $0.7\% \sim 1.4\%$）轧制成盘圆，经淬火处理后，再冷拉加工而成的钢丝。对冷拔工艺生产的高强钢丝，冷拔后还需经过回火矫直处理，以消除钢丝在冷拔中所存在的内部应力，提高钢丝的比例极限、屈服强度和弹性模量。我国生产的高强钢丝直径，按国家标准《预应力混凝土用钢丝》（GB/T 5223—2014）有 4.0、5.0、6.0、7.0、8.0 及 9.0mm 共六种，螺旋肋钢丝强度为 $1470 \sim 1860 MPa$。

（3）预应力螺纹钢筋

预应力螺纹钢筋在轧制时沿钢筋纵向全部轧有规律性的螺纹肋条，可用螺丝套筒连接和螺母锚固，因此不需要再加工螺丝，也不需要焊接。预应力螺纹钢筋按国家标准《预应力混凝土用螺纹钢筋》（GB/T 20065—2016）规定，公称直径 $d = 18$、25、32、40、50mm，强度为

785～1080MPa。

第四节　张拉控制应力与预应力损失

预应力混凝土构件的设计计算,需要事先根据承受外荷载的情况,确定其预加应力的大小,但是由于施工因素、材料性能和环境条件等的影响,钢筋中的预拉应力将要逐渐减少,这种减少的应力就称为预应力损失。而设计中所指的钢筋预应力值,应是扣除相应阶段的应力损失后,钢筋中实际存在的预应力(即有效预应力 σ_{pe})值。如钢筋张拉时的初始应力(一般称为张拉控制应力)记作 σ_{con},相应的应力损失值为 σ_l,则它们与有效预应力 σ_{pe} 间的关系为 $\sigma_{pe} = \sigma_{con} - \sigma_l$。因此,要确定有效预应力 σ_{pe},就需要先确定张拉控制应力 σ_{con},并估算出各项预应力损失值 σ_l。

一、张拉控制应力

张拉控制应力 σ_{con} 是指预应力钢筋在进行张拉时所控制达到的最大应力值,其值为预应力钢筋锚固前张拉钢筋的千斤顶所显示的总张拉力除以预应力钢筋截面面积所求得的钢筋应力值。对于有锚圈口摩阻损失的锚具,σ_{con} 应为扣除锚圈口摩擦损失后的锚下拉应力值,故《公路桥规》特别指出,σ_{con} 为张拉钢筋的锚下控制应力。

张拉控制应力的取值,直接影响预应力混凝土的使用效果。从提高预应力钢筋的利用率来说,张拉控制应力 σ_{con} 愈高愈好,这样在构件抗裂性相同的条件下可以减少用钢量。另外,为了有效地提高预应力构件的抗裂度和刚度,也应将张拉控制应力 σ_{con} 尽可能定得高一些,这样预应力钢筋经过各种损失后,对混凝土产生的预压应力能保证较高。但是,如果张拉控制应力 σ_{con} 取值过高,则可能存在以下问题:①个别钢筋在张拉或施工过程中被拉断;②钢筋的应力松弛损失也将增大;③开裂荷载接近破坏荷载,不能确保构件具有一定的延性;④后张法构件易产生局压破坏。因此,σ_{con} 值不能定得过高,应留有适当余地,一般宜在钢筋的比例极限以下。张拉控制应力 σ_{con} 的确定应根据钢筋的不同品种而定,如钢丝与钢绞线,因无明显的屈服台阶,其 σ_{con} 与预应力钢筋抗拉强度标准值 f_{pk} 的比值应相应地定得低些,而预应力螺纹钢筋一般具有较明显的屈服台阶,塑性性能较好,故其比值可相应地定得高一些。《公路桥规》规定,构件预加应力时预应力钢筋在构件端部(锚下)的控制应力 σ_{con} 应符合下列规定:

对于钢丝、钢绞线	$\sigma_{con} \leqslant 0.75 f_{pk}$	(10-2)
对于预应力螺纹钢筋	$\sigma_{con} \leqslant 0.85 f_{pk}$	(10-3)
同时还需满足	$\sigma_{con} \geqslant 0.40 f_{pk}$	(10-4)

在实际设计中,对于仅需在短时间内保持高应力的钢筋,例如为了减少摩擦、钢筋松弛和分批张拉钢筋的弹性压缩等引起的应力损失而需要进行超张拉的钢筋,以及为了提高构件在制作和吊运中的抗裂性而在使用阶段的受压区所布置的预应力钢筋等,可以适当提高张拉应力。但在任何情况下,钢筋的最大张拉控制应力,对于钢丝、钢绞线不应超过 $0.8 f_{pk}$;对于预应力螺纹钢筋不应超过 $0.90 f_{pk}$。

二、预应力损失的估算

引起预应力损失的因素很多,与施工工艺、材料性能及环境影响等有关。预应力损失一般应根据试验数据确定,如无可靠试验资料,则按《公路桥规》的规定估算。现按《公路桥规》介绍主要的六项应力损失,包括产生的原因、损失值的估算以及减少预应力损失的措施。

1. 预应力筋与管道壁间摩擦引起的应力损失 σ_{l1}

后张法的预应力筋,一般由直线和曲线两部分组成。张拉时,预应力筋将沿管道壁滑移而产生摩擦力[图 10-15a)],形成钢筋中的预拉应力在张拉端高、向跨中方向逐渐减小[图 10-15c)]的情况。钢筋在任意两截面间的应力差值,就是此两截面间由摩擦所引起的预应力损失值。从张拉端至计算截面的摩擦损失值,以 σ_{l1} 表示。

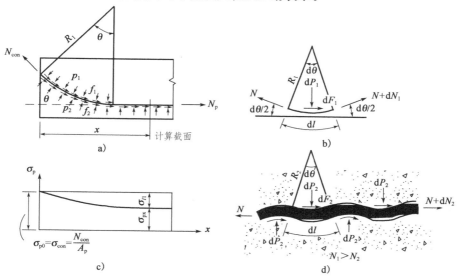

图 10-15 摩擦损失计算简图

摩擦损失主要由于管道的弯曲和管道位置偏差两部分影响所产生。对于直线管道,由于施工中位置偏差和孔壁不光滑等原因,在钢筋张拉时,局部孔壁仍会与钢筋接触而引起摩擦损失,一般称此为管道偏差影响(或称长度影响)摩擦损失,其数值较小;对于弯曲部分的管道,除存在上述管道偏差影响之外,还存在因管道弯转、预应力筋对弯道内壁的径向压力所引起的摩擦损失,将此称为弯道影响摩擦损失,其数值较大,并随钢筋弯曲角度之和的增加而增加。曲线部分的摩擦损失是由以上两部分影响所形成,故要比直线部分摩擦损失大得多。

(1)弯道影响引起的摩擦力

设钢筋与曲线管道内壁相贴,并取微段钢筋 $\mathrm{d}l$ 为脱离体[图 10-15b)],其相应的弯曲角为 $\mathrm{d}\theta$,曲率半径为 R_1,则 $\mathrm{d}l = R_1 \mathrm{d}\theta$。由此可求得微段钢筋与弯道壁间的径向压力 $\mathrm{d}P_1$ 为:

$$\mathrm{d}P_1 = N\sin\frac{\mathrm{d}\theta}{2} + (N + \mathrm{d}N_1)\sin\frac{\mathrm{d}\theta}{2} \approx N\mathrm{d}\theta$$

钢筋与管道壁间的摩擦系数设为 μ,则微段钢筋 $\mathrm{d}l$ 内由弯道影响产生的摩擦力 $\mathrm{d}F_1$ 为:

$$\mathrm{d}F_1 = \mu\mathrm{d}P_1 \approx \mu N\mathrm{d}\theta$$

由[图 10-15b)]得:

$$N + \mathrm{d}N_1 + \mathrm{d}F_1 = N$$

所以

$$\mathrm{d}F_1 = -\mathrm{d}N_1 \approx \mu N\mathrm{d}\theta$$

式中：N——预应力筋的张拉力；

  P_1——单位长度内预应力筋对弯道内壁的径向压力。

（2）管道偏差影响引起的摩擦力

假设管道具有正负偏差，并假定其平均曲率半径为 R_2[图 10-15d]。同理，假定钢筋与平均曲率半径为 R_2 的管道壁相贴，且与微段直线钢筋 dl 相应的弯曲角为 $d\theta'$，则钢筋与管壁间在 dl 段内的径向压力 dP_2 为：

$$dP_2 \approx N d\theta' = N \frac{dl}{R_2}$$

故 dl 段内的摩擦力 dF_2 为：

$$dF_2 = \mu \cdot dP_2 \approx \mu \cdot N \frac{dl}{R_2}$$

令 $k = \mu/R_2$ 为管道的偏差系数，则：

$$dF_2 = k \cdot N \cdot dl = -dN_2$$

（3）弯道部分的总摩擦力

预应力钢筋在管道弯曲部分微段 dl 内的摩擦力为上述两部分之和，即：

$$dF = dF_1 + dF_2 = N \cdot (\mu d\theta + k dl)$$

（4）钢筋计算截面处因摩擦力引起的应力损失值 σ_{l1}

由微段钢筋轴向力的平衡可得：

$$dN_1 + dN_2 + dF_1 + dF_2 = 0$$

$$dN = dN_1 + dN_2 = -dF_1 - dF_2 = -N(\mu d\theta + k dl)$$

或写成

$$\frac{dN}{N} = -(\mu d\theta + k dl)$$

将上式两边同时积分得：

$$\ln N = -(\mu\theta + kl) + C$$

由张拉端边界条件 $\theta = \theta_0 = 0$，$l = l_0 = 0$ 时，则 $N = N_{con}$，代入上式可得 $C = \ln N_{con}$，于是有：

$$\ln N = -(\mu\theta + kl) + \ln N_{con}$$

亦即

$$\ln \frac{N}{N_{con}} = -(\mu\theta + kl)$$

为计算方便，式中 l 近似地用其在构件纵轴上的投影长度 x 代替，则：

$$N_x = N_{con} \cdot e^{-(\mu\theta + kx)} \tag{10-5}$$

式中：N_x——距张拉端为 x 的计算截面处，钢筋实际的预拉力。

由此可求得因摩擦所引起的预应力损失值 σ_{l1} 为：

$$\sigma_{l1} = \frac{N_{con} - N_x}{A_p} = \sigma_{con}\left[1 - e^{-(\mu\theta + kx)}\right] \tag{10-6}$$

式中：A_p——预应力钢筋的截面面积；

  σ_{con}——锚下张拉控制应力，$\sigma_{con} = N_{con}/A_p$，$N_{con}$ 为钢筋锚下张拉控制拉力；

  θ——从张拉端至计算截面间，平面曲线管道部分夹角[图 10-15a]之和，称为曲线包角，按绝对值相加，单位以弧度计，如管道为在竖平面内和水平面内同时弯曲的

三维空间曲线管道,则 θ 可按下式计算:

$$\theta = \sqrt{\theta_{\mathrm{H}}^2 + \theta_{\mathrm{V}}^2} \tag{10-7}$$

　　θ_{H}、θ_{V}——在同段管道上的水平面内的弯曲角与竖向平面内的弯曲角;

　　　　x——从张拉端至计算截面的管道长度在构件纵轴上的投影长度,以 m 计;

　　　　k——管道每米长度的局部偏差对摩擦的影响系数,可按附表 1-14 取用;

　　　　μ——钢筋与管道壁间的摩擦系数,可按附表 1-14 取用。

　　为了减少摩擦损失,一般可采用如下措施:

　　①采用两端张拉,以减小 θ 值及管道长度 x 值。

　　②采用超张拉,其张拉工艺一般可采用如下程序进行:

　　　　$0 \rightarrow$ 初应力($0.1\sigma_{\mathrm{con}}$ 左右)$\rightarrow (1.05 \sim 1.10)\sigma_{\mathrm{con}}$(持荷 2min)$\rightarrow \sigma_{\mathrm{con}}$

　　由于超张拉 5%～10%,构件其他截面应力也相应提高。当张拉应力回降至 σ_{con} 时,钢筋因要回缩而受到反向摩擦力的作用,对于简支梁来说,这个回缩影响一般不能传递到受力最大的跨中截面(或者影响很小),这样跨中截面的预应力也就因超张拉而获得了稳定的提高。

　　应当注意,对于一般夹片锚具,不宜采用超张拉工艺。因为超张拉后的钢筋拉应力无法在锚固前回降至 σ_{con},一回降钢筋就回缩,同时也就会带动夹片进行锚固,这样就相当于提高了 σ_{con} 值,而与超张拉的意义不符。

　　2.锚具变形、钢筋回缩和接缝压缩引起的应力损失 σ_{l2}

　　此项应力损失与锚具的形式和拼装块件接缝的涂料有关。不论先张法还是后张法构件,当张拉结束并进行锚固时,锚具将受到巨大的压力,使锚具自身及锚下垫板压密而变形,同时有些锚具的预应力钢筋还要向内回缩;此外,拼装式构件的接缝,在锚固后也将继续被压密变形。所有这些变形都将使锚固后的预应力钢筋缩短,因而引起应力损失,用 σ_{l2} 表示,可按下式计算:

$$\sigma_{l2} = \frac{\sum \Delta l}{l} E_{\mathrm{p}} \tag{10-8}$$

式中:Δl——张拉端锚具变形、钢筋回缩和接缝压缩值之和(mm),应根据试验确定,当无可靠资料时可按附表 1-15 取用;

　　　　l——张拉端至锚固端之间的距离(mm);

　　　　E_{p}——预应力钢筋的弹性模量(MPa)。

　　应该指出,按以上公式计算 σ_{l2} 时,未考虑管道的反摩阻影响,显然对先张法来说,此公式成立,对后张法构件,如钢筋在孔道内无摩擦作用时也成立。但钢筋与孔道壁间摩擦作用较大时,钢筋在孔道内回缩时就会与管道发生摩擦,这样此项预应力损失就会集中在靠近两端的钢筋内发生。所以 σ_{l2} 沿钢筋全长不变的计算方法只能近似适用于直线管道的情况,而对于曲线管道则与实际情况不符,应考虑摩擦影响。《公路桥规》规定:在计算锚具变形、钢筋回缩等引起的应力损失时,应考虑与张拉钢筋时的摩阻力相反的摩阻作用。这样可以更好地反映由锚具变形等引起的应力损失 σ_{l2} 沿梁轴在反摩阻影响范围内逐渐变化的实际情况。

　　由于张拉端的钢筋回缩应变最大,其 σ_{l2} 值也最大;离张拉端距离逐渐增大,钢筋回缩所受到的反摩阻力也增大,钢筋回缩应变则变小,σ_{l2} 值也变小。当离张拉端的距离超过影响长度后,钢筋的回缩力将与反摩阻力达到平衡,钢筋的回缩应变将变为零,其 σ_{l2} 值也变为零。如图 10-16 所示为张拉和锚固钢筋时钢筋中的应力沿梁长方向变化的示意图,设张拉端锚下钢

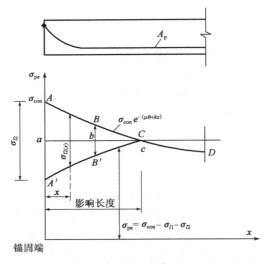

图 10-16　考虑反摩阻后预应力损失计算示意图

筋张拉控制应力为 σ_{con}（图中的 A 点），由于管道摩阻力的影响，预应力钢筋的应力由梁端向跨中逐渐降低为图中 $ABCD$ 曲线。在锚固传力时，由于锚具变形引起应力损失，使梁端锚下钢筋的应力降到图中的 A' 点，应力降低值为 $(\sigma_{con}-\sigma_{l2})$，考虑到反摩阻的影响，并假定反向摩阻系数与正向摩阻系数相等，钢筋应力将按图中 $A'B'CD$ 曲线变化。锚具变形损失的影响长度为 ac，两曲线间的纵距即为该截面锚具变形引起的应力损失 $\sigma_{l2}(x)$。例如，在 b 处截面的锚具变形损失为 $\overline{BB'}$，在交点 c 处该项损失为零。

从张拉端 a 至 c 点的范围为回缩影响区，总回缩量 $\sum\Delta l$ 应等于其影响区内各微分段 $\mathrm{d}x$ 回缩应变的累计，即：

$$\sum\Delta l = \int_a^c \varepsilon\,\mathrm{d}x = \frac{1}{E_p}\int_a^c \sigma_{l2}(x)\,\mathrm{d}x$$

所以
$$\int_a^c \sigma_{l2}(x)\,\mathrm{d}x = E_p\sum\Delta l \tag{10-9}$$

式中，$\int_a^c \sigma_{l2}(x)\,\mathrm{d}x$ 为图形 $ABCB'A'$ 的面积，即图形 $ABca$ 面积的两倍。根据已知的 $E_p\sum\Delta l$ 值，用试算法确定一个等于 $E_p\sum\Delta l/2$ 的面积 $ABca$，即求得回缩影响长度 ac。在回缩影响长度 ac 内，任一截面处的锚具变形损失为以 ac 为基线的向上垂直距离的两倍。例如，b 截面处的锚具变形损失 $\sigma_{l2}=\overline{BB'}=2\,\overline{Bb}$。

应该指出，上述计算方法概念清楚，但使用时不太方便，故《公路桥规》在附录 D 中推荐了一种考虑反摩阻后预应力钢筋应力损失的简化计算方法，现简述如下。

《公路桥规》中，考虑反摩阻后预应力损失的简化计算方法，是假定张拉端至锚固端范围内由管道摩阻引起的预应力损失沿梁长方向均匀分配，则扣除管道摩阻损失后钢筋应力沿梁长方向的分布曲线简化为直线（图 10-17 中 caa'）。直线 caa' 的斜率为：

$$\Delta\sigma_d = \frac{\sigma_0-\sigma_l}{l}$$

式中：$\Delta\sigma_d$——单位长度上由管道摩阻引起的预应力损失（MPa/mm）；

σ_0——张拉端锚下控制应力（MPa）；

σ_l——预应力钢筋扣除沿途管道摩阻损失后锚固端的预应力（MPa）；

l——张拉端至锚固端之间的距离（mm）。

图 10-17 中，caa' 表示预应力钢筋扣除管道正摩阻损失后锚固前瞬间的应力分布线，其斜率为 $\Delta\sigma_d$。锚固时张拉端预应力钢筋将发生回缩，由此引起预应力钢筋

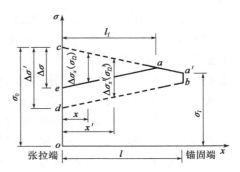

图 10-17　考虑反摩阻后预应力损失简化计算图

张拉端应力损失为 $\Delta\sigma$。考虑反摩阻的作用,此项预应力损失将随着离开张拉端距离 x 的增加而逐渐减小,并假定按直线规律变化。由于钢筋回缩发生的反向摩阻力和张拉时发生的摩阻力的摩阻系数相等,因此,代表锚固前和锚固后瞬间的预应力钢筋应力变化的两根直线 caa' 和 ea 的斜率相等,但方向相反。两根直线的交点 a 至张拉端的水平距离即为反摩阻影响长度 l_f。当 $l_f < l$ 时,锚固后整根预应力钢筋的预应力变化线可用折线 eaa' 表示。确定这根折线,需要求出两个未知量,一个是张拉端预应力损失 $\Delta\sigma$,另一个是预应力钢筋回缩影响长度 l_f。

由于直线 caa' 和直线 ea 斜率相同,则 $\triangle cae$ 为等腰三角形,可将底边 $\Delta\sigma$ 通过高 l_f 和直线 ac 的斜率 $\Delta\sigma_d$ 来表示,钢筋回缩引起的张拉端预应力损失为:

$$\Delta\sigma = 2\Delta\sigma_d l_f \tag{10-10}$$

钢筋总回缩量等于回缩影响长度 l_f 范围内各微分段钢筋变形的累计,并应与锚具变形值 $\sum\Delta l$ 相协调,即:

$$\sum\Delta l = \int_0^{l_f}\Delta\varepsilon\mathrm{d}x = \int_0^{l_f}\frac{\Delta\sigma_x}{E_p}\mathrm{d}x = \int_0^{l_f}\frac{2\Delta\sigma_d(l_f-x)}{E_p}\mathrm{d}x = \frac{\Delta\sigma_d}{E_p}l_f^2 \tag{10-11}$$

由上式可得回缩影响长度 l_f 的计算公式为:

$$l_f = \sqrt{\frac{\sum\Delta L\cdot E_p}{\Delta\sigma_d}} \tag{10-12}$$

求得回缩影响长度后,即可按不同情况计算考虑反摩阻后预应力钢筋的应力损失。

(1)当 $l_f \leqslant l$ 时,预应力钢筋离张拉端 x 处考虑反摩阻后的预应力损失 $\Delta\sigma_x(\sigma_{l2})$ 可按下列公式计算:

$$\Delta\sigma_x(\sigma_{l2}) = \Delta\sigma\frac{l_f-x}{l_f} \tag{10-13}$$

式中:$\Delta\sigma_x(\sigma_{l2})$——离张拉端 x 处由锚具变形产生的考虑反摩阻后的预应力损失;

$\quad\quad \Delta\sigma$——张拉端由锚具变形引起的考虑反摩阻后的预应力损失,按式(10-10)计算;

$\quad\quad$ 若 $x \geqslant l_f$,则表示该截面不受锚具变形的影响,亦即 $\sigma_{l2} = 0$。

(2)当 $l_f > l$ 时,预应力钢筋的全长均处于反摩阻影响长度以内,扣除管道摩阻和钢筋回缩等损失后的预应力线以直线 db 表示(图 10-17),距张拉端 x' 处考虑反摩阻后的预应力损失 $\Delta\sigma'_x(\sigma'_{l2})$ 可按下列公式计算:

$$\Delta\sigma'_x(\sigma'_{l2}) = \Delta\sigma' - 2x'\Delta\sigma_d \tag{10-14}$$

式中:$\Delta\sigma'_x(\sigma'_{l2})$——距张拉端 x' 处由锚具变形引起的考虑反摩阻后的预应力损失;

$\quad\quad \Delta\sigma'$——当 $l_f > l$ 时,预应力钢筋考虑反摩阻后张拉端锚下的预应力损失值,其数值可按以下方法求得:令图 10-17 中的 $ca'bd$ 等腰梯形面积为 $A = \sum\Delta l\cdot E_p$,试算得到 cd,则 $\Delta\sigma' = cd$。

两端张拉(分次张拉或同时张拉)且反摩阻损失影响长度有重叠时,在重叠范围内同一截面扣除正摩阻和回缩反摩阻损失后预应力钢筋的应力,可按两端分别张拉、锚固的情况,分别计算正摩阻和回缩反摩阻损失,分别将张拉端锚下控制应力减去上述应力所得计算结果的较大值。

当一端张拉时,计算锚具变形等引起的应力损失 σ_{l2} 仅需考虑张拉端,而不必考虑固定端,因为固定端锚具的变形已在张拉过程中(即锚固之前)完成。

减小 σ_{l2} 值的方法一般有两种：一种是采用超张拉；另一种是选用 $\sum\Delta l$ 值小的锚具，这对于短小构件尤为重要。

3. 钢筋与台座间的温差引起的应力损失 σ_{l3}

此项应力损失，仅在先张法构件采用蒸汽或其他加热方法养护混凝土时才予以计算。

设张拉时钢筋与台座的温度均为 t_1，混凝土加热养护时的最高温度为 t_2，由于此时钢筋尚未与混凝土黏结，钢筋受热后可在混凝土中自由变形，钢筋的温差变形 Δl_t 为：

$$\Delta l_t = \alpha \cdot (t_2 - t_1) \cdot l \tag{10-15}$$

式中：α——钢筋的线膨胀系数，一般可取 $\alpha = 1 \times 10^{-5}/℃$；

l——钢筋的有效长度；

t_1——张拉钢筋时，制造场地的温度（以℃计）；

t_2——混凝土加热养护时已张拉钢筋的最高温度（以℃计）。

张拉台座一般埋置于土中，其长度并不会因对构件加热而伸长，而是保持原长不变，并约束了预应力钢筋的伸长，这就相当于预应力钢筋回缩了一个 Δl_t 长度，力筋变松了，其应力也下降了。当停温养护时，混凝土已与钢筋黏结在一起，钢筋和混凝土将同时随温度变化而共同伸缩，因养护升温所降低的应力已不可恢复。由此产生的应力损失即温差应力损失 σ_{l3} 为：

$$\sigma_{l3} = \frac{\Delta l_t}{l} \cdot E_p = \alpha(t_2 - t_1) \cdot E_p \tag{10-16}$$

取钢筋的弹性模量 $E_p = 2 \times 10^5$ MPa，$\alpha = l \times 10^{-5}/℃$，则：

$$\sigma_{l3} = 2(t_2 - t_1) \tag{10-17}$$

为了减小温差应力损失，一般可采用二级升温的养护方法，即第一次由常温 t_1 升温至 t_2' 进行养护。初次升温的温度一般控制在 20℃ 以内，待混凝土达到一定强度（例如 7.5～10MPa）能够阻止钢筋在混凝土中自由滑移后，再将温度升至 t_2 进行养护。此时，钢筋将和混凝土一起变形，不会因第二次升温而引起应力损失，故计算 σ_{s3} 的温差只是 $(t_2' - t_1)$，比 $(t_2 - t_1)$ 小很多，所以 σ_{l3} 也就小多了。

如果张拉台座与被养护构件是共同受热、共同变形时，则不应计算此项应力损失。

4. 混凝土弹性压缩引起的应力损失 σ_{l4}

当预应力混凝土构件受到预压应力而产生压缩变形 ε_c 时，则对于已张拉并锚固于该构件上的预应力钢筋来说，将产生一个与该钢筋重心水平处混凝土同样大小的压缩应变 $\varepsilon_p = \varepsilon_c$，因而产生一个预拉应力损失，即混凝土弹性压缩损失 σ_{l4}，它与构件预加应力的方式有关。

（1）先张法构件

先张法构件的钢筋张拉与对混凝土施加预压应力，是先后完全分开的两个工序。当钢筋被放松（称为放张）时，混凝土产生的全部弹性压缩应变将引起钢筋的应力损失，其值为：

$$\sigma_{l4} = \varepsilon_p \cdot E_p = \varepsilon_c \cdot E_p = \frac{\sigma_{pc}}{E_c} \cdot E_p = \alpha_{Ep} \cdot \sigma_{pc} \tag{10-18}$$

式中：α_{Ep}——预应力钢筋的弹性模量 E_p 与混凝土弹性模量 E_c 之比；

σ_{pc}——在先张法构件计算截面的钢筋重心处，由预加力 N_{p0} 产生的混凝土预压应力，按下式计算：

$$\sigma_{pc} = \frac{N_{p0}}{A_0} + \frac{N_{p0}e_{p0}^2}{I_0}$$

N_{p0}——混凝土应力为零时预应力钢筋的预加力(扣除相应阶段的预应力损失);

A_0、I_0——构件的换算截面面积和换算截面惯性矩;

e_{p0}——预应力钢筋重心至换算截面重心轴间的距离。

(2)后张法构件

后张法构件在张拉钢筋时,若全部预应力钢筋是同时一次张拉,则混凝土弹性压缩不会引起应力损失。但是,由于后张法构件钢筋的数量往往较多,一般是采用分批张拉锚固,并且多数情况是采用逐根进行张拉锚固的。这样,当张拉第二批钢筋时所产生的混凝土弹性压缩变形,将使第一批已张拉锚固的钢筋产生应力损失。通常称此为分批张拉应力损失,也以 σ_{l4} 表示。《公路桥规》规定,σ_{l4} 可按下式计算:

$$\sigma_{l4} = \alpha_{Ep}\sum\Delta\sigma_{pc} \tag{10-19}$$

式中:α_{Ep}——预应力钢筋与混凝土的弹性模量之比;

$\sum\Delta\sigma_{pc}$——在计算截面先批张拉钢筋重心处,由后张拉各批钢筋所产生的混凝土法向应力之和。

后张法构件多为曲线配筋,钢筋在各截面的相对位置各不相同。尽管每根钢筋的张拉力通常是相同的,但各"$\sum\Delta\sigma_{pc}$"也不相同,要详细计算非常麻烦。为使计算简便,可采用如下近似简化方法进行:

①对于跨径较小的简支梁,假定以 $l/4$ 截面作为全梁的平均截面进行计算,其余截面不另计算。

②假定同一截面(如 $l/4$ 截面)内的所有预应力钢筋都集中布置于其合力作用点(一般可近似视为所有钢筋的重心点),并假定各批钢筋的张拉力都相等,其值等于各批钢筋张拉力的平均值。这样可以较方便地求得各批钢筋张拉时在先批张拉钢筋重心(即假定的全部钢筋重心)处所产生的混凝土正应力:

$$\Delta\sigma_{pc} = \frac{N_p}{m}\left(\frac{1}{A_n} + \frac{e_{pn}\cdot y_i}{I_n}\right) \tag{10-20}$$

式中:N_p——所有钢筋预加应力(扣除相应阶段的应力损失 σ_{l1} 与 σ_{l2} 后)的合力;

m——张拉钢筋的总批数;

e_{pn}——钢筋预加应力的合力 N_p 至净截面重心轴间的距离;

y_i——先批张拉钢筋重心(即假定的全部钢筋重心)处至混凝土净截面重心轴间的距离,故 $y_i\approx e_{pn}$;

A_n、I_n——构件的净截面面积和净截面惯性矩。

由上可知,张拉各批钢筋所产生的混凝土正应力 $\Delta\sigma_{pc}$ 之和,就等于由全部(m 批)钢筋的合力 N_p 在其作用点(或全部钢筋的重心点)处所产生的混凝土正应力 σ_{pc},即:

$$\sum\Delta\sigma_{pc} = m\Delta\sigma_{pc} = \sigma_{pc}$$

或写成

$$\Delta\sigma_{pc}=\sigma_{pc}/m \tag{10-21}$$

③为便于计算,还可进一步假定 $l/4$ 截面上全部预应力钢筋重心处混凝土弹性压缩应力

损失的总平均值,作为各批钢筋由混凝土弹性压缩引起的应力损失值。

因为在张拉第 i 批钢筋之后,还将张拉 $(m-i)$ 批钢筋,故第 i 批钢筋的应力损失 $\sigma_{l4(i)}$ 应为:

$$\sigma_{l4(i)} = (m-i) \cdot \alpha_{Ep} \Delta\sigma_{pc} \tag{10-22}$$

据此可知,第一批张拉的钢筋,其弹性压缩损失值最大,为 $\sigma_{l4(1)} = (m-1)\alpha_{Ep} \cdot \Delta\sigma_{pc}$;而第 m 批(最后一批)张拉的钢筋无弹性压缩应力损失,其值为 $\sigma_{l4(m)} = (m-m)\alpha_{Ep}\Delta\sigma_{pc} = 0$。因此计算截面上各批钢筋弹性压缩损失平均值可按下式求得:

$$\sigma_{l4} = \frac{\sigma_{l4(1)} + \sigma_{l4(m)}}{2} = \frac{m-1}{2} \cdot \alpha_{Ep} \cdot \Delta\sigma_{pc} \tag{10-23}$$

将式(10-21)代入上式可得:

$$\sigma_{l4} = \frac{m-1}{2m}\alpha_{Ep} \cdot \sigma_{pc} \tag{10-24}$$

分批张拉时,由于每批钢筋应力损失不同,则造成每批钢筋的实际有效预应力不等,常采用的改善措施有两种,一种是对先张拉的钢筋进行超张拉,另一种是对先张拉的钢筋进行重复张拉。

5. 钢筋应力松弛引起的应力损失 σ_{l5}

与混凝土一样,钢筋在持久不变的应力作用下,也会产生随持续加荷时间延长而增加的徐变变形(又称蠕变);如果把钢筋张拉到一定应力值后,将其长度固定不变,则钢筋中的应力将随时间延长而降低,一般称这种现象为钢筋的应力松弛。

试验表明,钢筋应力松弛一般与下列因素有关:

(1)钢筋初拉应力越高,其应力松弛越大。

(2)钢筋应力松弛的大小主要与钢筋的品质有关。低松弛筋的松弛值,一般不到普通松弛筋的 1/3。

(3)应力松弛与时间有关。初期发展最快,第一小时内松弛最大,24h 内可完成 50% 左右,以后发展缓慢,但在持续 5~8 年的实验中,仍可测到其影响。

(4)采用超张拉,即用超过设计拉应力 5%~10% 的应力张拉,并保持数分钟后,再回降至设计拉应力值,可使钢筋应力松弛减少 40%~60%。

(5)钢筋松弛与温度变化有关,它随温度升高而增加。这对采用蒸汽养护的预应力混凝土构件会有所影响。

试验指出:当初始应力小于钢筋极限强度的 50% 时,其松弛量很小,可略去不计。一般预应力筋的持续拉应力多为钢筋极限强度的 60%~70%,如以此应力持续 1000h,对于普通松弛的钢丝、钢绞线的松弛率为 4.5%~8.0%;低松弛级钢丝、钢绞线的松弛率为 1.0%~2.5%。

因此,由钢筋松弛引起的应力损失终值,《公路桥规》规定,按下列公式计算:

对于预应力钢丝、钢绞线 $\qquad \sigma_{l5} = \psi \cdot \zeta \left(0.52\frac{\sigma_{pe}}{f_{pk}} - 0.26\right)\sigma_{pe}$ $\qquad$ (10-25)

对于预应力螺纹钢筋

一次张拉 $\qquad \sigma_{l5} = 0.05\sigma_{con}$ $\qquad$ (10-26)

二次张拉 $\qquad \sigma_{l5} = 0.035\sigma_{con}$ $\qquad$ (10-27)

式中：ψ——张拉影响系数，一次张拉时，$\psi=1.0$；超张拉时，$\psi=0.9$；

　　　　ζ——钢筋松弛系数，Ⅰ级松弛（普通松弛），$\zeta=1.0$；Ⅱ级松弛（低松弛），$\zeta=0.3$；

　　　σ_{pe}——传力锚固时的钢筋应力，对后张法构件 $\sigma_{pe}=\sigma_{con}-\sigma_{l1}-\sigma_{l2}-\sigma_{l4}$；对先张法构件，《公路桥规》偏于安全起见取 $\sigma_{pe}=\sigma_{con}-\sigma_{l2}$。

钢筋松弛应力损失的计算，应根据构件不同受力阶段的持荷时间进行。对于先张法构件，在预加应力（即从钢筋张拉到与混凝土黏结）阶段，一般按松弛损失终值的 1/2 计算，其余 1/2 认为在随后的使用阶段中完成；对于后张法构件，其松弛损失值则认为全部在使用阶段中完成。若按时间计算，可自建立预应力时开始，按照 2d 完成松弛损失终值的 50%，10d 完成 61%，20d 完成 74%，30d 完成 87%，40d 完成 100% 来确定。

为了减小钢筋应力松弛引起的应力损失 σ_{l5}，可采用低松弛钢筋或超张拉的方法。

6. 混凝土收缩和徐变引起的应力损失 σ_{l6}

混凝土收缩、徐变会使预应力混凝土构件缩短，因而引起应力损失。收缩与徐变的变形性能相似，影响因素也大都相同，故将混凝土收缩与徐变引起的应力损失值综合在一起进行计算。

由混凝土收缩、徐变引起的钢筋预应力损失值可按下面介绍的方法计算。

（1）受拉区预应力钢筋的预应力损失为：

$$\sigma_{l6}(t)=\frac{0.9[E_p\varepsilon_{cs}(t,t_0)+\alpha_{E_p}\sigma_{pc}\varphi(t,t_0)]}{1+15\rho\rho_{ps}} \tag{10-28}$$

式中：$\sigma_{l6}(t)$——构件受拉区全部纵向钢筋截面重心处由混凝土收缩、徐变引起的预应力损失；

　　　　E_p——预应力钢筋的弹性模量；

　　　　α_{E_p}——预应力钢筋弹性模量与混凝土弹性模量比值；

　　　　σ_{pc}——构件受拉区全部纵向钢筋截面重心处由预应力（扣除相应阶段的预应力损失）和构件自重产生的混凝土法向应力（MPa），对于简支梁，一般可取跨中截面和 $l/4$ 截面的平均值作为全梁各截面的计算值；σ_{pc} 不得大于 $0.5f'_{cu}$，f'_{cu} 为预应力钢筋传力锚固时混凝土立方体抗压强度；

　　$\varepsilon_{cs}(t,t_0)$——预应力钢筋传力锚固龄期为 t_0，计算考虑的龄期为 t 时的混凝土收缩应变，其终极值 $\varepsilon_{cs}(t_u,t_0)$ 可按附表 1-16 取用；

　　$\varphi(t,t_0)$——加载龄期为 t_0，计算考虑的龄期为 t 时的徐变系数，其终极值 $\varphi(t_u,t_0)$ 可按附表 1-16 取用；

　　　　ρ——构件受拉区全部纵向钢筋配筋率；对先张法构件，$\rho=(A_p+A_s)/A_0$；对于后张法构件，$\rho=(A_p+A_s)/A_n$；其中 A_p、A_s 分别为受拉区的预应力钢筋和非预应力钢筋的截面面积；A_0 和 A_n 分别为换算截面面积和净截面面积；

　　　ρ_{ps}——$\rho_{ps}=1+\dfrac{e_{ps}^2}{i^2}$；

　　　　i——截面回转半径，$i^2=I/A$。先张法构件取 $I=I_0$，$A=A_0$；后张法构件取 $I=I_n$，$A=A_n$；其中 I_0 和 I_n 分别为换算截面惯性矩和净截面惯性矩；

　　　e_{ps}——构件受拉区预应力钢筋和非预应力钢筋截面重心至构件截面重心轴的距离，$e_{ps}=(A_pe_p+A_se_s)/(A_p+A_s)$；

e_p——构件受拉区预应力钢筋截面重心至构件截面重心的距离；

e_s——构件受拉区纵向非预应力钢筋截面重心至构件截面重心的距离。

对于受压区配置预应力钢筋 A'_p 和非预应力钢筋 A'_s 的构件，其受拉区预应力钢筋的预应力损失也可取 $A'_p = A'_s = 0$，近似地按式(10-28)计算。

(2)受压区配置预应力钢筋 A'_p 和非预应力钢筋 A'_s 的构件，由混凝土收缩、徐变引起的构件受压预应力钢筋的预应力损失为：

$$\sigma'_{l6}(t) = \frac{0.9[E_p \varepsilon_{cs}(t,t_0) + \alpha_{E_p} \sigma'_{pc} \varphi(t,t_0)]}{1 + 15\rho'\rho'_{ps}} \tag{10-29}$$

式中：$\sigma'_{l6}(t)$——构件受压区全部纵向钢筋截面重心处由混凝土收缩、徐变引起的预应力损失；

σ'_{pc}——构件受压区全部纵向钢筋截面重心处由预应力(扣除相应阶段的预应力损失)和构件自重产生的混凝土法向应力(MPa)；σ'_{pc} 不得大于 $0.5f'_{cu}$；当 σ'_{pc} 为拉应力时，应取为零；

ρ'——构件受压区全部纵向钢筋配筋率；对先张法构件，$\rho' = (A'_p + A'_s)/A_0$；对于后张法构件，$\rho' = (A'_p + A'_s)/A_n$；其中 A'_p、A'_s 分别为受压区的预应力钢筋和非预应力钢筋的截面面积；

ρ'_{ps}——$\rho'_{ps} = 1 + \dfrac{e'^2_{ps}}{i^2}$；

e'_{ps}——构件受压区预应力钢筋和非预应力钢筋截面重心至构件截面重心轴的距离，$e'_{ps} = (A'_p e'_p + A'_s e'_s)/(A'_p + A'_s)$；

e'_p——构件受压区预应力钢筋截面重心至构件截面重心的距离；

e'_s——构件受压区纵向非预应力钢筋截面重心至构件截面重心的距离。

应当指出，混凝土收缩、徐变应力损失与钢筋的松弛应力损失等是相互影响的，目前采用分开单独计算的方法不够完善。国际预应力混凝土协会(FIP)和国内的学者已注意到这一问题。

以上各项预应力损失的估算值，可以作为一般设计时的依据。由于材料、施工条件等的不同，实际的预应力损失值与按上述方法计算的数值会有所出入。为了确保预应力混凝土结构在施工、使用阶段的安全，除加强施工管理外，还应做好应力损失值的实测工作，用所测得的实际应力损失值来调整张拉应力。在设计预应力混凝土构件时，应根据所采用的施工方法，按照不同的工作阶段考虑相关的预应力损失。一般来说，在各项损失中，混凝土收缩、徐变引起的应力损失最大。此外，在后张法构件中摩阻损失的数值也较大，当预应力钢筋长度较短时，锚具变形引起的应力损失也较大，这些都应予以重视。

三、预应力钢筋的有效预应力计算

预应力钢筋的有效预应力 σ_{pe}，是钢筋张拉后，从锚下控制应力 σ_{con} 中扣除相应阶段的应力损失后，在钢筋中实际存在的预拉应力。不同受力阶段的有效预应力值是不同的，必须先将预应力损失值按受力阶段进行组合，然后才能确定不同受力阶段的有效预应力。

1. 预应力损失值组合

根据应力损失出现的先后次序以及完成终值所需的时间，分别对先张法构件、后张法构件按两个阶段进行组合，具体如表 10-1 所示。

各阶段预应力损失值的组合

表 10-1

预应力损失的组合	先张法构件	后张法构件
传力锚固时的损失(第一批)σ_{lI}	$\sigma_{l2}+\sigma_{l3}+\sigma_{l4}+0.5\sigma_{l5}$	$\sigma_{l1}+\sigma_{l2}+\sigma_{l4}$
传力锚固后的损失(第二批)σ_{lII}	$0.5\sigma_{l5}+\sigma_{l6}$	$\sigma_{l5}+\sigma_{l6}$

第一批损失 σ_{lI} 指从张拉到传力锚固所出现的应力损失值之和，σ_{lII} 则为传力锚固之后所出现的应力损失值之和。

2.预应力钢筋的有效预应力 σ_{pe}

预加应力阶段

$$\sigma_{pe,I}=\sigma_{con}-\sigma_{lI} \tag{10-30}$$

使用阶段

$$\sigma_{pe,II}=\sigma_{con}-(\sigma_{lI}+\sigma_{lII})=\sigma_{con}-\sigma_l \tag{10-31}$$

使用阶段各项预应力损失将相继发生并全部完成，最后在预应力钢筋中建立相对不变的预拉力 $\sigma_{pe,II}$，即扣除全部预应力损失后所存余的预应力，因此 $\sigma_{pe,II}$ 也称为永存预应力。

第五节　预应力混凝土受弯构件的应力计算

预应力混凝土构件由于施加预应力以后截面应力状态较为复杂，按照以往公路桥设计惯例，除了计算构件承载力外，还要计算弹性阶段的构件应力。构件的应力计算是对构件承载力计算的补充计算。应力计算时作用(荷载)取其标准值，汽车荷载效应需考虑冲击系数；应考虑预加力效应，预加力的分项系数取为 1.0。应力计算根据构件的受力阶段又可分为短暂状况的应力计算和持久状况的应力计算。

现以简支梁为例介绍预应力混凝土受弯构件的应力计算。

一、短暂状况的应力计算

预应力混凝土受弯构件按短暂状况计算时，应计算其在制作、运输及安装等施工阶段，由预应力作用、构件自重和施工荷载等引起的应力，并要求不应超过规定的应力限值。施工荷载除有特别规定外均采用标准值，当有组合时不考虑荷载组合系数。对先张法构件，此阶段混凝土和预应力钢筋已经黏结，计算截面应力时应采用换算截面几何特性值；对后张法构件，因管道尚未灌浆，计算截面应力时应采用净截面几何特性值。此阶段梁处于弹性工作阶段，由有效预加力和自重引起的截面应力，可按材料力学公式计算。

1.预加应力阶段的正应力计算(图 10-18)

预加应力阶段主要承受偏心的预加力 N_p 和梁的一期恒载 G_1 的作用，其受力特点是预加力 N_p 值最大(因预应力损失值最小)，而外荷载最小(仅有梁的自重作用)。对于简支梁来说，其受力最不利截面往往在支点附近，特别是直线配筋的预应力混凝土等截面简支梁，其支点上缘拉应力常常成为计算的控制应力。

(1)由预加力 N_p 产生的混凝土法向拉应力 σ_{pt} 和法向压应力 σ_{pc}。

先张法构件

$$\begin{aligned}\sigma_{pt}\\\sigma_{pc}\end{aligned}=\frac{N_{p0}}{A_0}\mp\frac{N_{p0}\cdot e_{p0}y_0}{I_0}=\frac{N_{p0}}{A_0}\mp\frac{N_{p0}e_{p0}}{W_0} \tag{10-32}$$

式中：N_{p0}——先张法构件的混凝土法向应力等于零时预应力钢筋的预加应力（扣除相应阶段的预应力损失）的合力，$N_{p0} = \sigma_{p0} A_p$；

σ_{p0}——受拉区预应力钢筋合力点处混凝土法向应力等于零时的预应力钢筋应力，$\sigma_{p0} = \sigma_{con} - \sigma_{lI} + \sigma_{l4}$，$\sigma_{p0}$ 为放张前的有效预应力；σ_{lI} 为传力锚固时的预应力损失值之和（包括 σ_{l4} 在内）；σ_{l4} 为受拉区预应力钢筋由混凝土弹性压缩引起的预应力损失值，当混凝土应力为零时（放张前），σ_{l4} 应为零（尚未发生），故此时应从 σ_{lI} 中扣除；

A_p——受拉区预应力钢筋的截面面积；

e_{p0}——预应力钢筋的合力对全截面换算截面重心的偏心距；

A_0、I_0、W_0——全截面换算截面的面积、惯性矩和截面抵抗矩；

y_0——应力计算点至全截面换算截面重心轴的距离。

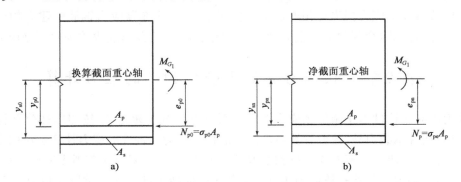

图 10-18　预加应力阶段预应力钢筋合力及偏心距
a）先张法构件；b）后张法构件

后张法构件
$$\begin{matrix} \sigma_{pt} \\ \sigma_{pc} \end{matrix} = \frac{N_p}{A_n} \mp \frac{N_p \cdot e_{pn} y_n}{I_n} = \frac{N_p}{A_n} \mp \frac{N_p e_{pn}}{W_n} \qquad (10\text{-}33)$$

式中：　N_p——后张法构件预应力钢筋的预加应力（扣除相应阶段的预应力损失）的合力，$N_p = \sigma_{pe,I} A_p$，对于曲线配筋的构件，A_p 以 $(A_p + A_{pb}\cos\theta_p)$ 取代；其中 A_{pb} 为弯起预应力钢筋的截面面积，θ_p 为计算截面上弯起的预应力钢筋的切线与构件轴线的夹角；

$\sigma_{pe,I}$——受拉区预应力钢筋的有效预应力，$\sigma_{pe,I} = \sigma_{con} - \sigma_{lI}$，$\sigma_{lI}$ 为传力锚固时的预应力损失值之和（包括 σ_{l4} 在内）；

e_{pn}——预应力钢筋的合力对净截面重心的偏心距；

A_n、I_n、W_n——净截面的面积、惯性矩和截面抵抗矩；

y_n——应力计算点至净截面重心轴的距离。

（2）由构件一期恒载 G_1 产生的混凝土正应力 σ_{G_1} 为：

先张法构件
$$\sigma_{G_1} = \frac{\pm M_{G1} \cdot y_0}{I_0} = \frac{\pm M_{G1}}{W_0} \qquad (10\text{-}34)$$

后张法构件
$$\sigma_{G_1} = \frac{\pm M_{G1} \cdot y_n}{I_n} = \frac{\pm M_{G1}}{W_n} \qquad (10\text{-}35)$$

式中：M_{G1}——一期恒载产生的弯矩标准值。

（3）预加应力阶段的总应力。

将式（10-32）、式（10-34）与式（10-33）、式（10-35）分别叠加，则得预加应力阶段截面上、下缘混凝土的正应力 σ_{ct}^t、σ_{cc}^t 为：

先张法构件
$$\left.\begin{aligned}\sigma_{ct}^t &= \frac{N_{p0}}{A_0} - \frac{N_{p0}e_{p0}}{W_{0u}} + \frac{M_{G1}}{W_{0u}} \\ \sigma_{cc}^t &= \frac{N_{p0}}{A_0} + \frac{N_{p0}e_{p0}}{W_{0b}} - \frac{M_{G1}}{W_{0b}}\end{aligned}\right\} \tag{10-36}$$

后张法构件
$$\left.\begin{aligned}\sigma_{ct}^t &= \frac{N_p}{A_n} - \frac{N_p e_{pn}}{W_{nu}} + \frac{M_{G1}}{W_{nu}} \\ \sigma_{cc}^t &= \frac{N_p}{A_n} + \frac{N_p e_{pn}}{W_{nb}} - \frac{M_{G1}}{W_{nb}}\end{aligned}\right\} \tag{10-37}$$

式中：W_{0u}、W_{0b}——全截面换算面积对上、下缘的截面抵抗矩；

W_{nu}、W_{nb}——净截面对上、下缘的截面抵抗矩。

对于预拉区也配置预应力钢筋的构件，应力计算可按以上公式进行，但需注意，此时公式中的预应力钢筋合力 N_{p0} 或 N_p 还应计入受压区（即预拉区）预应力钢筋的作用力。

2. 运输、安装阶段的正应力计算

此阶段构件应力计算方法与预加应力阶段相同，但应注意的是：预加力 N_p 已变小；一期恒载产生的弯矩应考虑计算图式的变化，并考虑动力系数。

3. 施工阶段混凝土的限制应力

《公路桥规》要求，施工阶段的混凝土正应力应符合下列规定：

（1）混凝土压应力 σ_{cc}^t

混凝土的预压应力越高，沿梁轴方向的变形越大，相应引起的构件横向拉应变也越大；混凝土的预压应力过高还会使构件出现过大的上拱度，而且可能产生沿钢筋方向的裂缝；此外，混凝土压应力过高也可能引起徐变应变急剧增加而不再收敛，从而导致混凝土破坏。为此《公路桥规》规定，对预应力混凝土受弯构件，在预应力和构件自重等施工荷载作用下截面边缘混凝土的法向压应力 σ_{cc}^t 应符合下列规定：

$$\sigma_{cc}^t \leqslant 0.70 f_{ck}' \tag{10-38}$$

式中：f_{ck}'——与制造、运输及安装各施工阶段混凝土立方体抗压强度 f_{cu}' 相应的轴心抗压强度标准值，可按附表 1-1 直线插入取用。

（2）混凝土拉应力 σ_{ct}^t

①当 $\sigma_{ct}^t \leqslant 0.70 f_{tk}'$ 时，预拉区应配置配筋率不小于 0.2% 的纵向钢筋。

②当 $\sigma_{ct}^t = 1.15 f_{tk}'$ 时，预拉区应配置配筋率不小于 0.4% 的纵向钢筋。

③当 $0.70 f_{tk}' < \sigma_{ct}^t < 1.15 f_{tk}'$ 时，预拉区应配置的纵向钢筋配筋率按以上两者直线内插取用，拉应力不应超过 $1.15 f_{tk}'$。

其中，f_{tk}' 为与制造、运输及安装各施工阶段混凝土立方体抗压强度 f_{cu}' 相应的轴心抗拉强度标准值，可按附表 1-1 直线插入取用。

上述配筋率为 $(A_s' + A_p')/A$，先张法构件计入 A_p'，后张法构件不计入 A_p'。A_p' 为预拉区预应力钢筋截面面积；A'_s为预拉区普通钢筋截面面积；A为构件毛截面面积。

预拉区的非预应力钢筋宜用带肋钢筋，其直径不宜大于 14mm，沿预拉区的外边缘均匀布置。

二、持久状况的应力计算

全预应力混凝土构件和 A 类部分预应力混凝土构件在使用阶段处于全截面参加工作的弹性工作状态，截面应力可按材料力学公式计算。按持久状况设计的预应力混凝土受弯构件，应计算其使用阶段正截面混凝土的法向压应力、受拉区钢筋的拉应力和斜截面混凝土的主压应力，并要求不得超过规定的应力限值。对预应力混凝土简支梁，只计算预应力引起的主效应；对预应力混凝土连续梁等超静定结构，除了计算主效应之外尚应计算预应力及温度作用等引起的次效应。

预应力混凝土受弯构件在使用阶段的计算特点是预应力损失已全部完成，其相应的永存预加力为 $N_p = A_p(\sigma_{con} - \sigma_{lI} - \sigma_{lII})$，而使用荷载则取其最不利荷载（即全部恒载和可能出现的最大活荷载）计算。计算时，应取最不利截面进行控制验算，对于直线配筋等截面简支梁，一般以跨中为最不利控制截面；但对于曲线配筋的等截面或变截面简支梁，则应根据预应力筋的弯起和混凝土截面变化的情况确定其计算控制截面，一般可取跨中、$l/4$、$l/8$、支点截面和截面变化处的截面进行计算。

1.正应力计算（图 10-19）

在配有非预应力钢筋的预应力混凝土构件中，混凝土的收缩和徐变减小了受拉区混凝土的法向预压应力。为简化计算，非预应力钢筋的应力值均以混凝土收缩和徐变引起的预应力损失值来计算。

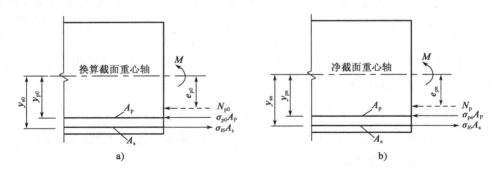

图 10-19　使用阶段预应力钢筋和非预应力钢筋合力及偏心距
a)先张法构件；b)后张法构件

（1）先张法构件

对于先张法构件，使用荷载仍由钢筋与混凝土共同承受，其截面几何特征采用换算截面计算。此时，由作用（或荷载）标准值和预加力在构件截面上缘产生的混凝土法向压应力 σ_{cu} 为：

$$\sigma_{cu} = \sigma_{pt} + \sigma_{kc} = \frac{N_{p0}}{A_0} - \frac{N_{p0}e_{p0}}{W_{0u}} + \frac{M_{G1}}{W_{0u}} + \frac{M_{G2}}{W_{0u}} + \frac{M_Q}{W_{0u}} \tag{10-39}$$

预应力钢筋中的最大、最小应力为：

$$\sigma_{p,max} = \sigma_{pe,II} + \alpha_{Ep}\left(\frac{M_{G1}}{I_0} + \frac{M_{G2}}{I_0} + \frac{M_Q}{I_0}\right) \cdot y_{p0} \qquad (10\text{-}40)$$

$$\sigma_{p,min} = \sigma_{pe,II} + \alpha_{Ep}\left(\frac{M_{G1}}{I_0} + \frac{M_{G2}}{I_0}\right) \cdot y_{p0} \qquad (10\text{-}41)$$

式中：σ_{kc}——作用（或荷载）标准值产生的混凝土法向压应力；

N_{p0}——混凝土法向应力为零时预应力钢筋和非预应力钢筋的合力，$N_{p0} = \sigma_{p0}A_p - \sigma_{l6}A_s$；

σ_{p0}——受拉区预应力钢筋合力点处混凝土法向应力为零时的预应力钢筋应力，$\sigma_{p0} = \sigma_{con} - \sigma_l + \sigma_{l4}$；

e_{p0}——预应力钢筋与非预应力钢筋合力作用点至构件换算截面重心轴的距离，$e_{p0} = \dfrac{\sigma_{p0}A_p y_{p0} - \sigma_{l6}A_s y_{s0}}{\sigma_{p0}A_p - \sigma_{l6}A_s}$；

A_s——受拉区非预应力钢筋的截面面积；

y_{p0}——受拉区预应力钢筋重心至换算截面重心的距离；

y_{s0}——受拉区非预应力钢筋重心至换算截面重心的距离；

α_{Ep}——预应力钢筋弹性模量与混凝土弹性模量的比值；

M_{G2}——由二期恒载产生的弯矩标准值；

M_Q——由可变荷载产生的弯矩标准值；汽车荷载需考虑冲击系数。

（2）后张法构件

后张法受弯构件，在其承受二期恒载及活载作用时，一般情况下构件预留孔道均已压浆凝固，认为钢筋与混凝土已成为整体，并能有效地共同工作，故在二期恒载与活载作用时，均按换算截面计算。在预加应力时，因孔道尚未压浆，所以由预加力 N_p 和梁的一期恒载 G_1 产生的混凝土应力，仍按混凝土净截面特性计算。由作用（或荷载）标准值和预加力在构件截面上缘产生的混凝土法向压应力 σ_{cu} 为：

$$\sigma_{cu} = \sigma_{pt} + \sigma_{kc} = \frac{N_p}{A_n} - \frac{N_p e_{pn}}{W_{nu}} + \frac{M_{G1}}{W_{nu}} + \frac{M_{G2}}{W_{0u}} + \frac{M_Q}{W_{0u}} \qquad (10\text{-}42)$$

预应力钢筋中的拉应力为：

$$\sigma_{p,max} = \sigma_{pe,II} + \alpha_{Ep}\left(\frac{M_{G2}}{I_0} + \frac{M_Q}{I_0}\right) \cdot y_{p0} \qquad (10\text{-}43)$$

$$\sigma_{p,min} = \sigma_{pe,II} + \alpha_{Ep}\frac{M_{G2}}{I_0} \cdot y_{p0} \qquad (10\text{-}44)$$

式中：N_p——预应力钢筋和非预应力钢筋的合力，$N_p = \sigma_{pe,II}A_p - \sigma_{l6}A_s$，对于曲线配筋的构件，$A_p$ 以 $(A_p + A_{pb}\cos\theta_p)$ 取代；

e_{pn}——预应力钢筋与非预应力钢筋合力作用点至构件净截面重心轴的距离，$e_{pn} = \dfrac{\sigma_{pe,II}A_p y_{pn} - \sigma_{l6}A_s y_{sn}}{\sigma_{pe,II}A_p - \sigma_{l6}A_s}$；

y_{pn}——受拉区预应力钢筋重心至净截面重心的距离；

y_{sn}——受拉区非预应力钢筋重心至净截面重心的距离。

2. 主应力计算

主应力计算是对若干最不利截面(例如支点附近截面、梁肋宽度变化处截面等),计算其在预加力和作用(或荷载)标准值作用下产生的截面主压应力,并控制主压应力值满足规范规定的限制条件。斜截面主压应力计算的目的是防止腹板在预加力和使用阶段荷载作用下被压坏,作为斜截面抗弯承载力计算的补充,过高的主压应力也会导致截面抗裂能力的降低。此外,《公路桥规》根据使用阶段在预加力和作用(或荷载)标准值作用下产生的截面主拉应力值作为截面箍筋设置的依据,是对构件斜截面抗剪承载力计算的补充。

在使用阶段,预应力混凝土受弯构件的主拉应力 σ_{tp} 和主压应力 σ_{cp} 分别按下列公式计算:

主拉应力

$$\sigma_{tp} = \frac{\sigma_{cx} + \sigma_{cy}}{2} - \sqrt{\left(\frac{\sigma_{cx} - \sigma_{cy}}{2}\right)^2 + \tau^2} \tag{10-45}$$

主压应力

$$\sigma_{cp} = \frac{\sigma_{cx} + \sigma_{cy}}{2} + \sqrt{\left(\frac{\sigma_{cx} - \sigma_{cy}}{2}\right)^2 + \tau^2} \tag{10-46}$$

式中:σ_{cx}——预加力和使用荷载在主应力计算点所产生的混凝土法向应力,可按下式计算:

先张法构件

$$\sigma_{cx} = \frac{N_{p0}}{A_0} - \frac{N_{p0}e_{p0}}{I_0}y_0 + \frac{M_{G1} + M_{G2} + M_Q}{I_0}y_0 \tag{10-47}$$

后张法构件

$$\sigma_{cx} = \frac{N_p}{A_n} - \frac{N_p e_{pn}}{I_n}y_n + \frac{M_{G1}}{I_n}y_n + \frac{M_{G2} + M_Q}{I_0}y_0 \tag{10-48}$$

$y_0 \text{、} y_n$——计算主应力点至换算截面、净截面重心轴的距离;当主应力点位于重心轴之上时,取为正,反之取为负;

σ_{cy}——由竖向预应力钢筋的有效预加力所引起的混凝土竖向预压应力,可按下式计算:

$$\sigma_{cy} = 0.6\frac{n\sigma'_{pe}A_{pv}}{bs_v} \tag{10-49}$$

n——同一截面上竖向钢筋的肢数;

σ'_{pe}——竖向预应力钢筋扣除全部预应力损失后的有效预应力;

A_{pv}——单肢竖向预应力钢筋的截面面积;

b——计算主应力点处构件腹板的宽度;

s_v——竖向预应力钢筋的间距;

τ——由使用荷载和弯起的预应力钢筋有效预加力,在主应力计算点处所产生的混凝土剪应力,对于等高度梁截面上任一点的剪应力可按下列公式计算:

先张法构件

$$\tau = \frac{(V_{G1} + V_{G2} + V_Q)S_0}{bI_0} \tag{10-50}$$

后张法构件

$$\tau = \frac{V_{G1}S_n}{bI_n} + \frac{(V_{G2} + V_Q)S_0}{bI_0} - \frac{\sum\sigma''_{pe}A_{pb}\sin\theta_p S_n}{bI_n} \tag{10-51}$$

V_{G1}、V_{G2}——一期恒载和二期恒载作用产生的剪力标准值；

V_Q——可变作用（或荷载）产生的剪力标准值；

S_n、S_0——分别为计算点以上（或以下）部分混凝土净截面和构件换算截面，对其净截面重心轴和换算截面重心轴的面积矩；

θ_p——计算截面处弯起的预应力钢筋切线与构件纵轴的夹角；

σ''_{pe}——纵向预应力弯起钢筋扣除全部预应力损失后的有效预应力；

A_{pb}——计算截面处同一弯起平面内的预应力钢筋的截面面积。

以上公式中均以压应力为正，拉应力为负。对连续梁等超静定结构，应计及预加力、温度作用等引起的次效应。对变高度预应力混凝土梁，计算由作用（或荷载）引起的剪应力时，应计算截面上弯矩和轴向力产生的附加剪应力。

3. 应力限值

（1）使用阶段预应力混凝土受弯构件正截面混凝土的压应力

正截面混凝土的压应力应符合以下规定：

$$\sigma_{kc} + \sigma_{pt} \leqslant 0.5 f_{ck} \tag{10-52}$$

式中：f_{ck}——混凝土的轴心抗压强度标准值。

（2）使用阶段受拉区预应力钢筋的最大拉应力限值

在使用荷载作用下，预应力混凝土受弯构件中的钢筋与混凝土经常承受着反复应力，而材料在较高的反复应力作用下，将使其强度下降，甚至造成疲劳破坏。为了避免这种不利影响，铁路桥梁对使用荷载下的材料容许应力规定较低，但对于公路桥梁来说，钢筋最小应力与最大应力之比 ρ 值均在 0.85 以上，一般不计疲劳影响，故《公路桥规》将上述应力限值相应地规定得比铁路桥梁高些。具体如下：

对于钢丝、钢绞线

$$\sigma_{pe} + \sigma_p \leqslant 0.65 f_{pk} \tag{10-53}$$

对于预应力螺纹钢筋

$$\sigma_{pe} + \sigma_p \leqslant 0.75 f_{pk} \tag{10-54}$$

式中：σ_{pe}——受拉区预应力钢筋扣除全部预应力损失后的有效预应力；

σ_p——作用（或荷载）产生的预应力钢筋应力增量；

f_{pk}——预应力钢筋抗拉强度标准值。

（3）使用阶段预应力混凝土受弯构件混凝土主应力限值

混凝土主应力应符合以下规定：

$$\sigma_{cp} \leqslant 0.6 f_{ck} \tag{10-55}$$

根据计算所得的混凝土主拉应力 σ_{tp}，按下列规定设置箍筋：

①在 $\sigma_{tp} \leqslant 0.5 f_{tk}$ 的区段，箍筋可仅按构造要求设置。

②在 $\sigma_{tp} > 0.5 f_{tk}$ 的区段，箍筋的间距 s_v 可按下列公式计算：

$$s_v = \frac{f_{sk} A_{sv}}{\sigma_{tp} b} \tag{10-56}$$

式中：f_{tk}——混凝土轴心抗拉强度标准值；

f_{sk}——箍筋的抗拉强度标准值；

A_{sv}——同一截面内箍筋的总截面面积；

b——矩形截面宽度、T 形或 I 形截面的腹板宽度。

当按上式计算的箍筋用量少于按斜截面抗剪承载力计算的箍筋用量时，构件箍筋按抗剪承载力计算要求配置。

第六节　预应力混凝土受弯构件的承载力计算

预应力混凝土受弯构件在破坏阶段其预应力已全部耗尽，预应力混凝土构件转化为钢筋混凝土构件，预应力混凝土受弯构件的承载力计算，实质上是钢筋混凝土受弯构件承载力计算问题。预应力混凝土受弯构件持久状况承载力极限状态计算包括正截面承载力计算和斜截面承载力计算，作用效应组合采用基本组合。

一、正截面承载力计算

在适筋梁破坏的情况下，受拉区混凝土开裂后将退出工作，破坏时受拉区预应力钢筋和非预应力钢筋的应力，将分别达到其抗拉强度设计值 f_{pd} 和 f_{sd}；受压区的混凝土应力达到抗压强度设计值 f_{cd}，并假定用等效的矩形应力分布图代替实际的曲线分布图；受压区非预应力钢筋亦达到其抗压设计强度 f'_{sd}，但是受压区预应力钢筋 A'_p 的应力可能是拉应力，也可能是压应力，因而将其应力称为计算应力 σ'_{pa}。当 σ'_{pa} 为压应力时，其值也较小，一般达不到钢筋 A'_p 的抗压强度设计值 $f'_{pd} = \varepsilon_c \cdot E'_p = 0.002 E'_p$。

构件在承受外荷载前，钢筋 A'_p 中已存在有效预拉应力 σ'_p（扣除全部预应力损失），钢筋 A'_p 重心水平处混凝土的有效预压应力为 σ'_{pc}，相应的混凝土压应变为 σ'_{pc}/E_c；在构件受荷破坏时，受压区混凝土应力为 f_{cd}，A'_p 重心水平处相应的压应变增加到 ε_c。故构件从开始受荷到破坏的过程中，A'_p 重心水平处的混凝土压应变增量，也即钢筋 A'_p 的压应变增量为 $(\varepsilon_c - \sigma'_{pc}/E_c)$。因而也相当于在钢筋 A'_p 中增加了一个压应力 $E'_p(\varepsilon_c - \sigma'_{pc}/E_c)$，将此与 A'_p 中的预拉应力 σ'_p 相加可求得 σ'_{pa}。设压应力为正号，拉应力为负号，则有：

$$\sigma'_{pa} = E'_p(\varepsilon_c - \sigma'_{pc}/E_c) - \sigma'_p = f'_{pd} - \alpha'_{Ep}\sigma'_{pc} - \sigma'_p \tag{10-57}$$

或写成

$$\sigma'_{pa} = f'_{pd} - (\alpha'_{Ep}\sigma'_{pc} + \sigma'_p) = f'_{pd} - \sigma'_{p0} \tag{10-58}$$

式中：σ'_{p0}——钢筋 A'_p 当其重心水平处混凝土应力为零时的有效预应力（扣除不包括混凝土弹性压缩在内的全部预应力损失）；对于先张法构件，$\sigma'_{p0} = \sigma'_{con} - \sigma'_l + \sigma'_{l4}$；对于后张法构件，$\sigma'_{p0} = \sigma'_{con} - \sigma'_l + \alpha'_{Ep}\sigma'_{pc}$，其中，$\sigma'_{pc} = \dfrac{N_p}{A_n} \pm \dfrac{N_p e_{pn}}{I_n} y'_{pn}$；

α'_{Ep}——受压区预应力钢筋与混凝土的弹性模量之比。

由上可知，建立式(10-57)的前提条件是在构件破坏时，A'_p 重心处混凝土应变须达到 $\varepsilon_c = 0.002$。

在明确了破坏阶段各项应力值后，则可根据基本假定绘出计算应力图形（图 10-20），并仿照普通钢筋混凝土受弯构件，按静力平衡方程计算预应力混凝土受弯构件正截面承载力。

1. 矩形截面

矩形截面（包括翼缘位于受拉边的 T 形截面）的受弯构件，按下列步骤计算正截面承载力。

（1）求受压区高度 x

由 $\sum H = 0$，得：

$$f_{sd}A_s + f_{pd}A_p = f_{cd}bx + f'_{sd}A'_s + (f'_{pd} - \sigma'_{p0})A'_p \tag{10-59}$$

式中：A_s、A'_s——受拉区和受压区纵向普通钢筋的截面面积；

$\quad\quad A_p$、A'_p——受拉区和受压区纵向预应力钢筋的截面面积；

$\quad\quad b$——矩形截面的宽度；

$\quad\quad x$——截面受压区高度。

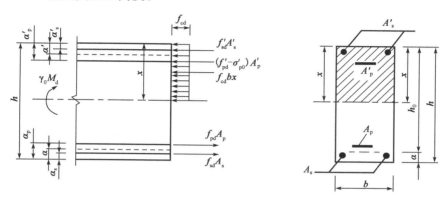

图 10-20　矩形截面预应力混凝土受弯构件正截面承载力计算图

预应力混凝土梁的受压区高度 x，应满足《公路桥规》的下列规定：

$$x \leqslant \xi_b h_0 \tag{10-60}$$

当受压区预应力钢筋受压，即 $(f'_{pd} - \sigma'_{p0}) > 0$，应满足：

$$x \geqslant 2a' \tag{10-61a}$$

当受压区预应力钢筋受拉，即 $(f'_{pd} - \sigma'_{p0}) \leqslant 0$；或受压区仅配纵向普通钢筋，应满足：

$$x \geqslant 2a'_s \tag{10-61b}$$

式中：ξ_b——预应力混凝土受弯构件相对界限受压区高度，按表 10-2 采用；

$\quad\quad h_0$——截面有效高度，$h_0 = h - a$；

$\quad\quad h$——构件全截面高度；

$\quad\quad a$——受拉区钢筋 A_s 和 A_p 的合力作用点至截面受拉区边缘的距离，当不配非预应力受力钢筋（即 $A_s = 0$）时，则 a 用 a_p 代替；a_p 为受拉区预应力钢筋 A_p 的合力作用点至受拉区边缘的距离；

$\quad\quad a'$——受压区钢筋 A'_s 和 A'_p 的合力作用点至截面受压区边缘的距离，当预应力钢筋 A'_p 为拉应力时，则以 a'_s 代替 a'；

$\quad a'_s$、a'_p——钢筋 A'_s 和 A'_p 分别从各自的合力作用点至截面受压区边缘的距离。

为防止构件的脆性破坏，必须满足条件式（10-60），而条件式（10-61）则是为了保证在构件破坏时，钢筋 A'_s 的应力达到 f'_{sd}；同时也是保证前述式（10-57）或式（10-58）成立的必要条件。

预应力混凝土受弯构件相对界限受压区高度 ξ_b　表 10-2

钢筋种类	混凝土强度等级			
	C50 及以下	C55、C60	C65、C70	C75、C80
钢绞线、钢丝	0.40	0.38	0.36	0.35
预应力螺纹钢筋	0.40	0.38	0.36	—

注:1. 截面受拉区内配置不同种类钢筋的受弯构件,其 ξ_b 值应选用相应于各种钢筋的较小者。

2. $\xi_b = x_b/h_0$,x_b 为纵向受拉钢筋和受压区混凝土同时达到其强度设计值时的受压区高度。

(2)计算正截面承载力

对受拉区钢筋合力作用点取矩(图 10-17),得:

$$\gamma_0 M_d \leqslant f_{cd}bx\left(h_0 - \frac{x}{2}\right) + f'_{sd}A'_s(h_0 - a'_s) + (f'_{pd} - \sigma'_{p0})A'_p(h_0 - a'_p) \quad (10\text{-}62)$$

式中:γ_0——结构的重要性系数;

M_d——弯矩组合设计值。

由上述承载力计算公式可以看出:构件的正截面承载能力与受拉区钢筋是否施加预应力无关,但对受压区钢筋 A'_p 施加预应力后,上式等号右边末项的钢筋应力 f'_{pd} 下降为 σ'_{pa}(或为拉应力),因而将比 A'_p 筋不加预应力时的构件承载能力有所降低,使用阶段的抗裂性也有所降低。因此,只有在受压区确有需要设置预应力钢筋 A'_p 时,才予以设置。

2. T 形截面

同普通钢筋混凝土梁一样,先按下列条件鉴别属于哪一类 T 形截面(图 10-21):

复核时　　　$f_{sd}A_s + f_{pd}A_p \leqslant f_{cd}b'_f h'_f + f'_{sd}A'_s + (f'_{pd} - \sigma'_{p0})A'_p \quad (10\text{-}63)$

设计时　$\gamma_0 M_d \leqslant f_{cd}b'_f h'_f\left(h_0 - \frac{h'_f}{2}\right) + f'_{sd}A'_s(h_0 - a'_s) + (f'_{pd} - \sigma'_{p0})A'_p(h_0 - a'_p) \quad (10\text{-}64)$

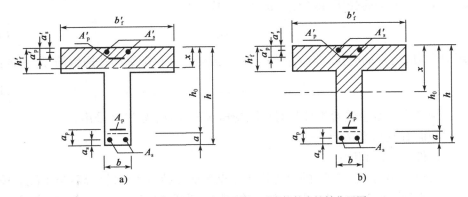

图 10-21　T 形截面预应力混凝土受弯构件中性轴位置图

当符合上述条件时为第一类 T 形截面(中性轴在翼缘内),可按宽度为 b'_f 的矩形截面计算。当不符合上述条件时,表明中性轴通过肋部,为第二类 T 形截面,计算时需考虑肋部受压区混凝土的工作[图 10-21b)],其基本计算公式如下:

$$f_{sd}A_s + f_{pd}A_p = f_{cd}[bx + (b'_f - b)h'_f] + f'_{sd}A'_s + (f'_{pd} - \sigma'_{p0})A'_p \quad (10\text{-}65)$$

$$\gamma_0 M_d \leqslant f_{cd}\left[bx\left(h_0 - \frac{x}{2}\right) + (b'_f - b)h'_f\left(h_0 - \frac{h'_f}{2}\right)\right] +$$

$$f'_{sd}A'_s(h_0-a'_s)+(f'_{pd}-\sigma'_{p0})A'_p(h_0-a'_p) \tag{10-66}$$

适用条件与矩形截面一样。计算步骤与非预应力混凝土梁类似。以上公式也适用于工字形截面、"Π"形截面等情况。

二、斜截面承载力计算

1. 斜截面抗剪承载力计算

预应力混凝土受弯构件的斜截面抗剪承载力计算与钢筋混凝土受弯构件的计算在原则上相同,其计算位置的确定方法与钢筋混凝土受弯构件相同。截面尺寸也应满足公式 $\gamma_0 V_d \leqslant 0.51\times10^{-3}\sqrt{f_{cu,k}}bh_0$ 的要求。预应力混凝土受弯构件斜截面抗剪承载力计算,以剪压破坏形态的受力特征为基础。对配置箍筋和弯起预应力钢筋的矩形、T 形和 I 形截面的预应力混凝土受弯构件,斜截面抗剪承载力的基本计算公式为:

$$\gamma_0 V_d \leqslant V_{cs}+V_{pb}$$

式中:V_d——斜截面受压端正截面上由作用(或荷载)产生的最大剪力组合设计值(kN);

V_{cs}——斜截面内混凝土和箍筋共同的抗剪承载力设计值(kN);

V_{pb}——与斜截面相交的预应力弯起钢筋抗剪承载力设计值(kN)。

(1)混凝土与箍筋共同的抗剪承载力设计值 V_{cs}

$$V_{cs}=0.45\times10^{-3}\alpha_1\alpha_2\alpha_3 bh_0\sqrt{(2+0.6p)\sqrt{f_{cu,k}}(\rho_{sv}f_{sv}+0.6\rho_{pv}f_{pv})} \tag{10-67}$$

式中:α_1——异号弯矩影响系数,计算简支梁和连续梁近边支点梁段的抗剪承载力时,$\alpha_1=1.0$;计算连续梁和悬臂梁近中间支点梁段的抗剪承载力时,$\alpha_1=0.9$;

α_2——预应力提高系数,取 $\alpha_2=1.25$,但当预应力钢筋的合力引起的截面弯矩与外弯矩的方向相同时,或允许出现裂缝的部分预应力混凝土受弯构件,取 $\alpha_2=1.0$;

α_3——受压翼缘的影响系数,取 $\alpha_3=1.1$;

b——斜截面受压区顶端截面处矩形截面宽度,或 T 形和 I 形截面腹板宽度(mm);

h_0——斜截面受压端正截面上的有效高度(mm);

p——斜截面内纵向受拉钢筋的配筋百分率,$p=100\rho,\rho=(A_p+A_s)/bh_0$,当 $p>2.5$,取 $p=2.5$;

$f_{cu,k}$——混凝土立方体抗压强度标准值(MPa);

ρ_{sv}、ρ_{pv}——斜截面内箍筋、竖向预应力钢筋配筋率,$\rho_{sv}=A_{sv}/s_v b,\rho_{pv}=A_{pv}/s_p b$;

f_{sv}、f_{pv}——箍筋、竖向预应力钢筋的抗拉强度设计值(MPa);

A_{sv}、A_{pv}——斜截面内配置在同一截面的箍筋、竖向预应力钢筋的总截面面积(mm²);

s_v、s_p——斜截面内箍筋、竖向预应力钢筋的间距(mm)。

(2)预应力弯起钢筋的抗剪承载力设计值 V_{pb}

$$V_{pb}=0.75\times10^{-3}f_{pd}\sum A_{pb}\sin\theta_p \tag{10-68}$$

式中:f_{pd}——预应力弯起钢筋的抗拉强度设计值(MPa);

A_{pb}——斜截面内在同一弯起平面的预应力弯起钢筋的截面面积(mm²);

θ_p——预应力弯起钢筋(在斜截面受压端正截面处)的切线与水平线的夹角。

2. 斜截面抗弯承载力计算

根据斜截面的受弯破坏形态,仍取截面以左部分为脱离体(图 10-22),并以受压区混凝土合力作用点 O(转动铰)为中心取矩,由 $\sum M_O = 0$ 得:

$$\gamma_0 M_d \leqslant f_{sd}A_sZ_s + f_{pd}A_pZ_p + \sum f_{pd}A_{pb}Z_{pb} + \sum f_{sv}A_{sv}Z_{sv} \tag{10-69}$$

式中:M_d——斜截面受压端正截面的最大弯矩组合设计值;

Z_s、Z_p——纵向普通受拉钢筋合力点、纵向预应力受拉钢筋合力点至受压区合力点 O 的距离;

Z_{pb}——与斜截面相交的同一弯起平面内预应力弯起钢筋合力点至受压区合力点 O 的距离;

Z_{sv}——与斜截面相交的同一平面内箍筋合力点至斜截面受压端的水平距离。

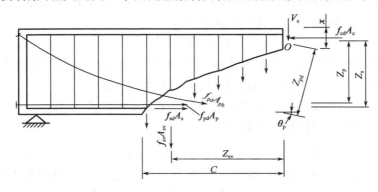

图 10-22 斜截面抗弯承载力计算图

计算斜截面抗弯承载力时,其最不利斜截面的位置,需选在预应力钢筋数量变少处、箍筋截面面积与间距变化处,以及构件腹板厚度变化处等。但其斜截面的水平投影长度 C,仍需自下而上、按不同倾斜角度试算确定,此时,最不利的斜截面水平投影长度按下式试算确定:

$$\gamma_0 V_d = \sum f_{pd}A_{pb}\sin\theta_p + \sum f_{sv}A_{sv} \tag{10-70}$$

将 $\sum A_{sv} = A_{sv}C/s_v$ 代入上式可得到 C 的表达式为:

$$C = \frac{\gamma_0 V_d - \sum f_{pd}A_{pb}\sin\theta_p}{f_{sv}A_{sv}/s_v} \tag{10-71}$$

式中:V_d——斜截面受压端正截面相应于最大弯矩组合设计值的剪力组合设计值;

s_v——箍筋间距;

其余符号同前。

水平投影长度 C 确定后,尚应确定受压区合力作用点的位置 O,以便确定各力臂的长度。由斜截面的受力平衡条件 $\sum H = 0$,可得:

$$\sum f_{pd}A_{pb}\cos\theta_p + f_{sd}A_s + f_{pd}A_p = f_{cd}A_c \tag{10-72}$$

由此可求出混凝土截面受压区的面积 A_c,因 $A_c = f(x)$,当截面形式确定后,斜截面受压区高度 x 也就不难求得,受压区合力作用点的位置也随之可以确定。

预应力混凝土受弯构件斜截面抗弯承载力的计算比较麻烦,因此也可以同普通钢筋混凝土受弯构件一样,用构造措施来加以保证。

第七节　预应力混凝土受弯构件的抗裂验算

预应力混凝土受弯构件抗裂验算的目的是通过控制截面的拉应力,使全预应力混凝土构件和部分预应力混凝土 A 类构件不出现裂缝。抗裂验算包括正截面抗裂验算和斜截面抗裂验算两部分。预应力混凝土受弯构件抗裂验算属于结构正常使用极限状态计算的范畴。

一、正截面抗裂验算

1. 全预应力混凝土构件

预制构件

$$\sigma_{st} - 0.85\sigma_{pc} \leqslant 0 \tag{10-73}$$

分段浇筑或砂浆接缝的纵向分块构件

$$\sigma_{st} - 0.80\sigma_{pc} \leqslant 0 \tag{10-74}$$

式中:σ_{st}——在作用(或荷载)频遇组合下构件抗裂验算边缘混凝土的法向拉应力,$\sigma_{st} = \dfrac{M_s}{W_0}$,对于先张法和后张法构件,其计算表达式分别为:

先张法

$$\sigma_{st} = \frac{M_{G1} + M_{G2} + M_{Qs}}{W_0} \tag{10-75}$$

后张法

$$\sigma_{st} = \frac{M_{G1}}{W_n} + \frac{M_{G2} + M_{Qs}}{W_0} \tag{10-76}$$

M_s——按作用(或荷载)频遇组合计算的弯矩值;对于超静定结构,除了考虑恒活载等直接施加于梁上的作用外,还应考虑如日照温差、混凝土收缩和徐变等间接作用的影响;

M_{Qs}——按作用(或荷载)频遇组合计算的可变荷载弯矩值,其中汽车荷载效应不计冲击系数;对于简支梁:$M_{Qs} = 0.7M_{Q1} + 0.4M_{Q2}$,其中 M_{Q1} 及 M_{Q2} 分别为汽车荷载效应(不计冲击系数)和人群荷载效应产生的弯矩标准值;

W_0——构件换算截面对抗裂验算边缘的弹性抵抗矩,后张法构件在计算预加应力阶段由构件自重产生的拉应力时,W_0 可改用 W_n,W_n 为构件净截面对抗裂验算边缘的弹性抵抗矩;

σ_{pc}——扣除全部预应力损失后的预加力在构件抗裂验算边缘产生的混凝土预压应力;对于超静定预应力结构,还需考虑预应力扣除相应阶段预应力损失后在结构中产生的次弯矩影响。以简支梁为例,对于先张法和后张法构件,σ_{pc} 的计算式分别为:

先张法

$$\sigma_{pc} = \frac{N_{p0}}{A_0} + \frac{N_{p0}e_{p0}}{W_0} \tag{10-77}$$

后张法

$$\sigma_{pc} = \frac{N_p}{A_n} + \frac{N_p e_{pn}}{W_n} \tag{10-78}$$

式(10-77)和式(10-78)中各符号的意义同式(10-32)和式(10-33)。

2. 部分预应力混凝土 A 类构件

部分预应力混凝土 A 类构件,在作用(或荷载)频遇组合下应符合:

$$\sigma_{st} - \sigma_{pc} \leqslant 0.7 f_{tk} \tag{10-79}$$

但在作用准永久组合下应符合:

$$\sigma_{lt} - \sigma_{pc} \leqslant 0 \tag{10-80}$$

式中:σ_{lt}——在荷载准永久组合下构件抗裂验算边缘混凝土的法向拉应力,$\sigma_{lt} = M_l/W$,M_l 系按荷载准永久组合计算的弯矩值;在组合的可变荷载弯矩中,仅考虑汽车、人群等直接作用于构件的荷载产生的弯矩值,即 $M_{Q1} = 0.4M_{Q1} + 0.4M_{Q2}$,其中 M_{Q1} 及 M_{Q2} 分别为汽车荷载效应(不计冲击系数)和人群荷载效应产生的弯矩标准值;

f_{tk}——混凝土的抗拉强度标准值;

其余符号意义同前。

二、斜截面抗裂验算

当预应力混凝土受弯构件内的主拉应力过大时,会产生与主拉应力方向垂直的斜裂缝,而预应力混凝土受弯构件的腹部斜裂缝是不能自动闭合的,因此为避免斜裂缝的出现,应对斜截面上的主拉应力进行验算。故斜截面抗裂验算的实质是选取若干最不利截面(支点附近截面、梁肋宽度变化处截面等),计算在荷载频遇组合作用下截面的主拉应力,并控制其满足相应的限制条件。

预应力混凝土受弯构件由作用(或荷载)频遇组合和预加力产生的混凝土主拉应力 σ_{tp} 计算式为:

$$\sigma_{tp} = \frac{\sigma_{cx} + \sigma_{cy}}{2} - \sqrt{\left(\frac{\sigma_{cx} - \sigma_{cy}}{2}\right)^2 + \tau^2} \tag{10-81}$$

式中各符号的计算方法参见式(10-45)。计算时应注意式中的 σ_{cx} 和 τ 系指在预加力(扣除全部预应力损失后)和荷载频遇组合弯矩作用下,计算主应力点的混凝土法向应力和剪应力。对于简支梁,$M_{Q_S} = 0.7M_{Q1} + 0.4M_{Q2}$,$V_{Q_S} = 0.7V_{Q1} + 0.4V_{Q2}$,式中 M_{Q1} 和 V_{Q1} 为汽车荷载效应(不计冲击系数)产生的弯矩标准值和剪力标准值,M_{Q2} 和 V_{Q2} 为人群荷载效应产生的弯矩标准值和剪力标准值。

(1)全预应力混凝土构件,在作用(或荷载)频遇组合下:

预制构件 $\qquad\qquad\qquad\qquad \sigma_{tp} \leqslant 0.6 f_{tk} \tag{10-82}$

现场现浇(包括预制拼装)构件 $\qquad \sigma_{tp} \leqslant 0.4 f_{tk} \tag{10-83}$

(2)预应力混凝土 A 类构件和允许开裂的 B 类构件,在作用(或荷载)频遇组合下:

预制构件 $\qquad\qquad\qquad\qquad \sigma_{tp} \leqslant 0.7 f_{tk} \tag{10-84}$

现场现浇(包括预制拼装)构件 $\qquad \sigma_{tp} \leqslant 0.5 f_{tk} \tag{10-85}$

第八节　变　形　验　算

预应力混凝土构件的材料一般都是高强度材料,故其截面尺寸较同跨长的普通钢筋混凝土构件小,而且预应力混凝土结构所适用的跨径范围一般也较大。因此,设计中应注意预应力混凝土梁的变形验算,以避免因变形过大而影响其使用功能。

预应力混凝土受弯构件的变形是由偏心预加力 N_p 引起的反拱值和外荷载(恒载与活载)所产生的变形两部分所组成。对于跨径不大的预应力混凝土简支梁,其总变形一般是比较小的。变形的精确计算,应同时考虑混凝土收缩、徐变、弹性模量等随时间而变化的影响因素,计算时常需借助于计算机,但对于简支梁等,变形计算采用以下实用计算方法所得的结果已能满足要求。

一、预加力引起的反拱值

预应力混凝土受弯构件的向上反拱,是由预加力 N_p 作用引起的。它与外荷载引起的挠度方向相反。预应力反拱值的计算,是将预应力钢筋的预加力当作外力,按材料力学的方法计算,其中预应力钢筋的预加力应扣除全部预应力损失。以后张法简支梁为例,其跨中的反拱值为:

$$\delta_{pe} = \int_0^l \frac{M_{pe} \cdot \overline{M_x}}{B_0} \mathrm{d}x \tag{10-86}$$

式中:δ_{pe}——永存预加力 N_p 所产生的反拱值;

　　M_{pe}——由永存预加力在任意截面 x 处所引起的弯矩值;

　　$\overline{M_x}$——跨中作用单位力时在任意截面 x 处所产生的弯矩值;

　　B_0——构件抗弯刚度,计算时按实际受力阶段取值。

二、使用荷载作用下的挠度

在使用荷载作用下,预应力混凝土受弯构件的挠度同样可近似地按材料力学的公式进行计算。但计算中所涉及的构件抗弯刚度将随荷载的增加而下降,而且变化范围较大,因此,挠度计算的精确性主要在于如何合理地确定能够反映构件实际情况的抗弯刚度。

《公路桥规》规定,对于全预应力混凝土构件及部分预应力混凝土 A 类构件取其抗弯刚度 $B_0 = 0.95E_c I_0$。等高度简支梁、悬臂梁在使用荷载作用下的挠度计算式为:

$$w_{Ms} = \frac{\alpha M_s l^2}{0.95 E_c I_0} \tag{10-87}$$

式中:w_{Ms}——由梁的作用(或荷载)频遇组合弯矩值所引起的挠度值;

　　α——挠度系数,与弯矩图形状和支承的约束条件有关(表10-3);

　　M_s——按作用(或荷载)频遇组合计算的弯矩;

　　l——梁的计算跨径;

　　I_0——构件全截面的换算截面惯性矩。

梁的最大弯矩和跨中(或悬臂端)挠度系数 α 表　　　　表 10-3

荷 载 图 式	弯矩图和最大弯矩 M_{max}	挠度系数 α
	$\dfrac{ql^2}{8}$	$\dfrac{5}{48}$
	$\dfrac{\beta^2(2-\beta)^2ql^2}{8}$	$\beta\leqslant\dfrac{1}{2}$ 时: $\dfrac{3-2\beta}{12(2-\beta)^2}$ $\beta\geqslant\dfrac{1}{2}$ 时: $\dfrac{4\beta^4-10\beta^3+9\beta^2-2\beta+0.25}{12\beta^2(\beta-2)^2}$
	$\dfrac{ql^2}{15.625}$	$\dfrac{5}{48}$
	$F\beta(1-\beta)l$	$\beta\geqslant\dfrac{1}{2}$ 时: $\dfrac{4\beta^2-8\beta+1}{-48\beta}$
	$F\beta l$	$\dfrac{\beta(3-\beta)}{6}$
	$\dfrac{q\beta^2l^2}{2}$	$\dfrac{\beta(4-\beta)}{12}$

三、变形验算

在长期持续荷载(如一期恒载、二期恒载、预加力等)作用下,由于混凝土徐变、钢筋平均应变增大、受压区与受拉区混凝土收缩不一致导致构件曲率增大以及混凝土弹性模量降低的原因,使得预应力混凝土受弯构件的挠度增加,所以在使用阶段的挠度应考虑荷载长期效应的影响。《公路桥规》中通过挠度长期增长系数 η_θ 来实现荷载长期效应的影响,即对荷载频遇组合计算的挠度值乘以系数 $\eta_{\theta,Ms}$ 得到考虑荷载长期效应的挠度值 $w_{Ms,l}$,同时对预加力引起的反拱值也乘以长期系数 $\eta_{\theta,pe}$,得到考虑长期效应的反拱值 $\delta_{pe,l}$,即:

$$w_{Ms,l} = \eta_{\theta,Ms} \cdot w_{Ms} \tag{10-88}$$

$$\delta_{pe,l} = \eta_{\theta,pe} \cdot \delta_{pe} \tag{10-89}$$

式中:$\eta_{\theta,Ms}$——荷载频遇组合考虑长期效应的挠度增长系数,按表 10-4 取用;

$\eta_{\theta,pe}$——预加力反拱值考虑长期效应增长系数;计算使用阶段预加力反拱值时,预应力钢筋的预应力应扣除全部预应力损失,并取 $\eta_{\theta,pe}=2$。

荷载频遇组合考虑长期效应的挠度增长系数表　　　　　表 10-4

混凝土强度等级	C40 以下	C40	C45	C50	C55	C60	C65	C70	C75	C80
$\eta_{\theta,Ms}$	1.60	1.45	1.44	1.43	1.41	1.40	1.39	1.38	1.36	1.35

预应力混凝土受弯构件按式(10-88)计算的长期挠度值,在消除结构自重产生的长期挠度后,梁式桥主梁的最大挠度处不应超过计算跨径的 1/600,梁式桥主梁的悬臂端不应超过悬臂长度的 1/300。

四、预拱度的设置

预应力混凝土简支梁由于存在向上的反拱值 δ_{pe},通常可不设置预拱度,但在梁的跨径较大或张拉后下缘的预压应力不是很大的构件,有时会因恒载的长期作用产生过大的挠度。因此,《公路桥规》规定,预应力混凝土受弯构件,当预加应力产生的长期反拱值大于按荷载频遇组合计算的长期挠度时,可不设预拱度;当预加应力的长期反拱值小于按荷载频遇组合计算的长期挠度时,应设预拱度,预拱度值按荷载频遇组合计算的长期挠度值与预加应力长期反拱值之差采用。预拱度的设置应按最大的预拱度值沿顺桥向做成平顺的曲线。

对于自重相对于活载较小的预应力混凝土受弯构件,应考虑预加应力反拱值过大而造成的不利影响,必要时采取反预拱或设计和施工上的措施,避免桥面隆起直至开裂破坏。

第九节　端部锚固区计算

一、后张法构件端部锚固区计算

1. 端部锚固区的区域划分

后张法构件端部锚具端的应力状态是很复杂的,由弹性力学知,预压力是要经过一段距离才能均匀扩散到整个截面上,实验和理论研究表明,这个过渡距离约等于构件的截面高度 h,一般把从端部局部受压过渡到全截面均匀受压的这个区段称为预应力混凝土构件的锚固区。《公路桥规》规定,后张预应力混凝土构件端部锚固区的范围,纵向取 1.0~1.2 倍的构件截面

高度 h 或截面宽度中的较大值,横向取构件端部全截面,如图 10-23 所示。

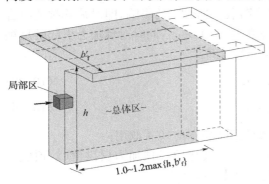

图 10-23 总体区和局部区的划分

后张法构件的预压力是通过锚具经垫板传递给混凝土的,由于预压力很大,而锚具下面的垫板与混凝土的接触面积往往很小,后张法构件的锚固区受到预应力锚固集中力的作用,存在局部承压和应力扩散问题,针对锚固区不同区域的受力特点,《公路桥规》将端部锚固区划分为局部区和总体区两个区域。

端部锚固区的局部区是指锚具垫板及附近周围混凝土的区域。局部区的横向取锚下局部受压面积,纵向取 1.2 倍的锚垫板长边尺寸。局部区主要考虑锚具垫板下混凝土局部承压计算与间接钢筋配置设计问题。

端部锚固区的总体区是局部区以外的端部锚固区域。在分析和设计上,端部锚固区的总体区是存在某些局部位置的较大混凝土拉应力,《公路桥规》指出总体区有三个位置存在不均匀分布拉应力,即在锚具垫板下且与锚固面一定距离产生的与锚固力方向垂直的横向拉应力,以及在锚固面附近边缘区(角区)两侧面下产生的拉应力。由拉应力分布积分可分别得到相应拉应力的合力,即劈裂力 $T_{b,d}$(图 10-24)、边缘拉力 $T_{et,d}$ 和剥裂力 $T_{s,d}$(图 10-25)。总体区主要考虑拉应力过大而可能导致混凝土开裂的问题。

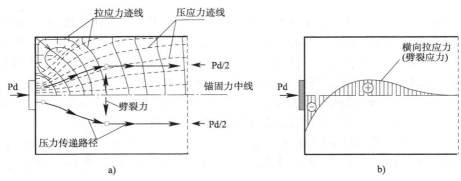

图 10-24 端部锚固区内的劈裂力产生原理

a)应力迹线与力流线;b)锚固中心线上的横向应力分布

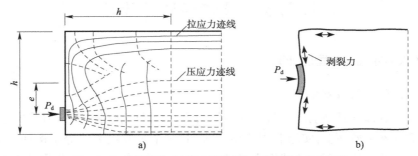

图 10-25 端部锚固区内的边缘纵向拉力和剥裂力产生原理

a)大偏心锚固力产生边缘纵向拉应力;b)锚固面附近的变形与剥裂力

2. 局部区锚下局部承压计算

对后张预应力混凝土构件端部锚固区的局部区,锚具垫板下混凝土承受三向压应力作用,需进行锚下混凝土局部承压计算。

(1)局部承压承载力

对于配置间接钢筋的局部承压区,当符合 $A_{cor} > A_l$ 且 A_{cor} 的重心与的重心相重合的条件时,其局部承压承载力按下式计算:

$$\gamma_0 F_{ld} \leqslant F_u = 0.9(\eta_s \beta f_{cd} + k\rho_v \beta_{cor} f_{sd}) A_{ln} \tag{10-90}$$

式中:F_{ld}——局部受压面积上的局部压力设计值;对后张法预应力混凝土构件的锚头局部受压区,可取 1.2 倍张拉时的最大压力;

　　η_s——混凝土局部承压修正系数,按表 10-5 取用;

　　β——混凝土局部承压承载力的提高系数;

$$\beta = \sqrt{\frac{A_b}{A_l}}$$

　　β_{cor}——配置间接钢筋时局部承压承载力提高系数;

$$\beta_{cor} = \sqrt{\frac{A_{cor}}{A_l}} \geqslant 1$$

　　A_b——局部承压的计算底面积,采用"同心对称有效面积法"按图 10-26 确定;

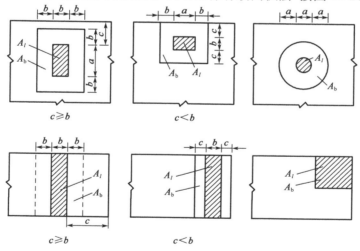

图 10-26　局部承压时计算底面积 A_b 的示意图

　　A_l——局部承压面积(考虑在钢垫板中沿 45° 刚性角扩大的面积),当有孔道时(对圆形承压面积而言)不扣除孔道面积;

　　A_{cor}——钢筋网或螺旋钢筋范围内的混凝土核心面积,但不小于 A_l,其重心应与 A_l 的重心重合;

　　f_{cd}——混凝土的轴心抗压强度设计值;

　　f_{sd}——间接钢筋的抗拉强度设计值;

　　k——间接钢筋影响系数,按表 10-5 取用;

A_{ln}——当局部受压面有孔洞时,扣除孔洞后的混凝土局部受压面积(计入钢垫板中按45°刚性角扩大的面积),即 A_{ln} 为局部承压面积 A_l 减去孔洞的面积;

ρ_v——间接钢筋的体积配筋率。

混凝土局部承压计算系数 η_s 与 k 表 10-5

混凝土强度等级	C50 及以下	C55	C60	C65	C70	C75	C80
η_s	1.0	0.96	0.92	0.88	0.84	0.80	0.76
k	2.0	1.95	1.90	1.85	1.80	1.75	1.70

对于方格钢筋网(每个方向钢筋不少于 4 根,网片也不少于 4 层,两个方向钢筋面积相差不应大于 50%)

$$\rho_v = \frac{n_1 A_{s1} l_1 + n_2 A_{s2} l_2}{A_{cor} s}$$

对于螺旋式钢筋(不少于 4 圈)

$$\rho_v = \frac{4 A_{ss1}}{d_{cor} s}$$

式中:n_1、A_{s1}——单层钢筋网沿 l_1 方向的钢筋根数及单根钢筋的截面面积;

$\quad\quad n_2$、A_{s2}——单层钢筋网沿 l_2 方向的钢筋根数及单根钢筋的截面面积;

$\quad\quad l_1, l_2$——钢筋网短边和长边的长度;

$\quad\quad s$——钢筋网片层距或螺旋式钢筋的间距;

$\quad\quad A_{ss1}$——单根螺旋式钢筋的截面面积;

$\quad\quad d_{cor}$——螺旋式钢筋内表面范围内混凝土核心的直径。

(2)局部承压区抗裂性

为了防止局部承压区段出现沿构件长度方向的裂缝,保证局部承压区混凝土的防裂要求,对于在局部承压区中配有间接钢筋的情况,《公路桥规》规定局部承压区的截面尺寸应满足:

$$\gamma_0 F_{ld} \leqslant F_{cr} = 1.3 \eta_s \beta f_{cd} A_{ln} \tag{10-91}$$

式中符号意义同前。

3. 端部锚固区的总体区计算

对后张预应力混凝土构件端部锚固区的总体区,混凝土承受预加力扩散引起的拉应力,《公路桥规》采用了拉压杆计算模型给出了总体区计算方法。

总体区各受拉部位承载力的计算应符合式(10-92)要求

$$\gamma_0 T_{(\cdot),d} \leqslant f_{sd} A_s \tag{10-92}$$

式中:$T_{(\cdot),d}$——总体区各受拉部位的拉力设计值。对于端部锚固区,有锚下劈裂力 $T_{b,d}$、剥裂力 $T_{s,d}$ 和边缘拉力 $T_{et,d}$;

$\quad\quad A_s$——总体区内相应计算位置的普通钢筋截面面积;

$\quad\quad f_{sd}$——普通钢筋的抗拉强度设计值。

式中的 $T_{(\cdot),d}$ 为预应力钢筋张拉锚固区在总体区内相应计算位置处的拉力设计值,可分别按下列公式计算。

(1)锚下劈裂力设计值 $T_{b,d}$

单个锚头引起的锚下劈裂力设计值:

$$T_{\mathrm{b,d}} = 0.25 P_{\mathrm{d}} (1+\gamma)^2 \left| (1-\gamma) - \frac{a}{h} \right| + 0.5 P_{\mathrm{d}} \mid \sin\alpha \mid \tag{10-93}$$

劈裂力作用位置至锚固面的水平距离 d_{b}（图 10-27）为：

$$d_{\mathrm{b}} = 0.5(h-2e) + e\sin\alpha \tag{10-94}$$

式中：　P_{d}——预应力锚固力设计值，取 1.2 倍张拉控制力；

　　　　a——锚垫板宽度；

　　　　h——锚固面截面高度；

　　　　e——锚固力偏心距，取锚固力作用点距截面形心的距离；

　　　　γ——锚固力在截面上的偏心率，$\gamma = 2e/h$；

　　　　α——预应力钢筋的倾角，一般取 $-5°\sim+20°$；当锚固力作用线从起点指向截面

　　　　　　形心时取正值[图 10-27a)]，逐渐远离截面形心时取负值。

　　《公路桥规》规定，若锚固面内多个锚固力作用的间距较近，即相邻锚具的中心距小于 2 倍锚垫板宽度时（又称为密集锚头），一组锚固力宜等效为一个集中力 P_{d}，并按式（10-93）和式（10-94）进行劈裂力的计算。等效计算时，垫板总宽度 a 取该组锚具两个最外侧垫板外缘的间距[图 10-27b)]。

　　对非密集锚头引起的锚下劈裂力设计值，应按单个锚头分别计算，再取各劈裂力的最大值。

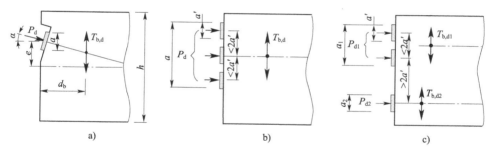

图 10-27　端部锚固区的锚下劈裂力计算

a)单个锚头情形；b)一组密集锚头情形；c)非密集锚头情形

（2）边缘拉力设计值 $T_{\mathrm{et,d}}$（图 10-28）

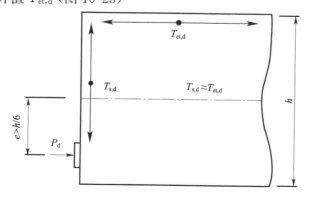

图 10-28　锚固区的边缘拉力计算

$$T_{\mathrm{et,d}} = \begin{cases} 0 & (\gamma \leqslant 1/3) \\[2mm] \dfrac{(3\gamma-1)^2}{12\gamma} P_{\mathrm{d}} & (\gamma > 1/3) \end{cases} \tag{10-95}$$

式中符号意义与式(10-93)相同。

(3)周边剥离力设计值 $T_{\mathrm{s,d}}$(图 10-29 及图 10-30)

$$T_{\mathrm{s,d}} = \begin{cases} 0.02\max\{P_{\mathrm{d}i}\} & (s \leqslant h/2) \\[2mm] \max(0.45\,\overline{P_{\mathrm{d}}}(2s/h-1),0.02\max\{P_{\mathrm{d}i}\}) & (s > h/2) \end{cases} \tag{10-96}$$

式中，$P_{\mathrm{d}i}$ 为同一端面上第 i 个锚固力设计值。

当构件端部相邻两个锚头的中心距大于锚固端截面高度一半时，边缘剥裂力设计值 $T_{\mathrm{s,d}}$ 可按 $T_{\mathrm{s,d}} = 0.45\overline{P_{\mathrm{d}}}(2s/h-1)$ 计算，且不小于最大锚固力设计值的 0.02 倍，其中 $\overline{P_{\mathrm{d}}}$ 为两锚头锚固力设计值的平均值，即 $\overline{P_{\mathrm{d}}} = (P_{\mathrm{d}1}+P_{\mathrm{d}2})/2$，$s$ 为两个锚头的中心距，h 为锚固端截面高度。

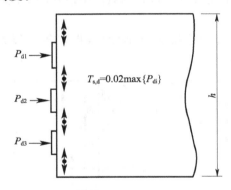
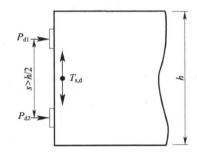

图 10-29　锚头的周边剥裂力计算　　　图 10-30　大间距锚头间的剥裂力计算

梁端锚固区的应力状态比较复杂，在对后张预应力混凝土构件端部锚固区进行设计时，除了设计计算外，《公路桥规》要求配置普通钢筋并采取补强措施。

(1)对后张预应力混凝土构件，应该力求只在构件端面并沿截面高度均匀地布置锚具，当锚具数量少且预加力较大时，宜在端部锚固区范围内加厚混凝土截面。

(2)在锚下应设置厚度不小于 16mm 的垫板或采用具有喇叭管的锚具垫板。锚垫板下应设间接钢筋，其体积配筋率不应小于 0.5%。梁端平面尺寸由锚具尺寸、锚具间距以及张拉千斤顶的要求等布置而定。间接钢筋应配置不少于四层的方格钢筋网或不少于四圈的螺旋式钢筋。间接钢筋的直径一般为 8～10mm，应尽量接近承压表面布置，距离承压面不宜大于 35mm。

(3)锚下总体区应配置抵抗锚下劈裂力的闭合式箍筋，钢筋间距不应大于 120mm；梁端截面应配置抵抗表面剥裂力的抗裂钢筋，当采用大偏心锚固时，锚固端面钢筋宜弯起并延伸至纵向受拉边缘。

二、先张法构件预应力钢筋的传递长度与锚固长度

先张法构件预应力钢筋的两端，一般不设置永久性锚具，而是通过钢筋与混凝土之间的黏

结作用来达到锚固的要求。在预应力钢筋放张时,构件端部外露处的钢筋应力由原有的预拉应力变为零,钢筋在该处的拉应变也相应变为零,钢筋将向构件内部产生内缩、滑移,但钢筋与混凝土间的黏结力将阻止钢筋内缩。经过自端部起至某一截面的 l_{tr} 长度后,钢筋内缩将被完全阻止,说明 l_{tr} 长度范围内的黏结力之和正好等于钢筋中的有效预拉力 $N_{pe}=\sigma_{pe}A_p$,且钢筋在 l_{tr} 以后的各截面将保持有效预应力 σ_{pe}。钢筋从应力为零的端面到应力为 σ_{pe} 的这一长度 l_{tr}[图 10-31b)]称为预应力钢筋的传递长度。同理,当构件达到承载能力极限状态时,预应力筋应力将达到其抗拉强度设计值 f_{pd},可以想象此时钢筋将继续内缩(因 $f_{pd}>\sigma_{pe}$),直到内缩长度达到 l_a 时才会完全停止。于是把钢筋从应力为零的端面至钢筋应力为 f_{pd} 的这一长度 l_a 称之为锚固长度。这一长度可保证钢筋在应力达到 f_{pd} 时不致被拔出。

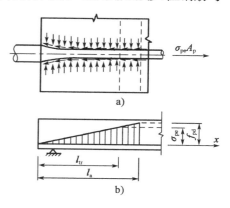

图 10-31　先张法预应力筋的锚固
a)端部预应力钢筋内缩示意图;b)预应力钢筋的传递长度和锚固长度

钢筋在内缩过程中,使传递长度范围内的胶结力一部分遭到破坏,但钢筋内缩也使其直径变粗,且愈近端部愈粗,形成锚楔作用。由于周围混凝土限制其直径变粗而引起较大的径向压力[图 10-31a)],由此所产生的相应摩擦力要比普通钢筋混凝土中由于混凝土收缩所产生的摩擦力要大得多,这是预应力钢筋应力传递的有利因素。可以看出,先张法构件端部整个应力传递长度范围内的受力情况比较复杂。为了设计计算的方便,《公路桥规》考虑以上各因素后,将预应力钢筋的传递长度 l_{tr} 和锚固长度 l_a 作了具体规定,见附表 1-17。同时,假定传递长度和锚固长度范围内的预应力钢筋的应力(从零至 σ_{pe} 或 f_{pd})按直线变化计算[图 10-31b)]。因此,在端部锚固长度范围内计算斜截面承载力时,预应力筋的应力 σ_{pe} 应根据斜截面所处位置按直线内插求得。

此外还应注意的是,传递长度或锚固长度的起点与放张的方法有关。当采用骤然放张(例如剪断)时,由于钢筋回缩的冲击将使构件端部混凝土的黏结力破坏,故其起点应自离构件端面 $0.25l_{tr}$ 处开始计算。

先张法构件的端部锚固区也需采取局部补强措施。对预应力钢筋端部周围混凝土通常采取的加强措施是:单根钢筋时,其端部宜设置长度不小于 150mm 的螺旋筋;当为多根预应力钢筋时,其端部在 10d(预应力筋直径)范围内,设置 3～5 片钢筋网。

第十节　预应力混凝土简支梁设计

前面已介绍了预应力混凝土受弯构件有关承载力、应力、抗裂性和变形等方面的计算方法。本节将以预应力混凝土简支梁为例,介绍整个预应力混凝土受弯构件的设计计算方法,其中包括设计计算步骤、截面设计、钢筋数量的估算与布置,以及构造要求等内容。

一、设计计算步骤

预应力混凝土梁的设计计算步骤和钢筋混凝土梁相类似。现以简支梁为例,其设计计算步骤如下：

（1）根据设计要求，参照已有设计图纸和资料，选择预加力体系和锚具形式，选定截面形式，并初步拟定截面尺寸并选定材料。

（2）根据构件可能出现的荷载组合，计算控制截面的设计内力（弯矩和剪力）及其相应的组合值。

（3）从满足主要控制截面（跨中截面）在正常使用极限状态的使用要求和承载能力极限状态的承载力要求的条件出发，估算预应力钢筋和普通钢筋的数量，并进行合理的布置。

（4）计算主梁截面的几何特性。

（5）确定张拉控制应力，估算预应力损失并计算各阶段相应的有效预应力。

（6）按短暂状况和持久状况进行截面应力验算。

（7）进行正截面和斜截面的承载力复核。

（8）进行构件抗裂（或裂缝宽度）及变形验算。

（9）后张法构件的锚固端计算和锚固区设计。

二、预应力混凝土简支梁的截面设计

1. 预应力混凝土梁抗弯效率指标 ρ

预应力混凝土梁抵抗外弯矩的机理，与钢筋混凝土梁不同。钢筋混凝土梁的抵抗弯矩，主要是由变化的钢筋应力的合力（或变化的混凝土压应力的合力）与固定的内力偶臂 z 的乘积所形成；而预应力混凝土梁，则是由基本不变的预加力 N_{pe}（或混凝土预压应力的合力），与随外弯矩变化而变化的内力偶臂 z 的乘积所组成。因此，对于预应力混凝土梁来说，其内力偶臂 z 所能变化的范围越大，则在预加力 N_{pe} 相同的条件下，其所能抵抗外弯矩的能力也就越大，也即抗弯效率越高。在保证上、下缘混凝土不产生拉应力的条件下，内力偶臂 z 可能变化的最大范围只能是上核心距 K_u 和下核心距 K_b 之间，因此，截面抗弯效率可用参数 $\rho=(K_u+K_b)/h$（h 为梁的截面高度）来表示，并将 ρ 称为抗弯效率指标，ρ 值越高，表示所设计的预应力混凝土梁截面经济效率越高，ρ 值实际上也是反映截面混凝土材料沿梁高分布的合理性，它与截面形式有关。例如，矩形截面的 ρ 值为 $1/3$，而空心板梁则随挖空率而变化，一般为 $0.4\sim0.55$，T形截面梁也可达到 0.50 左右。故在预应力混凝土梁截面设计时，应在设计与施工要求的前提下考虑选取合理的截面形式。

2. 预应力混凝土梁的常用截面形式

现将工程实践中，预应力混凝土梁常用的一些截面形式（图 10-32）的特点及其适用场合简述如下，以供设计时选择及参考。

（1）预应力混凝土空心板［图 10-32a］。其芯模可采用圆形、圆端形等形式，跨径较大的后张法空心板则向薄壁箱形截面靠拢，仅顶板做成拱形。施工方法一般采用场制直线配筋的先张法（多用长线法生产），适于跨径 $8\sim20m$ 的桥梁。近年，空心板跨径有加大的趋势，方法也由先张法扩展到后张法，预应力筋由有黏结扩展无黏结，板宽由过去的 $1m$ 扩展到 $1.4m$ 不等。

（2）预应力混凝土 T 形梁［图 10-32b］。这是我国最常用的预应力混凝土简支梁截面形

式。标准设计跨径为20~40m,一般采用后张法施工。在梁肋的下部,为了布置筋束和承受强大预压力的需要,常加厚成"马蹄"形。T形梁的腹板主要是承受剪应力和主应力,一般做得较薄,但构造上要求应能满足布置预留孔道的需要,一般最小为160mm。而梁端锚固区段(即约等于梁高的范围)内,应满足布置锚具和局部承压的需要,故常将其做成与"马蹄"同宽。其上翼缘宽度,一般为1.6~2.5m,随跨径增大而增加。预应力混凝土简支T形梁的高跨比一般为1/25~1/15。

(3)带现浇翼板的预制预应力混凝土T形梁[图10-32c)]。它是在预制工字梁(或预制短翼T形梁)安装定位后,再现浇横梁和桥面(包括部分翼缘宽度)混凝土使截面整体化的。其受力性能如同T形截面梁,但横向联系较T形梁好。其部分翼缘为现浇,故其起吊重量相对较轻。特别是它能较好地适用于各种斜度的斜梁桥或曲率半径较大的弯梁桥,在平面布置时较易处理。

(4)预应力混凝土组合箱形梁[图10-32d)]。一般采用标准设计,工厂预制,用先张法施工,适用于跨径为16~25m的中小跨径桥梁。高跨比h/l为1/20~1/16。

(5)预应力混凝土组合T形梁[图10-32e)]。为了减轻吊装重量,而采用预应力混凝土工字梁加预制微弯板(或钢筋混凝土板)形成的组合式梁。现有标准设计图纸的跨径为16~20m,高跨比h/l为1/18~1/16。此种截面形式因梁肋受力条件不利,故不如整体式T形梁用料经济。施工中应注意加强结合面处的连接,以保证肋与板能共同工作。

(6)预应力混凝土箱形梁[图10-32f)]。箱形截面为闭口截面,其抗扭刚度比一般开口截面(如T形截面梁)大得多,可使梁的荷载分布比较均匀,箱壁一般做得较薄,材料利用合理,自重较轻,跨越能力大。箱形截面梁更多的是用于连续梁、T形刚构及斜梁等桥梁中。

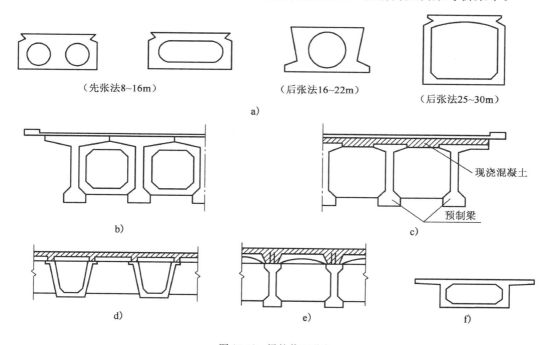

（先张法8~16m）　　　　　　（后张法16~22m）

（后张法25~30m）

a)

现浇混凝土

预制梁

b)　　　　　　c)

d)　　　　　e)　　　　f)

图10-32　梁的截面形式

三、截面尺寸和预应力钢筋数量的选定

1. 截面尺寸

构件截面尺寸的选择,一般是参考已有设计资料、经验方法及桥梁设计中的具体要求事先拟定的,然后根据有关规范的要求进行配筋验算,如表明预估的截面尺寸不符合要求时,则需再作必要的修改。

2. 预应力钢筋截面面积的估算

预应力混凝土梁的设计应满足不同设计状况下规范规定的控制条件要求(例如承载力、抗裂性、裂缝宽度、变形及应力等)。在这些控制条件中,最重要的是满足结构在正常使用极限状态下的使用性能要求和保证结构对达到承载力极限状态具有一定的安全储备。对桥梁结构来说,结构使用性能要求包括抗裂性、裂缝宽度和挠度等项限制。一般情况下抗裂性及裂缝宽度主要与预加力的大小有关,因此,预应力混凝土梁钢筋数量估算的一般方法是首先根据正截面抗裂性(全预应力混凝土或部分预应力混凝土 A 类构件)确定预应力钢筋的数量,然后再由构件的承载能力极限状态要求确定普通钢筋的数量。换句话说,预应力混凝土梁钢筋数量估算的基本原则是按结构使用性能确定预应力钢筋数量,极限承载力的不足部分由普通钢筋来补足。预应力钢筋数量估算时截面特性可取全截面特性。

(1)按构件正截面抗裂性要求估算预应力钢筋数量

全预应力混凝土受弯构件正截面抗裂性以混凝土法向拉应力控制,应符合式(10-73)或式(10-74)的要求。由上式可得到:

预制构件
$$N_{\mathrm{pe}} \geqslant \frac{\dfrac{M_{\mathrm{s}}}{W}}{0.85\left(\dfrac{1}{A}+\dfrac{e_{\mathrm{p}}}{W}\right)} \tag{10-97}$$

分段浇筑或砂浆接缝的纵向分块构件
$$N_{\mathrm{pe}} \geqslant \frac{\dfrac{M_{\mathrm{s}}}{W}}{0.80\left(\dfrac{1}{A}+\dfrac{e_{\mathrm{p}}}{W}\right)} \tag{10-98}$$

式中:N_{pe}——使用阶段预应力钢筋永存应力的合力;

M_{s}——按作用(或荷载)频遇组合计算的弯矩值;

A、W——构件混凝土全截面面积和对抗裂边缘的弹性抵抗矩;

e_{p}——预应力钢筋的合力作用点至混凝土截面重心轴的距离。

对于部分预应力混凝土 A 类构件,根据式(10-79)可以得到类似的计算式,即:

$$N_{\mathrm{pe}} \geqslant \frac{\dfrac{M_{\mathrm{s}}}{W}-0.7 f_{\mathrm{tk}}}{\dfrac{1}{A}+\dfrac{e_{\mathrm{p}}}{W}} \tag{10-99}$$

求得有效预加力 N_{pe} 后,所需要的预应力钢筋截面面积按下式计算:

$$A_p = \frac{N_{pe}}{\sigma_{con} - \sigma_l} \tag{10-100}$$

式中:σ_l——估算时对先张法构件可取 $20\% \sim 30\%$ 的张拉控制应力,对后张法构件可取 $25\% \sim 35\%$ 的张拉控制应力,采用低松弛钢筋时取低值。

求得预应力钢筋截面面积之后,应结合锚具选型和构造要求,选择预应力钢筋束的数量及组成。

(2)按承载能力极限状态要求估算非预应力钢筋数量

以 T 形截面梁为例,设 b、h_0 为已知,且仅在受拉区配置预应力钢筋和非预应力钢筋,此时正截面承载能力极限状态计算式为:

第一类 T 形截面

$$f_{sd}A_s + f_{pd}A_p = f_{cd}b_f' x \tag{10-101}$$

$$\gamma_0 M_d \leqslant f_{cd}b_f' x \left(h_0 - \frac{x}{2}\right) \tag{10-102}$$

第二类 T 形截面

$$f_{sd}A_s + f_{pd}A_p = f_{cd}[bx + (b_f' - b)h_f'] \tag{10-103}$$

$$\gamma_0 M_d \leqslant f_{cd}\left[bx\left(h_0 - \frac{x}{2}\right) + (b_f' - b)h_f'\left(h_0 - \frac{h_f'}{2}\right)\right] \tag{10-104}$$

可先假定为第一类 T 形截面,按式(10-102)计算 x,若 $x \leqslant h_f'$,则:

$$A_s = \frac{f_{cd}b_f' x - f_{pd}A_p}{f_{sd}} \tag{10-105}$$

若按式(10-102)计算得 $x > h_f'$,则为第二类 T 形截面,须按式(10-104)重新计算 x,若 $x > h_f'$ 且 $x \leqslant \xi_b h_0$,则:

$$A_s = \frac{f_{cd}[bx + (b_f' - b)h_f'] - f_{pd}A_p}{f_{sd}} \tag{10-106}$$

若按式(10-104)计算得 $x > \xi_b h_0$,则需增大截面尺寸。

矩形截面受弯构件非预应力钢筋数量的估算方法同第一类 T 形截面(须将式中 b_f' 改为 b)。

四、预应力钢筋的布置

1. 束界

在进行预应力钢筋布置时,合理地确定预加力作用点(一般近似地取为预应力钢束截面的重心)的位置是很重要的。以全预应力混凝土简支梁而论,在内力弯矩最大的跨中截面处,应尽可能使预应力钢筋的重心降低(即尽量增大偏心距 e_p 值),使之产生较大的预应力负弯矩 M_p 来平衡外荷载引起的正弯矩。但对于外荷载弯矩较小的其他截面,如视 N_p 近似不变,则应相应地减小偏心距 e_p 值,以免由于过大的预应力负弯矩 M_p 而引起构件上缘的混凝土出现拉应力。

根据全预应力混凝土构件截面上、下缘混凝土出现拉应力的原则,可以按照在最小外荷载(即构件一期恒载 G_1)作用下和最不利荷载(即一期恒载 G_1、二期恒载 G_2 和活载 Q)作用下的两种情况,分别确定 N_p 在各个截面上偏心距的极限值。由此可以绘出如图 10-33 所示的两条 e_p 的限值线 E_1 和 E_2。只要 N_p 作用点(也即近似为预应力钢筋的截面重心)的位置落在由 E_1 及 E_2 所围成的区域内,就能保证构件在最小外荷载和最不利荷载作用下截面上、下缘混凝土均不会出现拉应力。因此,我们把由 E_1 和 E_2 两条曲线所围成的布置钢束时的钢束重心界限称为束界(或索界)。根据上述原则,可以容易地按下列方法绘制全预应力混凝上等截面简支梁的束界。

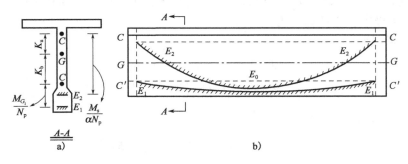

图 10-33　全预应力混凝土简支梁的束界图

为使计算方便,我们近似地略去孔道削弱和灌浆后黏结力的影响,一律按混凝土全截面特性计算,并设压应力为正,拉应力为负。

在预加应力阶段,保证梁的上缘混凝土不出现拉应力的条件是:

$$\sigma_{cu} = \frac{N_{pI}}{A} - \frac{N_{pI} e_{p1}}{W_u} + \frac{M_{G1}}{W_u} \geq 0$$

由此求得:

$$e_{p1} \leqslant E_1 = K_b + \frac{M_{G1}}{N_{pI}} \tag{10-107}$$

式中:e_{p1}——预加力的合力偏心距;设在构件截面重心轴以下为正,反之为负;

　　　K_b——混凝土截面下核心距,$K_b = \dfrac{W_u}{A}$;

　　　M_{G1}——构件一期恒载产生的弯矩标准值;

　　　N_{pI}——传力锚固时的预加力。

同理,在作用(或荷载)频遇组合计算的弯矩值作用下,根据保证构件下缘不出现拉应力的条件,同样可以求得预加力合力偏心距 e_{p2} 为:

$$e_{p2} \geqslant E_2 = \frac{M_s}{\alpha N_{pI}} - K_u \tag{10-108}$$

式中:M_s——按作用(或荷载)频遇组合计算的弯矩值;

　　　α——使用阶段的永存预加力与传力锚固时的有效预加力之比值,可近似地取 $\alpha = 0.8$;

K_u——混凝土截面上核心距，$K_u = \dfrac{W_b}{A}$。

由式(10-107)、式(10-108)可以看出，e_{p1}、e_{p2}分别具有与弯矩M_{G1}和弯矩M_s相似的变化规律，都可视为沿跨径而变化的抛物线，其限值E_1、E_2之间的区域就是束筋配置范围。由此可知，钢束重心位置(即e_p)所应遵循的条件是：

$$\frac{M_s}{\alpha N_{pI}} - K_u \leqslant e_p \leqslant K_b + \frac{M_{G1}}{N_{pI}} \tag{10-109}$$

只要预应力钢筋重心线的偏心距e_p满足式(10-109)的要求，就可以保证构件在预加力阶段和使用荷载阶段，其上、下缘混凝土都不会出现拉应力。这对于检验钢束配置是否得当，无疑是一个简便而直观的方法。

显然，对于允许出现拉应力或允许出现裂缝的部分预应力混凝土构件，只要根据构件上、下缘混凝土拉应力(包括名义拉应力)的不同限制值做相应的演算，则其束界也同样不难确定。

2. 预应力钢筋的布置原则

(1)预应力钢筋的布置，应使其重心线不超出束界范围，因此，大部分预应力钢筋在靠近支点时均须逐步弯起。只有这样，才能保证构件无论是在施工阶段还是在使用阶段，其任意截面上、下缘混凝土的法向应力都不致超过规定的限制值。同时，构件端部逐步弯起的钢束将产生预剪力，这对抵消支点附近较大的外荷载剪力也是非常有利的；而且，从构造上来说，钢束的弯起可使锚固点分散，有利于锚具的布置。锚具的分散，使梁端部承受的集中力也相应分散，这对改善锚固区的局部承压应力也是有利的。

(2)预应力钢筋弯起的角度，应与所承受的剪力变化规律相配合。根据受力要求，钢束弯起后所产生的预剪力V_p应能抵消作用(或荷载)引起的剪力V_d的一部分。抵消后所剩余的外剪力通常称为减余剪力，将其绘制成图则称为减余剪力图，它是配置受剪钢筋的依据。

(3)预应力钢筋的布置应符合构造要求。许多构造规定，一般虽未经详细计算，但却是根据长期设计、施工和使用的实践经验而确定的。这对保证构件的耐久性和满足设计、施工的具体要求，都是必不可少的。

3. 钢束弯起点的确定

钢束的弯起点，应从兼顾剪力与弯矩两方面的受力要求来考虑。

(1)从受剪考虑，理论上应自$\gamma_0 V_d \geqslant V_{cs}$的截面开始起弯，以提供一部分抵抗外荷载剪力的预剪力V_p。但实际上，受弯构件跨中部分的肋部混凝土已足够承受荷载剪力，因此一般是根据经验，在跨径的三分点到四分点之间开始弯起。

(2)从受弯考虑，由于钢束弯起后，其重心线将往上移，使偏心距e_p变小，即预加力弯矩M_p将变小。因此，应注意钢束弯起后的正截面抗弯承载力的要求。

(3)钢束的起弯点尚应考虑满足斜截面抗弯承载力的要求，即保证钢束弯起后斜截面上的抗弯承载力不低于斜截面顶端所在的正截面的抗弯承载力。

4. 预应力钢筋弯起角度与曲线形状

(1)预应力钢筋弯起角度 θ_p

从减小曲线钢束预拉时摩阻应力损失出发,弯起角度 θ_p 不宜大于 20°,一般在梁端锚固时都不会达到此值;而对于弯出梁顶锚固的钢筋,则往往超过 20°,θ_p 常为 25°~30° 之间。θ_p 角较大的预应力钢筋应注意采取减小摩擦系数值的措施,以减小由此而引起的摩擦应力损失。

从控制总剪力出发,理论上可按 $N_{pb}\sin\theta_p = (V_{G1} + V_{G2} + V_Q/2)$ 的条件来控制钢束的弯起角度 θ_p,但对于恒载较大(跨径较大)的梁,按此确定的 θ_p 值显然过大。为此,只能在可能的条件下选择较大的 θ_p 值,对于邻近支点的梁段,则可在满足抗弯承载力要求的条件下,钢束弯起的数量应尽可能多些。

(2)预应力钢筋弯起的曲线形状

钢束弯起的曲线可采用圆弧线、抛物线或悬链线三种形式。公路桥梁中多采用圆弧线。《公路桥规》规定,后张法构件的曲线形预应力钢筋,其曲率半径应符合下列规定:

①钢丝束、钢绞线束的钢丝直径 $d \leqslant 5mm$ 时,不宜小于 4m;钢丝直径 $d > 5mm$ 时,不宜小于 6m。

②预应力螺纹钢筋直径 $d \leqslant 25mm$ 时,不宜小于 12m;直径 $d > 25mm$ 时,不宜小于 15m。

对于具有特殊用途的预应力钢筋(如斜拉桥桥塔中围箍用的半圆形预应力钢筋,其半径在 1.5m 左右),因采取特殊的措施,可以不受此限。

5. 预应力钢筋布置的具体要求

(1)后张法构件

对于后张法构件,预应力钢筋预留孔道的水平净距,应保证混凝土中最大骨料在浇筑混凝土时能顺利通过,同时也要保证预留孔道间不致串孔(金属预埋波纹管除外)和锚具布置的要求等。预应力钢筋管道的设置应符合下列要求:

①直线管道的净距不应小于 40mm,且不宜小于管道直径的 0.6 倍;对于预埋的金属或塑料波纹管和铁皮管,在竖直方向可将两管道叠置。

②曲线形预应力钢筋管道在曲线平面内相邻管道间的最小净距的计算式为:

$$C_{in} \geqslant \frac{P_d}{0.266r\sqrt{f'_{cu}}} - \frac{d_s}{2} \tag{10-110}$$

式中:C_{in}——相邻两曲线管道外缘在曲线平面内的净距(mm);

P_d——相邻两管道曲线半径较大的一根预应力钢筋的张拉力设计值(N),可取扣除锚圈口摩擦、钢筋回缩及计算截面管道摩擦损失后张拉力乘以 1.2;

r——相邻两管道曲线半径较大的一根预应力钢筋的曲线半径(mm),$r = \frac{l}{2}\left(\frac{1}{4\beta} + \beta\right)$;

l——曲线弦长(mm);

β——曲线矢高与弦长之比;

f'_{cu}——预应力钢筋张拉时,边长为 150mm 的混凝土立方体抗压强度(MPa);

d_s——管道外缘直径(mm)。

当按上述计算的净距小于相应直线管道净距时,应取用直线管道最小净距。

③曲线形预应力钢筋管道在曲线平面外相邻管道间的最小净距的计算式为:

$$C_{out} \geqslant \frac{P_d}{0.266\pi r \sqrt{f'_{cu}}} - \frac{d_s}{2} \tag{10-111}$$

式中:C_{out}——相邻两曲线管道外缘在曲线平面外的净距(mm);

其余符号意义同上式。

④管道内径的截面面积不应小于预应力钢筋截面面积的两倍。

⑤按计算需要设置预拱度时,预留管道也应同时起拱。

⑥后张法预应力混凝土构件,其预应力管道的混凝土保护层厚度,应符合《公路桥规》的下列要求:

后张法构件普通钢筋和预应力直线形钢筋的最小混凝土保护层厚度不应小于钢筋公称直径,同时预应力直线形钢筋的最小混凝土保护层厚度不应小于管道直径的1/2且应符合表3-1的规定。

对外形呈曲线形且布置有曲线预应力钢筋的构件,其曲线平面内的管道的最小混凝土保护层厚度,应根据施加预应力时曲线预应力钢筋的张拉力,按式(10-110)计算,其中 C_{in} 为管道外边缘至曲线平面内混凝土表层的距离(mm);当按式(10-110)计算的保护层厚度过多地超过上述规定的直线管道保护层厚度时,也可按直线管道设置最小保护层厚度,但应在管道曲线段弯曲平面内设置箍筋。箍筋单肢的截面面积 A_{sv1} 按下式计算:

$$A_{sv1} \geqslant \frac{P_d s_v}{2r f_{sv}} \tag{10-112}$$

式中:s_v——箍筋间距;

f_{sv}——箍筋抗拉强度设计值。

曲线平面外的管道最小保护层厚度按式(10-111)计算,其中 C_{out} 为管道外边缘至曲线平面外混凝土表面的距离(mm)。

按上述公式计算的保护层厚度,如小于各类环境的直线管道的保护层厚度,应取相应环境条件的直线管道的保护层厚度。

(2)先张法构件

先张法预应力混凝土构件当采用光面钢丝作预应力筋时,宜采取适当措施(如钢丝刻痕、提高混凝土强度等级及施工中采用缓慢放张的工艺等),以保证钢丝在混凝土中可靠地锚固,防止因钢丝与混凝土间黏结力不足而使钢丝滑动从而丧失预应力。

先张法构件中,预应力钢绞线之间的净距不应小于其直径的1.5倍,且不应小于25mm。预应力钢丝间净距不应小于15mm。对于单根预应力钢筋,其端部应设置长度不小于150mm的螺旋筋;对于多根预应力钢筋,在构件端部10倍预应力钢筋直径范围内,应设置3～5片钢筋网。

先张法构件普通钢筋和预应力直线形钢筋的最小混凝土保护层厚度不应小于钢筋公称直

径,且应符合表 3-1 的规定。

五、非预应力钢筋的布置

在预应力混凝土受弯构件中,除了预应力钢筋外,还需要配置各种形式的非预应力钢筋。

1. 箍筋

箍筋与弯起预应力钢筋同为预应力混凝土梁的腹筋,与混凝土一起共同承担着荷载剪力,故应按抗剪要求来确定箍筋数量(包括直径和间距的大小)。在剪力较小的梁段,按计算要求的箍筋数量很少,但为了防止混凝土受剪时的意外脆性破坏,《公路桥规》仍要求按下列规定配置构造箍筋:

(1)预应力混凝土 T 形、I 形截面梁和箱形截面梁腹板内应分别设置直径不小于 10mm 和 12mm 的箍筋,且应采用带肋钢筋,间距不应大于 200mm;自支座中心起长度不小于一倍梁高范围内,应采用封闭式箍筋,间距不应大于 100mm。

(2)在 T 形、I 形截面梁下部的"马蹄"中,应另设直径不小于 8mm 的闭合式箍筋,间距不应大于 200mm。另外,"马蹄"内还应设直径不小于 12mm 的定位钢筋。这是因为"马蹄"在预加应力阶段承受着很大的预压应力,为防止混凝土横向变形过大和沿梁轴方向发生纵向水平裂缝,而予以局部加强。

2. 水平纵向辅助钢筋

T 形截面预应力混凝土梁,上有翼缘、下有"马蹄",它们在梁横向的尺寸,都比腹板厚度大,在混凝土硬化或温度骤降时,腹板将受到翼缘与"马蹄"的钳制作用(因翼缘和"马蹄"部分尺寸较大,温度下降引起的混凝土收缩较慢),而不能自由地收缩变形,因而有可能产生裂缝。经验指出,对于未设水平纵向辅助钢筋的薄腹板梁,其下缘因有密布的纵向钢筋,出现的裂缝细而密,而过下缘(即"马蹄")与腹板的交界处进入腹板后,其裂缝就常显得粗而稀。梁的截面越高,这种现象越明显。为了缩小裂缝间距,防止腹板裂缝较宽,一般需要在腹板两侧设置水平纵向辅助钢筋,通常称为防裂钢筋。对于预应力混凝土梁,这种钢筋宜采用小直径的钢筋网,紧贴箍筋布置于腹板的两侧,以增加与混凝土的黏结力,使裂缝的间距和宽度均减小。

3. 局部加强钢筋

对于局部受力较大的部位,应设置加强钢筋,例如"马蹄"中的闭合式箍筋和梁端锚固区的加强钢筋等,除此之外,梁底支座处也设置钢筋网加强。

4. 架立钢筋与定位钢筋

架立钢筋是用于支撑箍筋的,一般采用直径为 12～20mm 的圆钢筋。定位钢筋系指用于固定预留孔道制孔器位置的钢筋,常做成网格式。

六、锚具的防护

埋封于梁体内的锚具,在张拉完成后,其周围应设置构造钢筋与梁体连接,然后浇筑混凝土封锚。封锚混凝土强度等级不应低于构件本身混凝土强度等级的 80%,且不低于 C30。对于长期外露的金属锚具,应涂刷油漆或用砂浆封闭等防锈措施。

第十一节 预应力混凝土简支梁计算示例

一、设计资料

(1)简支梁跨径:跨径 40m(墩中心距离);主梁全长 39.96m,计算跨径 $L=39.0$m。

(2)计算荷载:汽车荷载按公路—I级;结构重要性系数取 $\gamma_0=1.0$。

(3)环境:桥址位于野外一般地区,I类环境条件,年平均相对湿度为 75%。

(4)材料:预应力钢筋采用 ASTMA416-97a 标准的低松弛钢绞线(1×7 标准型),抗拉强度标准值 $f_{pk}=1860$MPa,抗拉强度设计值 $f_{pd}=1260$MPa,公称直径 15.24mm,公称面积 140mm²,弹性模量 $E_p=1.95×10^5$MPa;锚具采用夹片式群锚。

非预应力钢筋:HRB400 级钢筋,抗拉强度标准值 $f_{sk}=400$MPa,抗拉强度设计值 $f_{sd}=330$MPa。直径 $d<12$mm 者,一律采用 HPB300 级钢筋,抗拉强度标准值 $f_{sk}=300$MPa,抗拉强度设计值 $f_{sd}=250$MPa。钢筋弹性模量均为 $E_s=2.0×10^5$MPa。

混凝土:主梁采用 C50,$E_c=3.45×10^4$MPa,轴心抗拉强度标准值 $f_{ck}=32.4$MPa,轴心抗压强度设计值 $f_{cd}=22.4$MPa;轴心抗拉强度标准值 $f_{tk}=2.65$MPa,轴心抗拉强度设计值 $f_{td}=1.83$MPa。

(5)设计要求:根据《公路钢筋混凝土及预应力混凝土桥涵设计规范》(JTG D62—2004)要求,按 A 类部分预应力混凝土构件设计此梁。

(6)施工方法:采用后张法施工,预制主梁时,预留孔道采用预埋金属波纹管成型,钢绞线采用 TD 双作用千斤顶两端同时张拉;主梁安装就位后现浇 40mm 宽的湿接缝;最后施工 80mm 厚的沥青桥面铺装层。

二、主梁尺寸

主梁各部分尺寸如图 10-34 所示。

三、主梁全截面几何特性

1. 受压翼缘有效宽度 b_f' 的计算

按《公路桥规》规定,T 形截面梁的受压翼缘有效宽度 b_f',可取下列三者中的最小值:

(1)简支梁计算跨径 $L/3$,即 $L/3=39000/3=13000$mm。

(2)相邻两梁的平均间距,对于中梁为 2250mm。

(3)因为承托根部厚度与承托长度之比 $h_h/b_h=90/600=9/60<1/3$,则式 $b+2b_h+12h_f'$ 中 b_h 应以 $3h_h$ 代替,所以有:

$$b+6h_h+12h_f'=200+6×90+12×160=2660\text{mm}$$

根据规定,受压翼缘的有效宽度取 $b_f'=2250$mm。

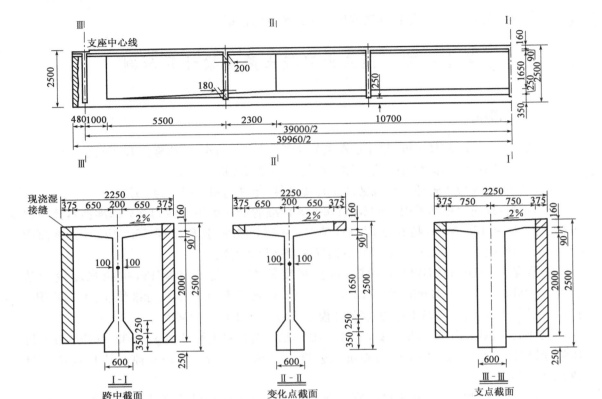

图 10-34　主梁各部分尺寸图(尺寸单位:mm)

2. 全截面几何特性的计算

在工程设计中,主梁几何特性多采用分块数值求和法进行,其计算式为:

全截面面积 $\qquad\qquad\qquad \gamma A=\sum A_i$

全截面重心至梁顶的距离 $\qquad\qquad y_u=\dfrac{\sum A_i y_i}{A}$

式中:A_i——分块面积;

$\qquad y_i$——分块面积的重心至梁顶的距离。

主梁跨中(Ⅰ-Ⅰ)截面的全截面几何特性如表 10-6 所示。变化点处的截面几何尺寸与跨中截面相同,故几何特性也相同,为:

$$A=\sum A_i=1072000\,\text{mm}^2$$

$$\sum S_i=\sum A_i y_i=10.90335\times10^8\,\text{mm}^3$$

$$y_u=\sum S_i/A=1017.104\,\text{mm}$$

$$I=\sum I_x+\sum I_i=90.941\times10^{10}\,\text{mm}^4$$

式中:I_i——分块面积 A_i 对其自身重心轴的惯性矩;

$\qquad I_x$——A_i 对 x-x(重心)轴的惯性矩。

跨中截面全载面几何特性

表 10-6

分块号	分块面积 A_i (mm^2)	y_i (mm)	$S_i = A_i y_i$ (mm^3)	$y_u - y_i$ (mm)	$I_x = A_i(y_u - y_i)^2$ (mm^4)	I_i (mm^4)	截面分块示意图
1	$2250 \times 160 = 360000$	80	0.28800×10^8	937.1	31.614×10^{10}	$\dfrac{2250 \times 160^3}{12} = 0.0768 \times 10^{10}$	
2	$600 \times 90 = 54000$	190	0.10260×10^8	827.1	3.6941×10^{10}	$\dfrac{2 \times 600 \times 90^3}{36} = 0.0024 \times 10^{10}$	
3	$1990 \times 200 = 398000$	1155	4.59690×10^8	-137.9	0.7568×10^{10}	$\dfrac{200 \times 1990^3}{12} = 13.134 \times 10^{10}$	
4	$200 \times 250 = 50000$	2066.7	1.03335×10^8	-1049.6	5.5083×10^{10}	$\dfrac{2 \times 200 \times 250^3}{36} = 0.0174 \times 10^{10}$	
5	$350 \times 600 = 210000$	2325	4.88250×10^8	-1307.9	35.922×10^{10}	$\dfrac{600 \times 350^3}{12} = 0.2144 \times 10^{10}$	
合计	$A = \sum A_i = 1072000$	$y_u = \dfrac{\sum S_i}{A} = 1017.104$ $y_b = 2500 - 1017.104$ $= 1482.896$	$\sum S_i = 10.90335 \times 10^8$		$\sum I_x = 77.496 \times 10^{10}$	$\sum I_i = 13.445 \times 10^{10}$ $I = \sum I_x + \sum I_i = 90.941 \times 10^{10}$	尺寸单位(mm)

四、主梁内力计算

公路简支梁桥主梁的内力,由永久作用与可变作用(包括汽车荷载、人群荷载等)所产生。主梁各截面的最大内力,是考虑了车道荷载对计算主梁的最不利荷载位置,并通过各主梁间的内力横向分配而求得。具体计算方法将在《桥梁工程》课程中介绍,这里仅列出中梁的计算结果,如表 10-7 所示。

五、钢筋面积的估算及钢束布置

1. 预应力钢筋面积估算

按构件正截面抗裂性要求估算预应力钢筋数量。

对于 A 类部分预应力混凝土构件,根据跨中截面抗裂要求,由式(10-99)可得跨中截面所需的有效预加力为:

$$N_{pe} \geqslant \frac{\dfrac{M_s}{W} - 0.7 f_{tk}}{\dfrac{1}{A} + \dfrac{e_p}{W}}$$

式中:M_s——正常使用极限状态按作用(或荷载)频遇组合计算的弯矩值。

由表 10-7 有:$M_s = M_{G_1} + M_{G_2} + M_{Q_s} = 5274.1 + 2502.1 + 2215.8 = 9992$kN·m

设预应力钢筋的合力作用点距截面下缘为 $a_p = 192.5$mm,则预应力钢筋的合力作用点至截面重心轴的距离为 $e_p = y_b - a_p = 1290.4$mm;钢筋估算时,截面性质近似取用全截面的性质来计算,由表 10-6 可得跨中截面全截面面积 $A = 1072000$mm²,全截面对抗裂验算边缘的弹性抵抗矩为 $W = I/y_b = 909.41 \times 10^9 / 1482.9 = 613.264 \times 10^6$mm³,所以有效预应力合力为:

$$N_{pe} \geqslant \frac{\dfrac{M_s}{W} - 0.7 f_{tk}}{\dfrac{1}{A} + \dfrac{e_p}{W}} = \frac{9992 \times 10^6 / 613.264 \times 10^6 - 0.7 \times 2.65}{\dfrac{1}{1072000} + \dfrac{1290.4}{613.264 \times 10^6}} = 4.7556 \times 10^6 \text{N}$$

预应力钢筋的张拉控制应力为 $\sigma_{con} = 0.75 f_{pk} = 0.75 \times 1860 = 1395$MPa,预应力损失按张拉控制应力的 20% 估算,则可得需要的预应力钢筋的面积为:

$$A_p = \frac{N_{pe}}{(1 - 0.2)\sigma_{con}} = \frac{4.7556 \times 10^6}{0.8 \times 1395} = 4261.3 \text{mm}^2$$

一片梁采用 2 束 N1、2 束 N2、1 束 N3、1 束 N4,共 6 束 6φ15.24 钢绞线,预应力钢筋的总截面面积为:

$$A_p = 6 \times 6 \times 140 = 5040 \text{mm}^2$$

预应力筋采用夹片式群锚锚固,$\phi70$ 金属波纹管成孔。

2. 预应力钢筋布置

(1)跨中截面预应力钢筋的布置

参考已有的设计图纸并按《公路桥规》中的构造要求,对跨中截面的预应力钢筋进行初步布置(图 10-35)。

表 10-7

主梁作用效应组合值

截面 内力名称		跨　中　截　面			L/4　截　面				变化点截面			支点截面
		M_{max} (kN·m)	相应V (kN)	Q_{max} (kN)	相应M (kN·m)	M_{max} (kN·m)	相应Q (kN)	Q_{max} (kN)	相应M (kN·m)	M_{max} (kN·m)	Q_{max} (kN)	Q_{max} (kN)
主梁恒载 g_1	(1)	5274.1	0.0	0.0	5274.1	3955.6	270.5	270.5	3955.6	3686.1	296.8	540.9
第二阶段（二期恒载）g_2	(2)	264.3	0.0	0.0	264.3	198.2	13.6	13.6	198.2	184.7	14.9	27.1
	(3)	2237.8	0.0	0.0	2237.8	1678.3	114.8	114.8	1678.3	1564.0	125.9	229.5
公路 I 级汽车荷载标准值（不计冲击系数）	(4)	3165.4	98.5	175.9	2409.0	2374.0	211.6	201.6	1962.9	1205.4	205.5	395.1
人群荷载	(5)											
公路 I 级汽车荷载标准值（冲击系数 $\mu=0.124$）	(6)	3557.9	110.7	197.7	2707.7	2668.4	237.8	226.6	2206.3	1354.9	231.0	444.1
持久状态应力计算的可变作用标准值（汽＋人）	(7)	3557.9	110.7	197.7	2707.7	2668.4	237.8	226.6	2206.3	1354.9	231.0	444.1
承载能力极限状态计算的基本组合 1.0×（1.2恒＋1.4汽＋0.75×1.4人）	(8)	14312.5	155.0	276.8	13122.2	10734.2	811.5	795.9	10087.3	8418.6	848.5	1578.7
正常使用极限状态按作用频遇组合计算的可变荷载设计值 0.7汽＋0.4人	(9)	2215.8	69.0	123.1	1686.3	1661.8	148.1	141.1	1374.0	843.8	143.9	276.6
正常使用极限状态计算的可变荷载准永久组合计算值 0.4汽＋0.4人	(10)	1266.2	39.4	70.4	963.6	949.6	84.6	80.6	785.1	482.2	82.2	158.0

注：（7）、（8）栏中汽车荷载考虑冲击系数；（9）、（10）栏中汽车荷载不计冲击系数。

（2）锚固面钢束布置

为使施工方便，全部 6 束预应力钢筋均锚于梁端［图 10-35a）、b）］。这样布置符合均匀分散的原则，不仅能满足张拉的要求，而且 N3、N4 在梁端均弯起较高，可以提供较大的预剪力。

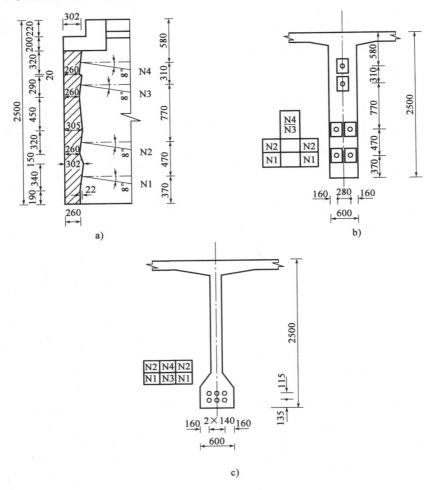

图 10-35 端部及跨中预应力钢筋布置图（尺寸单位：mm）

a）预制梁端部；b）钢束在端部的锚固位置；c）跨中截面钢束位置

（3）其他截面钢束位置及倾角计算

①钢束弯起形状、弯起角 θ 及其弯起半径。

采用直线段中接圆弧曲线段的方式弯曲；为了预应力钢筋的预加力垂直作用于锚垫板，N1、N2、N3 和 N4 弯起角 θ 均取 $\theta_0 = 8°$；各钢束的弯曲半径为：$R_{N1} = 12000mm$；$R_{N2} = 30000mm$；$R_{N3} = 80000mm$；$R_{N4} = 100000mm$。

②钢束各控制点位置的确定。

以 N3 号钢束为例，其弯起布置如图 10-36 所示。

由 $L_d = c \cdot \cot\theta_0$ 确定导线点距锚固点的水平距离：

$$L_d = c \cdot \cot\theta_0 = 1475 \times \cot 8° = 10495.2mm$$

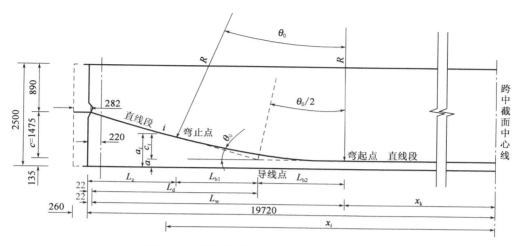

图 10-36　曲线预应力钢筋计算图(尺寸单位:mm)

由 $L_{b2} = R \cdot \tan \dfrac{\theta_0}{2}$ 确定弯起点至导线点的水平距离:

$$L_{b2} = R \cdot \tan \frac{\theta_0}{2} = 80000 \times \tan 4° = 5594.1 \text{mm}$$

所以弯起点至锚固点的水平距离为:

$$L_w = L_d + L_{b2} = 10495.2 + 5594.1 = 16089.3 \text{mm}$$

则弯起点至跨中截面的水平距离为:

$$x_k = 19720 - 22 - L_w = 19720 - 22 - 16089.3 = 3608.7 \text{mm}$$

根据圆弧切线的性质,图中弯止点沿切线方向至导线点距离与弯起点至导线点的水平距离相等,所以弯止点至导线点的水平距离为:

$$L_{b1} = L_{b2} \cdot \cos\theta_0 = 5594.1 \times \cos 8° = 5539.7 \text{mm}$$

故弯止点至跨中截面的水平距离为:

$$x_k + L_{b1} + L_{b2} = 3608.7 + 5594.1 + 5539.7 = 14742.5 \text{mm}$$

同理可计算 N1、N2 的控制位置,将各钢束的控制参数汇总于表 10-8 中。

各钢束弯曲控制要素表　　　　　　　　　　　　　　　　　　　表 10-8

钢束号	升高值 c (mm)	弯起角 θ_0 (°)	弯起半径 R (mm)	梁端至锚固点的水平距离 d(mm)	弯起点距跨中截面水平距离 x_k(mm)	弯止点距跨中截面水平距离(mm)
N1	235	8	12000	282	17050	18519
N2	590	8	30000	282	13402	17578
N3	1475	8	80000	282	3609	14743
N4	1670	8	100000	282	835	14786

③各截面钢束位置及倾角计算。

仍以 N3 号钢束为例(图 10-36),计算钢束上任一点 i 离梁底距离 $a_i = a + c_i$ 及该点处钢束的倾角 θ_i,式中 a 为钢束弯起前其重心至梁底的距离,$a = 135$mm;c_i 为 i 点所在计算截面处钢束位置的升高值。

计算时,首先应判断出 i 点所在处的区间,然后计算 c_i 及 θ_i,即:

当 $(x_i - x_k) \leqslant 0$ 时,i 点位于直线段还未弯起,$c_i = 0$,故 $a_i = a = 135\text{mm}$;$\theta_i = 0$。

当 $0 < (x_i - x_k) \leqslant (L_{b1} + L_{b2})$ 时,i 点位于圆弧弯曲段,c_i 及 θ_i 按下式计算,即:

$$c_i = R - \sqrt{R^2 - (x_i - x_k)^2}$$

$$\theta_i = \sin^{-1} \frac{x_i - x_k}{R}$$

当 $(x_i - x_k) > (L_{b1} + L_{b2})$ 时,i 点位于靠近锚固端的直线段,此时 $\theta_i = \theta_0 = 8°$,c_i 按下式计算,即:

$$c_i = (x_i - x_k - L_{b2})\tan\theta_0$$

各截面钢束位置 a_i 及倾角 θ_i 计算详见表 10-9。

各截面钢束位置(a_i)及其倾角(θ_i)计算表　　　　　表 10-9

计算截面	钢束编号	x_k (mm)	$(L_{b1}+L_{b2})$ (mm)	(x_i-x_k) (mm)	$\theta_i = \sin^{-1}\frac{(x_i-x_k)}{R}$ (°)	c_i (mm)	$a_i = a + c_i$ (mm)
跨中截面 $x_i=0$	N1	17050	1670	为负值,钢束尚未弯起	0	0	135
	N2	13402	4175				250
	N3	3609	11134				135
	N4	835	13917				250
L/4 截面 $x_i=9750\text{mm}$	N1	17050	1670	为负值,钢束尚未弯起	0	0	135
	N2	13402	4175	为负值,钢束尚未弯起	0	0	250
	N3	3609	11134	$0<(x_i-x_k)<(L_{b1}+L_{b2})$	4.4	236	371
	N4	835	13917	$0<(x_i-x_k)<(L_{b1}+L_{b2})$	5.1	398	648
变化点截面 $x_i=10700\text{mm}$	N1	17050	1670	为负值,钢束尚未弯起	0	0	135
	N2	13402	4175	为负值,钢束尚未弯起	0	0	250
	N3	3609	11134	$0<(x_i-x_k)<(L_{b1}+L_{b2})$	5.1	315	450
	N4	835	13917	$0<(x_i-x_k)<(L_{b1}+L_{b2})$	5.7	488	738
支点截面 $x_i=19500\text{mm}$	N1	17050	1670	$(x_i-x_k)>(L_{b1}+L_{b2})$	8	226	361
	N2	13402	4175	$(x_i-x_k)>(L_{b1}+L_{b2})$	8	562	812
	N3	3609	11134	$(x_i-x_k)>(L_{b1}+L_{b2})$	8	1447	1582
	N4	835	13917	$(x_i-x_k)>(L_{b1}+L_{b2})$	8	1640	1890

④钢束平弯段位置及平弯角。

2 根 N1、1 根 N3 共 3 束预应力钢绞线在跨中截面布置在同一水平面上,2 根 N2、1 根 N4 共 3 束预应力钢绞线在跨中截面布置在同一水平面上。锚固端六束钢绞线均未设置平弯,则每段曲线弧的平弯曲角为 $\theta = 0°$。

3. 非预应力钢筋截面面积估算及布置

按构件承载能力极限状态要求估算非预应力钢筋数量:

在确定预应力钢筋数量后,非预应力钢筋根据正截面承载能力极限状态的要求来确定。设预应力钢筋和非预应力钢筋的合力点到截面底边的距离为 $a = 120\text{mm}$,则有:

$$h_0 = h - a = 2500 - 120 = 2380\text{mm}$$

先假定为第一类 T 形截面，由公式 $\gamma_0 M_d \leqslant f_{cd} b'_f x (h_0 - x/2)$ 计算受压区高度 x，即：

$$1.0 \times 14312.5 \times 10^6 = 22.4 \times 2250 x (2380 - x/2)$$

求得：

$$x = 122.47\text{mm} < h'_f = 160\text{mm}$$

则根据正截面承载力计算需要的非预应力钢筋截面面积为：

$$A_s = \frac{f_{cd} b'_f x - f_{pd} A_p}{f_{sd}} = \frac{22.4 \times 2250 \times 122.47 - 1260 \times 5040}{330} < 0$$

按构造要求配置受拉钢筋，采用 8 根直径为 22mm 的 HRB400 钢筋，提供的钢筋截面面积为 $A_s = 3041\text{mm}^2$。在梁底布置成一排，其间距为 70mm，钢筋重心到底边的距离为 $a_s = 50\text{mm}$。

六、主梁截面几何特性计算

后张法预应力混凝土梁主梁截面几何特性应根据不同的受力阶段分别计算。本示例中的 T 形梁从施工到运营经历了如下三个阶段。

（1）主梁预制并张拉预应力钢筋

主梁混凝土达到设计强度的 90% 后，进行预应力的张拉，此时管道尚未压浆，所以其截面特性为计入非预应力钢筋影响（将非预应力钢筋换算为混凝土）的净截面，该截面的截面特性计算中应扣除预应力管道的影响，T 形翼板宽度为 1500mm。

（2）管道封锚，主梁吊装就位并现浇 750mm 湿接缝

预应力钢筋张拉完成并进行管道压浆、封锚后，预应力钢筋能够参与截面受力。主梁吊装就位后现浇 750mm 湿接缝，但湿接缝还没有参与截面受力，所以此时的截面特性计算采用计入非预应力钢筋和预应力钢筋影响的换算截面，T 形梁翼板宽度仍为 1500mm。

（3）桥面、栏杆及人行道施工和运营阶段

桥面湿接缝结硬后，主梁即为全截面参与工作，此时截面特性计算采用计入非预应力钢筋和预应力钢筋影响的换算截面，T 形梁翼板有效宽度为 2250mm。

截面几何特性的计算，以第一阶段跨中截面为例列表于 10-10 中。同理，可求得其他受力阶段控制截面几何特性如表 10-11 所示。

第一阶段跨中截面几何特性计算表　　　　表 10-10

分 块 名 称	分块面积 A_i (mm^2)	A_i 重心至梁顶距离 y_i(mm)	对梁顶边的面积 $S_i = A_i y_i$ (mm^3)	自身惯性矩 I_i (mm^4)	$(y_u - y_i)$ (mm)	$I_x = A_i (y_u - y_i)^2$ (mm^4)	截面惯性矩 $I = I_i + I_x$ (mm^4)
混凝土全面积	952×10^3	1135.2	1080.735×10^6	803.773×10^9	-8.4	0.067×10^9	
非预应力钢筋换算面积	$(\alpha_{Es} - 1) A_s$ $= 14.588 \times 10^3$	2450	35.741×10^6	0.0001×10^9	-1323.1	25.539×10^9	
预留管道面积	$-6 \times \pi \times 70^2/4$ $= -23.1 \times 10^3$	2307.5	-53.282×10^6	0.007×10^9	-1180.6	-32.186×10^9	
净截面面积	$A_n = 943.497 \times 10^3$	$y_{nu} = \sum S_i / A_n$ $= 577.0$	$\sum S_i = 1063.2 \times 10^6$	803.78×10^9		-6.581×10^9	797.2×10^9

注：$\alpha_{Es} = E_s / E_c = 2.0 \times 10^5 / 3.45 \times 10^4 = 5.797$。

各控制截面不同阶段的截面几何特性汇总表

表 10-11

受力阶段	计算截面	A (mm²)	y_u (mm)	y_b (mm)	e_p (mm)	I (mm⁴)	W (mm³)		
							$W_u = I/y_u$	$W_b = I/y_b$	$W_p = I/e_p$
阶段 1：孔道压浆前	跨中截面	943.497×10³	1127	1373	1184	797.2×10⁹	7.0745×10⁸	5.8057×10⁸	6.7323×10⁸
	L/4 截面	943.497×10³	1129	1371	1078	802.698×10⁹	7.107×10⁸	5.8568×10⁸	7.4493×10⁸
	变化点截面	943.497×10³	1130	1370	1049	804.07×10⁹	7.1148×10⁸	5.8697×10⁸	7.6661×10⁸
	支点截面	1659.497×10³	1128	1372	414	1005.82×10⁹	8.9153×10⁸	7.3321×10⁸	24.307×10⁸
阶段 2：管道结硬后至湿接缝结硬前	跨中截面	972.715×10³	1162	1338	1149	835.743×10⁹	7.1896×10⁸	6.2482×10⁸	7.2764×10⁸
	L/4 截面	972.715×10³	1162	1338	1045	834.616×10⁹	7.1837×10⁸	6.2369×10⁸	7.9854×10⁸
	变化点截面	972.715×10³	1162	1338	1017	834.311×10⁹	7.1822×10⁸	6.2338×10⁸	8.2008×10⁸
	支点截面	1688.72×10³	1135	1365	407	1010.65×10⁹	8.9016×10⁸	7.406×10⁸	24.853×10⁸
阶段 3：湿接缝结硬后	跨中截面	1092.72×10³	1044	1456	1267	835.999×10⁹	8.0110×10⁸	5.74×10⁸	6.5960×10⁸
	L/4 截面	1092.72×10³	1043	1457	1164	834.872×10⁹	8.0044×10⁸	5.7301×10⁸	7.1725×10⁸
	变化点截面	1092.72×10³	1043	1457	1136	834.567×10⁹	8.0027×10⁸	5.7274×10⁸	7.3456×10⁸
	支点截面	1820.89×10³	1065	1435	477	1010.91×10⁹	9.4891×10⁸	7.0463×10⁸	21.208×10⁸

七、持久状况承载能力极限状态计算

1. 正截面承载力计算

一般取弯矩最大的跨中截面进行正截面承载力计算。

(1)求受压区高度 x

先判断 T 形梁截面类型,略去构造钢筋影响,由式:

$$f_{pd}A_p + f_{sd}A_s = 1260 \times 5040 + 330 \times 3041 = 7353.93 \times 10^3 N$$
$$< f_{cd}b'_f h'_f = 22.4 \times 2250 \times 160 = 8064 \times 10^3 N$$

受压区位于翼缘板内,按第一类 T 形截面梁计算。

(2)正截面承载力计算

跨中截面的预应力钢筋布置见图 10-35,预应力钢筋和非预应力钢筋的合力作用点到截面底边距离为:

$$a = \frac{f_{pd}A_p a_p + f_{sd}A_s a_s}{f_{pd}A_p + f_{sd}A_s} = \frac{1260 \times 5040 \times 192.5 + 330 \times 3041 \times 50}{1260 \times 5040 + 330 \times 3041} = 173mm$$

所以

$$h_0 = h - a = 2500 - 173 = 2327mm$$

$$x = \frac{f_{pd}A_p + f_{sd}A_s}{f_{cd}b'_f}$$
$$= \frac{1260 \times 5040 + 330 \times 3041}{22.4 \times 2250} = 145.9mm$$

$x \leqslant \xi_b h_0 = 0.4 \times 2327 = 930.8mm$,梁处于适筋状态。

从表 10-7 的序号(8)知,梁跨中弯矩组合设计值 $M_d = 14312.5kN \cdot m$。截面抗弯承载力为:

$$M_u = f_{cd}b'_f x(h_0 - x/2)$$
$$= 22.4 \times 2250 \times 145.9 \times (2327 - 145.9 \div 2)$$
$$= 16574.8 \times 10^6 N \cdot mm$$
$$= 16574.8kN \cdot m > \gamma_0 M_d (= 1 \times 14312.5 = 14312.5kN \cdot m)$$

跨中截面正截面承载力满足要求。

2. 斜截面承载力计算

(1)斜截面抗剪承载力计算

预应力混凝土简支梁应对按规定需要验算的各个截面进行斜截面抗剪承载力验算,以下以变化点截面(Ⅱ—Ⅱ)处的斜截面为例进行斜截面承载力验算。

首先,根据公式进行截面抗剪强度上、下限复核,即:

$$0.50 \times 10^3 \alpha_2 f_{td} b h_0 \leqslant \gamma_0 V_d \leqslant 0.51 \times 10^{-3} \sqrt{f_{cu,k}} b h_0$$

式中:V_d——验算截面处剪力组合设计值,变截面位置处 $V_d = 848.5kN$;

$f_{cu,k}$——混凝土强度等级,$f_{cu,k} = 50MPa$;

b——腹板厚度,$b = 200mm$;

h_0——相应于剪力组合处的截面有效高度,即自纵向受拉钢筋合力点(包括预应力钢筋

和非预应力钢筋）至混凝土受压边缘的距离。

纵向受拉钢筋合力点距截面下线的距离为：

$$a_p = y_u - e_p = 1457 - 1136 = 321mm$$

$$a = \frac{f_{pd}A_p a_p + f_{sd}A_s a_s}{f_{pd}A_p + f_{sd}A_s} = \frac{1260 \times 5040 \times 321 + 330 \times 3041 \times 50}{1260 \times 5040 + 330 \times 3041} = 284mm$$

所以 $h_0 = 2500 - 284 = 2216mm$；$\alpha_2$ 为预应力提高系数，$\alpha_2 = 1.25$；代入上式得：

$$\gamma_0 V_d = 1.0 \times 848.5 = 848.5kN$$

$$0.50 \times 10^{-3} \alpha_2 f_{td} bh_0 = 0.50 \times 10^{-3} \times 1.25 \times 1.83 \times 200 \times 2216 = 506.91kN \leqslant \gamma_0 V_d$$

$$0.51 \times 10^{-3} \sqrt{f_{cu,k}} bh_0 = 0.51 \times 10^{-3} \times \sqrt{50} \times 200 \times 2216 = 1598.3kN \geqslant \gamma_0 V_d$$

计算表明，截面尺寸满足要求，但需配置抗剪钢筋。

斜截面抗剪承载力应满足：

$$\gamma_0 V_d \leqslant V_{cs} + V_{pb}$$

其中，

$$V_{cs} = \alpha_1 \alpha_2 \alpha_3 0.45 \times 10^{-3} bh_0 \sqrt{(2 + 0.6p) \sqrt{f_{cu,k}} \rho_{sv} f_{sv}}$$

$$V_{pd} = 0.75 \times 10^{-3} f_{pd} \sum A_{pb} \sin\theta_p$$

式中：α_1——异号弯矩影响系数，$\alpha_1 = 1.0$；

α_2——预应力提高系数，$\alpha_2 = 1.25$；

α_3——受压翼缘的影响系数，$\alpha_3 = 1.1$。

$$p = 100\rho = 100 \times \frac{A_p + A_s}{bh_0} = 100 \times \frac{5040 + 3041}{200 \times 2216} = 1.8233$$

箍筋选用双肢直径为 12mm 的 HRB400 钢筋，$f_{sv} = 330MPa$，间距 $s_v = 200mm$，$A_{sv} = 2 \times 113.1 = 226.2mm^2$，故：

$$\rho_{sv} = \frac{A_{sv}}{s_v b} = \frac{226.2}{200 \times 200} = 0.00566$$

变截面处仅有 N3、N4 两束预应力筋弯起，$\sin\theta_p$ 采用以上两束预应力钢筋的平均值，即 $\sin\theta_p = 0.0941$，所以有：

$$V_{cs} = 1.0 \times 1.25 \times 1.1 \times 0.45 \times 10^{-3} \times 200 \times 2216 \times$$

$$\sqrt{(2 + 0.6 \times 1.8233) \times \sqrt{50} \times 0.00566 \times 330}$$

$$= 1753.0kN$$

$$V_{pd} = 0.75 \times 10^{-3} \times 1260 \times 1680 \times 0.0941 = 149.39kN$$

$$V_{cs} + V_{pd} = 1753.0 + 149.39 = 1902.39kN > \gamma_0 V_d = 848.5kN$$

变化点截面处斜截面抗剪满足要求。非预应力构造钢筋作为承载力储备，未予考虑。

（2）斜截面抗弯承载力

由于钢束均锚固于梁端，钢束数量沿跨长方向没有变化，且弯起角度缓和，其斜截面抗弯强度一般不控制设计，故不另行验算。

八、预应力损失估算

1. 预应力钢筋张拉(锚下)控制应力 σ_{con}

按《公路桥规》规定采用：

$$\sigma_{con} = 0.75 f_{pk} = 0.75 \times 1860 = 1395\text{MPa}$$

2. 钢束应力损失

(1)预应力钢筋与管道间摩擦引起的预应力损失 σ_{l1}

由式(10-6)有：

$$\sigma_{l1} = \sigma_{con}\left[1 - e^{-(\mu\theta + kx)}\right]$$

对于跨中截面：$x = l/2 + d$；d 为锚固点到支点中线的水平距离(图10-36)；μ、k 分别为预应力钢筋与管道壁摩擦系数及管道每米局部偏差对摩擦影响系数,采用预埋金属波纹管成型时,由附表1-14查得 $\mu = 0.25$,$k = 0.0015$；θ 为从张拉端到跨中截面间,管道平面转过的角度,这里所有钢束只有竖弯,其角度均为 $\theta_V = 8°$,平弯角度为 $\theta_H = 0°$,所以空间转角为：

$$\theta = \sqrt{\theta_H^2 + \theta_V^2} = \sqrt{0^2 + 8^2} = 8°$$

跨中截面各钢束摩擦应力损失值 σ_{l1} 见表10-12。

跨中(Ⅰ-Ⅰ)截面摩擦应力损失 σ_{l1} 计算　　　　表10-12

钢筋编号	θ		$\mu\theta$	x (m)	kx	$\beta = 1 - e^{-(\mu\theta + kx)}$	σ_{con} (MPa)	σ_{l1} (MPa)
	(°)	弧度						
N1	8	0.1396	0.0349	19.6980	0.0295	0.0624	1395	87.08
N2	8	0.1396	0.0349	19.6980	0.0295	0.0624	1395	87.08
N3	8	0.1396	0.0349	19.6980	0.0295	0.0624	1395	87.08
N4	8	0.1396	0.0349	19.6980	0.0295	0.0624	1395	87.08
平均值								87.08

同理,可算出其他控制截面处的 σ_{l1} 值。各截面摩擦应力损失值 σ_{l1} 的平均值的计算结果,列于表10-13。

各设计控制截面 σ_{l1} 平均值　　　　表10-13

截面	跨中	$L/4$	变化点	支点
σ_{l1} 平均值(MPa)	87.08	53.91	50.07	0.41

(2)锚具变形、钢丝回缩引起的预应力损失 σ_{l2}

计算锚具变形、钢丝回缩引起的应力损失,后张法曲线布筋的构件应考虑锚固后反摩阻的影响。首先根据式(10-12)计算反摩阻影响长度 l_f,即：

$$l_f = \sqrt{\sum \Delta l \cdot E_p / \Delta \sigma_d}$$

式中,$\sum \Delta l$ 为张拉端锚具变形值,由附表1-15查得夹片锚具顶压张拉时 Δl 为 4mm；$\Delta \sigma_d$ 为单位长度由管道摩阻引起的预应力损失,$\Delta \sigma_d = (\sigma_0 - \sigma_l)/l$；$\sigma_0$ 为张拉端锚下张拉控制应力,σ_l 为扣除沿途管道摩擦损失后锚固端预拉应力,$\sigma_l = \sigma_0 - \sigma_{l1}$；$l$ 为张拉端至锚固端的距离,这里的锚固端为跨中截面。将各束预应力钢筋的反摩阻影响长度列表计算于表10-14中。

反摩阻影响长度计算表 表 10-14

钢束编号	$\sigma_0 = \sigma_{con}$ (MPa)	σ_{l1} (MPa)	$\sigma_l = \sigma_0 - \sigma_{l1}$ (MPa)	l (mm)	$\Delta\sigma_d = (\sigma_0 - \sigma_l)/l$ (MPa/mm)	l_f (mm)
N1	1395	87.08	1307.92	19710	0.004418	13287
N2	1395	87.08	1307.92	19732	0.004413	13295
N3	1395	87.08	1307.92	19783	0.004402	13312
N4	1395	87.08	1307.92	19792	0.004400	13315

求得 l_f 后可知四束预应力钢绞线均满足 $l_f \leqslant l$，所以距张拉端为 x 处的截面由锚具变形和钢筋回缩引起的考虑反摩阻后的预应力损失 $\Delta\sigma_x(\sigma_{l2})$ 按式(10-13)计算，即：

$$\Delta\sigma_x(\sigma_{l2}) = \Delta\sigma \frac{l_f - x}{l_f}$$

式中：$\Delta\sigma$——张拉端由锚具变形引起的考虑反摩阻后的预应力损失，$\Delta\sigma = 2\Delta\sigma_d l_f$。若 $x > l_f$，则表示该截面不受反摩阻影响。将各控制截面 $\Delta\sigma_x(\sigma_{l2})$ 的计算列于表 10-15 中。

锚具变形引起的预应力损失计算表 表 10-15

截　面	钢束编号	x (mm)	l_f (mm)	$\Delta\sigma$ (MPa)	σ_{l2} (MPa)	各控制截面 σ_{l2} 平均值(MPa)
跨中截面	N1	19710	13287	117.40	$x > l_f$ 截面不受反摩阻影响	0
	N2	19732	13295	117.34		
	N3	19783	13312	117.19		
	N4	19792	13315	117.16		
$L/4$ 截面	N1	9960	13287	117.40	29.40	29.05
	N2	9982	13295	117.34	29.24	
	N3	10030	13312	117.19	28.89	
	N4	10056	13315	117.16	28.68	
变化点截面	N1	9010	13287	117.40	37.79	37.70
	N2	9032	13295	117.34	37.62	
	N3	9053	13312	117.19	37.49	
	N4	9009	13315	117.16	37.89	
支点截面	N1	200	13287	117.40	115.64	115.51
	N2	200	13295	117.34	115.57	
	N3	200	13312	117.19	115.43	
	N4	200	13315	117.16	115.40	

（3）预应力钢筋分批张拉时混凝土弹性压缩引起的预应力损失 σ_{l4}

混凝土弹性压缩引起的应力损失取按应力计算需要控制的截面进行计算。对于简支梁可取 $l/4$ 截面按式(10-19)进行计算，并以其计算结果作为全梁各截面预应力钢筋应力损失的平均值。也可直接按简化公式(10-24)进行计算，即：

$$\sigma_{l4} = \frac{m-1}{2m} \alpha_{E_p} \sigma_{pc}$$

式中：m——张拉批数，$m=6$；

　　α_{E_p}——预应力钢筋弹性模量与混凝土弹性模量的比值，按张拉时混凝土的实际强度等级 f'_{ck} 计算；f'_{ck} 假定为设计强度的 90%，即 $f'_{ck}=0.9\times C50=C45$，查附表 1-2 得：$E'_c=3.35\times10^4 MPa$，故 $\alpha_{E_p}=\dfrac{E_p}{E'_c}=\dfrac{1.95\times10^5}{3.35\times10^4}=5.82$；

　　σ_{pc}——全部预应力钢筋的合力 N_p 在其作用点（全部预应力钢筋重心点）处所产生的混凝土正应力，$\sigma_{pc}=\dfrac{N_p}{A}+\dfrac{N_p e_p^2}{I}$，截面特性按表 10-11 中第一阶段取用。

其中　　$N_p{}'=(\sigma_{con}-\sigma_{l1}-\sigma_{l2})A_p=(1395-53.91-29.05)\times5040=6610.414 kN$

$$\sigma_{pc}=\frac{N_p}{A}+\frac{N_p e_p^2}{I}=\frac{6610.414\times10^3}{943.497\times10^3}+\frac{6610.414\times10^3\times1078^2}{802.698\times10^9}=16.58 MPa$$

所以　　　　　$\sigma_{l4}=\dfrac{m-1}{2m}\alpha_{E_p}\sigma_{pc}=\dfrac{6-1}{2\times6}\times5.82\times16.58=40.21 MPa$

（4）预应力钢筋松弛引起的预应力损失 σ_{l5}

对于采用超张拉工艺的低松弛钢绞线，由预应力钢筋松弛引起的应力损失按式（10-25）计算，即：

$$\sigma_{l5}=\Psi\cdot\zeta\cdot\left(0.52\frac{\sigma_{pe}}{f_{pk}}-0.26\right)\cdot\sigma_{pe}$$

式中：Ψ——张拉系数，采用超张拉时取 $\Psi=0.9$；

　　ζ——钢筋松弛系数，对于低松弛钢绞线，取 $\zeta=0.3$；

　　σ_{pe}——传力锚固时的钢筋应力，$\sigma_{pe}=\sigma_{con}-\sigma_{l1}-\sigma_{l2}-\sigma_{l4}$，这里仍采用 $l/4$ 截面的应力值作为全梁的平均值计算，故有：

$$\sigma_{pe}=\sigma_{con}-\sigma_{l1}-\sigma_{l2}-\sigma_{l4}=1395-53.91-29.05-40.21=1271.83 MPa$$

所以　　　　$\sigma_{l5}=0.9\times0.3\times\left(0.52\times\dfrac{1271.83}{1860}-0.26\right)\times1271.83=32.82 MPa$

（5）混凝土收缩、徐变引起的预应力损失 σ_{l6}

混凝土收缩、徐变引起的受拉区预应力钢筋的预应力损失可按式（10-28）计算，即：

$$\sigma_{l6}(t_u)=\frac{0.9[E_p\varepsilon_{cs}(t_u,t_0)+\alpha_{E_p}\sigma_{pc}\varphi(t_u,t_0)]}{1+15\rho\rho_{ps}}$$

式中：$\varepsilon_{cs}(t_u,t_0)$、$\varphi(t_u,t_0)$——加载龄期为 t_0 时混凝土收缩应变终极值和徐变系数终极值；

　　t_0——加载龄期，即达到设计值强度为 90% 的龄期，近似按标准养护条件计算，$0.9f_{ck}=f_{ck}\dfrac{\log t_0}{\log 28}$，则可得 $t_0\approx20d$；对于二期恒载 G_2 的加载龄期 t'_0，假定为 $t'_0=90d$。

该梁所属的桥位于野外一般地区，相对湿度 75%，其构件理论厚度由 I-I 截面可得 $2A_c/u\approx2\times1072000/7303\approx294$，查附表 1-16 得相应的徐变系数终极值为 $\varphi(t_u,t_0)=\varphi(t_u,20)=1.70$、$\varphi(t_u,t'_0)=\varphi(t_u,90)=1.26$；混凝土收缩应变终极值为 $\varepsilon_{cs}=(t_u,20)=2.06\times10^{-4}$。

　　σ_{pc} 为传力锚固时在跨中和 $l/4$ 截面的全部受力钢筋（包括预应力钢筋和纵向非预应力受力钢筋，为简化计算不计构造钢筋影响）截面重心处，由 N_{pI}、M_{G1}、M_{G2} 所引起的混凝土正应力的平均值。考虑到加载龄期不同，M_{G2} 考虑徐变系数变小乘以折减系数 $\varphi(t_u,t'_0)/\varphi(t_u,20)$。

计算 N_{pI} 和 M_{G1} 引起的应力时采用第一阶段截面特性,计算 M_{G2} 引起的应力时采用第三阶段截面特性。

跨中截面 $N_{pI} = (\sigma_{con} - \sigma_{lI})A_p = (1395 - 87.08 - 0 - 40.21) \times 5040 = 6389.258kN$

$$\sigma_{pc,l/2} = \left(\frac{N_{pI}}{A_n} + \frac{N_{pI}e_p^2}{I_n}\right) - \frac{M_{G1}}{W_{np}} - \frac{\varphi(t_u,90)}{\varphi(t_u,20)} \cdot \frac{M_{G2}}{W_{0p}}$$

$$= \frac{6271.524 \times 10^3}{943.497 \times 10^3} + \frac{6271.524 \times 10^3 \times 1184^2}{797.199 \times 10^9} - \frac{5271.4 \times 10^6}{6.732 \times 10^8} -$$

$$\frac{1.26}{1.70} \times \frac{2501.1 \times 10^6}{6.596 \times 10^8}$$

$$= 7.03MPa$$

$l/4$ 截面 $N_{pI} = (1395 - 53.91 - 29.05 - 40.21) \times 5040 = 6410.023kN$

$$\sigma_{pc,l/4} = \frac{6410.023 \times 10^3}{943.497 \times 10^3} + \frac{6410.023 \times 10^3 \times 1078^2}{802.698 \times 10^9} - \frac{5271.4 \times 10^6}{7.449 \times 10^8} -$$

$$\frac{1.26}{1.70} \times \frac{2501.1 \times 10^6}{7.173 \times 10^8} = 6.41MPa$$

所以　　$\overline{\sigma_{pc}} = (7.03 + 6.41)/2 = 6.72MPa$

$$\rho = \frac{A_p + A_s}{A} = \frac{5040 + 3041}{1092.715 \times 10^3} = 0.0074 \text{（未计构造钢筋影响）}$$

$$\alpha_{E_p} = \frac{E_p}{E_c} = \frac{1.95 \times 10^5}{3.35 \times 10^4} = 5.82$$

$$\rho_{ps} = 1 + \frac{e_{ps}^2}{i^2} = 1 + \frac{e_{ps}^2}{I_0/A_0}\text{，取跨中与 }l/4\text{ 截面的平均值计算,则有：}$$

跨中截面　　$e_{ps} = \frac{A_p e_p + A_s e_s}{A_p + A_s} = \frac{5040 \times 1267 + 3041 \times 1406}{5040 + 3041} = 1319.3mm$

$l/4$ 截面　　$e_{ps} = \frac{A_p e_p + A_s e_s}{A_p + A_s} = \frac{5040 \times 1164 + 3041 \times 1407}{5040 + 3041} = 1255.4mm$

所以　　$\overline{e_{ps}} = (1319.3 + 1255.4)/2 = 1287.4mm$

$$\overline{A_0} = 1092.715 \times 10^3 mm^2$$

$$\overline{I_0} = (835.999 + 834.872) \times 10^9/2 = 835.436 \times 10^9 mm^4$$

$$\rho_{ps} = 1 + 1287.4^2/(835.436 \times 10^9/1092.715 \times 10^3) = 3.168$$

将以上各项代入即得：

$$\sigma_{l6} = \frac{0.9 \times (1.95 \times 10^5 \times 2.06 \times 10^{-4} + 5.82 \times 6.72 \times 1.70)}{1 + 15 \times 0.0074 \times 3.168} = 71.02MPa$$

各截面钢束预应力损失平均值及有效预应力汇总于表 10-16 中。

表 10-16

各截面钢束预应力损失平均值及有效预应力汇总表

计算项目	预加应力阶段 $\sigma_{lI} = \sigma_{l1} + \sigma_{l2} + \sigma_{l4}$（MPa）				使用阶段 $\sigma_{lII} = \sigma_{l5} + \sigma_{l6}$（MPa）			钢束有效预应力（MPa）	
	σ_{l1}	σ_{l2}	σ_{l4}	σ_{lI}	σ_{l5}	σ_{l6}	σ_{lII}	预加力阶段 $\sigma_{pI} = \sigma_{con} - \sigma_{lI}$	使用阶段 $\sigma_{pII} = \sigma_{con} - \sigma_{lI} - \sigma_{lII}$
跨中截面	87.08	0	40.21	127.29	32.82	71.02	103.84	1267.71	1163.87
$l/4$ 截面	53.91	29.05	40.21	123.17	32.82	71.02	103.84	1271.83	1167.99
变化点截面	50.07	37.70	40.21	127.98	32.82	71.02	103.84	1267.02	1163.18
支点截面	0.41	115.51	40.21	156.13	32.82	71.02	103.84	1238.87	1135.03

九、应力验算

1. 短暂状况的正应力验算

（1）构件在制作、运输及安装等施工阶段，混凝土强度等级为 C45。在预加力和自重作用下的截面边缘混凝土的法向压应力应符合式（10-38）要求。

（2）短暂状况下（预加力阶段）梁跨中截面上、下缘的正应力为：

上缘
$$\sigma_{ct}^{t} = \frac{N_{pI}}{A_n} - \frac{N_{pI}e_{pn}}{W_{nu}} + \frac{M_{G1}}{W_{nu}}$$

下缘
$$\sigma_{cc}^{t} = \frac{N_{pI}}{A_n} + \frac{N_{pI}e_{pn}}{W_{nb}} - \frac{M_{G1}}{W_{nb}}$$

其中 $N_{pI} = \sigma_{pI} \cdot A_p = 1267.71 \times 5040 = 6389.258 \times 10^3$ N，$M_{G1} = 5271.4$ kN·m。截面特性取用表 10-11 中的第一阶段的截面特性。代入上式得：

$$\sigma_{ct}^{t} = \frac{6389.258 \times 10^3}{943.497 \times 10^3} - \frac{6389.258 \times 10^3 \times 1184}{7.074 \times 10^8} + \frac{5271.4 \times 10^6}{7.074 \times 10^8}$$
$$= 3.53 \text{MPa（压）}$$

$$\sigma_{cc}^{t} = \frac{6389.258 \times 10^3}{943.497 \times 10^3} + \frac{6389.258 \times 10^3 \times 1184}{5.806 \times 10^8} - \frac{5271.4 \times 10^6}{5.806 \times 10^8}$$
$$= 10.72 \text{MPa（压）} < 0.7 f_{ck}' = 0.7 \times 29.6 = 20.72 \text{MPa}$$

预加力阶段混凝土的压应力满足应力限制值的要求；混凝土的拉应力通过满足规定的预拉区配筋率来防止出现裂缝，预拉区混凝土没有出现拉应力，故预拉区只需配置配筋率不小于 0.2% 的纵向钢筋即可。

（3）支点截面或运输、安装阶段的吊点截面的应力验算，其方法与此相同，但应注意计算图式、预加应力和截面几何特征等的变化情况。

2. 持久状况的正应力验算

1）持久状况下混凝土的正应力验算

对于预应力混凝土简支梁的正应力，由于配设曲线筋束的关系，应取跨中、$l/4$、$l/8$、支点及钢束突然变化处（截断或弯出梁顶等）分别进行验算。应力计算的作用（或荷载）取标准值，汽车荷载计入冲击系数。在此仅以跨中截面为例，按式（10-42）进行验算。

此时 $M_{G1}=5271.4$ kN·m, $M_{G21}=264.3$ kN·m, $M_{G22}+M_Q=2237.8+392.51+3165.4=5795.7$ kN·m。

$$N_{pII}=\sigma_{pII} \cdot A_p-\sigma_{l6}A_s$$

$$=1163.87\times5040-71.02\times3041=5649.933\times10^3\text{N}$$

$$e_{pn}=\frac{\sigma_{pII}A_p(y_{nb}-a_p)-\sigma_{l6}A_s(y_{nb}-a_s)}{\sigma_{pII} \cdot A_p-\sigma_{l6}A_s}$$

$$=\frac{1163.87\times5040\times(1373-192.5)-71.02\times3041\times(1373-50)}{1163.87\times5040-71.02\times3041}$$

$$=1175.1\text{mm}$$

跨中截面混凝土上边缘压应力计算值为：

$$\sigma_{cu}=\left(\frac{N_{pII}}{A_n}-\frac{N_{pII} \cdot e_{pn}}{W_{nu}}\right)+\frac{M_{G1}}{W_{nu}}+\frac{M_{G21}}{W'_{0u}}+\frac{M_{G22}+M_Q}{W_{0u}}$$

$$=\frac{5649.933\times10^3}{943.497\times10^3}-\frac{5649.933\times10^3\times1175.1}{7.074\times10^8}+\frac{5271.4\times10^6}{7.074\times10^8}+\frac{264.3\times10^6}{7.19\times10^8}+$$

$$\frac{5795.7\times10^6}{8.011\times10^8}=11.66\text{MPa}<0.5f_{ck}=0.5\times32.4=16.2\text{MPa}$$

持久状况下跨中截面混凝土正应力验算满足要求。

2)持久状况下预应力钢筋的应力验算

由二期恒载及活载作用产生的预应力钢筋截面重心处的混凝土应力为：

$$\sigma_{kt}=\frac{M_{G21}}{W'_{0p}}+\frac{M_{G22}+M_Q}{W_{0p}}=\frac{264.3\times10^6}{7.19\times10^8}+\frac{5795.7\times10^6}{8.011\times10^8}=7.6\text{MPa}$$

所以钢束应力为：

$$\sigma=\sigma_{pII}+\alpha_{EP}\sigma_{kt}=1163.87+5.82\times7.6$$

$$=1208.1\text{MPa}<0.65f_{pk}=0.65\times1860=1209\text{MPa}$$

计算表明,预应力钢筋拉应力未超过规范规定值,认为钢筋应力满足要求。

3)持久状况下的混凝土主应力验算

本例取剪力和弯矩都有较大的变化点截面（Ⅱ-Ⅱ）为例进行计算。实际设计中,应根据需要增加验算截面。

(1)截面面积矩计算

按图10-37进行计算。其中计算点分别取上梗肋 a-a 处、第三阶段截面重心轴 x_0-x_0 处及下梗肋 b-b 处。

现以第一阶段截面梗肋 a-a 以上面积对净截面重心轴 x_n-x_n 的面积矩 S_{na} 计算为例：

$$S_{na}=1500\times160\times(1130-160/2)+\frac{1}{2}\times(1500-200)\times90\times(1130-160-90/3)+$$

$$200\times90\times(1130-160)=3.245\times10^8\text{ mm}^3$$

同理可得不同计算点处的面积矩,现汇总于表10-17。

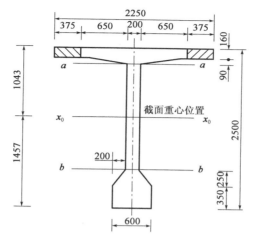

图 10-37　变化点截面(尺寸单位:mm)

面 积 矩 计 算 表

表 10-17

截面类型	第一阶段净截面对其重心轴 (重心轴位置 $x=1130\text{mm}$)			第二阶段净截面对其重心轴 (重心轴位置 $x=1174\text{mm}$)			第三阶段净截面对其重心轴 (重心轴位置 $x=1055\text{mm}$)		
计算点位置	$a\text{-}a$	$x_0\text{-}x_0$	$b\text{-}b$	$a\text{-}a$	$x_0\text{-}x_0$	$b\text{-}b$	$a\text{-}a$	$x_0\text{-}x_0$	$b\text{-}b$
面积矩符号	S_{na}	S_{nx_0}	S_{nb}	S'_{0a}	S'_{0x_0}	S'_{0b}	S_{0a}	S_{0x_0}	S_{0b}
面积矩(mm^3)	3.245×10^8	3.977×10^8	3.488×10^8	3.384×10^8	4.193×10^8	3.351×10^8	4.138×10^8	4.786×10^8	3.720×10^8

（2）主应力计算

以上梗肋处($a\text{-}a$)的主应力计算为例。

①剪应力。

剪应力的计算按式(10-51)进行，其中 V_Q 为可变作用引起的剪力标准值组合，$V_Q=231\text{ kN}$，所以有：

$$\tau=\frac{V_{G1}S_n}{bI_n}+\frac{V_{G21}S'_0}{bI'_0}+\frac{(V_{G22}+V_Q)S_0}{bI_0}-\frac{\sum\sigma''_{pe}A_{pb}\sin\theta_p S_n}{bI_n}$$

$$=\frac{296.82\times10^3\times3.245\times10^8}{200\times804.07\times10^9}+\frac{14.9\times10^3\times3.384\times10^8}{200\times834.311\times10^9}+$$

$$\frac{(14.87+231)\times10^3\times4.138\times10^8}{200\times834.567\times10^9}-\frac{1163.18\times2380\times0.0941\times3.245\times10^8}{200\times804.07\times10^9}$$

$$=0.868\text{MPa}$$

②正应力。

$$N_{pII}=\sigma_{pII}\cdot A_{pb}\cdot\cos\theta_p+\sigma_{pII}A_p-\sigma_{l6}A_s$$

$$=1163.18\times1680\times0.9956+1163.18\times3360-71.02\times3041$$

$$=5637.857\times10^3\text{N}$$

$$e_{pn}=\frac{(\sigma_{pII}\cdot A_{pb}\cdot\cos\theta_p+\sigma_{pII}A_P)(y_{nb}-a_p)-\sigma_{l6}A_s(y_{nb}-a_s)}{\sigma_{pII}\cdot A_{pb}\cdot\cos\theta_p+\sigma_{pII}A_p-\sigma_{l6}A_s}$$

$$=\frac{5857.122\times(1370-321)-215.972\times(1370-50)}{5857.122-215.972}$$

$$= 1038.6mm$$

$$\sigma_{cx} = \frac{N_{pII}}{A_n} - \frac{N_{pII} \cdot e_{pn} \cdot y_{na}}{I_n} + \frac{M_{G1} \cdot y_{na}}{I_n} + \frac{M_{G21} \cdot y'_{0a}}{I'_0} + \frac{(M_{G22} + M_Q) \cdot y_{0a}}{I_0}$$

$$= \frac{5637.857 \times 10^3}{943.497 \times 10^3} - \frac{5637.857 \times 10^3 \times 1038.6 \times (1130-250)}{804.07 \times 10^9} +$$

$$\frac{3686.9 \times 10^6 \times (1130-250)}{804.07 \times 10^9} + \frac{198.2 \times 10^6 \times (1162-250)}{834.311 \times 10^9} +$$

$$\frac{(1564+1354.9) \times 10^6 \times (1042-250)}{834.567 \times 10^9}$$

$$= 5.98 - 6.41 + 4.04 + 0.22 + 2.77 = 6.6MPa$$

③主应力。

$$\left. \begin{matrix} \sigma_{tp} \\ \sigma_{cp} \end{matrix} \right\} = \frac{\sigma_{cx} + \sigma_{cy}}{2} \mp \sqrt{\left(\frac{\sigma_{cx} - \sigma_{cy}}{2} \right)^2 + \tau^2}$$

$$= \frac{6.6}{2} \mp \sqrt{\left(\frac{6.6}{2} \right)^2 + 0.868^2} = \begin{cases} -0.11MPa \\ 6.7MPa \end{cases}$$

同理,可得 x_0-x_0 及下梗肋 b-b 的主应力如表 10-18 所示。

变化点截面(Ⅱ-Ⅱ)主应力计算表　　　表 10-18

计算纤维	面积矩(mm³)			剪应力 τ (MPa)	正应力 σ (MPa)	主应力(MPa)	
	第一阶段净截面 S_n	第一阶段净截面 S'_0	第一阶段净截面 S_0			σ_{tp}	σ_{cp}
a-a	3.245×10^8	3.384×10^8	4.138×10^8	0.868	6.6	-0.11	6.70
x_0-x_0	3.977×10^8	4.193×10^8	4.786×10^8	1.022	5.98	-0.17	6.15
b-b	3.488×10^8	3.351×10^8	3.720×10^8	0.823	7.07	-0.09	7.17

(3)主压应力的限制值

混凝土的主压应力限值为 $0.6f_{ck} = 0.6 \times 32.4 = 19.44MPa$,与表 10-18 的计算结果比较,可见混凝土主压应力的计算值均小于限值,满足要求。

(4)主应力验算

将表 10-18 中的主压应力值与主压应力限值进行比较,主压应力值均小于相应的限制值。最大主拉应力为 $\sigma_{tpmax} = 0.17MPa < 0.5f_{tk} = 0.5 \times 2.65 = 1.33MPa$,按《公路桥规》的要求,仅需按构造布置箍筋。

十、抗裂验算

1. 荷载频遇组合作用下的正截面抗裂验算

正截面抗裂验算取跨中截面进行。

(1)预加力产生的构件抗裂验算边缘的混凝土预加应力的计算

跨中截面

$$N_{pII} = 5649.933 \text{ kN}, e_{pn} = 1175.1 \text{ mm}$$

$$\sigma_{pc} = \frac{N_{pII}}{A_n} + \frac{N_{pII}e_{pn}}{W_{nb}}$$

$$=\frac{5649.933\times10^3}{943.497\times10^3}+\frac{5649.933\times10^3\times1175.1}{5.806\times10^8}$$

$$=17.42\text{MPa}$$

（2）由荷载产生的构件抗裂验算边缘混凝土的法向拉应力的计算

$$\sigma_{st}=\frac{M_s}{W}=\frac{M_{G1}}{W_n}+\frac{M_{G21}}{W_0'}+\frac{M_{G22}}{W_0}+\frac{M_{Qs}}{W_0}$$

$$=\frac{5774.1\times10^6}{5.806\times10^8}+\frac{264.3\times10^6}{6.248\times10^8}+\frac{2237.8\times10^6}{5.74\times10^8}+\frac{2215.8\times10^6}{5.74\times10^8}$$

$$=18.1\text{MPa}$$

（3）正截面混凝土抗裂验算

对于 A 类部分预应力混凝土构件，荷载频遇组合作用下的混凝土拉应力应满足下列要求：

$$\sigma_{st}-\sigma_{pc}\leqslant0.7f_{tk}$$

$\sigma_{st}-\sigma_{pc}=18.1-17.42=0.68\text{MPa}\leqslant0.7f_{tk}=0.7\times2.65=1.86$，说明截面在荷载频遇组合作用下应力满足要求，计算结果满足《公路桥规》中 A 类部分预应力构件按作用频遇组合计算的抗裂要求。同时，A 类部分预应力混凝土构件还必须满足作用准永久组合的抗裂要求。

$$\sigma_{lt}=\frac{M_l}{W}=\frac{M_{G1}}{W_n}+\frac{M_{G21}}{W_0'}+\frac{M_{G22}}{W_0}+\frac{M_{Ql}}{W_0}$$

$$=\frac{5774.1\times10^6}{5.806\times10^8}+\frac{264.3\times10^6}{6.248\times10^8}+\frac{2237.8\times10^6}{5.74\times10^8}+\frac{1266.2\times10^6}{5.74\times10^8}=16.4\text{MPa}$$

$$\sigma_{lt}-\sigma_{pc}=16.4-17.42=-0.8\text{MPa}<0$$

所以构件满足《公路桥规》中 A 类部分预应力混凝土构件的作用准永久组合的抗裂要求。

2. 作用频遇组合作用下的斜截面抗裂验算

斜截面抗裂验算应取剪力和弯矩均较大的最不利区段截面进行，这里仍取剪力和弯矩都较大的变化点截面为例进行计算。实际设计中，应根据需要增加验算截面。该截面的面积矩见表 10-17。

（1）主应力计算

以上梗肋处（a-a）的主应力计算为例。

①剪应力。

剪应力的计算按式（10-51）进行，其中 V_{Qs} 为可变作用引起的剪力频遇组合值，$V_{Qs}=143.9\text{kN}$，所以有：

$$\tau=\frac{V_{G1}S_n}{bI_n}+\frac{V_{G21}S_0'}{bI_0'}+\frac{(V_{G22}+V_Q)S_0}{bI_0}-\frac{\sum\sigma_{pe}''A_{pb}\sin\theta_pS_n}{bI_n}$$

$$=\frac{296.82\times10^3\times3.245\times10^8}{200\times804.07\times10^9}+\frac{14.9\times10^3\times3.384\times10^8}{200\times834.311\times10^9}+$$

$$\frac{(14.87+143.9)\times10^3\times4.138\times10^8}{200\times834.567\times10^9}-\frac{1163.18\times2380\times0.0941\times3.245\times10^8}{200\times804.07\times10^9}$$

$$=0.652\text{MPa}$$

②正应力。

$$N_{pII} = \sigma_{pII} \cdot A_{pb} \cdot \cos\theta_p + \sigma_{pII} A_p - \sigma_{l6} A_s$$
$$= 1163.18 \times 1680 \times 0.9956 + 1163.18 \times 3360 - 71.02 \times 3041$$
$$= 5637.857 \times 10^3 \text{N}$$

$$e_{pn} = \frac{(\sigma_{pII} \cdot A_{pb} \cdot \cos\theta_p + \sigma_{pII} A_p)(y_{nb} - a_p) - \sigma_{l6} A_s(y_{nb} - a_s)}{\sigma_{pII} \cdot A_{pb} \cdot \cos\theta_p + \sigma_{pII} A_p - \sigma_{l6} A_s}$$
$$= \frac{5857.122 \times (1370 - 321) - 215.972 \times (1370 - 50)}{5857.122 - 215.972}$$
$$= 1038.6 \text{mm}$$

$$\sigma_{cx} = \frac{N_{pII}}{A_n} - \frac{N_{pII} \cdot e_{pn} \cdot y_{na}}{I_n} + \frac{M_{G1} \cdot y_{na}}{I_n} + \frac{M_{G21} \cdot y'_{0a}}{I'_0} + \frac{(M_{G22} + M_Q) \cdot y_{0a}}{I_0}$$
$$= \frac{5637.857 \times 10^3}{943.497 \times 10^3} - \frac{5637.857 \times 10^3 \times 1038.6 \times (1130 - 250)}{804.07 \times 10^9} +$$
$$\frac{3686.9 \times 10^6 \times (1130 - 250)}{804.07 \times 10^9} + \frac{198.2 \times 10^6 \times (1162 - 250)}{834.311 \times 10^9} +$$
$$\frac{(1564 + 853.8) \times 10^6 \times (1042 - 250)}{834.567 \times 10^9}$$
$$= 5.98 - 6.41 + 4.04 + 0.22 + 2.29 = 6.12 \text{MPa}$$

③主拉应力。

$$\sigma_{tp} = \frac{\sigma_{cx} + \sigma_{cy}}{2} - \sqrt{\left(\frac{\sigma_{cx} - \sigma_{cy}}{2}\right)^2 + \tau^2} = \frac{6.12}{2} - \sqrt{\left(\frac{6.12}{2}\right)^2 + 0.652^2} = -0.07 \text{MPa}$$

同理,可得 x_0-x_0 及下梗肋 b-b 的主应力见表 10-19。

变化点截面抗裂验算主应力计算表　　　　　　　　　　表 10-19

计算纤维	面积矩(mm³)			剪应力 τ (MPa)	正应力 σ (MPa)	主应力(MPa)	
	第一阶段净截面 S_n	第一阶段净截面 S'_0	第一阶段净截面 S_0			σ_{tp}	σ_{cp}
a-a	3.245×10^8	3.384×10^8	4.138×10^8	0.652	6.12	−0.07	6.18
x_0-x_0	3.977×10^8	4.193×10^8	4.786×10^8	0.772	5.98	−0.10	6.07
b-b	3.488×10^8	3.351×10^8	3.720×10^8	0.629	6.55	−0.06	6.61

(2)主拉应力的限制值

荷载频遇组合下抗裂验算的混凝土的主拉应力限值为:

$$0.7 f_{tk} = 0.7 \times 2.65 = 1.86 \text{MPa}$$

从表 10-19 中可以看出,以上主拉应力均符合要求,所以变化点截面满足作用频遇组合作用下的斜截面抗裂验算要求。

十一、主梁变形(挠度)计算

根据主梁截面在各阶段混凝土正应力验算结果,可知主梁在使用荷载作用下截面不开裂。

1. 荷载作用下主梁挠度计算

主梁计算跨径 $L = 39$m,C50 混凝土的弹性模量 $E_c = 3.45 \times 10^4$ MPa。

由表 10-11 可见,主梁在各控制截面的换算截面惯性矩各不相同,本算例为简化,取梁 $L/4$ 处截面的换算截面惯性矩 $I_0 = 834.872 \times 10^9 \text{ mm}^4$ 作为全梁的平均值来计算。

由式(10-87),简支梁挠度验算式为:

$$w_{\text{Ms}} = \frac{\alpha M_s L^2}{0.95 E_c I_0}$$

(1)可变荷载引起的挠度

现将可变荷载作为均布荷载作用在主梁上,则主梁跨中挠度系数 $\alpha = 5/48$,荷载频遇组合的可变荷载值为 $M_{\text{Qs}} = 2215.8 \text{ kN} \cdot \text{m}$。

由可变荷载引起的简支梁跨中截面的挠度为:

$$w_{\text{Qs}} = \frac{5}{48} \times \frac{39000^2}{0.95 \times 3.45 \times 10^4} \times \frac{2215.8 \times 10^6}{834.872 \times 10^9} = 12.8 \text{ mm}(\downarrow)$$

考虑长期效应的可变荷载引起的挠度值为:

$$w_{\text{Ql}} = \eta_{\theta,\text{Ms}} \cdot w_{\text{Qs}} = 1.43 \times 12.8 = 18.3 \text{ mm} < \frac{L}{600} = \frac{39000}{600} = 65 \text{ mm}$$

满足要求。

(2)考虑长期效应的一期恒载、二期恒载引起的挠度

$$
\begin{aligned}
w_{\text{Gl}} &= \eta_{\theta,\text{Ms}} \cdot (w_{\text{G1}} + w_{\text{G2}}) \\
&= 1.43 \times \frac{5}{48} \times \frac{39000^2}{0.95 \times 3.45 \times 10^4} \times \frac{(5274.1 + 2502.1) \times 10^6}{834.872 \times 10^9} \\
&= 64.4 \text{mm}(\downarrow)
\end{aligned}
$$

2. 预加力引起的反拱值计算

采用 $L/4$ 截面处的使用阶段永存预加力矩作用为全梁平均预加力矩计算值,即:

$$
\begin{aligned}
N_{\text{pII}} &= \sigma_{\text{pII}} \cdot A_{\text{pb}} \cdot \cos\theta_p + \sigma_{\text{pII}} A_p - \sigma_{l6} A_s \\
&= 1167.99 \times 1680 \times 0.9966 + 1167.99 \times 3360 - 71.02 \times 3041 \\
&= 5664.026 \times 10^3 \text{ N}
\end{aligned}
$$

$$
\begin{aligned}
e_{\text{p0}} &= \frac{(\sigma_{\text{pII}} \cdot A_{\text{pb}} \cdot \cos\theta_p + \sigma_{\text{pII}} A_p)(y_{0b} - a_p) - \sigma_{l6} A_s (y_{0b} - a_s)}{\sigma_{\text{pII}} \cdot A_{\text{pb}} \cdot \cos\theta_p + \sigma_{\text{pII}} A_p - \sigma_{l6} A_s} \\
&= \frac{5879.998 \times (1457 - 293) - 215.972 \times (1457 - 50)}{5879.998 - 215.972} \\
&= 1154 \text{mm} \\
M_{\text{pe}} &= N_{\text{pII}} e_{\text{p0}} = 5664.026 \times 10^3 \times 1154 = 6536.126 \times 10^6 \text{ mm}
\end{aligned}
$$

截面惯性矩应采用预加力阶段(第一阶段)的截面惯性矩,为简化计算,这里仍以梁 $L/4$ 处的截面惯性矩 $I_0 = 802.698 \times 10^9 \text{ mm}^4$ 作为全梁的平均值来计算。

则主梁反拱值(跨中截面)为:

$$
\begin{aligned}
\delta_{\text{pe}} &= \int_0^L \frac{M_{\text{pe}} \cdot \overline{M_x}}{0.95 E_c I_0} \mathrm{d}x \\
&= \frac{M_{\text{pe}} \cdot L^2}{8 \times 0.95 E_c I_n}
\end{aligned}
$$

$$= \frac{6536.126 \times 10^6 \times 39000^2}{8 \times 0.95 \times 3.45 \times 10^4 \times 802.698 \times 10^9}$$

$$=47.2 \text{mm}(\uparrow)$$

考虑长期效应的预加力引起的反拱值为 $\delta_{pe,l} = \eta_{\theta,pe} \cdot \delta_{pe} = 2 \times 47.2 = 94.4 \text{ mm}(\uparrow)$。

3. 预拱度的设置

梁在预加力和荷载频遇组合共同作用下并考虑长期效应的挠度值为：

$$w_l = w_{Ql} + w_{Gl} - \delta_{pe,l} = 18.3 + 64.4 - 94.4 = -11.7 \text{ mm}(\uparrow)$$

预加力产生的长期反拱值大于按荷载频遇组合计算的长期挠度值,所以不需要设置预拱度。

十二、锚固区计算

1. 局部区的计算

现对 N3 锚固端进行局部承压验算。图 10-38 为 N3 钢束梁端锚具及间接钢筋的构造布置图。

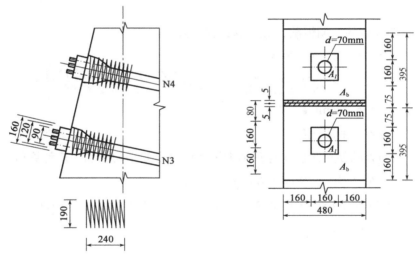

图 10-38　锚固区局部承压计算(单位尺寸:mm)

注:图中钢筋均为直径 10mm 的 HPB300 钢筋。

(1)局部受压区尺寸要求

配置间接钢筋的混凝土构件,其局部受压区的尺寸满足下列锚下混凝土抗裂计算的要求:

$$\gamma_0 F_{ld} \leqslant 1.3 \eta_s \beta f_{cd} A_{ln}$$

式中:F_{ld}——$F_{ld} = 1.2 \times 1395 \times 6 \times 140 = 1406.16 \times 10^3 \text{N}$;

　　　η_s——$\eta_s = 1.0$;

　　　f_{cd}——张拉锚固时混凝土轴心抗压强度设计值。

因混凝土强度达到设计强度的 90% 时张拉,此时混凝土强度等级相当于 $0.9 \times C50 = C45$,由附表 1-1 查得 $f_{cd} = 20.5 \text{MPa}$;$A_l = 160 \times 160 = 25600 \text{ mm}^2$;$A_{ln} = 160 \times 160 - \pi \times 70^2/4 = 21752 \text{ mm}^2$;$A_b = 480 \times (160 + 160 + 75) = 480 \times 395 = 189600 \text{ mm}^2$;$\beta = \sqrt{A_b/A_l} = \sqrt{189600/25600} = 2.72$。

所以 $\qquad 1.3\eta_s\beta f_{cd}A_{ln}=1.3\times1.0\times2.72\times20.5\times21752$

$$=1576.8\times10^3N>\gamma_0F_{ld}=1406.16\times10^3N$$

计算表明,局部承压区尺寸满足要求。

（2）局部抗压承载力计算

配置间接钢筋的局部受压构件,其局部抗压承载力计算公式为:

$$\gamma_0F_{ld}\leqslant0.9(\eta_s\beta f_{cd}+k\rho_v\beta_{cor}f_{sd})A_{ln}$$

且需满足 $\qquad\qquad\qquad\beta_{cor}=\sqrt{\dfrac{A_{cor}}{A_l}}\geqslant1$

式中:F_{ld}——$F_{ld}=1406.16\times10^3N$;

$\qquad A_{cor}$——$A_{cor}=\pi\cdot190^2/4=28353\ mm^2$;

$\qquad \beta_{cor}$——$\beta_{cor}=\sqrt{A_{cor}/A_l}=\sqrt{28353/25600}=1.052>1$;

$\qquad k$——$k=2.0$。

因局部承压区配置直径为 10mm 的 HPB300 钢筋,则:

$$\rho_v=\frac{4A_{ssl}}{d_{cor}S}=\frac{4\times78.54}{190\times40}=0.0413$$

所以 $\qquad F_u=0.9(\eta_s\beta f_{cd}+k\rho_v\beta_{cor}f_{sd})A_{ln}$

$$=0.9\times(1\times2.72\times20.5+2\times0.0413\times1.052\times250)\times21752$$

$$=1516.9\times10^3N>\gamma_0F_{ld}=1406.16\times10^3N$$

故局部抗压承载力计算通过。

所以 N3 钢束锚下局部承压计算满足要求。同理可对 N1、N2、N4 号钢束进行局部承压计算。

2. 总体区的计算

（1）抗劈裂力的验算

锚头下正方形钢垫板宽度 $a'=160mm$（图 10-38）,$2a'=320mm$。而 N1 与 N2 锚头中心距、N2 与 N3 锚头中心距分别为 470mm 和 770mm,属于非密集锚头布置,应按单个锚头分别计算。而 N3 与 N4 锚头中心距为 310mm$<2a'=320mm$,属于密集锚头布置,故 N3 和 N4 这组锚头的锚固力等效为一个集中力 P_d,锚垫板宽度取 N3 和 N4 锚头外侧垫板外缘的间距 $a=470mm$。最终取各劈裂力中的最大值计算。

近似取支点截面,由表 10-11 得到截面形心位置为 $y_b=1372mm$,由图 10-35 可得 N1 锚头位置距截面形心的垂直距离,即偏心距 $e_1=1372-370=1002mm$,锚固力在截面上的偏心率为 $\gamma_1=2e_1/h=2\times1002/2500=0.802$,预应力锚固力设计值 $P_d=1.2\times1395\times6\times140\times2=2812.32kN$,由式（10-93）计算得到锚头 N1 引起的锚下劈裂力设计值为:

$$T_{bl,d}=0.25P_d(1+\gamma_1)^2\Big[(1-\gamma_1)-\frac{a_1}{h}\Big]+0.5P_d|\sin\alpha_1|$$

$$=0.25\times2812.32\times(1+0.802)^2\times\Big[(1-0.802)-\frac{160}{2500}\Big]+0.5\times2812.32\times\sin8°$$

$$=501.63kN$$

由式（10-94）计算得到劈裂力作用位置至锚固面的水平距离 d_{bl} 为:

$$d_{b1} = 0.5(h - 2e_1) + e_1\sin\alpha = 0.5 \times (2500 - 2 \times 1002) + 1002 \times \sin 8° = 387 \text{ mm}$$

对 N2 锚头单独计算,对 N3 和 N4 计算这组锚固力的合力值,结果见表 10-20。

锚下劈裂力设计值计算结果 表 10-20

锚头编号	偏心距 e_i	偏心率 γ_i	劈裂力设计值 $T_{bi,d}$ (kN)	水平距离 d_{bi} (mm)
N1	1002	0.802	501.63	387
N2	532	0.426	924.84	792
N3,N4	393	0.314	800.24	912

由表 10-20 可见,N2 锚头引起的锚下劈裂力设计值最大,取 $T_{b,d} = 924.84\text{kN}$ 进行端部锚固区锚下抗劈裂力的设计计算。

在预应力混凝土简支梁斜截面抗剪设计中,按构造在支点距支点的 1/2 梁高 ($1/2 \times 2500 = 1250\text{mm}$) 处的梁端上设置了直径为 12mm 的 HRB400 闭合式四肢箍筋,间距为 100mm,其布置长度(距 N2 锚头下起算)约为 $282 + 1250 = 1532\text{ mm}$(图 10-35),而劈裂力作用位置至锚固面的水平距离 $d_b = 792\text{ mm}$,恰在布置闭合式四肢箍筋梁段内,取 1.5 倍梁端截面腹板宽度($1.5b = 1.5 \times 600 = 900\text{ mm}$)的长度内布置的 9 道四肢箍筋为抗锚下劈裂钢筋,则抗拉承载力为:

$$f_{sd}A_s = 330 \times 9 \times 452 = 1342.44\text{kN} > T_{b,d}(= 924.84\text{kN})$$

故锚下抗劈裂的承载力满足要求。

(2)抗边缘拉力的验算

已知各锚头的锚固力设计值 $P_d = 1406.16\text{kN}$ 和偏心率(表 10-20),按式(10-95)可计算得到各锚头的锚固力作用下受拉侧边缘拉力设计值,分别为 N1 锚头 $T_{et1,d} = 577.67\text{ kN}$、N2 锚头 $T_{et2,d} = 42.52kN$ 和 N3、N4 锚头 $T_{et3,d} = 0$。

N1 锚头位于锚固端截面下边缘附近,距截面形心的偏心距 $e_1 = 1002\text{mm} > h/6$ ($= 416.67\text{mm}$),锚固力作用下受拉侧边缘(梁顶面)拉力设计值最大,按构造配置 6 根直径为 22mm 的架立钢筋(HRB400 级),$A_s = 2281\text{mm}^2$,则抗拉承载力为:

$$f_{sd}A_s = 330 \times 2281 = 752.73\text{kN} > T_{b,d}(= 577.67\text{kN})$$

故抗边缘拉力的承载力满足要求。

(3)抗剥裂力的验算

由图 10-35 可知,相邻锚头 N1 锚头与 N2 锚头的中心距和 N2 锚头与 N3 锚头的中心距分别为 470mm 和 770mm,N3 锚头与 N4 锚头的中心距为 310mm,均小于 $h/2 = 1250\text{mm}$,故由锚垫板局部压陷引起的周边剥离力为:

$$0.02\max\{1406.16, 2812.32\} = 0.02 \times 2812.32 = 56.25\text{kN}$$

因架立钢筋弯至梁下边缘附近与受拉区普通钢筋焊接,按式(10-92)验算可知抗剥裂力的承载力满足要求。

第十二节 无黏结预应力混凝土构件的简介

一、概述

前面所述的预应力混凝土构件中,预应力钢筋与混凝土之间是有黏结的。对先张法构件,预应力筋张拉后直接浇筑混凝土;而对于后张法构件,在张拉后要在预留孔道中压浆,以使预应力筋与混凝土黏结在一起。这种预应力混凝土构件也即有黏结预应力混凝土构件。

无黏结预应力混凝土构件,是指配置主筋为无黏结预应力钢筋的后张法预应力混凝土构件。而无黏结预应力钢筋,是指由单根或多根高强钢丝、钢绞线或粗钢筋,沿其全长涂有专用防腐油脂涂料层和外包层,使之与周围混凝土不建立黏结力,张拉时可沿纵向发生相对滑动的预应力钢筋。

二、无黏结预应力混凝土构件的特点

无黏结预应力混凝土构件最显著的特点是施工简便。在施工时,可将无黏结预应力钢筋像普通钢筋那样埋设在混凝土中,待混凝土达到规定强度后,进行预应力钢筋的张拉和锚固。省去后张法有黏结预应力混凝土的预埋管道、穿束、压浆等工艺,节省了施工设备,缩短了工期,因而综合经济性较好。

无黏结预应力混凝土构件的另一个特点是,由于在钢筋和混凝土之间有涂层和外包层隔离,因此两者之间能产生相对滑移,因而预应力钢筋中的应力沿全长基本是均匀的。外荷载在任一截面处产生的应变将分布在预应力筋的整个长度上,因此,无黏结预应力筋中的应力比有黏结预应力筋的应力要低。

在无黏结预应力混凝土构件中,预应力筋完全依靠锚具来锚固,一旦锚具失效,整个结构将会发生严重破坏,因此,对锚具的要求较高。

三、无黏结预应力混凝土构件的计算要点

无黏结预应力混凝土构件,一般分为纯无黏结预应力混凝土构件和无黏结部分预应力混凝土构件。前者是指受力主筋全部采用无黏结预应力钢筋的构件;后者则是指其受力主筋采用无黏结预应力钢筋与适当数量非预应力有黏结钢筋的混合配筋构件。这两种无黏结预应力混凝土构件在荷载作用下的计算要点有所不同,以下分别介绍。

1. 纯无黏结预应力混凝土构件

由于钢筋和混凝土之间存在相对滑移,如果忽略摩擦的影响,则无黏结筋中的应力沿全长是相等的。这样,构件受弯破坏时,无黏结筋中的极限应力小于最大弯矩截面处有黏结筋中的极限应力,所以无黏结预应力混凝土梁的极限承载力低于有黏结预应力混凝土梁的极限承载力。实验表明,前者一般比后者低 $10\%\sim30\%$。

计算无黏结筋中的极限应力不能采用有黏结筋极限应力的计算方法,因为后者是假定由使用荷载引起的预应力筋的应变增量与其周围混凝土的应变增量相同。而无黏结筋由于存在与混凝土之间的相对滑移,因此该假定不能成立。但由于在两端锚头之间,无黏结筋的位移与其周围混凝土的位移是协调的,因此,位移协调条件为:在荷载作用下,无黏结筋的总伸长量与整个长度范围内周围混凝土的总伸长量相等。设 M 为无黏结预应力混凝土梁某截面上的弯矩,e_0 为无黏结预应力筋重心至梁轴的偏心距,则无黏结筋的总伸长量为:

$$\Delta = \int_L \varepsilon_c \mathrm{d}x = \int_L \frac{M e_0}{E_c I_c} \mathrm{d}x \tag{10-113}$$

式中：$E_c I_c$——混凝土截面的抗弯刚度；

$\quad\quad L$——无黏结筋的长度。

所以，无黏结预应力筋中的应力增量为：

$$\Delta\sigma_p = E_p\frac{\Delta}{L} = \frac{E_p}{E_c L}\int_L\frac{M}{I_c}e_0\,\mathrm{d}x = \frac{\alpha E_p}{L}\int_L\frac{M}{I_c}e_0\,\mathrm{d}x \tag{10-114}$$

无黏结预应力筋中的极限应力为：

$$\sigma_{pu} = \sigma_{pe} + \Delta\sigma_p \tag{10-115}$$

式中：σ_{pe}——扣除所有损失后的有效预应力。

在实际应用中，式(10-114)计算很不方便，因为其中的弯矩 M 和偏心距 e_0 等是多变的，很难得出积分的解答。各国规范给出了不同的经验公式，但都是基于大量试验数据得出的。

2. 无黏结部分预应力混凝土构件

由于采用了无黏结预应力筋和有黏结普通钢筋的混合配筋，因此无黏结部分预应力混凝土构件的受力破坏特征与有黏结部分预应力混凝土构件相似，塑性性能比纯无黏结预应力混凝土构件要好。

关于无黏结部分预应力混凝土构件中无黏结筋的极限应力值的计算，形式上仍与式(10-115)相同，但其中 $\Delta\sigma_p$ 的计算与纯无黏结预应力混凝土构件有所不同。目前，各国规范也都是采用经验公式。在各种公式中，常用到一个重要指标 β_0，它是一个配筋指标：

$$\beta_0 = \beta_p + \beta_s = \frac{A_p\sigma_{pe}}{bh_p f_{cd}} + \frac{A_s f_{sd}}{bh_s f_{cd}} \tag{10-116}$$

式中：A_p、σ_{pe}——无黏结预应力钢筋的截面面积和有效预应力；

$\quad A_s$、f_{sd}——有黏结非预应力钢筋的截面面积和抗拉强度设计值；

$\quad\quad b$——梁的截面宽度；

$\quad\quad h_p$——无黏结预应力钢筋截面重心至截面受压边缘的距离；

$\quad\quad f_{cd}$——混凝土的轴心抗压强度设计值。

试验结果表明，$\Delta\sigma_p$ 与 β_0 之间呈较好的线性关系，$\Delta\sigma_p$ 随 β_0 的下降而增加。事实上，β_0 可近似反映出梁截面中性轴的高低和梁正截面破坏的转动能力，而无黏结钢筋的极限应力增量，是与梁中性轴位置及转动能力密切相关的。因此，β_0 是确定梁的无黏结钢筋极限应力增量 $\Delta\sigma_p$ 的重要参数。

第十三节　部分预应力混凝土构件的简介

一、概述

全预应力混凝土结构虽然有刚度大、抗疲劳、防渗漏等优点，但也有一些严重缺点。由于结构构件的反拱过大，在恒载小、活载大、预加力大且在持续荷载长期作用下，梁的反拱不断增大，导致混凝土在垂直于张拉方向产生裂缝，当预加力较大，会在构件中沿预应力筋的纵向及锚下产生一些裂缝。

部分预应力混凝土结构的出现是工程实践的结果，它是介于全预应力混凝土结构和普通钢筋混凝土结构之间的预应力混凝土结构。部分预应力混凝土结构在工程中不仅充分发挥预应力钢筋的作用,而且利用了非预应力钢筋的作用,从而节省了预应力钢筋,并提高了结构的延性和反复荷载作用下结构的能量耗散能力。同时,它也促进了预应力混凝土结构设计思路的重大发展,使设计人员可以根据结构使用要求来选择预应力度的高低,进行合理的结构设计。

二、部分预应力混凝土构件的受力特性

荷载—挠度曲线是梁工作性能的综合反映。为了理解部分预应力混凝土梁的性能,需要观察不同预应力程度条件下的荷载—挠度曲线。

图 10-39 中,1、2 和 3 分别表示具有相同正截面承载能力 M_u 的全预应力、部分预应力和普通钢筋混凝土梁的弯矩—挠度关系曲线示意图。

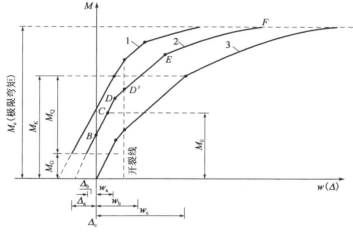

图 10-39　弯矩—挠度关系图

从图中可以看出,部分预应力混凝土梁的受力特性,介于全预应力混凝土梁和普通钢筋混凝土梁之间。在荷载较小时,部分预应力混凝土梁(曲线 2)受力特性与全预应力混凝土梁(曲线 1)相似:在自重与有效预加力 N_{pe}(扣除相应的预应力损失)作用下,它具有反拱度 Δ_b,但其值较全预应力混凝土梁的反拱度 Δ_a 小;当荷载增加,弯矩 M 达到 B 点时,表示外荷载作用下产生的下挠度与预应力反拱度相等,梁这时的挠度为零,但此时受拉区边缘的混凝土应力并不为零。当荷载继续增加,达到曲线 2 的 C 点时,外荷载产生的梁底混凝土拉应力与梁底有效压应力 σ_{pe} 相互抵消,使梁底受拉边缘的混凝土应力为零,此时相应的外荷载弯矩即消压弯矩 M_0。截面下边缘消压后,若继续加载至 D 点,混凝土的边缘拉应力达到极限抗拉强度,随着外荷载增加,受拉区混凝土进入塑性阶段,构件的刚度下降,达到 D' 点时表示构件即将出现裂缝。从 D' 点开始,若继续加载,裂缝随之开展,刚度继续下降,挠度增加速度加快。达到 E 点时,受拉钢筋屈服。E 点以后裂缝进一步扩展,刚度进一步降低,挠度增长速度更快,直到 F 点,构件达到极限承载能力状态而破坏。

图 10-39 是假定预应力混凝土梁采用混合配筋,即采用高强钢筋作为预应力钢筋,而采用普通钢筋来限制裂缝并与高强钢筋共同抵抗极限弯矩;而钢筋混凝土梁只配普通钢筋。所以

全预应力混凝土梁的极限弯矩较部分预应力混凝土梁为高,而部分预应力混凝土梁又较钢筋混凝土梁为高。要注意,如果三者都采用同样的配筋,而只是预应力度不同,则它们的极限弯矩是相同的。

三、部分预应力混凝土构件的特点

与全预应力混凝土构件相比,部分预应力混凝土构件有以下特点:

1.节省预应力钢筋与锚具

由于预压力相对减小,因此预应力钢筋用量可以大大减少。从而大大减少了张拉力筋、设置管道和压浆等工作量,并减少了锚具的用量,即节省了建设费用,又方便了施工。

2.改善结构性能

(1)由于预加力的减小,使构件的弹性和徐变变形所引起的反拱度减小,锚下混凝土的局部应力降低。

(2)由于配置了非预应力钢筋,提高了结构的延性和反复荷载作用下结构的能量耗散能力,这对于结构抗震极为有利。

3.计算较为复杂

部分预应力混凝土构件需按开裂截面分析,计算较为繁冗。

综上所述,是采用全预应力混凝土结构还是采用部分预应力混凝土结构,应根据结构的使用要求及工程实际来选择。对于需防止渗漏的压力容器、水下结构或处于高度腐蚀环境的结构,以及承受高频反复荷载作用而预应力钢筋有疲劳危险的结构等,需要用全预应力混凝土结构。而对于恒载相对活载要小的结构,例如中小跨的桥梁,其主梁就适宜采用部分预应力混凝土结构。总之,是采用全预应力还是部分预应力,应根据经济、合理、安全及适用的原则,因地制宜地选用。

四、部分预应力混凝土构件的计算特点

部分预应力混凝土构件由于可以具有不同的预应力度,且一般采用预应力钢筋和非预应力钢筋的混合配筋形式,因此,在设计计算中应充分考虑其受力特点,使设计的结构物安全可靠、经济合理。

如前所述,构件的极限强度与是否施加预应力无关,所以部分预应力混凝土构件的正截面承载力的计算方法与全预应力混凝土构件相同。在使用荷载作用下,部分预应力混凝土 A 类构件由于其截面不产生裂缝,因此截面应力的计算也与全预应力混凝土构件相同。对于 B 类构件,由于在全部使用荷载作用下其截面上会产生裂缝,因此不能全截面参加工作,其应力的计算与全截面参加工作的全预应力或 A 类构件有所不同。

📖 小　　结

(1)施加预应力的方法按张拉预应力钢筋与浇筑混凝土的次序不同,可分为先张法和后张

法。先张法不需要永久性锚具,它是通过钢筋和混凝土间的黏结力来实现锚固的;而后张法需要在构件中预留孔道,张拉后用永久性的锚具来锚固预应力筋。

(2)对预应力混凝土受弯构件进行应力检算,其目的是为了解所设计的构件在受力全过程中的正常使用情况。由于全预应力混凝土在正常使用荷载作用下混凝土中不出现拉应力,所以其应力计算实际上是用弹性理论求解一个偏压构件的过程,但是要考虑预应力混凝土这种复合材料(预应力钢筋+普通钢筋+混凝土)的复合特性。对于先张法构件,应力计算时一般采用换算截面的几何特性;而对于后张法构件,压浆前采用净截面的几何特性,压浆后因钢筋与水泥灰浆具有黏结特性而共同工作,所以采用换算截面的几何特性。

(3)确定有效预应力及预应力损失的大小是设计预应力混凝土构件的基本条件。计算时首先需明确实现预应力的工艺体系、产生预应力损失的各种原因以及从张拉至使用荷载的全过程,由于确定预应力时所关心的是计算截面上计算点处的有效预应力,因此有效预应力即是时间的函数,同时也是空间坐标的函数。

(4)对预应力混凝土受弯构件进行承载力计算,实际上是检验构件承载能力的大小。由于在破坏阶段构件的受拉区混凝土出现裂缝并退出工作,所以与普通钢筋混凝土构件的承载力计算类似。受拉区仅有钢筋的极限拉力,受压区的边缘混凝土应变达到极限压应变,普通钢筋达到抗压强度设计值,而受压预应力钢筋的应力可压可拉,但都比其设计强度值小。

(5)预应力混凝土受弯构件的挠度是反映预应力混凝土正常使用和自身刚度大小的一个重要指标。与普通钢筋混凝土构件不同,由于有偏心预加力的作用,构件实际上存在反向的拱度。另外,由于混凝土的徐变特性,预应力作用下构件拱度是随时间变大的,因此要控制构件的变形情况,同时还要注意重复荷载作用会降低梁的刚度。

📖 思　考　题

10-1　何谓预应力混凝土(PC)结构? 为什么要对构件施加预应力? PC 结构的优点有哪些? PC 结构对材料有哪些要求?

10-2　什么是张拉控制应力 σ_{con}? 为什么要对 σ_{con} 确定上下限值?

10-3　PC 结构通常要考虑哪些预应力损失? 在施工中可采用哪些措施以减少各项损失?

10-4　什么是预应力度(λ)? 说明 λ 不同情况下 PC 结构的分类。

10-5　先张法和后张法在施工工艺和预应力传递方式上有何不同?

10-6　何谓预应力钢筋的有效预应力? 对先张法、后张法构件,其各阶段的有效预应力如何计算?

10-7　比较先张法梁和后张法梁在各受力阶段其截面正应力计算上的不同。

10-8　预应力是否影响构件的承载能力?

10-9　受弯构件在受压区配置预应力筋的作用是什么? 它对正截面抗弯承载力有什么影响?

10-10　什么是预应力钢筋的传递长度? 什么是预应力钢筋的锚固长度?

习　题

10-1　某后张法预应力混凝土简支梁，计算跨度 $L=32.0\text{m}$。每片梁力筋由 20-24ϕ5 钢丝束组成，直线配筋，$A_p=94.24\text{cm}^2$，抗拉强度标准值 $f_{pk}=1770\text{MPa}$，弹性模量 $E_p=2.05\times10^5\text{MPa}$，锚头外钢丝束控制应力为 $\sigma'_{con}=0.76f_{pk}$，锚圈口损失为 $0.07\sigma'_{con}$。混凝土采用 C50，$E_c=3.45\times10^4\text{MPa}$。

(1)求锚下控制应力 σ_{con}。

(2)若 $\sigma_{l1}=27.1\text{MPa}$、$\sigma_{l2}=49.4\text{MPa}$、$\sigma_{l4}=58.2\text{MPa}$、$\sigma_{l5}=49.8\text{MPa}$、$\sigma_{l6}=123.6\text{MPa}$，计算钢筋中的永存应力。

(3)若给定每片梁跨中截面的截面特性及承受荷载的情况（见表 10-21、表 10-22）：

①计算该截面传力锚固阶段混凝土上、下缘的正应力；

②计算使用阶段混凝土上缘的正应力及力筋中的应力。

跨中截面($L/2$ 处)的截面特性(每片梁)　　　　　　表 10-21

截面分类	截面面积（cm²）	截面重心轴至上、下缘的距离(cm)		钢丝束重心至截面重心距离（cm）	惯性矩（cm⁴）	最外排力筋至截面重心轴距离（cm）
		y_u	y_b			
净截面	10871.5	101.5	148.5	125.7	9.117×10^7	141.0
换算截面	11677.5	110.2	139.8	117.0	9.832×10^7	132.3

注：上表中的换算截面特性已扣除预应力孔道的影响。

跨中截面($L/2$ 处)的作用荷载(每片梁)　　　　　　表 10-22

梁自重弯矩 M_{G_1}(kN·m)	其他恒载 M_{G2}(kN·m)	活载 M_Q(kN·m)
4172.8	851.2	2630.4

10-2　某后张法预应力混凝土简支梁，其受力截面(跨中)尺寸(单位:mm)如图 10-40 所示。已知：混凝土 C50，预应力筋采用 7ϕ5 的高强度钢绞线，$f_{pd}=1260\text{MPa}$，跨中截面的最大弯矩为 $M_d=7836.8\text{kN·m}$，计算该截面的正截面承载力。

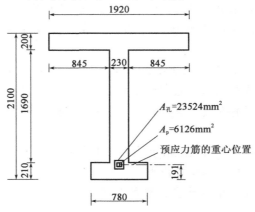

图 10-40　习题 10-2 图(尺寸单位:mm)

第十一章　铁路桥涵钢筋混凝土结构

第一节　概　　述

第十一章和第十二章的内容是以《铁路桥涵混凝土结构设计规范》(TB 10092—2017,以下简称《铁路桥规》)为依据介绍铁路桥涵混凝土结构设计原理。

由前述章节可知,按极限状态法计算钢筋混凝土构件时,充分考虑到钢筋和混凝土都是具有塑性性能的材料,在构件临破坏时,其计算截面上绝大部分材料已进入塑性阶段,计算是以破坏瞬间的实际应力状态作为依据的。

现行《铁路桥规》是按容许应力法计算钢筋混凝土构件,就是将具体结构的材料视为理想的匀质弹性体,以工作应力阶段 Ⅱ 为根据,采用平截面假定及弹性体假定,从而应用《材料力学》弹性理论的计算公式求出构件截面的最大应力,并使其小于某一考虑了安全储备后的容许应力值。若以通式表示,即为:

$$\sigma_{max} \leqslant [\sigma] \tag{11-1}$$

式中:σ_{max}——构件截面的最大计算应力;

$\quad\quad [\sigma]$——材料的容许应力。

混凝土和钢筋的容许应力分别见附表 2-1 和附表 2-2。

根据《铁路桥规》,材料的确定需满足如下规定:钢筋混凝土结构的混凝土强度等级不宜低于 C30,有耐久性要求的混凝土强度等级应符合现行《铁路混凝土结构耐久性设计规范》(TB 10005)的相关规定。此外,铁路桥涵混凝土结构中的普通钢筋应采用 HPB300 和未经高压穿水处理过的 HRB400 及 HRB500 钢筋。

第二节　受弯构件抗弯强度

一、基本假定及换算截面

1. 基本假定

(1)平截面假定

正如第三章已介绍内容,从钢筋混凝土受弯构件的试验可知,平截面假定仍然成立。

根据平截面假定,平行于中性轴的各纵向纤维的应变与其到中性轴的距离成正比。又因为钢筋与混凝土之间具有可靠的黏结力,在荷载作用下钢筋与其同一水平处的混凝土纵向纤

维的应变相等,因此有:

$$\frac{\varepsilon_c}{x} = \frac{\varepsilon_s}{h_0 - x} = 常数 \tag{11-2}$$

(2)弹性体假定

钢筋基本上是弹性体,但混凝土却是弹塑性体,这反映在第 Ⅱ 工作阶段时,受弯构件受压区混凝土的应力图形已呈曲线特征,然而此时的曲线仍接近于直线,故可近似地将受压区应力图形看作三角形——即将混凝土也视作弹性体。

既然将混凝土视作弹性体,那么其应力与应变关系需符合虎克定律,亦即构件在受弯后,截面上各纵向纤维的应力与应变成正比,即:

$$\sigma_s = \varepsilon_s E_s \tag{11-3}$$
$$\sigma_c = \varepsilon_c E_c \tag{11-4}$$

式中:σ_s、σ_c——钢筋重心处钢筋的拉应力及受压区混凝土的压应力;

ε_s、ε_c——钢筋重心处钢筋的拉应变及混凝土的压应变;

E_s、E_c——钢筋的受拉弹性模量及混凝土的受压弹性模量。

(3)受拉区混凝土不参加工作

在应力阶段 Ⅱ,受拉区混凝土实际上仍有一小部分参加工作,但受力情况相当复杂,且其影响非常微小,将它忽略不计,假定拉应力全部由钢筋承受,可使计算大为简化。

根据以上三项假定可得出如图 11-1 所示的计算应力图形。

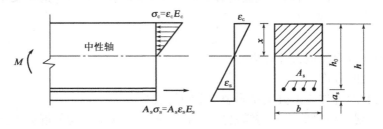

图 11-1 受弯构件的计算图式

2.换算截面(图 11-2)

由于钢筋混凝土受弯构件实际上并非匀质弹性材料所组成,而是由两种弹性模量不同的材料——钢筋和混凝土所组成,因此,仅有以上三个基本假定还不能直接应用材料力学中关于匀质梁的计算公式。为此,可以进一步将由钢筋和混凝土两种材料所组成的实际截面换算成一种拉压性能相同的假想材料所组成的匀质截面,即换算截面。经此换算就可将钢筋混凝土梁视为匀质梁。这种换算截面不仅应该与原有的实际截面具有相同的承载能力,而且应不改变原来的变形条件,即两者所受力的大小、方向和作用点都相同。

通常将截面受拉区的纵向受拉钢筋截面面积换算成假想的能承受拉力的混凝土,而此混凝土集中地位于受拉钢筋重心处,这样,其受拉应变 ε_{ct} 与钢筋重心处的实际应变 ε_s 相等,且 $E_{ct} = E_c$。设换算后假想混凝土的面积为 A_{ct},应力为 σ_{ct}。

则由受力的方向和作用点不变可知:A_{ct} 的重心仍在钢筋重心处,而 σ_{ct} 的方向则与 σ_s 的方向相同。

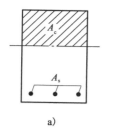 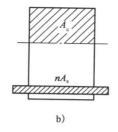 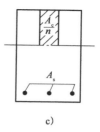

图 11-2　换算截面示意图

a)实际截面;b)换算成混凝土截面;c)换算成钢筋截面

由变形条件不变,即 $\varepsilon_{ct} = \varepsilon_s$,故 $\sigma_{ct} = E_{ct}\varepsilon_{ct} = E_c\varepsilon_s = E_c\dfrac{\sigma_s}{E_s} = \dfrac{\sigma_s}{n}$ 。

由受力的大小不变可知:假想混凝土与钢筋所受的拉力相同,即:

$$A_{ct}\sigma_{ct} = A_s\sigma_s = A_s n\sigma_{ct}$$

故

$$A_{ct} = nA_s$$

由上可知,在换算截面中,假想的能受拉的混凝土其应力比钢筋缩小了 n 倍,而其面积则为钢筋面积的 n 倍,且合力的重心位置不变。

《铁路桥规》中规定 n 值为钢筋的弹性模量与混凝土的弹性模量之比值,可按表 11-1 采用。

n 　值

表 11-1

结构类型　　　　混凝土强度等级	C25～C35	C40～C60
桥跨结构及顶帽	15	10
其他结构	10	8

二、单筋矩形截面梁

(一)截面复核

根据换算截面的引入及基本假定,可得出如图 11-3 所示的计算图式。

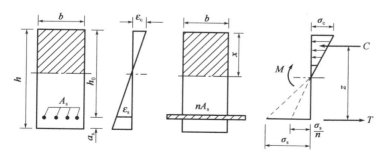

图 11-3　单筋矩形梁的计算图式

钢筋混凝土梁引入换算截面的概念后,可利用平衡条件证明,其截面的中性轴通过其换算截面的重心,如材料力学中匀质梁的情况。也就是说,钢筋混凝土梁截面的中性轴即其换算截面的重心轴。故换算截面受拉区对中性轴的面积矩 S 应等于其受压区对中性轴的面积矩 S',

即 $S = S'$,通常就是用此式决定梁内中性轴的位置。

由
$$S' = bx \cdot \frac{x}{2} = \frac{1}{2}bx^2$$

$$S = nA_s(h_0 - x)$$

有
$$\frac{1}{2}bx^2 = nA_s(h_0 - x) \tag{11-5}$$

移项后得:
$$bx^2 + 2nA_s x - 2nA_s h_0 = 0$$

两边同除以 bh_0^2 得:
$$\left(\frac{x}{h_0}\right)^2 + 2n\left(\frac{A_s}{bh_0}\right)\left(\frac{x}{h_0}\right) - 2n\left(\frac{A_s}{bh_0}\right) = 0$$

引入符号:相对受压区高度 $\alpha = \dfrac{x}{h_0}$,配筋率 $\mu = \dfrac{A_s}{bh_0}$,方程式则为:
$$\alpha^2 + 2n\mu\alpha - 2n\mu = 0$$

由于 α 必须是正数,所以有:
$$\alpha = \sqrt{(n\mu)^2 + 2n\mu} - n\mu$$

故受压区高度 x 为:
$$x = \alpha h_0 = (\sqrt{(n\mu)^2 + 2n\mu} - n\mu)h_0 \tag{11-6}$$

由上式可见 α 和 x 值完全决定于 $n\mu$ 和 h_0,即完全决定于材料、配筋率及截面尺寸,而与荷载弯矩无关。

换算截面对中性轴的惯性矩为:
$$I_0 = \frac{1}{3}bx^3 + nA_s(h_0 - x)^2 \tag{11-7}$$

混凝土最大压应力
$$\sigma_c = \frac{M}{I_0}x \leqslant [\sigma_b] \tag{11-8a}$$

或
$$\sigma_c = \frac{M}{W_0} \leqslant [\sigma_b] \tag{11-8b}$$

钢筋拉应力
$$\sigma_s = n\frac{M}{I_0}(h_0 - x) \leqslant [\sigma_s] \tag{11-9a}$$

或
$$\sigma_s = n\frac{M}{W_s} \leqslant [\sigma_s] \tag{11-9b}$$

式中:σ_c——受压区最外边缘处混凝土的压应力;

$\quad$ σ_s——受拉钢筋重心处的拉应力;

$\quad$ M——截面所受的弯矩;

$\quad$ I_0——换算截面对中性轴的惯性矩;

$\quad$ x——受压区高度;

$\quad$ h_0——混凝土截面有效高度,即 $h_0 = h - a_s$,其中 a_s 为钢筋重心至受拉区最外边缘的距离;

W_0, W_s——对混凝土受压边缘及对所检算的受拉钢筋重心处的换算截面抵抗矩。

当已知混凝土应力时,钢筋的拉应力可由下式计算:

$$\sigma_s = n \frac{h_0 - x}{x} \sigma_c \qquad (11\text{-}10)$$

另外,还可利用内力偶(受拉区合力与受压区合力组成的力偶),由静力平衡条件建立计算应力的公式。

由平衡条件可知,荷载弯矩等于内力偶的矩,即:

$$M = T \cdot z = C \cdot z$$

式中:z——内力偶臂长,可以看作两段长度之和。

受拉区的一段长度为$(h_0 - x)$,受压区的一段长度为受压区合力 C 到中性轴的距离 y,则有:

$$z = h_0 - x + y$$

对于单筋矩形梁 $\qquad z = h_0 - x + \frac{2}{3}x = h_0 - \frac{x}{3}$

对于截面比较复杂,或在受压区亦配有钢筋的情况,则用一般公式:$z = h_0 - x + \dfrac{I'}{S'}$,其中,$I'$ 为受压区换算截面对中性轴的惯性矩,S' 为受压区换算截面对中心轴的面积矩。

求得内力偶臂 z,则由平衡条件可导出计算应力的公式。

对受拉钢筋重心取矩,即 $\sum M_T = 0$。

$$M = C \cdot z = \frac{1}{2} b x \sigma_c \left(h_0 - \frac{x}{3} \right) \qquad (11\text{-}11)$$

则 $\qquad \sigma_c = \dfrac{2M}{bx\left(h_0 - \dfrac{x}{3} \right)} \leqslant [\sigma_b] \qquad (11\text{-}12)$

对受压区合力作用点取矩,即 $\sum M_C = 0$。

$$M = T \cdot z = A_s \sigma_s \left(h_0 - \frac{x}{3} \right) \qquad (11\text{-}13)$$

则 $\qquad \sigma_s = \dfrac{M}{A_s\left(h_0 - \dfrac{x}{3} \right)} \leqslant [\sigma_s] \qquad (11\text{-}14)$

应该注意的是,当钢筋布置成几层时,按式(11-9)或式(11-14)求得的 σ_s 是钢筋重心处的应力,它距中性轴的距离为$(h_0 - x)$。根据基本假定,各层钢筋中的应力与其到中性轴的距离成正比,显然最外层钢筋的应力大于 σ_s。若最外层钢筋到梁受拉区边缘的距离为 a_1,则它到中性轴的距离为 $h - x - a_1$,故最外层钢筋应力的计算公式为:

$$\sigma_{s,\max} = \sigma_s \frac{h - x - a_1}{h_0 - x} \leqslant [\sigma_s] \qquad (11\text{-}15)$$

另外,为了保证钢筋混凝土构件属于塑性破坏,要求配筋率 $\mu = \dfrac{A_s}{bh_0}$ 不小于规定的最小配筋率 $\mu_{\min}$,表 11-2 为《铁路桥规》中关于受弯构件的截面最小配筋率的规定。

受弯构件的截面最小配筋率(%)　　　　　　　　　　　表 11-2

钢筋种类	混凝土强度等级	
	C25~C45	C50~C60
HPB300	0.20	0.25
HRB400	0.15	0.20
HRB500	0.14	0.18

《铁路桥规》规定,受拉钢筋可以单根或 2~3 根成束布置,钢筋的净距不得小于钢筋的直径(对带肋钢筋为计算直径),并不得小于 30mm。当钢筋(包括成束钢筋)层数等于或多于三层时,其净距横向不得小于 1.5 倍的钢筋直径并不得小于 45mm,竖向仍不得小于钢筋直径并不得小于 30mm。钢筋混凝土结构最外层钢筋的净保护层不应小于 35mm,并不宜大于 50mm;对于顶板有防水层及保护层的最外层钢筋净保护层不应小于 30mm。

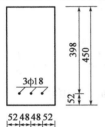

图 11-4　例题 11-1 图(尺寸单位:mm)

【例题 11-1】　一钢筋混凝土简支梁,跨度 $L=5.0$ m,承受均布荷载 $q=12$ kN/m,混凝土等级为 C30,钢筋采用 HPB300 钢,梁截面如图 11-4 所示。求:(1)核算跨中截面混凝土及钢筋的应力;(2)此截面所能承受的最大弯矩。

解:(1)核算应力

查附表 2-1、附表 2-2、表 11-1、表 11-2,$[\sigma_b]=10.0$ MPa、$[\sigma_s]=160$ MPa、$n=10$(其他结构)、$\mu_{\min}=0.20\%$。

跨中弯矩 $M=\dfrac{1}{8}qL^2=\dfrac{1}{8}\times12\times5^2=37.5$ kN·m

$$\mu=\frac{A_s}{bh_0}=\frac{763}{200\times398}=0.00959>\mu_{\min}\text{(可以)}$$

$$n\mu=10\times0.00959=0.0959$$

$$\alpha=\sqrt{(n\mu)^2+2n\mu}-n\mu=\sqrt{(0.0959)^2+2\times0.0959}-0.0959=0.3524$$

$$x=\alpha h_0=0.3524\times398=140.3\text{mm}$$

$$I_0=\frac{1}{3}bx^3+nA_s(h_0-x)^2=\frac{1}{3}\times200\times140.3^3+10\times763\times(398-140.3)^2=691\times10^6\text{ mm}^4$$

由式(11-8a),混凝土的应力为:

$$\sigma_c=\frac{M}{I_0}x=\frac{37.5\times10^6}{691\times10^6}\times140.3=7.61\text{MPa}<[\sigma_b]=10.0\text{MPa}$$

由式(11-9a),钢筋的应力为:

$$\sigma_s=n\frac{M}{I_0}(h_0-x)=10\times\frac{37.5\times10^6}{691\times10^6}\times(398-140.3)=139.9\text{MPa}<[\sigma_s]=160\text{MPa}$$

求出受压区高度 x 以后,也可以用式(11-12)及式(11-14)计算混凝土和钢筋的应力:

$$\sigma_c=\frac{2M}{bx\left(h_0-\dfrac{x}{3}\right)}=\frac{2\times37.5\times10^6}{200\times140.3\times\left(398-\dfrac{140.3}{3}\right)}=7.61\text{MPa}<[\sigma_b]$$

$$\sigma_s=\frac{M}{A_s\left(h_0-\dfrac{x}{3}\right)}=\frac{37.5\times10^6}{763\times\left(398-\dfrac{140.3}{3}\right)}=139.9\text{MPa}<[\sigma_s]$$

（2）求截面的最大容许弯矩

混凝土达到容许应力$[\sigma_b]$时截面所能承受的弯矩$[M_c]$为：

$$[M_c] = \frac{1}{2}bx[\sigma_b]\left(h_0 - \frac{x}{3}\right) = \frac{1}{2} \times 200 \times 140.3 \times 10.0 \times \left(398 - \frac{140.3}{3}\right)$$

$$= 49.28 \times 10^6 \text{N} \cdot \text{mm} = 49.28 \text{kN} \cdot \text{m}$$

钢筋达到容许应力$[\sigma_s]$时截面所能承受的弯矩$[M_s]$为：

$$[M_s] = A_s[\sigma_s]\left(h_0 - \frac{x}{3}\right) = 763 \times 160 \times \left(398 - \frac{140.3}{3}\right)$$

$$= 42.88 \times 10^6 \text{N} \cdot \text{mm} = 42.88 \text{kN} \cdot \text{m}$$

故该截面容许承受的最大弯矩，由钢筋容许应力控制，即$[M] = 42.88\text{kN} \cdot \text{m}$。

另外，还可以通过$[M_c]$和$[M_s]$的大小关系来判别截面是否超筋，即当$[M_c] < [M_s]$时，截面为超筋设计；当$[M_c] = [M_s]$时，截面为平衡设计；当$[M_c] > [M_s]$时，截面为低筋或者少筋设计。

（二）单筋矩形截面梁的设计

已知荷载弯矩M、材料的容许应力$[\sigma_b]$和$[\sigma_s]$及弹性模量比n，要求确定梁截面尺寸并布置钢筋。

设计钢筋混凝土梁时，重要的问题是确定配筋率μ的大小。从充分利用材料强度的观点出发，最好采用一种配筋率，能使钢筋和混凝土的应力同时达到容许值，这样的设计称为"平衡设计"。实际设计中，由于混凝土截面尺寸和钢筋直径都有一定的进级，还要考虑一些构造要求，很难恰好做成"平衡设计"。工程实践中，通常适当加大截面高度，而采用一个较低的配筋率，以节约钢材，这种设计称为"低筋设计"，当钢筋应力达到容许值时，混凝土应力仍低于容许值。在个别情况下，由于建筑高度受限制，实际选用的梁高，不得不小于平衡设计所需的梁高，此时，混凝土的容许应力控制设计，常需增加受拉区钢筋面积，使中性轴降低，增大受压区高度，以满足设计弯矩的要求，这种设计称为"超筋设计"。超筋设计的梁中钢筋过多，当混凝土的应力达到容许值时，钢筋应力仍低于容许值，既不经济又不安全，应尽量避免。

1. 平衡设计

平衡设计的依据是在设计荷载弯矩作用下，使钢筋和混凝土的应力同时达到各自容许值。平衡设计的具体步骤为：

（1）计算理想的受压区相对高度α

令$\sigma_s = [\sigma_s]$、$\sigma_c = [\sigma_b]$，由式（11-10）得：

$$[\sigma_s] = n\left(\frac{h_0 - x}{x}\right)[\sigma_b]$$

移项整理后得受压区相对高度计算公式为：

$$\alpha = \frac{x}{h_0} = \frac{n[\sigma_b]}{n[\sigma_b] + [\sigma_s]} \tag{11-16}$$

（2）确定截面尺寸b及h

令$\sigma_c = [\sigma_b]$，由式（11-11）得：

$$M = \frac{1}{2}bx[\sigma_b]\left(h_0 - \frac{x}{3}\right) = \frac{1}{2}\alpha[\sigma_b]\left(1 - \frac{\alpha}{3}\right)bh_0^2$$

故

$$bh_0^2 = \frac{2M}{\alpha\left(1-\frac{\alpha}{3}\right)[\sigma_b]}$$ (11-17)

根据这个需提供的 bh_0^2 值,可决定 b 及 h_0,然后算出 $h=h_0+a_s$,进级后即得 h 值。其中 a_s 值等于钢筋重心到梁外边缘的距离。

(3)确定受拉钢筋的截面面积 A_s

令 $\sigma_s=[\sigma_s]$,由式(11-13)得:

$$M = A_s[\sigma_s]\left(h_0-\frac{x}{3}\right) = A_s[\sigma_s]\left(1-\frac{\alpha}{3}\right)h_0$$

故

$$A_s = \frac{M}{[\sigma_s](1-\frac{\alpha}{3})h_0}$$ (11-18)

此即平衡设计中常用的三步。实际设计中,由于混凝土截面尺寸 b 及 h 要在某些常用整数中选择,而钢筋的根数必定是整数,故设计结果一般不会恰好符合式(11-17)和式(11-18)的要求。因此,按上述步骤初定了 b、h 和 A_s 以后,应当核算 σ_c 和 σ_s,必要时稍作调整。

2.低筋设计

低筋设计是已知荷载弯矩 M,b 和 h 通常按经济比较或通过方案比较已定出,在使钢筋应力为容许值 $[\sigma_s]$ 的条件下,要求确定需要的钢筋数量。此时未知数有 x、A_s 和 σ_c。将基本公式(11-10)和式(11-13)中的 σ_s 改为 $[\sigma_s]$,而后联立求解式(11-10)、式(11-11)及式(11-13)即可得 x、A_s 和 σ_c。为了实用上的方便,常采用下述试算法。

试算时,先假定内力偶臂长 $z=(h_0-\frac{x}{3})\approx0.88h_0$,代入式(11-18)中,算出需提供的 A_s 近似值,再用 A_s 值计算 x 和 z,将新算出的 z 值代入式(11-18),算出需提供的 A_s 值。如此反复两三次,算出的 A_s 值已相当准确,即可据此选配钢筋,而后验算应力。实际设计中,为简化计算,经第一次试算求得 A_s 值后即可配筋,然后按实际选配的 A_s 值来验算混凝土和钢筋的应力。

【例题 11-2】 有一简支单筋矩形梁,跨度 $L=6.0$m,承受均布荷载 $q=22$kN/m,混凝土强度等级为 C30,用 HRB400 钢筋,试按抗弯强度要求确定梁的截面尺寸并布置钢筋。

解:(1)计算荷载弯矩

根据经验估计梁的自重为 4kN/m。

总荷载 $\qquad\qquad q = 22+4 = 26$ kN/m

荷载弯矩 $\qquad\qquad M = \frac{1}{8}\times26\times6^2 = 117$ kN·m

(2)按平衡设计计算混凝土截面尺寸(取 $n=10$)

$$\alpha = \frac{n[\sigma_b]}{n[\sigma_b]+[\sigma_s]} = \frac{10\times10}{10\times10+210} = 0.323$$

$$bh_0^2 = \frac{2M}{\alpha\left(1-\frac{\alpha}{3}\right)[\sigma_b]} = \frac{2\times117\times10^6}{0.323\times\left(1-\frac{0.323}{3}\right)\times10} = 81.19\times10^6 \text{ mm}^3$$

设梁宽 $b=250$mm,则 $h_0 = \sqrt{\dfrac{81.19\times10^6}{250}} = 570$mm。

试用 $h=650\text{mm}, a_s=56\text{mm}$，则 $h_0=650-56=594\text{mm}$。

梁的自重 $=0.65\times0.25\times25=4.06\text{kN/m}\approx4\text{kN/m}$

则实际荷载弯矩：$M=\dfrac{1}{8}\times(22+4.06)\times6^2=117.27\text{kN}\cdot\text{m}$

(3)确定钢筋的截面面积

$$A_s=\frac{M}{[\sigma_s]\left(1-\dfrac{\alpha}{3}\right)h_0}=\frac{117.27\times10^6}{210\times\left(1-\dfrac{0.323}{3}\right)\times594}=1053\text{mm}^2$$

选用 $3\,\Phi\,22, A_s=1140\text{mm}^2$，钢筋布置见图 11-5。

(4)验算最小配筋率及应力

$$\mu=\frac{A_s}{bh_0}=\frac{1140}{250\times594}=0.00768>0.002$$

$$\eta\mu=10\times0.00768=0.0768$$

$$\alpha=\sqrt{0.0768^2+2\times0.0768}-0.0768=0.3226$$

$$\sigma_s=\frac{M}{A_s\left(1-\dfrac{\alpha}{3}\right)h_0}=\frac{117.27\times10^6}{1140\times\left(1-\dfrac{0.3226}{3}\right)\times594}=194.05\text{MPa}<[\sigma_s]$$

$$\sigma_c=\frac{\sigma_s}{n}\frac{x}{h_0-x}=\frac{194.05}{10}\frac{0.3226\times594}{(1-0.3226)\times594}=9.24\text{MPa}<[\sigma_b]$$

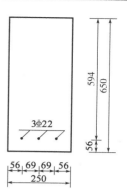

图 11-5　例题 11-2 图(尺寸
单位:mm)

3.利用图表的计算方法

在实际工作中，往往利用图表来简化单筋矩形梁抗弯强度的计算。但利用图表计算应在熟练掌握公式计算的基础上进行，否则容易发生错误而不知问题所在。

由式(11-6)可知，受压区的相对高度 α 只与 n 和 μ 值有关，因而可以按常用的 n 和 μ 值编制 α 值的表，再进一步在应力计算中按以下定义引入三个系数 λ、β、γ。

$$z=h_0-\frac{x}{3}=\left(1-\frac{\alpha}{3}\right)h_0=\lambda h_0$$

$$\sigma_c=\frac{2M}{bx\left(h_0-\dfrac{x}{3}\right)}=\frac{2}{\alpha\lambda}\frac{M}{bh_0^2}=\beta\frac{M}{bh_0^2}$$

$$\sigma_s=\frac{M}{A_sz}=\frac{M}{\mu bh_0\lambda h_0}=\frac{1}{\mu\lambda}\frac{M}{bh_0^2}=\gamma\frac{M}{bh_0^2}$$

以上 α、β、γ 和 λ 四个系数均为 n 和 μ 的函数，按常用的 $n=8$、10、15、20 分别编制成矩形截面的计算系数表，这种图表在复核和设计中都可以利用。

三、双筋矩形截面梁

1.双筋矩形截面的复核

双筋矩形截面的应力计算图式如图 11-6 所示，复核双筋矩形截面时，宜利用换算截面和内力偶的概念进行计算。受压钢筋的换算面积为 nA_s'，换算截面的总面积 A_0 为：

$$A_0=bx+nA_s+nA_s'$$

因中性轴通过换算截面的重心，故换算截面受拉区对中性轴的面积矩应等于其受压区对

中性轴的面积矩,亦即:

$$\frac{1}{2}bx^2 + nA_s'(x - a_s') = nA_s(h_0 - x)$$

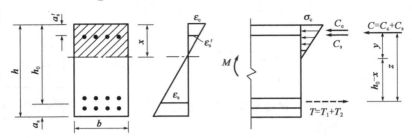

图 11-6　双筋矩形截面的应力计算图式

整理后可得:

$$x^2 + \frac{2n(A_s + A_s')}{b}x - \frac{2n}{b}(A_s h_0 + A_s' a_s') = 0$$

这是 x 的二次方程式,解之即可求得受压区高度 x。

内力偶臂 $z = h_0 - x + y$,其中 y 为受压区合力 C 到中性轴的距离,有:

$$y = \frac{I'}{S'} = \frac{\frac{1}{3}bx^3 + nA_s'(x - a_s')^2}{\frac{1}{2}bx^2 + nA_s'(x - a_s')} \tag{11-19}$$

式中:I'——受压区换算截面对中性轴的惯性矩;

S'——受压区换算截面对中性轴的面积矩。

受拉钢筋中的应力　　　　　$\sigma_s = \dfrac{M}{A_s z} \leqslant [\sigma_s]$　　　　　(11-20)

混凝土中最大应力　　　　　$\sigma_c = \dfrac{\sigma_s}{n} \dfrac{x}{h_0 - x} \leqslant [\sigma_b]$　　　　　(11-21)

受压钢筋中的应力　　　　　$\sigma_s' = \sigma_s \dfrac{x - a_s'}{h_0 - x} \leqslant [\sigma_s]$　　　　　(11-22)

2. 双筋矩形截面的设计

双筋截面所承受的弯矩 M,可以认为是两组弯矩之和(图 11-7),即:

$$M = M_1 + M_2$$

式中:M_1——按平衡设计考虑,受压区混凝土和相应的受拉钢筋 A_{s1} 所承受的弯矩;

M_2——由受压区钢筋及相应受拉钢筋 A_{s2} 所承受的弯矩。

(1)求 A_{s1}

A_{s1} 的计算按单筋矩形截面的平衡设计进行,以充分利用混凝土截面。A_{s1} 和 M_1 可用单筋矩形梁的公式求得:

$$\alpha = \frac{n[\sigma_b]}{n[\sigma_b] + [\sigma_s]}, x = \alpha h_0$$

$$M_1 = \frac{1}{2}bx[\sigma_b]\left(h_0 - \frac{x}{3}\right)$$

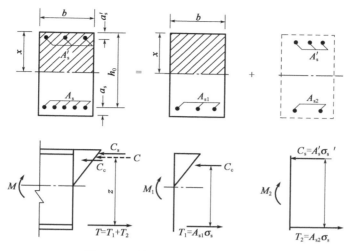

图 11-7　双筋矩形截面的分解计算图式

由平衡条件 $C_c = T_1$ 可得：

$$\frac{1}{2} bx [\sigma_b] = A_{s1} [\sigma_s]$$

故

$$A_{s1} = \frac{1}{2} bx \frac{[\sigma_b]}{[\sigma_s]} \tag{11-23}$$

（2）求 A_{s2} 和 A_s

$$M_2 = M - M_1$$

$$\frac{M_2}{h_0 - a_s'} = A_{s2} [\sigma_s]$$

故

$$A_{s2} = \frac{M_2}{[\sigma_s](h_0 - a_s')} \tag{11-24}$$

$$A_s = A_{s1} + A_{s2} \tag{11-25}$$

（3）求 A_s'

通常 σ_s' 小于容许应力，其值可由比例关系求得：

$$\frac{\sigma_s'}{[\sigma_s]} = \frac{x - a_s'}{h_0 - x}$$

由 $A_s' \sigma_s' = C_s = T_2 = A_{s2} [\sigma_s]$ 得：

$$A_s' = \frac{A_{s2} [\sigma_s]}{\sigma_s'} = A_{s2} \frac{h_0 - x}{x - a_s'} \tag{11-26}$$

在选定了受压钢筋截面面积 A_s' 和受拉钢筋截面面积 A_s 以后，应分别验算混凝土和钢筋中的应力。

四、T 形截面梁

1. 概述

T 形截面有四个尺寸，即翼板的宽度 b_f' 和厚度 h_f' 及梁肋的宽度 b 和全高 h。通常梁肋宽 b

比翼板宽 b_{f}' 小很多,平截面假定与实际情况出入较大,翼板全宽中应变和应力分布不匀。靠近梁肋处应变和应力较大,而离开梁肋相当远处,其应变和应力相当小。因此,计算中对翼板的有效宽度值应有一定限制。此外,翼板与肋相连处要防止混凝土被剪裂,故该处竖向截面(或水平截面)上的剪应力不能太大,这就要求对板的尺寸做出某些限制规定。《铁路桥规》中规定如下:

(1)当 T 形截面梁翼缘位于受压区,且符合下列三项条件之一时,可按 T 形截面计算:无梗肋翼缘板厚 h_{f}' 大于或等于梁高 h 的 $1/10$;有梗肋(或称承托)而坡度 $e:c$ 不大于 $1/3$(图 11-8),且板与梗肋相交处板的厚度($h_{\mathrm{f}}'+e$)不小于梁高 h 的 $1/10$;梗肋坡度大于 $1/3$,但符合条件$\left(h_{\mathrm{f}}'+\dfrac{1}{3}c\right)\geqslant\dfrac{h}{10}$。当不符合上述三条时,则按宽度为 b 的矩形截面计算。

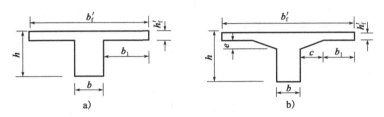

图 11-8　T 形截面

（2)翼板实际宽度由于构造要求可能较大,但在计算中采取的有效宽度应按规定确定。当伸出板对称时,翼板的有效宽度不应超过梁计算跨度的 $1/3$(简支梁情况);且不应超过两相邻梁轴线间的距离;也不应超过 ($b+2c+12h_{\mathrm{f}}'$),亦即翼板伸出梁肋边(或承托边)外的悬伸长度 b_1,每侧均不应超过 $6h_{\mathrm{f}}'$。若翼板实际宽度小于上述限制数值,则应按实际宽度计算。计算超静定力时,翼缘宽度可按实际宽度采用。

2.T 形截面的复核

T 形截面梁的应力验算亦宜利用换算截面和内力偶的概念进行。换算截面的具体形状,随中性轴在翼板中或翼板下以及有无受压钢筋等有所不同,但计算原理基本相同。现以单筋 T 形截面(图 11-9)的情况进行说明。

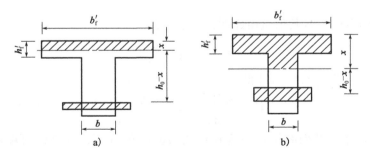

图 11-9　T 形截面的计算图式

(1)类型判别

先假定中性轴位于宽度为 b_{f}' 的矩形截面翼缘板内,可由 $\mu=\dfrac{A_{\mathrm{s}}}{b_{\mathrm{f}}'h_0}$,采用式(11-6)计算 x。

若 $x\leqslant h_{\mathrm{f}}'$,则中性轴确在翼板中,与原假设相符,即可按单筋矩形截面梁的有关公式计算截面应力。此时截面宽度为 b'_f,高度为 h。

若 $x > h'_f$,则中性轴在翼板以下,与原假定不符,应按中性轴位于梁梗内重新求 x。

（2）中性轴位置的确定（$x > h'_f$）

由 $S = S'$ 确定中性轴位置：

$$\frac{1}{2} b'_f x^2 - \frac{1}{2} (b'_f - b)(x - h'_f)^2 = nA_s(h_0 - x) \tag{11-27}$$

解之可求得 x。

（3）内力偶臂 z 的计算

内力偶臂 $z = h_0 - x + y$,其中 y 为受压区合力 C 到中性轴的距离。

$x \leqslant h'_f$ 时
$$y = \frac{2}{3} x$$

$x > h'_f$ 时
$$y = \frac{\frac{1}{3} b'_f x^3 - \frac{1}{3} (b'_f - b)(x - h'_f)^3}{\frac{1}{2} b'_f x^2 - \frac{1}{2} (b'_f - b)(x - h'_f)^2} \tag{11-28}$$

（4）应力核算

钢筋应力
$$\sigma_s = \frac{M}{A_s z} \leqslant [\sigma_s] \tag{11-29}$$

混凝土应力
$$\sigma_c = \frac{\sigma_s}{n} \frac{x}{h_0 - x} \leqslant [\sigma_b] \tag{11-30}$$

3. T 形梁的设计

设计 T 形梁时,一般板已设计完毕,故 h'_f 已定。通常取梁高 h 为梁跨的 1/10 左右,取梁肋宽 b 为 $\frac{h}{3}$ 左右,并按规范要求确定翼板的计算宽度 b'_f。这样得出的混凝土截面,由于翼缘板较宽、梁梗较高,故一般用单筋截面。求 A_s 值时,可取 $z \approx 0.92 h_0$ 或 $z = h_0 - \frac{h'_f}{2}$。在选定钢筋直径和根数后,进行配筋布置,最后核算应力。必要时增减钢筋数量并重新核算应力,直到满意为止。

第三节　受弯构件抗剪强度

一、剪应力和主拉应力的计算

受弯构件在外荷载作用下,不仅在横截面上产生弯矩,同时还产生剪力。因此,相应地就产生剪应力。截面上的剪应力和弯曲正应力相结合,形成斜向的主应力,即主拉应力和主压应力。由于混凝土的抗拉强度很低,在主拉应力作用下,混凝土将产生与主拉应力方向垂直的斜裂缝,并可能导致梁沿裂缝的破坏。因此,对于钢筋混凝土梁除按抗弯强度计算要求验算正应力外,还需要验算剪应力与主拉应力,并设计计算箍筋及斜筋,即进行抗剪强度计算。

1. 剪应力的计算

（1）用材料力学公式计算

钢筋混凝土梁引用换算截面的概念后，可作为匀质材料，利用材料力学公式计算截面上的剪应力 τ。

$$\tau = \frac{VS_0}{bI_0} \tag{11-31}$$

式中：S_0——换算截面计算点以上（或以下）部分对中性轴的面积矩；

I_0——换算截面对中性轴的惯性矩。

由式（11-31）可知，在单筋矩形和 T 形截面中，剪应力的变化如图 11-10 所示。单筋矩形截面中受压区剪应力的变化同匀质梁，即按二次抛物线的规律向中性轴方向增加，在中性轴处剪应力最大。中性轴至受拉钢筋重心内剪应力不变，均等于 τ_0［图 11-10a）］。若 T 形截面梁的中性轴在翼板内时，最大剪应力 τ_0 不发生在中性轴处，而发生在翼板与梁肋相交处及其下的梁肋中［图 11-10b）］。当中性轴在翼板以下时，最大剪应力 τ_0 发生在中性轴处及其下面的梁肋中［图 11-10c）］。

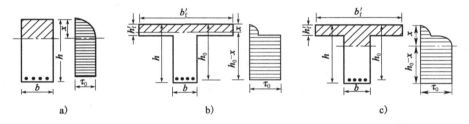

图 11-10　钢筋混凝土梁的剪应力分布图

（2）常用计算法

在抗剪强度计算中，一般只需计算剪应力的最大值 τ_0。为计算方便，常采用下面的简便公式。

等高度梁
$$\tau_0 = \frac{V}{bz} \tag{11-32}$$

变高度梁
$$\tau_0 = \frac{V}{bz} - \frac{M}{bz}\frac{\tan\alpha}{h_0} \tag{11-33}$$

式中：α——梁底的倾角，α 的正负反映梁高的增加方向与弯矩的增加方向之间的关系对剪应力值增减的影响，即当梁高随弯矩的增加而增加时取正号，反之取负号。

2. 主拉应力的计算

受弯构件在外荷载作用下，截面上剪应力和弯曲正应力相结合，形成斜向的主应力，其计算公式如下：

主拉应力
$$\sigma_{tp} = \frac{\sigma_x}{2} - \sqrt{\frac{\sigma_x^2}{4} + \tau_{xy}^2}$$

主压应力
$$\sigma_{cp} = \frac{\sigma_x}{2} + \sqrt{\frac{\sigma_x^2}{4} + \tau_{xy}^2}$$

主应力方向
$$\tan 2\alpha = \frac{2\tau_{xy}}{\sigma_x}$$

注：σ 以压为正，以拉为负。

钢筋混凝土梁中受压区内的主应力变化规律与匀质弹性材料梁相同，受拉区中则因混凝土不参加工作，弯曲正应力 $\sigma_x = 0$，在一段高度范围内剪应力 τ_0 值不变，受拉区混凝土处于纯剪切应力状态，其主拉应力方向与正应力方向成 45°角，主拉应力大小则与剪应力相等，即：

$$\sigma_{tp} = \tau_0 = \frac{V}{bz} \tag{11-34}$$

由于两者数值相等，而混凝土的抗拉强度较低，一般仅为抗剪强度的一半，所以对钢筋混凝土梁进行主拉应力检算后，一般就不再检算剪应力。

3. 主拉应力图和剪应力图

（1）主拉应力图

按容许应力法进行梁的抗剪强度计算时，需要确定某一段梁长内主拉应力的总和，即斜拉力值。如图 11-11 所示为简支梁在均布荷载作用下的主拉应力图。

主拉应力图反映最大主拉应力沿梁长的变化情况，由于主拉应力的作用面与梁轴成 45°角，所以主拉应力图的基线也与梁轴成 45°角。简支梁在均布荷载作用下，跨中剪力为零，故基线长为 $\frac{L}{2}\cos45°$。

总的斜拉力 T_{tp} 等于：

$$T_{tp} = \int_0^{\frac{L}{2}\cos45°} \sigma_{tpx} b\, dx = \frac{1}{2}\sigma_{tp} b \frac{L}{2}\cos45° = \Omega \cdot b$$

式中：σ_{tpx}——任一截面处的最大主拉应力；

b——梁的腹板厚度；

Ω——主拉应力图的面积。

（2）剪应力图

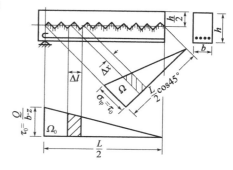

图 11-11　主拉应力图及剪应力图

为了使用方便，常以剪应力图代替主拉应力图。剪应力图反映最大剪应力沿梁长的变化情况。它的基线平行于梁轴，如图 11-11 所示。从图中可以看出，主拉应力图和剪应力图其面积的对应关系为 $\Omega = 0.707\Omega_0$，则总的斜拉力为 $0.707\Omega_0 b$。

二、腹筋的设计

1. 腹筋设计的一般规定

（1）主拉应力容许值

根据梁内腹筋设置的不同情况，《铁路桥规》对混凝土的主拉应力规定了三种容许值，见附表 2-1。

①$[\sigma_{tp-1}]$——有箍筋及斜筋时主拉应力的容许值。

$[\sigma_{tp-1}]$为主拉应力的最大容许值,任何情况下都不得超过。如果求得的最大 σ_{tp} 超过 $[\sigma_{tp-1}]$,则必须采取措施,如增大混凝土截面宽度、降低 σ_{tp} 值,或提高混凝土强度等级,增大 $[\sigma_{tp-1}]$ 值。

②$[\sigma_{tp-2}]$——无箍筋及斜筋时主拉应力的容许值。

如果计算的最大 σ_{tp} 值小于$[\sigma_{tp-2}]$,则说明全梁的 σ_{tp} 值均很小,混凝土可以承受这一主拉应力而不致开裂,故不需按计算设置腹筋,但仍需按构造要求设置一定数量的腹筋,使梁具有一定的韧性,避免发生意外的破坏。

当计算的 σ_{tp} 最大值在 $[\sigma_{tp-1}]$ 和 $[\sigma_{tp-2}]$ 之间,即 $[\sigma_{tp-1}]>\sigma_{tp}>[\sigma_{tp-2}]$ 时,由于主拉应力较大,混凝土往往要开裂。裂缝首先出现在主拉应力值较大处,并沿斜向延伸,在延伸所及的梁段内,混凝土已不能承受斜拉力,故必须按计算设置腹筋以承受斜拉力。

③$[\sigma_{tp-3}]$——梁部分长度中全由混凝土承受的主拉应力值。

(2)关于 $[\sigma_{tp-3}]$ 的规定

在钢筋混凝土梁中,主拉应力较高的区段会出现斜裂缝,而且会向主拉应力较小处延伸。如在 $\sigma_{tp}\leqslant[\sigma_{tp-2}]$ 的区段内,本来不至于产生斜裂缝,但由于 $\sigma_{tp}>[\sigma_{tp-2}]$ 区段内产生的斜裂缝有可能向该区段延伸,致使混凝土开裂而丧失抗拉能力。至于斜裂缝究竟延伸至何处为止,则很难分析。《铁路桥规》规定以 $[\sigma_{tp-3}]$ 为界,在 $\sigma_{tp}\leqslant[\sigma_{tp-3}]$ 区段内,斜拉力全部由混凝土承担,仅按构造要求配置腹筋即可。一般情况下,钢筋混凝土梁中的主拉应力,由箍筋、斜筋和部分混凝土承受,如图 11-12 所示。

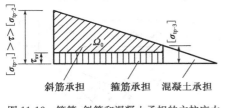

图 11-12 箍筋、斜筋和混凝土承担的主拉应力

综合上述,混凝土可以承受的主拉应力最大值是 $[\sigma_{tp-2}]$ 而不是 $[\sigma_{tp-1}]$,$[\sigma_{tp-1}]$ 是计算控制指标,其作用是保证梁体有足够的厚度,以免主拉应力值过高,导致斜裂缝开展过宽。此外,梁体未开裂前,腹筋基本不起作用,此时,主拉应力实际上由混凝土所承受。

2. 箍筋设计

(1)箍筋的构造

在铁路桥梁中,箍筋直径不得小于 8mm,常用的直径是 8mm 和 10mm,当剪应力很大时,则用 12mm 及以上的箍筋。

固定受拉纵筋的箍筋,其间距不应大于梁高的 3/4 及 300mm。固定受压纵筋的箍筋则间距不应大于受力钢筋直径的 15 倍及 300mm,以防止受压纵筋失稳屈折。支座中心两侧各相当梁高 1/2 的长度范围内,箍筋间距不应大于 100mm。每一箍筋一行上所箍的受拉纵筋不应多于 5 根,受压纵筋不应多于 3 根。承受扭矩作用的梁,箍筋应制成封闭式。

(2)箍筋的计算

箍筋的设计通常按构造要求和工程经验先确定其直径、肢数和间距,然后计算它所能承受的主拉应力值或剪应力值 τ_{sv}。若选定每道箍筋有 n_{sv} 肢,每肢的截面面积为 A_{sv1},所用钢筋的容许应力为 $[\sigma_s]$,则每道箍筋所能承受的竖向拉力为 $n_{sv}A_{sv1}[\sigma_s]$,该竖向拉力在斜拉力方向上的分力为 $n_{sv}A_{sv1}[\sigma_s]\cos 45°$。

如图 11-13 所示,每道箍筋所辖范围 s(即箍筋间距)内主拉应力的合力(即斜拉力)为

$bs\cos 45°\tau_{sv}$，其中 b 为梁肋宽度。设箍筋恰好能承受此力，则：

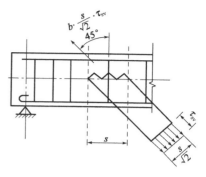

$$n_{sv}A_{sv1}[\sigma_s]\cos 45° = bs\cos 45°\tau_{sv}$$

即

$$\tau_{sv} = \frac{n_{sv}A_{sv1}[\sigma_s]}{bs} \qquad (11\text{-}35)$$

根据此式可计算各种箍筋布置所能承受的主拉应力或剪应力值。若沿梁长箍筋构造和间距相同，则由箍筋承受的主拉应力或剪应力值沿梁长不变；若箍筋间距或肢数沿梁长有变化，则它承受的主拉应力或剪应力沿梁长呈台阶形变化。

图 11-13　箍筋的计算图式

3. 斜筋设计

（1）斜筋的计算

设计斜筋时，先计算需用的根数，再考虑斜筋的布置。通常先利用剪应力图来计算需由斜筋承受的斜拉力之大小，由此，确定需提供的斜筋截面面积。在剪应力图上画出由 $[\sigma_{tp\text{-}3}]$ 和 τ_{sv} 确定的由混凝土和箍筋承担的部分，剩余部分 Ω_0 则由斜筋承担（图 11-12）。

由上述可知，应由斜筋承受的斜拉力为 $b\Omega_0/\sqrt{2}$ 。由于斜筋布置的方向与主拉应力方向相同，所以有：

$$A_{sb}[\sigma_s] = \frac{\sqrt{2}}{2}\Omega_0 b$$

则

$$A_{sb} = \frac{b\Omega_0}{\sqrt{2}[\sigma_s]} \qquad (11\text{-}36)$$

式中：A_{sb}——斜筋的截面面积。

若斜筋的直径相同，每根斜筋的截面面积为 A_{sb1}，则需提供的斜筋根数为：

$$n_{sb} = \frac{A_{sb}}{A_{sb1}} = \frac{b\Omega_0}{\sqrt{2}A_{sb1}[\sigma_s]} \qquad (11\text{-}37)$$

（2）斜筋的布置

布置斜筋时，应使各斜筋承受的斜拉力大小相等，或与其截面面积成正比，这样就必须相应地确定各起弯点的位置。斜筋起弯点，可用作图法或计算法确定。

用作图法布置斜筋时，如各道斜筋截面面积相等，可将剪应力图面积 Ω_0 分为 n_{sb} 等份，使各斜筋承受相同的斜拉力；如各道斜筋截面面积不等，则划分的各小块面积应与各道斜筋截面面积成正比。

在剪应力图中，由斜筋承受的面积 Ω_0 通常为三角形或梯形。如欲将如图 11-14a)所示三角形 abc 分为三等份，以基线 ab 为直径作半圆；再将 ab 分成三等份，通过等分点 1、2 点作基线 ab 的垂线，交半圆于 $1'$、$2'$；然后以 b 为圆心，以 $b1'$、$b2'$ 为半径作圆弧，分别与基线 ab 交于 $1''$、$2''$；过 $1''$、$2''$ 点作基线 ab 的垂线，交 bc 于 $1'''$、$2'''$，即可将三角形分为三等份。如各道斜筋截面面积不等时，上述作图方法仍可使用，但将基线 ab 划分为与各道斜筋截面面积成相应比例的若干段长度。

如欲将梯形面积分为若干等份,可用类似方法,如图 11-14b)所示。

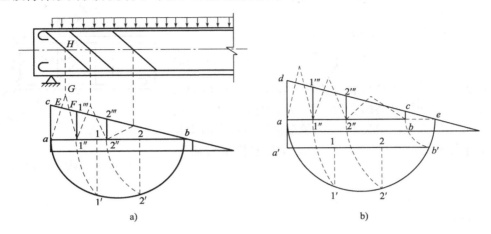

图 11-14　等分三角形和梯形面积的作图法
a)三角形面积等分法;b)梯形面积等分法

划分小块面积后,尚需确定与其对应的各道斜筋的位置。通常也采用作图法,先确定各小块面积的形心。如图 11-14a)所示梁端部第一道斜筋的位置,可先将 $c1'''$ 线段三等分,得分点 E、F,连接 a、E 与 $1''$、F,并延长交于 G 点;过 G 点作平行于 ac 的直线,它必通过梯形面积的形心。将此线延长与梁高的二等分线交于 H,则过 H 点的 45°线即为与该小块面积对应的该道斜筋的位置。

按《铁路桥规》要求,在按计算需配斜筋的区段内,任一与梁轴垂直的截面至少要与一道斜筋相交,即各道斜筋的水平投影必须稍有搭接,以确保在任一横截面上均有一道以上的斜筋来承受斜拉力。

弯起纵筋作为斜筋时,弯起的顺序一般是先中间后两边,先上层后下层,尽量做到左右对称,要避免在同一截面附近弯起许多纵筋,以免纵筋应力变化过大,也便于混凝土的灌注和振捣。此外,还应至少保留梁肋两侧下角的纵筋,使其伸过支座一定长度而锚固于两端。

4. 弯矩包络图及材料图

按上述方法布置斜筋时,还应检查纵筋弯起后所余部分能否满足各截面抗弯的要求,通常也用图解法进行,如图 11-15 所示。在弯矩包络图上用相同的比例尺作出材料抵抗弯矩图,通过比较予以调整,要求后者恰好覆盖住前者,从而做出既安全又经济的布置。

梁各截面的抵抗弯矩,按下式计算:

$$[M] = A_{sr}[\sigma_s]z\frac{h_0 - x}{h - x - a_1} \tag{11-38}$$

式中:A_{sr}——该截面剩余主筋的截面面积;

z——该截面与 A_{sr} 对应的内力偶臂;

x——该截面与 A_{sr} 对应的受压区高度;

a_1——该截面最外层钢筋重心到梁底的距离。

如果截面钢筋布置层数不超过 3 层,全梁长中 z 的变化不大,从而假定 z 沿梁长不变,则

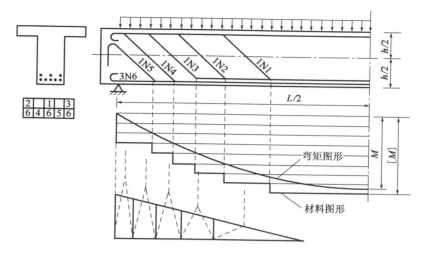

图 11-15 材料抵抗弯矩图

可近似地按下式计算：

$$[M] \approx A_{sr}[\sigma_s]z = \sum n_i a_{si}[\sigma_s]z \tag{11-39}$$

式中：z——内力偶臂，可近似地按梁最大弯矩处的内力偶臂取用；

$\quad\quad a_{si}$——某种直径单根主筋的截面面积；

$\quad\quad n_i$——某种直径主筋的根数；

$\quad A_{sr}$——同前式。

由上式可知，梁截面的抗弯能力与主筋截面面积成正比。如果主筋直径相同，可按主筋根数 n 将材料图的纵坐标分为 n 等份，每一等份代表一根主筋的承载力，每弯起一根主筋，材料图上相应截面处就减少一格，于是可得到一台阶形材料图。如主筋有几种直径，则台阶有几种不同的高度。

第四节　偏心受压构件

一、截面的应力状态和两种偏心受压情况的判别

1. 截面应力状态

按容许应力法计算偏心受压构件的强度，只需研究在设计荷载作用下，截面上的应力分布及其计算方法。

（1）截面的应力分布

在使用荷载作用下，钢筋混凝土偏心受压构件的截面应变符合平截面假定，且应力呈直线分布。当轴向力的偏心较小时，全截面受压，称之为小偏心受压。由于钢筋与所在处混凝土的应变相等，所以钢筋的应力可由此处混凝土应力的 n 倍（钢筋与混凝土的弹模比）来确定。当轴向力的偏心较大时，在偏心的另一侧，截面存在受拉区，称之为大偏心受压。此时，同受弯构件的假定一样，受拉区混凝土不参加工作。受拉钢筋及受压钢筋的应力，同样由其应变与该处

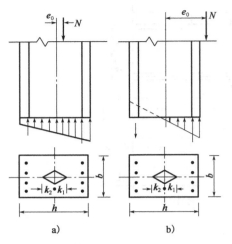

图 11-16　偏心受压构件的截面应力状态

混凝土的应变相等的条件确定,如图 11-16 所示。

（2）截面的应力计算

偏心受压构件的截面应力计算,也采用换算截面的概念进行。小偏心受压构件,由于全截面受压,可直接采用材料力学应力计算公式进行。大偏心受压构件,由于截面中性轴的位置与轴向力的偏心距大小有关,且截面受拉区不参加工作,所以计算比小偏心受压复杂些。

2. 大小偏心受压的判别

通常利用材料力学中截面核心距的概念,判别大小偏心受压。据此概念,轴向力偏心距小于或等于截面核心距时,全截面受压,即为小偏心受压;轴向力偏心距大于截面核心距时,中性轴位于截面内,截面存在受拉区,即为大偏心受压。

混凝土截面尺寸及配筋若已确定,其换算截面重心轴的位置则很容易计算,核心距 k 也可按其定义确定。若轴向力对换算截面重心轴的距离为 e,当 $e \leqslant k$ 时,即为小偏心受压;当 $e > k$ 时,即为大偏心受压。对大偏心受压构件,需扣除受拉混凝土的面积,则换算截面及其重心轴的位置需重新计算,继而利用应力叠加方法可求各应力。

（1）换算截面重心轴位置的确定

根据"截面各部分面积对某轴的面积矩之和等于全截面面积对该轴的面积矩"的原理,换算截面重心轴的位置可按下式确定。如图 11-17 所示。

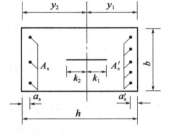

图 11-17　换算截面重心轴位置的确定

$$A_0 y_1 = S_c + n S_s + n S_s'$$

所以
$$y_1 = \frac{S_c + n S_s + n S_s'}{A_0} \tag{11-40}$$

而
$$y_2 = h - y_1 \tag{11-41}$$

式中:y_1、y_2——换算截面重心轴至截面边缘的距离;

　　S_c、S_s、S_s'——分别为混凝土面积、钢筋面积 A_s、A_s' 对截面 y_1 侧边缘的面积矩;

　　n——钢筋与混凝土的弹性模量之比;

　　h——截面高度。

式（11-40）、式（11-41）对任何形状的截面都适用。对于不对称配筋的矩形截面,有:

$$y_1 = \frac{\frac{1}{2} b h^2 + n [A_s' a_s' + A_s (h - a_s)]}{b h + n (A_s + A_s')} \tag{11-42}$$

$$y_2 = h - y_1 \tag{11-43}$$

当截面及配筋都对称时,截面的对称轴就是换算截面的重心轴,即:

$$y_1 = y_2 = \frac{h}{2}$$

（2）核心距的计算

根据截面核心距的定义，当轴向压力作用在截面核心距的边界上时，其对面截面边缘的应力为零。若核心距以 k 表示，当轴向力偏心距 $e=k_1$ 时，由力作用的叠加原理，截面边缘应力为零的计算公式为：

$$\frac{N}{A_0} - \frac{Nk_1}{I_0}y_2 = 0$$

解得

$$k_1 = \frac{I_0}{A_0 y_2} \qquad (11\text{-}44)$$

同理

$$k_2 = \frac{I_0}{A_0 y_1} \qquad (11\text{-}45)$$

式中：A_0——换算截面面积；

　　I_0——换算截面对其重心轴的惯性矩。

式(11-44)及式(11-45)对任何形状的截面都适用。当截面及配筋都对称时，$y_1=y_2=y$，$k_1=k_2=k$，有：

$$k = \frac{I_0}{A_0 y} \qquad (11\text{-}46)$$

（3）纵向弯曲的影响

偏心受压构件在偏心的轴向压力作用下，构件在弯曲作用平面内会发生纵向弯曲，如图 11-18 所示，使初始偏心距 e_0 增大为 e'，其值为：

$$e' = \eta e_0 \qquad (11\text{-}47)$$

式中：e'——平衡状态确定后的偏心距；

　　e_0——对混凝土截面形心轴的初始偏心距，即 M/N；

　　η——偏心距增大系数，又称弯矩增大系数。

《铁路桥规》采用下式计算偏心距增大系数 η 值：

$$\eta = \frac{1}{1 - \dfrac{KN}{\alpha\, \dfrac{\pi^2 E_c I_c}{l_0^2}}} \qquad (11\text{-}48)$$

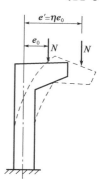

图 11-18　偏心距增大

式中：N——计算轴向压力；

　　K——安全系数，荷载为主力时用 2.0，主力加附加力时用 1.6；

　　E_c——混凝土的受压弹性模量；

　　I_c——混凝土全截面（不计钢筋）的惯性矩；

　　l_0——受压构件的计算长度；

　　α——考虑偏心距影响的刚度修正系数，根据试验资料分析，可按下式确定：

$$\alpha = \frac{0.1}{0.2 + \dfrac{e_0}{h}} + 0.16$$

不同情况下，偏心压力对换算截面重心轴的偏心距 e 按下列情况计算：当初始偏心方向与换算截面重心偏移方向一致时，若 $\eta e_0 \geq c$（c 为混凝土截面形心轴至换算截面重心轴的距离），则 $e=\eta e_0 - c$；若 $\eta e_0 < c$，则 $e=c-\eta e_0$。

当初始偏心方向与换算截面重心偏移方向相反时,则 $e=\eta e_0+c$。

偏心压力对换算截面重心轴的计算弯矩为:

$$M'=Ne$$

由以上计算可见,偏心受压构件考虑了纵向弯曲引起的偏心距增大,所以在弯矩作用平面内,可不再进行稳定性验算,但尚应按轴心受压构件,验算垂直于弯矩作用平面的稳定性。这时,注意计算式中的受压钢筋面积为截面中的全部纵向钢筋的总面积。

二、小偏心受压构件的计算

1. 截面应力复核

小偏心受压时,轴向压力的作用点位于构件的截面核心之内($e\leqslant k_1$ 或 k_2),截面全部受压,混凝土和钢筋的应力,可利用换算截面的概念,直接由材料力学公式求得,如图 11-19 所示。

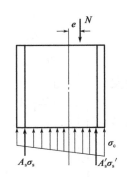

图 11-19　矩形截面小偏心受压构件

$$\sigma_c=\frac{N}{A_0}+\frac{M'}{I_0}y\leqslant[\sigma_b] \tag{11-49}$$

$$\sigma'_s=n\left[\frac{N}{A_0}+\frac{M'}{I_0}(y-a'_s)\right]\leqslant[\sigma_s] \tag{11-50}$$

式中:y——换算截面重心轴至受压最大边缘的距离;

a'_s——受压较大侧钢筋重心至边缘的距离;

其余符号的含义同前。

常用截面换算截面面积及惯性矩的计算公式如下:

(1)矩形截面。

不对称配筋时,如图 11-20a)所示。

$$A_0=bh+n(A_s+A'_s) \tag{11-51}$$

$$I_0=\frac{1}{3}b(y_1^3+y_2^3)+n[A'_s(y_1-a'_s)^2+A_s(y_2-a_s)^2] \tag{11-52}$$

对称配筋时,如图 11-20b)所示。

$$A_0=bh+2nA_s \tag{11-53}$$

$$I_0=\frac{1}{12}bh^3+2nA_s\left(\frac{h}{2}-a_s\right)^2 \tag{11-54}$$

(2)箱形及工字形截面,如图 11-20c)、图 11-20d)所示。

对称配筋时

$$A_0=bh+2h'_f(b'_f-b)+2nA_s \tag{11-55}$$

$$I_0=\frac{1}{12}[b'_fh^3-(b'_f-b)(h-2h'_f)^3]+2nA_s\left(\frac{h}{2}-a_s\right)^2 \tag{11-56}$$

(3)圆形截面,如图 11-20e)所示。

$$A_0=\pi R^2+nA_s \tag{11-57}$$

$$I_0 = \frac{1}{4}\pi R^4 + \frac{1}{2}nA_s r_s^2 \tag{11-58}$$

（4）环形截面，如图 11-20f)所示。

$$A_0 = \pi(R^2 - r^2) + nA_s \tag{11-59}$$

$$I_0 = \frac{1}{4}\pi(R^4 - r^4) + \frac{1}{2}nA_s r_s^2 \tag{11-60}$$

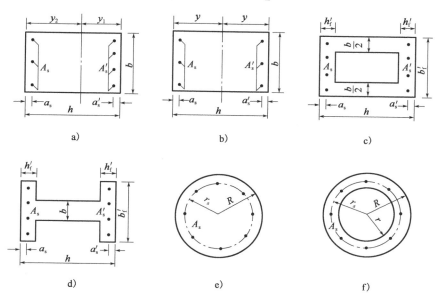

图 11-20　偏压构件截面及配筋

2. 截面设计

截面设计时，已知轴向压力、初始偏心距（或弯矩）、构件长度及两端支承情况、所用材料等，要求确定混凝土截面尺寸并配置纵筋。由于涉及的未知数较多，一般不便直接解方程式，而宜用试算法。通常可参照类似结构而试定混凝土截面尺寸，并试用对称配筋，取最小配筋率，即 $A_s' = A_s = 0.002A_c$（A_c 为混凝土截面面积），然后进行应力核算，必要时再根据核算中的情况作适当修改。应力核算中的情况大致有下列几种：

（1）算出的应力比容许应力小得多：这时如不受构造要求的限制，一般应该减小混凝土截面尺寸。

（2）算出的应力超过容许应力不多：

①正负弯矩最大值相差不多时，宜采用对称配筋并适当增加纵筋面积。其增加量可近似按算出的应力值与换算截面面积成反比估算。

②如果正负弯矩相差颇多，则宜改用不对称配筋。这时受压较小边一侧可按最小配筋率配筋，而受压较大边一侧的配筋应适当增多。

（3）如果算出的应力超过容许应力很多，这时应该加大混凝土截面尺寸。

应该指出：不论属于上述的哪一种情况，修改之后都应该重新进行应力核算，如果需要就再作适当修改，变动截面尺寸或配筋，然后再进行应力核算。实际上最多改动两三次，就能得到令人满意的结果。

三、大偏心受压构件的计算

大偏心受压构件的轴向压力,作用于截面核心范围以外($e>k_1$ 或 k_2),截面一部分受压,一部分受拉,中性轴位于截面内(图 11-21)。根据受拉混凝土不参加工作假定,换算截面不包括受拉区混凝土的面积,所以计算大偏心受压构件时,必须先确定中性轴位置,然后进行应力核算。

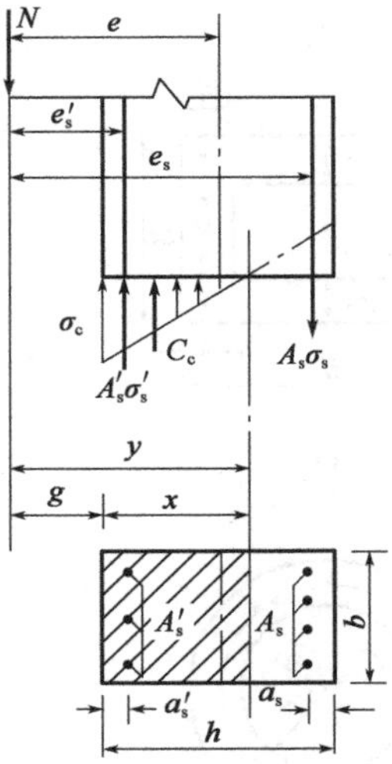

1. 截面应力复核

以矩形截面说明复核问题,其他截面形式的分析方法同矩形截面。

(1)确定中性轴位置

根据平衡条件,对轴向压力 N 的作用点取矩,得:

$$\sigma_s A_s e_s - \sigma_s' A_s' e_s' - \frac{1}{2}\sigma_c bx(g + \frac{x}{3}) = 0 \tag{11-61}$$

式中:σ_s、σ_s'——受拉及受压钢筋的应力;

e_s、e_s'——N 至受拉及受压钢筋的距离;

g——N 至受压区截面边缘的距离;

其余符号意义同前。

图 11-21 矩形截面应力计算图式

又

$$\sigma_s = n\sigma_c \frac{h - x - a_s}{x} \tag{11-62}$$

$$\sigma_s' = n\sigma_c \frac{x - a_s'}{x} \tag{11-63}$$

将上列二式及 $x = y - g$(y 的意义如图 11-21 所示)代入式(11-61)得:

$$n\sigma_c \frac{e_s - y}{y - g}A_s e_s - n\sigma_c \frac{y - e_s'}{y - g}A_s' e_s' - \frac{1}{2}\sigma_c b(y - g)[g + \frac{1}{3}(y - g)] = 0 \tag{11-64}$$

消去 σ_c,整理得

$$y^3 + py + q = 0 \tag{11-65}$$

式中

$$p = \frac{6n}{b}(A_s' e_s' + A_s e_s) - 3g^2$$

$$q = -\frac{6n}{b}(A_s' e_s'^2 + A_s e_s^2) + 2g^3$$

一元三次方程式有多种解法,其中以试算法较为方便,即根据判断假设 y 值,代入式(11-65),如不满足,再重新假设 y 值,直至满足为止。也可以采用下式计算出 y 值,作为第一次近似值。

$$y = \sqrt[3]{-q} - \frac{p}{3\sqrt[3]{-q}}$$

y 值确定后,便可得中性轴的位置。

(2)计算截面应力

中性轴的位置确定后,便可以计算出换算截面的几何特性,利用材料力学的方法,计算截面应力。由于这样做比较麻烦,所以对大偏心受压构件,一般是直接利用力的平衡条件,建立截面应力的计算公式。

由截面应力的合力与轴向力 N 的平衡条件,有:

$$\frac{1}{2}\sigma_c bx + \sigma'_s A'_s - \sigma_s A_s = N$$

将式(11-62)、式(11-63)代入,整理得:

$$\sigma_c = \frac{N}{\frac{1}{2}bx + n\left[A'_s\left(\frac{x-a'_s}{x}\right) - A_s\left(\frac{h-x-a_s}{x}\right)\right]} \leqslant [\sigma_b] \tag{11-66}$$

在对称配筋的情况下,$A'_s = A_s$,$a'_s = a_s$,于是有:

$$\sigma_c = \frac{N}{\frac{1}{2}bx - 2nA_s\left(\frac{h}{2x}-1\right)} \leqslant [\sigma_b] \tag{11-67}$$

混凝土应力算出后,钢筋应力可由式(11-62)及式(11-63)确定。

$$\sigma_s = n\sigma_c \frac{h-x-a_s}{x} \leqslant [\sigma_s] \tag{11-68}$$

$$\sigma'_s = n\sigma_c \frac{x-a'_s}{x} \leqslant [\sigma_s] \tag{11-69}$$

2. 截面设计

大偏心受压构件的截面设计多采用试算法。先参考同类结构的设计资料或根据构造要求及经验数据拟定截面尺寸,然后试定 A_s 及 A'_s。在试定 A_s 及 A'_s 时,为充分发挥受压混凝土的作用,可令 $\sigma_c = [\sigma_b]$。若再假定一个 σ_s 值,则整个截面的应力状态即被确定。于是便可通过对 A_s 及 A'_s 分别取矩的静力平衡条件,求出 A_s 及 A'_s。

设计时宜假定几个不同的 σ_s 值(荷载偏心距较大时,假定的 σ_s 应较大,即接近 $[\sigma_s]$;偏心距较小时,则假定的 σ_s 值应较小),分别求出相应的 A_s 及 A'_s,比较后选用 $A_s + A'_s$ 值最小的方案,以节约钢材。

应当指出,以上 $A_s + A'_s$ 为最小的方案是对所假定的混凝土截面分析所得出的,配筋时若发现不合适,应考虑是否修改混凝土截面,然后再选 $A_s + A'_s$ 的最小值。

按上述方法配筋后,应根据实际配筋面积进行应力核算。

需要强调的是,偏心受压构件尚应按轴心受压构件验算垂直于弯矩作用平面的稳定性,此时,不考虑弯矩作用,但应考虑纵向弯曲的影响。

第五节　轴心受压构件

一、普通箍筋柱

1. 强度计算

短柱在荷载作用下破坏阶段的应力状态(图11-22)是箍筋柱强度计算的依据。这时混凝土达到抗压极限强度,纵筋达到计算强度。

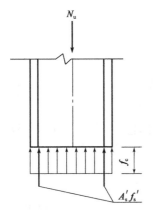

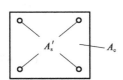

图 11-22　截面应力计算图式

由平衡条件知柱的破坏轴向力为：

$$N_u = A_c f_c + A'_s f'_s \tag{11-70}$$

式中：A_c——混凝土的截面面积；

　　　f_c——混凝土的抗压极限强度；

　　　A'_s——受压纵筋的截面面积；

　　　f'_s——受压纵筋的计算强度。

为保证构件在使用阶段不进入破坏状态，应对式(11-70)取安全系数 K，再换算成容许应力法的表达形式，则荷载产生的计算轴向压力 N 应满足：

$$N \leqslant \frac{N_u}{K} = \frac{A_c f_c + A'_s f'_s}{K} = A_c \left(\frac{f_c}{K}\right) + A'_s \left(\frac{f'_s}{f_c}\right)\left(\frac{f_c}{K}\right)$$
$$= A_c [\sigma_c] + A'_s m [\sigma_c] = [\sigma_c](A_c + m A'_s) \tag{11-71}$$

式中：$[\sigma_c] = \dfrac{f_c}{K}$，$m = \dfrac{f'_s}{f_c}$。

将式(11-71)化为应力复核的形式：

$$\sigma_c = \frac{N}{A_c + m A'_s} \leqslant [\sigma_c] \tag{11-72}$$

式中：σ_c——混凝土压应力；

　　　m——钢筋抗拉强度标准值（数值同钢筋计算强度）与混凝土抗压极限强度之比，应按表 11-3 采用；

　　　$[\sigma_c]$——混凝土容许压应力，应按附表 2-1 采用。

当式(11-72)满足时，说明构件的抗压强度足够。

m　值　　　　　　　　　　　　　　　　　　表 11-3

钢 筋 种 类	混凝土强度等级							
	C25	C30	C35	C40	C45	C50	C55	C60
HPB300	17.7	15.0	12.8	11.1	10.0	9.0	8.1	7.5
HRB400	23.5	20.0	17.0	14.8	13.3	11.9	10.8	10.0
HRB500	29.4	25.0	21.3	18.5	16.7	14.9	13.5	12.5

2. 稳定性计算

细长的轴心受压构件，在轴向压力作用下，可能在强度未发生破坏前，由于纵向弯曲使构件丧失稳定性而导致破坏。因此，《铁路桥规》规定，当轴心受压构件的长细比超过一定数值时，应进行稳定性计算。

$$\sigma_c = \frac{N}{\varphi(A_c + m A'_s)} \leqslant [\sigma_c] \tag{11-73}$$

构件不同长细比的纵向弯曲系数 φ 按表 5-1 采用。

3. 截面设计

选择截面时，可将式(11-73)化为：

$$N \leqslant \varphi[\sigma_c](A_c + mA'_s) = \varphi[\sigma_c]A_c\left(1 + m\frac{A'_s}{A_c}\right) = \varphi[\sigma_c]A_c(1 + m\mu')$$

由此可得：

$$A_c \geqslant \frac{N}{\varphi[\sigma_c](1 + m\mu')} \tag{11-74}$$

式中：μ'——柱的配筋率，$\mu' = \dfrac{A'_s}{A_c}$。

设计时需进行试算，构件所用材料确定后，先假定 φ 及 μ' 值（φ 值初设可取 1，μ' 值可按经济配筋率选用），则可由式（11-74）求出所需的 A_c。据此选取截面的边长（注意边长取 5 或 10cm 的倍数），再算出长细比并查出 φ 值。按此 φ 值代入式（11-74）重新求出需要的 A_c，并修改截面尺寸。经一两次试算，即可定出提供的 A_c。最后，按下式计算需要的纵筋面积 A'_s 并配置纵筋：

$$A'_s \geqslant \frac{N - \varphi[\sigma_c]A_c}{m\varphi[\sigma_c]} \tag{11-75}$$

二、螺旋箍筋柱

《铁路桥规》在进行螺旋箍筋柱的强度计算时，采用式（11-76）反映核心混凝土被约束后的轴心抗压强度 f：

$$f = f_c + 4\sigma_r \tag{11-76}$$

式中：σ_r——当间接钢筋达到屈服强度时，核心混凝土受到的径向压应力。由第五章，σ_r 可用式（11-77）计算：

$$\sigma_r = \frac{f_s A_j}{2A_{he}} \tag{11-77}$$

f_s——间接钢筋的抗拉强度标准值；

A_j——间接钢筋的换算截面面积；

$$A_j = \frac{\pi d_{he} a_j}{s} \tag{11-78}$$

d_{he}——构件的核心直径；

a_j——单根间接钢筋的截面面积；

s——间接钢筋的间距；

A_{he}——构件的核心截面面积。

根据螺旋箍筋柱破坏前的应力状态，由平衡条件可得：

$$N_u = fA_{he} + f'_s A'_s = \left(f_c + \frac{2f_s A_j}{A_{he}}\right)A_{he} + f'_s A'_s = f_c A_{he} + 2f_s A_j + f'_s A'_s \tag{11-79}$$

取安全系数 K，得公式：

$$N \leqslant \frac{N_u}{K} = \frac{f_c A_{he} + 2f_s A_j + f'_s A'_s}{K}$$

$$= [\sigma_c](A_{he} + 2m'A_j + mA'_s) \tag{11-80}$$

317

《铁路桥规》中将上式改写成复核应力的形式：

$$\sigma_c = \frac{N}{A_{he} + 2m'A_j + mA'_s} \leqslant [\sigma_c] \tag{11-81}$$

式中：m'——间接钢筋的抗拉强度标准值与混凝土抗压极限强度之比，按表 11-3 采用。

必须注意：构件因使用螺旋式或焊接环式间接钢筋而增加的承载能力，不应超过未使用间接钢筋时的 60%。另外，当长细比 l_0/i 大于 28 时，应不再考虑间接钢筋的影响，即按式(11-73)进行计算。

需要指出的是：《铁路桥规》中钢筋混凝土轴心受压构件的计算，实质上是以破坏阶段的截面应力状态为计算依据的，只不过，《铁路桥规》把按破坏阶段法的计算公式化成了按容许应力法计算的表达公式而已。

第六节 裂缝宽度和变形检算

一、裂缝宽度检算

1. 矩形、T 形及工字形截面受弯及偏心受压构件

$$w_f = K_1 K_2 r \frac{\sigma_s}{E_s}\left(80 + \frac{8 + 0.4d}{\sqrt{\mu_z}}\right) \tag{11-82}$$

$$K_2 = 1 + \alpha \frac{M_1}{M} + 0.5 \frac{M_2}{M} \tag{11-83}$$

$$\mu_z = \frac{(\beta_1 n_1 + \beta_2 n_2 + \beta_3 n_3)A_{sl}}{A_{cl}} \tag{11-84}$$

$$A_{cl} = 2ab \tag{11-85}$$

式中：w_f——计算裂缝宽度(mm)；

$\quad K_1$——钢筋表面形状影响系数，对光钢筋 $K_1 = 1.0$，带肋钢筋 $K_1 = 0.72$；

$\quad K_2$——荷载特征影响系数；

$\quad \alpha$——系数，对光钢筋取 0.5，对带肋钢筋取 0.3；

$\quad M_1$——活载作用下的弯矩(MN·m)；

$\quad M_2$——恒载作用下的弯矩(MN·m)；

$\quad M$——全部计算荷载作用下的弯矩，当主力作用时为恒载弯矩与活载弯矩之和，主力加附加力作用时为恒载弯矩、活载弯矩及附加力弯矩之和(MN·m)；

$\quad r$——中性轴至受拉边缘的距离与中性轴至受拉钢筋重心的距离之比，对梁和板，r 可分别采用 1.1 和 1.2；

$\quad \sigma_s$——受拉钢筋重心处的钢筋应力(MPa)；

$\quad E_s$——钢筋的弹性模量(MPa)；

$\quad d$——受拉钢筋直径(mm)；

$\quad \mu_z$——受拉钢筋的有效配筋率；

n_1、n_2、n_3——单根、两根一束、三根一束的受拉钢筋根数；

β_1、β_2、β_3——考虑成束钢筋的系数,对单根钢筋 $\beta_1 = 1.0$,两根一束 $\beta_2 = 0.85$,三根一束 $\beta_3 = 0.70$;

A_{sl}——单根钢筋的截面面积(m^2);

A_{cl}——与受拉钢筋相互作用的受拉混凝土面积,取为与受拉钢筋重心相重的混凝土面积(即图 11-23 中的阴影面积,图中 a 为钢筋重心至受拉边缘的距离)(m^2)。

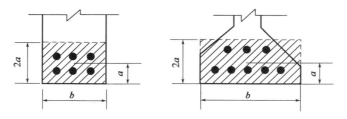

图 11-23　A_{cl} 计算示意图

2. 圆形或环形截面偏心受压构件

$$w_f = K_1 K_2 K_3 r \frac{\sigma_s}{E_s} \left(100 + \frac{4 + 0.2d}{\sqrt{\mu_z}} \right) \tag{11-86}$$

$$r = \frac{2R - x}{R + r_s - x} \leqslant 1.2 \tag{11-87}$$

$$\mu_z = \frac{(\beta_1 n_1 + \beta_2 n_2 + \beta_3 n_3) A_{sl}}{A_z} \tag{11-88}$$

$$A_z = 4\pi r_s (R - r_s) \tag{11-89}$$

式中:K_1、K_2——同上；

K_3——截面形状系数,对圆形截面 K_3 取 1.0,对环形截面 K_3 取 1.1;

r——中性轴至受拉边缘的距离与中性轴至最大拉应力钢筋中心的距离之比(按图 11-24 计算),当 $r > 1.2$ 时,取为 1.2;

σ_s——钢筋的最大拉应力(MPa);

d——纵向钢筋直径,当钢筋直径不同时,按大直径取用(mm);

μ_z——纵向钢筋的有效配筋率,当 μ_z 小于 0.005 时,按 0.005 采用;计算时,$n_1 \sim n_3$ 应计入全部纵向钢筋;

A_z——与纵向钢筋相互作用的混凝土面积(图 11-25 中的阴影面积)(m^2)。

钢筋混凝土结构构件的计算裂缝宽度不应超过附表 2-3 规定的容许值。

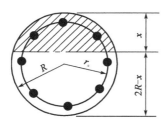

图 11-24　r 计算示意图

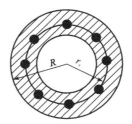

图 11-25　A_z 计算示意图

二、受弯构件的挠度检算

梁的挠度过大会影响列车高速平稳的运行。因此,《铁路桥规》规定,静活载(即不计列车竖向动力作用)所引起的最大竖向挠度,对于简支梁不应超过跨度的 1/800;对于连续梁边跨不应超过跨度的 1/800,中间跨不应超过跨度的 1/700。

影响梁挠度的因素很多且情况比较复杂,精确计算钢筋混凝土梁的挠度是比较困难的。工程实践中对于钢筋混凝土梁挠度的计算,其截面刚度的取值,通常是根据试验研究分析,提出一些近似的方法。《铁路桥规》中规定计算截面刚度时,弹性模量需要折减,截面惯性矩的取值也有相应的规定。

按容许应力法计算钢筋混凝土结构变形,可采用弹性阶段结构分析的方法。如钢筋混凝土简支梁在均布荷载作用下,其跨中挠度按下式计算:

$$f = \frac{5}{48} \frac{Ml^2}{EI_0} \tag{11-90}$$

式中:M——均布荷载作用下梁的跨中弯矩;

E——计算挠度时的弹性模量,取 $E = 0.8E_c$,E_c 为混凝土的受压弹性模量,按规范采用;系数 0.8 主要考虑混凝土的弹性模量在多次重复荷载作用后降低 20%~25%;

I_0——换算截面的惯性矩,不计受拉区的混凝土而计入钢筋,计算中采用 $n = E_s/0.8E_c$,即受拉区的换算面积为 $nA_s = E_sA_s/0.8E_c$。

对于超静定结构,钢筋混凝土结构变形的计算常需要采用结构分析软件,即采用有限元分析方法计算。《铁路桥规》规定,对于超静定结构的变形计算而言,在选择截面时尚无配筋数量,此时惯性矩数值可近似采用全部混凝土截面而不计钢筋。以上截面刚度的考虑方法比较简便,但也是比较近似的。

📖 小　结

(1)按容许应力法计算钢筋混凝土构件是将结构的材料视为理想的匀质弹性体,以工作应力阶段 Ⅱ 为根据,采用平截面假定及弹性体假定,从而应用《材料力学》弹性理论的计算公式求出构件截面的最大应力,并使其小于某一考虑了安全储备后的容许应力值。尽管按容许应力法计算的假定,与接近破坏时截面上的实际应力分布情况是不相符的,但它毕竟反映了结构一定工作阶段的实际受力情况,特别是在钢筋混凝土构件的施工、运输和安装等施工阶段以及预应力混凝土构件在使用阶段等,仍需按类似于容许应力法的方法进行截面应力验算。

(2)将由钢筋和混凝土两种材料所组成的实际截面换算成一种拉压性能相同的假想材料所组成的匀质截面,经此换算就可将钢筋混凝土梁视为匀质梁,从而能直接应用材料力学中关于匀质梁的计算公式。换算截面不仅应该与原有的实际截面具有相同的承载能力,而且应不改变原来的变形条件,即两者所受力的大小、方向和作用点都相同。

(3)截面的受压区高度 x,完全决定于材料、配筋率及截面尺寸,而与荷载弯矩无关。

(4)由于混凝土截面尺寸和钢筋直径都有一定的进级,还要考虑一些构造要求,很难恰好做成"平衡设计",所以工程实践中,通常适当加大截面高度,而采用一个较低的配筋率,以节约钢材,即采用"低筋设计"。"超筋设计"的梁中钢筋过多,当混凝土的应力达到容许值,钢筋应力仍低于容许值,既不经济又不安全,应尽量避免。

（5）钢筋混凝土梁中受压区内的主应力变化规律与匀质弹性材料梁相同。受拉区中则因混凝土不参加工作,所以处于纯剪切应力状态,其主拉应力方向与正应力方向成 45°角,主拉应力大小则与剪应力相等。由于两者数值相等,而混凝土的抗拉强度较低,一般仅为抗剪强度的一半,所以对钢筋混凝土梁进行主拉应力检算后,一般就不再检算剪应力。

（6）《铁路桥规》对混凝土的主拉应力规定了三种容许值,其中,混凝土可以承受的主拉应力最大值是$[\sigma_{tp-2}]$,而不是$[\sigma_{tp-1}]$。$[\sigma_{tp-1}]$是计算控制指标,其作用是保证梁体有足够的厚度,以免主拉应力值过高,导致斜裂缝开展过宽。

（7）进行腹筋设计时,通常按构造要求和工程经验先确定箍筋的直径、肢数和间距,然后计算箍筋所能承受的主拉应力值或剪应力值。在此基础上,利用剪应力图来计算需由斜筋承受的斜拉力之大小,由此,确定需提供的斜筋截面面积。

（8）利用材料力学中截面核心距的概念,可判断大小偏心受压。即轴向力偏心距小于或等于截面核心距时,全截面受压,则为小偏心受压;轴向力偏心距大于截面核心距时,中性轴位于截面内,截面存在受拉区,则为大偏心受压。小偏心受压构件由于全截面受压,可直接采用材料力学应力计算公式进行;大偏心受压构件由于截面中性轴的位置与轴向力的偏心距大小有关,且截面受拉区不参加工作,所以首先需确定中性轴的位置,然后再进行应力计算。

（9）由于偏心受压构件考虑了纵向弯曲引起的偏心距增大,所以在弯矩作用平面内,可不再进行稳定性验算。但尚应按轴心受压构件,验算垂直于弯矩作用平面的稳定性,这时,不考虑弯矩作用,但应考虑纵向弯曲的影响,同时要注意计算式中的受压钢筋面积为截面中的全部纵向钢筋的总面积。

（10）《铁路桥规》中钢筋混凝土轴心受压构件的计算,采用塑性变形理论,以破坏阶段的截面应力状态为计算依据。不过,《铁路桥规》把按破坏阶段法的计算公式换算成按容许应力法计算的表达公式。

📖 思 考 题

11-1　按容许应力法进行抗弯强度计算时,采用了哪些基本假定?

11-2　何谓平衡设计、低筋设计? 为什么一般实际工程中多采用低筋设计?

11-3　《铁路桥规》对混凝土的主拉应力规定了三种容许值:$[\sigma_{tp-1}]$、$[\sigma_{tp-2}]$及$[\sigma_{tp-3}]$,它们各表示什么含义? 在设计腹筋时如何应用?

11-4　主拉应力图及剪应力图如何绘制? 两者之间有什么关系?

11-5　按容许应力法,如何进行腹筋的设计?

11-6　什么叫弯矩包络图和材料抵抗图? 为什么在钢筋混凝土梁的设计中一般都要绘制这两个图形?

11-7　《铁路桥规》中对轴心受压构件和偏心受压构件的强度计算,各采用了什么设计方法?

11-8　按容许应力法,大小偏心受压构件的截面应力状态有何不同?如何判别?它们在计算方法上有何不同?

📖 习　　题

11-1　某钢筋混凝土简支梁,计算跨度 $l_0=5m$,截面尺寸 $b×h=250mm×600mm$,承受均布荷载 $q=25kN/m$(包括自重),混凝土采用 C30,HPB300 钢筋,要求设计跨中截面。

11-2　一钢筋混凝土矩形截面简支梁,计算跨度 $l_0=6m$,承受均布荷载值 14kN/m(包括自重)。试按 C30 混凝土,HPB300 钢筋,采用平衡设计法确定梁的截面尺寸,并布置钢筋。

11-3　某单筋矩形截面梁,截面尺寸 $b×h=200mm×500mm$,梁内配 HPB300 钢筋 3Φ18,混凝土采用 C30,截面弯矩 $M=40kN·m$。试复核截面应力,并计算截面的容许弯矩。

11-4　某双筋矩形截面简支梁,计算跨度 $l_0=6m$,跨中截面尺寸及配筋如图 11-26 所示,承受均布荷载值 46kN/m(包括自重),混凝土采用 C30,HRB400 钢筋,试复核该截面。

11-5　某单筋 T 形截面梁,截面尺寸及配筋如图 11-27 所示,混凝土采用 C30,HRB400 钢筋,该截面弯矩 $M=250kN·m$。求钢筋和混凝土的应力。

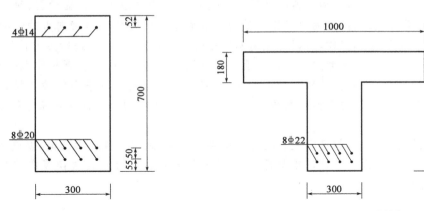

图 11-26　习题 11-4 图(尺寸单位:mm)　　　　　图 11-27　习题 11-5 图(尺寸单位:mm)

11-6　一钢筋混凝土矩形截面简支梁,截面尺寸 $b×h=450mm×1200mm$,计算跨度 $l_0=10m$,承受均布荷载值 72kN/m(包括自重)。梁内布置主筋为 4Φ28,混凝土采用 C30。试绘出梁的剪应力图和主拉应力图,并计算其图形面积。

11-7　条件同习题 11-6,从上述图形中计算出由混凝土承受的主拉应力的梁段长度;当箍筋采用 4 肢Φ8,间距为 300mm 时,计算出箍筋所能承担的主拉应力;在此基础上求出需要弯起的钢筋数量。

11-8　某轴心受压箍筋柱,截面为 450mm×450mm 的正方形,柱长为 10m,一端是刚性固定,另一端是不移动绞;混凝土为 C30,纵筋用 4Φ22 的 HRB400 钢,该柱承受轴向压力 $N=800kN$,试复核该柱的强度和稳定性。

11-9　某圆形截面旋筋柱,柱长为 5.4m,两端均为刚性固定,截面外径是 400mm,混凝土为 C30,纵筋为 6Φ18 的 HRB400 钢,沿周边均匀布置;螺旋钢筋采用的螺距为 50mm、直径为

φ10的 HPB300 钢。该柱承受轴向压力 $N=800$kN,试复核该柱的强度和稳定性。

11-10　某矩形截面偏心受压柱,截面尺寸 $b \times h = 250\text{mm} \times 350\text{mm}$,$A_s = A'_s = 1017\text{mm}^2$,计算长度 $l_0 = 5$m,混凝土为 C30,HRB400 钢。该柱承受的轴向压力 $N=450$kN,初始弯矩为 $M=20$kN·m。要求复核截面混凝土和钢筋的应力,并检算柱的稳定性。

11-11　某矩形截面偏心受压柱,截面尺寸 $b \times h = 400\text{mm} \times 1000\text{mm}$,计算长度 $l_0 = 8$m,混凝土为 C35,HRB400 钢,沿短边各布置 5Φ16。该柱承受的轴向压力 $N=500$kN,初始弯矩为 $M=300$kN·m。要求复核截面的应力及柱的稳定性。

第十二章　铁路桥涵预应力混凝土结构

第一节　概　　述

一、计算内容

铁路桥涵预应力混凝土结构应按下列规定检算其强度、抗裂性、应力、裂缝宽度及变形：

（1）按破坏阶段检算构件截面强度。构件在预加应力、运送、安装和运营阶段的破坏强度安全系数不应低于附表 2-11 所列数值。

（2）对不允许出现拉应力的预应力混凝土结构，按弹性阶段检算截面抗裂性，但在运营阶段正截面抗裂性检算中，应计入混凝土受拉塑性变形的影响。构件的抗裂安全系数不应低于附表 2-11 所列数值。

（3）按弹性阶段检算预加应力、运送、安装和运营等阶段构件内的应力；对允许开裂的预应力混凝土结构，检算运营阶段应力时，不应计入开裂截面受拉区混凝土的作用。

（4）运营阶段正截面混凝土拉应力超过 $0.7f_{ct}$ 时，应按开裂截面计算。

允许开裂的预应力混凝土结构，应检算其在运营阶段和架桥机通过时，开裂截面的裂缝宽度。对允许出现拉应力，但不允许开裂的结构，必要时也应检算其裂缝宽度。

（5）按弹性阶段计算梁的变形（挠度和转角）。

此外，在有少量酸、碱、盐的液体或大量含氧的水、侵蚀性气体、侵蚀性工业或海洋大气等严重环境腐蚀条件下，不应采用允许开裂的预应力混凝土结构。

二、预应力混凝土结构的材料

根据《铁路桥规》，预应力混凝土桥跨结构的混凝土强度等级不得低于 C40。管道压浆用水泥浆强度等级不宜低于 M35。

预应力钢筋采用预应力钢丝、预应力钢绞线及预应力螺纹钢筋。

三、预应力度

预应力混凝土结构，其预应力度 λ 不宜小于 0.7。

预应力度按下式定义：

$$\lambda = \frac{\sigma_c}{\sigma} \tag{12-1}$$

式中：σ——由设计荷载（不包括预加力）引起的构件控制截面受拉边缘的应力（MPa）；

σ_c——由预加力（扣除全部预应力损失）引起的构件控制截面受拉边缘的预压应力（MPa）。

第二节　预应力损失的估算

一、锚下控制应力

在预加应力的过程中，预应力钢筋在锚下的控制应力应符合下式条件：

钢丝、钢绞线 $\qquad\qquad\qquad \sigma_{con} = \sigma_{p1} + \sigma_L \leqslant 0.75 f_{pk}$ （12-2）

预应力螺纹钢筋 $\qquad\qquad \sigma_{con} = \sigma_{p1} + \sigma_L \leqslant 0.90 f_{pk}$ （12-3）

式中：σ_{con}——预应力钢筋在锚下的控制应力（MPa）；

$\quad\sigma_{p1}$——预应力钢筋中的有效预应力（MPa）；

$\quad\sigma_L$——预应力钢筋中的全部预应力损失值（MPa）；

$\quad f_{pk}$——预应力钢筋的抗拉强度标准值（MPa），按附表 2-6、附表 2-7 及附表 2-8 采用。

对于拉丝式体系（直接张拉钢丝的体系），包括锚圈口摩擦及喇叭口摩擦引起的应力损失在内，锚外钢筋中的最大控制应力不应超过 $0.8 f_{pk}$。对预应力混凝土用螺纹钢筋不应超过 $0.95 f_{pk}$。

二、预应力损失

当计算预应力钢筋的应力时，应考虑下列因素引起的预应力损失：钢筋与管道之间的摩阻；锚头变形、钢筋回缩和分块拼装构件的接缝压缩；台座与钢筋之间的温度差；混凝土的弹性压缩；钢筋的应力松弛；混凝土的收缩和徐变。此外，尚应考虑预应力钢筋与锚圈口的摩擦。

预应力损失宜根据试验数据确定，如无可靠试验资料，可按下列规定计算：

1. 钢筋与管道间的摩擦引起的应力损失 σ_{L1}

$$\sigma_{L1} = \sigma_{con}\left[1 - e^{-(\mu\theta + kx)}\right] \qquad (12\text{-}4)$$

式中：σ_{con}——钢筋（锚下）控制应力（MPa）；

$\quad\theta$——从张拉端至计算截面的长度上，钢筋弯起角之和（rad）；

$\quad x$——从张拉端至计算截面的管道长度（m）；

$\quad\mu$——钢筋与管道壁之间的摩擦系数，按附表 2-12 采用；

$\quad k$——考虑每米管道对其设计位置的偏差系数，按附表 2-12 采用。

2. 锚头变形、钢筋回缩和接缝压缩引起的应力损失 σ_{L2}

$$\sigma_{L2} = \frac{\Delta L}{L} E_p \qquad (12\text{-}5)$$

式中：L——预应力钢筋的有效长度（m）；

$\quad\Delta L$——锚头变形、钢筋回缩和接缝压缩值（m）。

如无试验数据，一个锚头的变形、钢筋回缩和一条接缝压缩值可按附表 2-13 采用。

计算时，可考虑钢筋与管道间反向摩擦的影响，按《铁路桥规》附录的规定计算。对于对称张拉的简支梁，考虑反向摩擦时，可近似将跨中回缩值取端部的 1/2 计算。

3. 钢筋和张拉台座之间的温差引起的应力损失 σ_{L3}

$$\sigma_{L3} = 2(t_2 - t_1) \tag{12-6}$$

式中：t_1——张拉钢筋时，制造场地的温度（℃）；

t_2——用蒸汽或其他方法加热养护时的混凝土最高温度（℃）。

为了减少温差引起的应力损失，宜采用适当的养护措施。如张拉台座与构件共同受热时，则不计算应力损失 σ_{L3}。

4. 混凝土的弹性压缩引起的应力损失 σ_{L4}

对先张法结构，放松钢筋时由于混凝土弹性压缩引起的应力损失：

$$\sigma_{L4} = n_p \cdot \sigma_c \tag{12-7}$$

式中：n_p——预应力钢筋弹性模量与混凝土弹性模量之比；

σ_c——在计算截面钢筋重心处，由预加应力产生的混凝土正应力（MPa）。

按换算截面计算混凝土有效预应力 σ_c 时，不计 σ_{L4}，但在计算钢筋的有效预应力值时，仍应扣除 σ_{L4}。

在后张法结构中，当分批张拉预应力钢筋时，对先张拉的钢筋应考虑由于混凝土的弹性压缩引起的应力损失，按下式计算：

$$\sigma_{L4} = n_p \cdot \Delta\sigma_c \cdot Z \tag{12-8}$$

式中：$\Delta\sigma_c$——在先行张拉的预应力钢筋重心处，由于后来张拉一根钢筋而产生的混凝土正应力；对于简支梁可取跨度 1/4 截面上的应力；对于连续梁、连续刚构可取若干有代表性截面上应力的平均值（MPa）；

Z——在所计算的钢筋张拉后再行张拉的钢筋根数。

计算 $\Delta\sigma_c$ 时，可认为 σ_{L1} 和 σ_{L2} 已经发生。

5. 钢筋松弛引起的应力损失 σ_{L5}

对预应力钢筋，仅在 $\sigma_{con} \geqslant 0.5 f_{pk}$ 的情况下，才考虑 σ_{L5}。

其终极值

$$\sigma_{L5} = \zeta \cdot \sigma_{con} \tag{12-9}$$

式中：σ_{con}——先张梁采用预应力钢筋锚下控制应力，后张梁采用传力锚固时预应力钢筋的应力（MPa）；

ζ——松弛系数，对钢丝，普通松弛时，按 $0.4\left(\dfrac{\sigma_{con}}{f_{pk}} - 0.5\right)$ 采用，对钢丝、钢绞线，低松弛时，若 $\sigma_{con} \leqslant 0.7 f_{pk}$ 时 $\zeta = 0.125\left(\dfrac{\sigma_{con}}{f_{pk}} - 0.5\right)$，若 $0.7 f_{pk} < \sigma_{con} \leqslant 0.8 f_{pk}$ 时 $\zeta = 0.2\left(\dfrac{\sigma_{con}}{f_{pk}} - 0.575\right)$，对预应力螺纹钢筋，一次张拉时，按 0.05 采用，超张拉时，按 0.035 采用。

6. 混凝土收缩、徐变引起的应力损失 σ_{L6}

其终极值

$$\sigma_{L6} = \frac{0.8 n_p \sigma_{c0} \varphi_\infty + E_p \varepsilon_\infty}{1 + \left(1 + \dfrac{\varphi_\infty}{2}\right)\mu_n \rho_A} \tag{12-10}$$

$$\mu_n = \frac{n_p A_p + n_s A_s}{A} \tag{12-11}$$

$$\rho_A = 1 + \frac{e_A^2}{i^2} \tag{12-12}$$

式中：σ_∞——传力锚固时，在计算截面上预应力钢筋重心处，由于预加力（扣除相应阶段的应力损失）和梁自重产生的混凝土正应力：对简支梁可取跨中与跨度 1/4 截面的平均值；对连续梁和连续刚构可取若干有代表性截面的平均值（MPa）；

φ_∞——混凝土徐变系数的终极值；

ε_∞——混凝土收缩应变的终极值；

μ_n——梁的配筋率换算系数；

n_s——非预应力钢筋弹性模量与混凝土弹性模量之比；

A_p, A_s——预应力钢筋及非预应力钢筋的截面面积（m²）；

A——梁截面面积，对后张法构件，可近似按净截面计算（m²）；

e_A——预应力钢筋与非预应力钢筋重心至梁截面重心轴的距离（m）；

i——截面回转半径$\left(i = \sqrt{\dfrac{I}{A}}\right)$（m）；

I——截面惯性矩，对于后张法构件，可近似按净截面计算（m⁴）。

无可靠资料时，φ_∞、ε_∞ 值可按附表 2-14 采用。在年平均相对湿度低于 40% 的条件下使用的结构，表列 φ_∞、ε_∞ 值应增加 30%。

由于混凝土收缩、徐变以及钢筋松弛引起的应力损失的中间值，应根据建立预应力后的时间按附表 2-15 确定。

分阶段施工的预应力混凝土结构中由于混凝土徐变及弹性压缩引起的预应力损失，应根据施工过程中各阶段预加应力和结构自重应力的情况确定。计算时应考虑混凝土龄期的差别，综合计算各有关预应力筋的应力损失值，当需考虑其他预应力损失时可根据试验确定。

预应力损失值组合及预应力钢筋的有效预应力的计算同第十章，不再赘述。

第三节 预应力混凝土受弯构件的应力计算

计算预应力混凝土结构截面应力时，对于后张法结构，在钢筋管道内压注水泥浆以前，应采用被管道削弱的净混凝土并计入非预应力钢筋后的换算截面（即净截面）；在建立了钢筋与混凝土间的黏结力后，则采用全部换算截面（运营荷载作用时的受拉区不计管道部分）。对于先张法结构，应采用换算截面。

一、预加力计算

由于预加力在构件正截面上产生的轴向力、剪力及弯矩应按下列公式计算（图 12-1）：

$$N_p = \sigma_p A_p + \sigma_p' A_p' + \sigma_p A_{pb} \cos\alpha \tag{12-13}$$

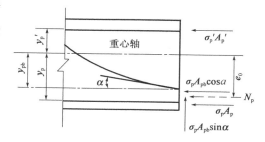

图 12-1 计算截面预加力图

$$Q_p = \sigma_p A_{pb} \sin\alpha \tag{12-14}$$

$$M_p = N_p e_0 \tag{12-15}$$

$$e_0 = \frac{\sigma_p A_p y_p - \sigma'_p A'_p y'_p + \sigma_p A_{pb} y_{pb} \cos\alpha}{N_p} \tag{12-16}$$

式中：N_p——预加力产生的轴向力（MN）；

Q_p——预加力产生的剪力（MN）；

M_p——预加力产生的弯矩（MN·m）；

A_p、A'_p——受拉区及受压区的预应力水平钢筋截面面积（m^2）；

A_{pb}——受拉区预应力弯起钢筋的截面面积（m^2）；

σ_p、σ'_p——受拉区及受压区的预应力钢筋中的预加应力，按相应工作阶段扣除预应力损失（MPa）；

α——预应力弯起钢筋的切线与构件纵轴间的夹角（°）；

e_0——预加力沿水平方向合力至截面重心轴的距离（m）；截面重心轴应根据不同预加应力方法、不同工作阶段，采用换算截面重心轴或净截面重心轴；为区别以上两种情况，预加力合力至换算截面重心轴的距离则用 e_{p0} 表示，而预加力合力至净截面重心轴的距离用 e_{pn} 表示；

y_p、y'_p——受拉区及受压区预应力水平钢筋的重心至截面重心轴的距离（m）；

y_{pb}——受拉区预应力弯起钢筋的重心至截面重心轴的距离（m）。

二、正应力计算

1. 预加力产生的正应力

由预加力产生的混凝土正应力应按下列公式计算：

(1)未扣除混凝土收缩、徐变引起的损失时

$$\sigma_c = \frac{N_p}{A} \pm \frac{N_p e_0 y}{I} \tag{12-17}$$

式中：σ_c——计算点处混凝土应力（MPa）；

N_p——钢筋预加应力的合力（扣除相应阶段的预应力损失，但对先张法结构不再扣除弹性压缩引起的应力损失 σ_{L4}）（MN）；

e_0——预应力钢筋重心至截面重心轴的距离（m）；

A、I——截面的面积及惯性矩，分别以 m^2 和 m^4 计；

y——计算应力点至截面重心轴的距离（m）。

(2)扣除混凝土收缩、徐变引起的损失后

$$\sigma_{c1} = \sigma_{ci} - \sigma_{cL6} \tag{12-18}$$

$$\sigma_{cL6} = \mu_{ps}\left(1 \pm \frac{e_A}{i^2}y\right)\sigma_{L6} \tag{12-19}$$

$$\mu_{ps} = \frac{A_p + A_s}{A} \tag{12-20}$$

式中:σ_{c1}——扣除全部应力损失后,混凝土截面有效预应力(MPa);

σ_{ci}——扣除除混凝土收缩、徐变应力损失外其他各项应力损失后混凝土的预应力,按式(12-17)计算(MPa);

σ_{cL6}——由于混凝土收缩、徐变引起的混凝土预应力的降低值(MPa);

μ_{ps}——配筋率。

2. 计算荷载产生的正应力

对于不允许开裂的构件,由计算荷载在混凝土、预应力钢筋及非预应力钢筋中产生的应力应按下列公式计算:

$$\sigma_c = \pm \frac{My}{I} \tag{12-21}$$

$$\sigma_p = n_p \sigma_{c0} \tag{12-22}$$

$$\sigma_s = n_s \sigma_{cs} \tag{12-23}$$

式中:M——计算弯矩(MN·m);

σ_c——计算点处混凝土应力(MPa);

σ_p、σ_s——预应力钢筋重心处及非预应力钢筋重心处的钢筋的应力(MPa);

σ_{c0}、σ_{cs}——预应力钢筋重心处及非预应力钢筋重心处的混凝土应力(MPa)。

3. 混凝土总应力

以预应力混凝土简支梁为例,正截面上下缘混凝土正应力的总值可按下列公式计算。

(1)预加应力阶段

正截面上下缘混凝土正应力的总值 σ_{cu}、σ_{cb} 可按下式计算:

先张法构件
$$\left.\begin{array}{l} \sigma_{cu} = \dfrac{N_{p0}}{A_0} - \dfrac{N_{p0} e_{p0}}{W_{0u}} + \dfrac{M_{G1}}{W_{0u}} \\[3mm] \sigma_{cb} = \dfrac{N_{p0}}{A_0} + \dfrac{N_{p0} e_{p0}}{W_{0b}} - \dfrac{M_{G1}}{W_{0b}} \end{array}\right\} \tag{12-24}$$

后张法构件
$$\left.\begin{array}{l} \sigma_{cu} = \dfrac{N_p}{A_n} - \dfrac{N_p e_{pn}}{W_{nu}} + \dfrac{M_{G1}}{W_{nu}} \\[3mm] \sigma_{cb} = \dfrac{N_p}{A_n} + \dfrac{N_p e_{pn}}{W_{nb}} - \dfrac{M_{G1}}{W_{nb}} \end{array}\right\} \tag{12-25}$$

式中:N_{p0}——先张法构件预应力钢筋的预加应力(扣除相应阶段的预应力损失)的合力,$N_{p0} = \sigma_{p0} A_p$;

A_p——预应力钢筋的截面面积;

σ_{p0}——预应力钢筋合力点处混凝土法向应力等于零时的预应力钢筋应力,亦即放张前的有效预应力,$\sigma_{p0} = \sigma_{con} - \sigma_{L1} + \sigma_{L4}$,其中 σ_{L1} 为传力锚固时的预应力损失值之和,$\sigma_{L1} = \sigma_{L2} + \sigma_{L3} + \sigma_{L4} + 0.5\sigma_{L5}$;

N_p——后张法构件预应力钢筋的预加应力(扣除相应阶段的预应力损失)的合力,$N_p = (\sigma_{con} - \sigma_{L1} - \sigma_{L2} - \sigma_{L4}) A_p$;

e_{p0}、e_{pn}——预加力合力对全截面换算截面重心的偏心距及对净截面重心的偏心距;

A_0——全截面换算截面的面积;

W_{0u}、W_{0b}——全截面换算面积对上、下缘的截面抵抗矩；

W_{nu}、W_{nb}——净截面对上、下缘的截面抵抗矩；

M_{G1}——一期恒载（自重）产生的弯矩。

（2）使用阶段

运营荷载及预应力钢筋有效预应力产生的正截面混凝土最大压应力 σ_c 可按下式计算：

先张法构件 $\qquad \sigma_c = \dfrac{N_{p0}}{A_0} - \dfrac{N_{p0}e_{p0}}{W_{0u}} + \dfrac{M_{G1}}{W_{0u}} + \dfrac{M_{G2}}{W_{0u}} + \dfrac{M_Q}{W_{0u}} - \sigma_{cL6}$ （12-26）

后张法构件 $\qquad \sigma_c = \dfrac{N_p}{A_n} - \dfrac{N_p e_{pn}}{W_{nu}} + \dfrac{M_{G1}}{W_{nu}} + \dfrac{M_{G2}}{W_{0u}} + \dfrac{M_Q}{W_{0u}} - \sigma_{cL6}$ （12-27）

式中：N_{p0}——先张法构件预应力钢筋的预加应力（扣除相应阶段的预应力损失）的合力，$N_{p} = \sigma_{p0}A_p$，$\sigma_{p0} = \sigma_{con} - \sigma_{L2} - \sigma_{L3} - \sigma_{L5}$；

$\quad N_p$——后张法构件预应力钢筋的预加应力（扣除相应阶段的预应力损失）的合力，$N_p = (\sigma_{con} - \sigma_{L1} - \sigma_{L2} - \sigma_{L4} - \sigma_{L5})A_p$；

$\quad M_{G2}$——二期恒载产生的弯矩；

$\quad M_Q$——可变荷载产生的弯矩。

4. 限值

《铁路桥规》要求，正应力应符合下列规定：

（1）混凝土正应力

①在预加应力过程中，由于临时超张拉而在混凝土中产生的压应力应符合下式条件：

$$\sigma_c \leqslant 0.80 f'_c \qquad (12\text{-}28)$$

②在传力锚固或存梁阶段，计入构件自重作用后，混凝土的正应力应符合下列条件：

压应力 $\qquad\qquad\qquad\qquad\qquad \sigma_c \leqslant \alpha f'_c$ （12-29）

拉应力 $\qquad\qquad\qquad\qquad\qquad \sigma_{ct} \leqslant 0.7 f'_{ct}$ （12-30）

式中：σ_c——混凝土压应力（MPa）；

$\quad \sigma_{ct}$——混凝土拉应力（MPa）；

$\quad \alpha$——系数，C50～C60 混凝土为 0.75，C40～C45 混凝土为 0.70；

f'_c、f'_{ct}——预加应力或存梁阶段，混凝土的抗压及抗拉极限强度（MPa），按相应阶段混凝土的立方体抗压强度标准值，查附表 2-4 直线插入取用。

③运营荷载作用下正截面混凝土压应力（扣除全部应力损失后）应符合下列规定：

主力组合作用时 $\qquad\qquad\qquad\qquad \sigma_c \leqslant 0.5 f_c$ （12-31）

主力加附加力组合作用时 $\qquad\qquad \sigma_c \leqslant 0.55 f_c$ （12-32）

式中：σ_c——运营荷载及预应力钢筋有效预应力产生的正截面混凝土最大压应力（MPa）；

$\quad f_c$——混凝土抗压极限强度（MPa），按附表 2-4 采用。

④运营荷载作用下正截面混凝土受拉区应力（扣除全部应力损失后）应符合下列规定：

对不允许出现拉应力的构件 $\qquad\qquad \sigma_{ct} \leqslant 0$ （12-33）

对允许出现拉应力但不允许开裂的构件 $\qquad \sigma_{ct} \leqslant 0.7 f_{ct}$ （12-34）

式中：σ_{ct}——运营荷载及预应力钢筋有效预应力在混凝土截面受拉边缘产生的应力（MPa），受拉为正；

f_{ct}——混凝土抗拉极限强度(MPa),按附表 2-4 采用。

(2)预应力钢筋拉应力

①在传力锚固时,预应力钢筋的应力应符合下列条件:

先张法构件 $\qquad \sigma_p = \sigma_{con} - (\sigma_{L2} + \sigma_{L3} + \sigma_{L4} + 0.5\sigma_{L5}) \leqslant 0.65 f_{pk}$ $\qquad$ (12-35)

后张法构件 $\qquad \sigma_p = \sigma_{con} - (\sigma_{L1} + \sigma_{L2} + \sigma_{L4}) \leqslant 0.65 f_{pk}$ $\qquad$ (12-36)

式中: σ_p——预应力钢筋的应力(MPa);

σ_{L1}、$\cdots$、σ_{L5}——预应力钢筋的各项预应力损失值(MPa)。

②运营荷载作用下,预应力钢筋最大应力应符合下列规定:

$$\sigma_p \leqslant 0.6 f_{pk} \qquad (12-37)$$

三、主应力计算

主应力计算应针对下列部位进行:

(1)在构件长度方向,应计算剪力及弯矩均较大的区段,以及构件外形和腹板厚度有变化之处。

(2)沿截面高度方向,应计算截面重心轴处及腹板与上、下翼缘相接处。

梁斜截面的混凝土主拉应力和主压应力,应按下列公式计算:

主拉应力 $\qquad \sigma_{tp} = \dfrac{\sigma_{cx} + \sigma_{cy}}{2} - \sqrt{\left(\dfrac{\sigma_{cx} - \sigma_{cy}}{2}\right)^2 + \tau_c^2}$ $\qquad$ (12-38)

主压应力 $\qquad \sigma_{cp} = \dfrac{\sigma_{cx} + \sigma_{cy}}{2} + \sqrt{\left(\dfrac{\sigma_{cx} - \sigma_{cy}}{2}\right)^2 + \tau_c^2}$ $\qquad$ (12-39)

$$\sigma_{cx} = \sigma_{c1} \pm \frac{K_{fl} \cdot M \cdot y_0}{I_0} \qquad (12-40)$$

$$\sigma_{cy} = \frac{n_{pv}\sigma_{pv}a_{pv}}{bs_{pv}} \qquad (12-41)$$

$$\tau_c = K_{fl}\tau - \frac{V_{pb} \cdot S}{bI} \qquad (12-42)$$

式中:σ_{tp}、σ_{cp}——混凝土的主拉应力及主压应力(MPa);

σ_{cx}、σ_{cy}——计算主拉(压)应力点处混凝土的法向应力及竖向压应力(MPa);

σ_{c1}——计算点处混凝土的有效预压应力(MPa);

τ_c——计算点处混凝土的剪应力(MPa);

τ——相应于计算弯矩 M 的荷载作用下,计算点处混凝土的剪应力(MPa);

M——计算弯矩(MN·m);

y_0——计算点处至换算截面重心轴的距离(m);

I_0——换算截面惯性矩(m^4);

σ_{pv}——预应力竖筋中的有效预应力(MPa);

n_{pv}——预应力竖筋的肢数;

a_{pv}——单支预应力竖筋的截面面积(m^2);

s_{pv}——预应力竖筋的间距(m);

V_{pb}——由弯起预应力钢筋预加力产生的剪力(MN);

b——计算主应力点处构件截面宽度(m);

K_{f1}——系数,当对不允许出现拉应力的构件进行抗裂性检算时,按附表 2-11 中 K_f 取值,其他情况下取 1.0;

S、I——截面的面积矩及惯性矩,分别以 m^3 及 m^4 计。

变高度梁的剪应力计算应考虑高度变化的影响。

在运营荷载作用下,混凝土的最大剪应力应符合下列规定:

$$\tau_c = \tau - \tau_p \leqslant 0.17 f_c \tag{12-43}$$

式中:τ_p——由预加应力产生的预剪应力。

当有竖向预应力筋时,式(12-43)中的容许最大剪应力可是提高到 $0.17 f_c + 0.55 \sigma_{cy}$,其中 σ_{cy} 按式(12-41)计算。

对不允许出现拉应力的构件,混凝土主应力的规定见抗裂性计算的内容。

对允许出现拉应力和允许开裂的构件,运营荷载作用下混凝土主应力(扣除全部应力损失后)应符合下式规定:

$$\sigma_{tp} \leqslant 0.7 f_{ct} \tag{12-44}$$

若不符合上式要求时,应修改截面尺寸或提高混凝土强度等级。

预应力受弯构件的箍筋应按以下规定设计:在 $\sigma_{tp} \leqslant \dfrac{f_{ct}}{K_2}$ 的梁段内,箍筋可不予计算,仅按构造上的要求布置;在 $\sigma_{tp} > \dfrac{f_{ct}}{K_2}$ 的梁段内,箍筋应按承受主拉应力的 60% 计算。K_2 为混凝土达到抗拉极限强度(主拉应力)时的安全系数,应按附表 2-11 采用。当需要通过计算确定箍筋时,箍筋间距应按下式计算:

$$s_v = \frac{f_s A_v}{0.6 \sigma_{tp} b K_1} \tag{12-45}$$

式中:s_v——箍筋间距(m);

A_v——在构件同一截面内,箍筋的总截面面积(m^2);

σ_{tp}——在计算荷载作用下的主拉应力,按式(12-38)计算(MPa);

K_1——安全系数,按附表 2-11 采用;

f_s——箍筋的抗拉计算强度(MPa);

b——腹板的厚度(m)。

第四节　预应力混凝土受弯构件的强度计算

按破坏阶段法进行强度计算,是为了对构件提供足够的安全度。

一、正截面强度计算

1. 矩形截面

矩形截面或翼缘位于受拉边的 T 形截面受弯构件,其正截面强度应按下列公式计算(图 12-2):

$$KM \leqslant f_c bx \left(h_0 - \frac{x}{2} \right) + \sigma'_{pa} A'_p (h_0 - a'_p) + f'_s A'_s (h_0 - a'_s) \tag{12-46}$$

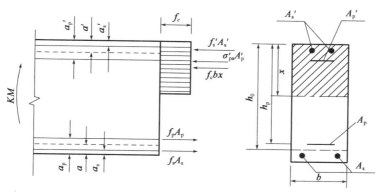

图 12-2　矩形截面受弯构件正截面强度计算图

中性轴位置按下式确定：

$$f_p A_p + f_s A_s - \sigma'_{pa} A'_p - f'_s A'_s = f_c bx \tag{12-47}$$

$$\sigma'_{pa} = f'_p - n_p \sigma_{cl} - \sigma'_{pl} \tag{12-48}$$

式中：M——计算弯矩（MN·m）；

　　K——强度安全系数，按附表 2-11 采用；

　　f_c——混凝土抗压极限强度，按附表 2-4 采用（MPa）；

　　σ'_{pa}——相应于混凝土受压破坏时预应力筋 A'_p 中的应力（MPa）；

　　n_p——预应力钢筋弹性模量与混凝土弹性模量之比；

A_p、A_s——受拉区预应力钢筋和非预应力钢筋的截面面积（m²）；

A'_p、A'_s——受压区预应力钢筋和非预应力钢筋的截面面积（m²）；

　f_p、f_s——受拉区预应力钢筋及非预应力钢筋的抗拉计算强度，按附表 2-9 采用（MPa）；

　f'_p、f'_s——受压区预应力钢筋及非预应力钢筋的抗压计算强度，按附表 2-9 采用（MPa）；

　　σ_{cl}——预应力钢筋 A'_p 重心处混凝土的有效预压应力（MPa）；

　　σ'_{pl}——混凝土应力为 σ_{cl} 时，预应力钢筋 A'_p 中的有效预应力（MPa）；

　　h_0——截面有效高度（m）；

　　b——矩形截面宽度（m）；

　　x——截面受压区高度（m）；

a、a'——钢筋 A_p 和 A_s 中应力的合力点及钢筋 A'_p 和 A'_s 中应力的合力点至截面最近边缘的距离（m）；

a_p、a_s——钢筋 A_p 中应力的合力点及钢筋 A_s 中应力的合力点至截面最近边缘的距离（m）；

a'_p、a'_s——钢筋 A'_p 中应力的合力点及钢筋 A'_s 中应力的合力点至截面最近边缘的距离（m）。

x 应符合下列条件：

$$x \leqslant 0.4 h_p$$

$$x \geqslant 2a'$$

若 $x < 2a'$ 时，可按下式计算：

$$KM \leqslant (f_p A_p + f_s A_s)(h_0 - a') \tag{12-49}$$

如按式(12-49)计算得的正截面强度比不考虑受压钢筋还小时,则应按不考虑受压钢筋计算。另外,若 σ'_{pa} 为负值,则钢筋 A'_p 不作为受压钢筋,上述 a' 应以 a'_s 代替。

2. 翼缘位于受压区的 T 形或工字形截面

翼缘位于受压区的 T 形或工字形截面受弯构件,其正截面强度应按下列规定计算:
(1)若符合下列条件时

$$f_p A_p + f_s A_s - \sigma'_{pa} A'_p - f'_s A'_s \leqslant f_c b'_f h'_f \tag{12-50}$$

应按宽度为 b'_f 的矩形截面计算,b'_f 必须符合规范规定,参见第十一章。
(2)若不符合上述条件时(图12-3)

$$KM \leqslant f_c \left[bx \left(h_0 - \frac{x}{2} \right) + (b'_f - b)h'_f \left(h_0 - \frac{h'_f}{2} \right) \right] + \sigma'_{pa} A'_p (h_0 - a'_p) + f'_s A'_s (h_0 - a'_s) \tag{12-51}$$

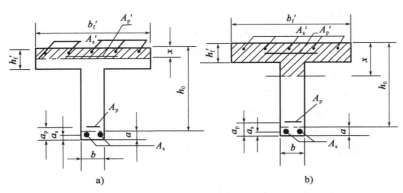

图 12-3 T 形截面受弯构件正截面强度计算图

此时,中性轴位置按下式确定:

$$f_p A_p + f_s A_s - \sigma'_{pa} A'_p - f'_s A'_s = f_c [bx + (b'_f - b)h'_f] \tag{12-52}$$

按上式求得的混凝土受压区高度应符合下列条件:

$$x \leqslant 0.4 h_p$$

$$x \geqslant 2a'$$

若 $x < 2a'$ 时,应按式(12-49)计算。当按式(12-49)所得的正截面强度比不考虑受压钢筋还小时,则按不考虑受压钢筋计算。

二、斜截面强度计算

1. 斜截面抗弯强度

受弯构件斜截面的抗弯强度可按下式计算(图12-4):

$$KM \leqslant f_p \left(\sum A_p Z_p + \sum A_{pb} Z_{pb} \right) + f_s \left(\sum A_s Z_s + \sum A_v Z_v \right) \tag{12-53}$$

式中: K——斜截面抗弯强度安全系数,按附表 2-11 采用;

334

M——通过斜截面顶端的正截面内的最大计算弯矩(MN·m);

f_p、f_s——预应力钢筋及非预应力钢筋的计算强度,按附表 2-9 采用(MPa);

A_p、A_{pb}、A_s、A_v——与斜截面相交的预应力纵向钢筋、预应力弯起钢筋、非预应力纵向钢筋及箍筋的截面面积(m^2);

Z_p、Z_{pb}、Z_s、Z_v——钢筋 A_p、A_{pb}、A_s、A_v 对混凝土受压区中心点 O 的力臂(m)。

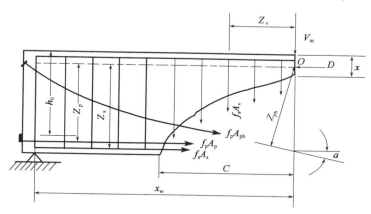

图 12-4　斜截面强度计算图

计算斜截面抗弯强度时,最不利斜截面的位置(即受拉区抗弯的薄弱处,如预应力及非预应力纵向钢筋变少处,自下向上沿斜向试算几个不同角度的斜截面)按下列条件通过试算确定:

$$KV_m = f_p \sum A_{pb} \sin\alpha + f_s \sum A_v \qquad (12\text{-}54)$$

式中:V_m——通过斜截面顶端的正截面内最大弯矩时的相应剪力(MN);

α——预应力弯起钢筋与构件纵轴线的夹角(°)。

斜截面受压区高度 x,按作用于斜截面内所有的力对构件纵轴的投影之和为零($\sum H = 0$)的平衡条件求得。当箍筋采用预应力钢筋时,需将非预应力箍筋的计算强度 f_s 换以预应力箍筋的计算强度 f_p,其余计算方法同上。

2.斜截面抗剪强度

受弯构件斜截面的抗剪强度可按下列公式计算:

$$KV \leqslant V_{cv} + V_b \qquad (12\text{-}55)$$

$$V_{cv} = bh_0\sqrt{1.32(2+p)f_{ct}^{3/4}\mu_v f_s} \qquad (12\text{-}56)$$

$$V_b = 0.9f_p \sum A_{pb}\sin\alpha \qquad (12\text{-}57)$$

$$p = 100\mu = 100 \cdot \frac{A_p + A_{pb} + A_s}{bh_0} \leqslant 3.5 \qquad (12\text{-}58)$$

$$\mu_v = \frac{A_v}{s_v b} \qquad (12\text{-}59)$$

式中:K——斜截面抗剪强度安全系数,按附表 2-11 采用;

V——通过斜截面顶端的正截面内的最大计算剪力（MN）；

V_{cv}——斜截面内混凝土与箍筋共同承受的剪力（MN）；

V_b——与斜截面相交的预应力弯起钢筋所承受的剪力（MN）；

b——腹板宽度（m）；

h_0——由受拉区纵向钢筋（包括预应力纵向钢筋、预应力弯起钢筋及非预应力纵向钢筋）中应力合力点至受压边缘的高度（m）；

μ——斜截面受拉区纵向钢筋的配筋率，若按式（12-58）算得的 $p>3.5$ 时，取 $p=3.5$；

A_v——一个截面上箍筋的总截面面积（m²）；

s_v——箍筋的间距（m）；

f_{ct}——混凝土抗拉极限强度（MPa），按附表 2-4 采用。

斜截面抗剪强度计算中的斜截面水平投影长度 C 按下式计算：

$$C = 0.6mh_0 \tag{12-60}$$

$$m = \frac{M_v}{Vh_0} \tag{12-61}$$

式中：C——水平投影长度（m）；

m——斜截面顶端正截面处的剪跨比，若 $m>3$ 时，取 $m=3$；

h_0——计算 m 时正截面的有效高度（m）；

M_v——相应于最大剪力时的计算弯矩（MN·m）。

上列斜截面抗剪强度计算公式适用于等高度简支梁。

当箍筋采用预应力钢筋时，需将式（12-56）中非预应力箍筋的计算强度 f_s 换以预应力箍筋的计算强度 f_p，其余计算方法同上。

第五节 预应力混凝土受弯构件的抗裂检算

预应力混凝土结构的抗裂性计算十分重要，因为裂缝出现后结构的刚度和疲劳性能均下降，且预应力钢筋有锈蚀的危险。因此，一般要求保证预应力混凝土结构在正常使用条件下的抗裂性。

《铁路桥规》规定，对不允许出现拉应力的预应力混凝土受弯构件，其抗裂性应按下列公式计算：

1. 正截面

$$K_f\sigma \leqslant \sigma_c + \gamma f_{ct} \tag{12-62}$$

$$\gamma = \frac{2S_0}{W_0} \tag{12-63}$$

式中：σ——计算荷载在截面受拉边缘混凝土中产生的正应力，按式（12-21）计算（MPa）；

K_f——抗裂安全系数，应按附表 2-11 采用；

σ_c——扣除相应阶段预应力损失后混凝土的预压应力，按式（12-18）计算（MPa）；

f_{ct}——混凝土抗拉极限强度，按附表 2-4 采用（MPa）；

γ——考虑混凝土塑性的修正系数；

W_0——对所检算的受拉边缘的换算截面抵抗矩(m^3)；

S_0——换算截面重心轴以下的面积对重心轴的面积矩(m^3)。

2. 斜截面

$$\sigma_{tp} \leqslant f_{ct} \tag{12-64}$$

$$\sigma_{cp} \leqslant 0.6 f_c \tag{12-65}$$

式中：σ_{tp}、σ_{cp}——按抗裂性计算的主拉、主压应力，按式(12-38)、式(12-39)计算(MPa)。

若不满足式(12-64)及式(12-65)要求时，应修改截面尺寸或提高混凝土强度等级。对于主力加附加力组合，式(12-65)可改为$\sigma_{cp} \leqslant 0.66 f_c$。当采用分段施工结构时，应考虑拼接缝处抗裂性的降低，一般应根据试验确定。

第六节　裂缝宽度和变形检算

一、裂缝宽度检算

《铁路桥规》规定，对允许开裂的预应力混凝土结构，应检算其在运营阶段和架桥机通过时，开裂截面的裂缝宽度。对允许出现拉应力，但不允许开裂的结构，必要时也应验算其裂缝宽度。

对允许开裂的预应力混凝土受弯构件，在恒载作用下，正截面混凝土受拉区压应力(扣除全部应力损失后)不应小于1.0MPa；在设计荷载作用下的特征裂缝宽度应符合下列规定：

(1)对于主力组合，不应大于0.1mm。

(2)对于主力加附加力组合，不应大于0.15mm。

对矩形、T形和工字形截面梁，在设计荷载作用下，其主要受力钢筋水平处侧面的"特征裂缝宽度"(系指小于该特征值的保证率为95%的裂缝宽度)可按下列公式计算：

$$w_{fk} = \alpha_2 \alpha_3 \left(2.4 C_s + \nu \frac{d}{\mu_e} \right) \frac{\Delta \sigma_{s2}}{E_s} \tag{12-66}$$

$$d = \frac{4(A_s + A_p)}{U} \tag{12-67}$$

$$\mu_e = \frac{A_s + A_p}{A_{ce}} \tag{12-68}$$

式中：w_{fk}——特征裂缝宽度(mm)；

C_s——纵向钢筋侧面的净保护层厚度(mm)；

d——钢筋换算直径(mm)；

μ_e——纵向受拉钢筋的有效配筋率；

ν——钢筋黏结特性系数，对带肋钢筋取0.02，对钢丝或钢绞线取0.04；对后张法管道压浆的预应力钢筋，ν应予以提高，对变形钢筋可取0.04，对钢丝、钢绞线可取0.06；两种钢筋混合使用时，可取加权平均值；

α_2——特征裂缝宽度与平均裂缝宽度相比的扩大系数,可取 1.8;

α_3——考虑运营荷载作用的疲劳增大系数,可取 1.5;

A_p,A_s——预应力钢筋和非预应力钢筋截面面积(mm^2);

U——钢筋周边长度总和(mm);

A_{ce}——受钢筋影响的有效混凝土截面面积,可按图 12-5 计算(mm^2)。

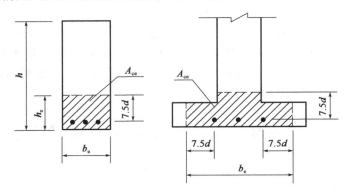

图 12-5　受钢筋影响的有效混凝土截面

注:d-钢筋直径,$h_e \leqslant h/2$。

二、变形检算

预应力混凝土梁挠度计算由两部分组成:一部分是由于预加力产生的反挠度;另一部分是由于荷载产生的挠度。两者叠加即挠度的最终值。

《铁路桥规》规定,按弹性阶段计算梁的变形。故无论是预加力引起的反挠度计算,还是由荷载产生的挠度计算,都可用结构力学的一般方法进行。

预加力产生的反挠度可分三部分来计算:传力锚固时的反挠度;预应力损失引起的挠度变化;混凝土徐变引起的挠度变化。计算预加力产生的反挠度时,梁截面抗弯刚度取 $E_c I$,并应考虑混凝土徐变的影响。

《铁路桥规》规定,当由恒载及静活载引起的竖向挠度等于或小于 15mm 或跨度的 1/1600 时,可不设预拱度,宜用调整道砟厚度的办法解决;大于上述数值时应设预拱度,其曲线与恒载及 1/2 静活载所产生的挠度曲线基本相同,但方向相反。预应力混凝土梁,计算预拱度时尚应考虑预加应力的影响。

计算由荷载产生的挠度时,截面抗弯刚度 B 应按下列规定计算。

(1)对不允许开裂的构件:

$$B = \beta_p \beta_1 E_c I_0 \tag{12-69}$$

$$\beta_p = \frac{1+\lambda}{2} \tag{12-70}$$

$$\beta_1 = \frac{\lambda - 0.5}{0.95\lambda - 0.45} \tag{12-71}$$

(2)对允许开裂的构件,当运营荷载产生的弯矩 M 小于开裂弯矩 M_f 时,按式(12-69)计算；当 M 大于或等于 M_f 时，有：

$$B = \beta_1 \cdot \frac{\beta_p \beta_2 M}{\beta_2 M_f + \beta_p (M - M_f)} \cdot E_c I_0 \tag{12-72}$$

$$M_f = (\sigma_{c1} + \gamma f_{ct}) W_0 \tag{12-73}$$

$$\beta_2 = 0.1 + 2 n_p \mu \leqslant 0.50 \tag{12-74}$$

$$\mu = \frac{A_p + A_s}{b h_0} \tag{12-75}$$

以上式中：B——梁截面抗弯刚度（MN·m²）；

　　　　I_0——全部换算截面惯性矩（m⁴）；

　　　　β_p——考虑预应力度的折减系数；

　　　　β_1——考虑疲劳影响的刚度折减系数；

　　　　β_2——考虑截面配筋率对刚度的影响系数；

　　　　M_f——截面开裂弯矩（MN·m）；

　　　　λ——预应力度，若 $\lambda > 1$ 时，取 $\lambda = 1.0$；

　　　　σ_{c1}——梁截面受拉边缘有效预压应力（MPa），按式（12-18）计算；

　　　　γ——考虑受拉区混凝土塑性的系数，可按式（12-63）计算，对于工字形梁，γ 可近似取 1.3；

　　　　μ——纵向受拉钢筋配筋率；

　　　　b——对于矩形截面为梁宽，对于 T 形截面或工字形截面为腹板宽（m）；

　　　　h_0——截面有效高度（m）。

第七节　端部锚固区计算

锚具下的混凝土处于三向应力状态，在锚固区范围内局部应力很大，在某些情况下会引起局部承压破坏，因此有必要进行锚具下混凝土局部承压的抗裂性和强度计算。

一、锚下混凝土的抗裂性

构件端部锚固区的尺寸应满足锚下混凝土的抗裂性要求，按下式计算：

$$K_{cf} N_c \leqslant \beta f_c A_c \tag{12-76}$$

式中：N_c——预加应力时的预压力（MN）；

　　　K_{cf}——局部承压抗裂安全系数，取 1.5；

　　　β——混凝土局部承压时的强度提高系数，其值为 $\sqrt{A/A_c}$，参见图 12-6；

　　　A_c——局部承压面积（考虑在垫板中沿 45°斜线传力所扩大的锚下垫圈面积），计算时扣除管道面积（m²）；

　　　A——影响混凝土局部承压的计算底面积，计算时扣除管道面积（m²）。

图 12-6 中，a 为矩形局部承压面积 A_c 长边的一半，b 为 A_c 短边的一半，c 为 A_c 的外边缘至构件边缘的最小距离，$d/2$ 为圆形局部承压面积 A_c 的圆心至构件边缘的最小距离；β 在

图 12-6a)、b)、c)、d)情况下不大于 3,在 e)情况下不大于 1.5。

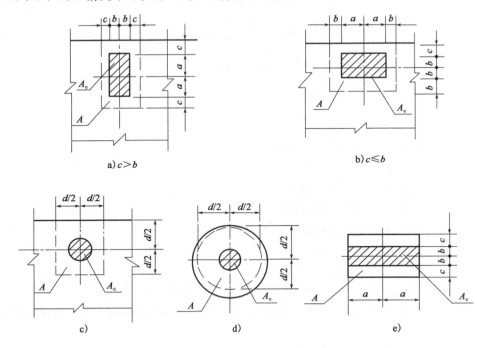

a) $c > b$ b) $c \leqslant b$

c)   d)   e)

图 12-6 计算底面积 A 示意图

二、局部承压强度

锚下间接钢筋的配置应符合端部锚固区的混凝土局部承压强度要求,可按下式计算(图 12-7):

$$K_c N_c \leqslant A_c (\beta f_c + 2.0 \mu_t \beta_{he} f_s) \tag{12-77}$$

式中:K_c——局部承压强度安全系数,取为 2.0;

β_{he}——配置间接钢筋的混凝土局部承压强度提高系数,$\beta_{he} = \sqrt{A_{he}/A_c}$;

A_{he}——包在钢筋网或螺旋形配筋范围以内的混凝土核心面积,但不大于 A,且其重心应与 A_c 的重心相重合,计算时扣除管道面积(m^2);

f_s——锚下间接钢筋的抗拉计算强度(MPa);

μ_t——间接钢筋的体积配筋率(即核心范围内单位混凝土体积所包含的间接钢筋体积):

当为钢筋网时[图 12-7a)]

$$\mu_t = \frac{n_1 a_{j1} l_1 + n_2 a_{j2} l_2}{l_1 l_2 s} \tag{12-78}$$

当为螺旋形配筋时[图 12-7b)]

$$\mu_t = \frac{4 a_j}{d_{he} s} \tag{12-79}$$

n_1、a_{j1}——钢筋网沿 l_2 方向的钢筋根数及单根钢筋的截面面积,面积以 m^2 计;

n_2、a_{j2}——同上,沿 l_1 方向;

　　a_j——螺旋形钢筋的截面面积(m^2);

　d_{he}——螺旋圈的直径(m);

　　s——钢筋网或螺旋形钢筋的间距(m)。

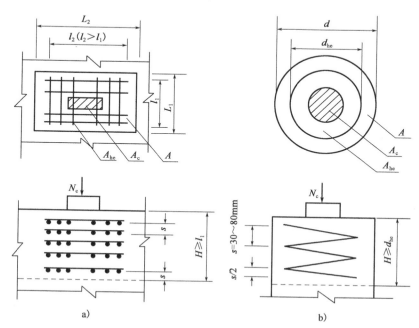

图 12-7　局部承压配筋计算图

📖 小　结

预应力混凝土铁路桥涵结构应按下列规定检算其强度、抗裂性、应力、裂缝宽度及变形:

(1)预应力混凝土铁路桥涵结构按破坏阶段检算构件截面强度。

(2)预应力混凝土铁路桥涵结构按弹性阶段检算预加应力、运送、安装和运营等阶段构件内的应力;对允许开裂的预应力混凝土结构,检算运营阶段应力时,不应计入开裂截面受拉区混凝土的作用。计算预应力混凝土结构截面应力时,对于后张法结构,在钢筋管道内压注水泥浆以前,应采用被管道削弱的净混凝土并计入非预应力钢筋后的换算截面(即净截面);在建立了钢筋与混凝土间的黏结力后,则采用全部换算截面(运营荷载作用时的受拉区不计管道部分)。对于先张法结构,应采用换算截面。

(3)对不允许出现拉应力的预应力混凝土铁路桥涵结构,按弹性阶段检算截面抗裂性,但在运营阶段正截面抗裂性检算中,应计入混凝土受拉塑性变形的影响。

(4)允许开裂的预应力混凝土铁路桥涵结构,应检算其在运营阶段和架桥机通过时,开裂截面的裂缝宽度。对允许出现拉应力,但不允许开裂的结构,必要时亦应检算其裂缝宽度。

(5)按弹性阶段计算梁的变形(挠度和转角)。

📖 **思 考 题**

12-1　什么是预应力度(λ)？预应力混凝土铁路桥涵结构对预应力度有何限定？

12-2　《铁路桥规》中考虑的预应力损失主要有哪些？

12-3　计算预应力混凝土结构截面应力时,先张法结构与后张法结构的截面几何特性计算有何不同？为什么？

12-4　预应力混凝土梁的挠度计算有哪些组成部分?《铁路桥规》中如何设置预拱度？

大作业 1 装配式钢筋混凝土简支梁设计

已知设计数据及要求

钢筋混凝土简支梁计算跨径 $L=21.6\text{m}$。T 形截面梁的尺寸如图 1 所示,桥梁 I 类环境条件,安全等级为二级,设计使用年限为 50 年。

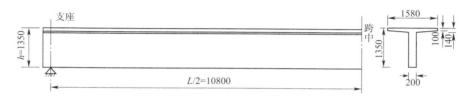

图 1 钢筋混凝土简支梁尺寸(尺寸单位:mm)

梁体采用 C30 混凝土,轴心抗压强度设计值 $f_{cd}=13.8\text{MPa}$,轴心抗拉强度设计值 $f_{td}=1.39\text{MPa}$。主筋采用 HRB400 钢筋,抗拉强度设计值 $f_{sd}=330\text{MPa}$;箍筋采用 HPB300 钢筋,直径 8mm,抗拉强度设计值 $f_{sd}=250\text{MPa}$。

简支梁控制截面的内力标准值如表 1 所示。

梁 截 面 内 力　　　　　表1

内　力		位　置		
		L/2	L/4	支点
剪力标准值（kN）	自重、恒载	0	94	182
	汽车	64	116	188
弯矩标准值（kN·m）	自重、恒载	983	738	0
	汽车	775	609	0

试进行配筋设计并校核。

(参考教材第四章第七节,并可扫描二维码查看计算思路)

大作业 2　预应力混凝土 T 形梁校核

已知设计数据及要求

一、设计资料

(1)简支梁跨径:单线铁路后张法预应力混凝土简支 T 形梁计算跨径 32m,全长 32.6m。

(2)计算荷载:ZKH 活载。

(3)材料:主梁预应力钢束采用抗拉强度标准值 f_{pk} 为 1860MPa 的 $7\phi5$ 钢绞线,公称直径为 15.2mm,单根钢绞线截面面积 $A_p = 140\text{mm}^2$,每束 9 根钢绞线。预应力钢束的张拉控制应力 $\sigma_{con} = 0.68 f_{pk}$。

非预应力钢筋:HRB400 级钢筋。

混凝土:主梁采用 C55。

(4)要求:按《铁路桥涵混凝土结构设计规范》(TB 10092—2017)校核此梁。

(5)施工方法:采用后张法施工,抽拔橡胶管成孔,钢绞线为两端同时张拉;主梁安装就位后通过横隔板及横向预应力钢筋进行连接。

二、主梁尺寸

梁高 2.7m,轨底至梁底建筑高度为 3.4m,预制梁顶宽为 2.33m,下缘宽均为 0.88m。主梁各部分尺寸如图 1、图 2 所示。

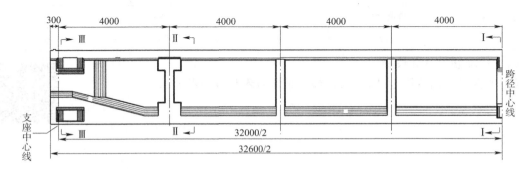

图 1　主梁立面图(尺寸单位:mm)

三、钢束

梁中跨中截面及锚固端预应力钢束布置如图 3、图 4 所示。

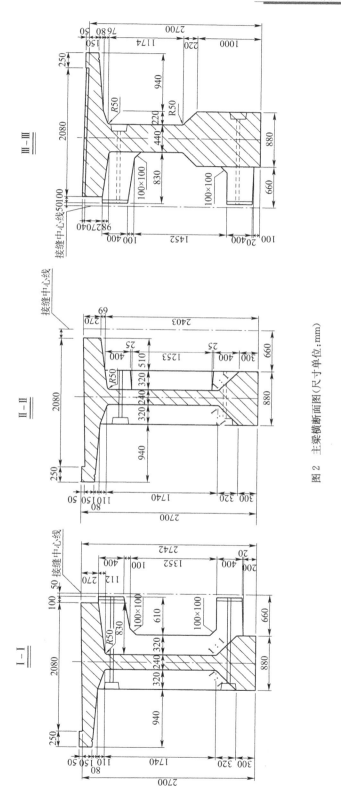

图 2 主梁横断面图(尺寸单位:mm)

345

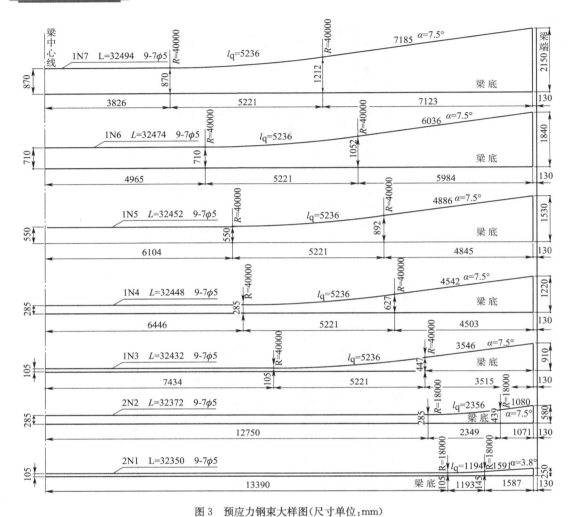

图 3　预应力钢束大样图(尺寸单位:mm)

图 4　锚固端及跨中预应力钢束布置图(尺寸单位:mm)

四、主梁内力

主力组合下的主梁内力包络图如图 5 所示。

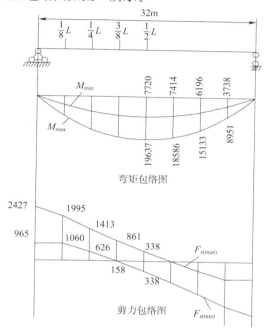

图 5　主梁内力包络图(弯矩单位:kN·m;剪力单位:kN)

（本作业可结合教材第十章大例题及铁路桥规进行计算,并可扫描二维码查看计算思路）

附录1 《公路钢筋混凝土及预应力混凝土桥涵设计规范》(JTG 3362—2018)附表

混凝土强度标准值和设计值(MPa)　　　　　　　　　　　附表1-1

强度种类			强 度 等 级												
			C25	C30	C35	C40	C45	C50	C55	C60	C65	C70	C75	C80
强度标准值	轴心抗压	f_{ck}	16.7	20.1	23.4	26.8	29.6	32.4	35.5	38.5	41.5	44.5	47.4	50.2
	轴心抗拉	f_{tk}	1.78	2.01	2.20	2.40	2.51	2.65	2.74	2.85	2.93	3.00	3.05	3.10
强度设计值	轴心抗压	f_{cd}	11.5	13.8	16.1	18.4	20.5	22.4	24.4	26.5	28.5	30.5	32.4	34.6
	轴心抗拉	f_{td}	1.23	1.39	1.52	1.65	1.74	1.83	1.89	1.96	2.02	2.07	2.10	2.14

混凝土的弹性模量($\times 10^4$ MPa)　　　　　　　　　　　附表1-2

混凝土强度等级	C25	C30	C35	C40	C45	C50	C55	C60	C65	C70	C75	C80
弹性模量 E_c	2.80	3.00	3.15	3.25	3.35	3.45	3.55	3.60	3.65	3.70	3.75	3.80

注:1. 混凝土剪切模量 G_c 按表中数值的 0.4 倍采用。

　　2. 当采用引气剂及较高砂率的泵送混凝土且无实测数据时,表中 C50~C80 的弹性模量值应乘折减系数 0.95。

普通钢筋的强度标准值和设计值(MPa)　　　　　　　　　　　附表1-3

钢筋种类	符　号	公称直径 d (mm)	抗拉强度标准值 f_{sk}	抗拉强度设计值 f_{sd}	抗压强度设计值 f_{sd}'
HPB300	φ	6~22	300	250	250
HRB400	Φ	6~50	400	330	330
HRBF400	Φ^F				
RRB400	Φ^R				
HRB500	Φ	6~50	500	415	400

注:1. 钢筋混凝土轴心受拉和小偏心受拉构件的钢筋抗拉强度设计值大于 330MPa 时,应按 330MPa 取用;在斜截面抗剪承载力、受扭承载力和冲切承载力计算中垂直于纵向受力钢筋的箍筋或间接钢筋等横向钢筋的抗拉强度设计值大于 330MPa 时,应取 330MPa。

　　2. 构件中配有不同种类的钢筋时,每种钢筋应采用各自的强度设计值。

普通钢筋的弹性模量($\times 10^5$ MPa)　　　　　　　　　　　附表1-4

钢筋种类	弹性模量 E_s
HPB300	2.1
HRB400、HRBF400、RRB400 、HRB500	2.0

纵向受力钢筋的最小配筋百分率（%）

附表 1-5

受 力 类 型		最小配筋百分率
受压构件	全部纵向钢筋	0.50
	一侧纵向钢筋	0.20
受弯构件、偏心受拉构件及轴心受拉构件的一侧受拉钢筋		0.20 和 $45f_{td}/f_{sd}$ 中的较大值
受扭构件		$0.08f_{cd}/f_{sv}$（纯扭时），$0.08(2\beta_t-1)f_{cd}/f_{sv}$（剪扭时）

注：1. 受压构件全部纵向钢筋最小配筋百分率，当混凝土强度等级 C50 及以上时不应小于 0.6。

2. 当大偏心受拉构件的受压区配置按计算需要的受压钢筋时，其最小配筋百分率不应小于 0.2。

3. 轴心受压构件、偏心受压构件全部纵向钢筋的配筋率和一侧纵向钢筋（包括大偏心受拉构件的受压钢筋）的配筋百分率应按构件的毛截面面积计算；轴心受拉构件和小偏心受拉构件一侧受拉钢筋的配筋率应按构件的毛截面面积计算；受弯构件、大偏心受拉构件的一侧受拉钢筋配筋率为 $100A_s/bh_0$，其中 A_s 为受拉钢筋面积，b 为腹板宽度（箱形截面为各腹板宽度之和），h_0 为有效高度。

4. 当钢筋沿构件截面周边布置时，"一侧的受压钢筋"或"一侧的受拉钢筋"是指受力方向两个对边中的一边布置的纵向钢筋。

5. 对受扭构件，其纵向受力钢筋的最小配筋率为 $A_{st,min}/bh$；$A_{st,min}$ 为纯扭构件全部纵向钢筋最小截面面积，h 为矩形截面基本单元长边长度，b 为短边长度，f_{sv} 为箍筋抗拉强度设计值。

钢筋混凝土受弯构件单筋矩形截面受弯构件承载力计算表

附表 1-6

ξ	A_0	ζ_0	ξ	A_0	ζ_0
0.01	0.010	0.995	0.16	0.147	0.920
0.02	0.020	0.990	0.17	0.155	0.915
0.03	0.030	0.985	0.18	0.164	0.910
0.04	0.039	0.980	0.19	0.172	0.905
0.05	0.048	0.975	0.20	0.180	0.900
0.06	0.058	0.970	0.21	0.188	0.895
0.07	0.067	0.965	0.22	0.196	0.890
0.08	0.077	0.960	0.23	0.203	0.885
0.09	0.085	0.955	0.24	0.211	0.880
0.10	0.095	0.950	0.25	0.219	0.875
0.11	0.104	0.945	0.26	0.226	0.870
0.12	0.113	0.940	0.27	0.234	0.865
0.13	0.121	0.935	0.28	0.241	0.860
0.14	0.130	0.930	0.29	0.248	0.855
0.15	0.139	0.925	0.30	0.255	0.850

ξ	A_0	ζ_0	ξ	A_0	ζ_0
0.31	0.262	0.845	0.49	0.370	0.755
0.32	0.269	0.840	0.50	0.375	0.750
0.33	0.275	0.835	0.51	0.380	0.745
0.34	0.282	0.830	0.52	0.385	0.740
0.35	0.289	0.825	0.53	0.390	0.735
0.36	0.295	0.820	0.54	0.394	0.730
0.37	0.301	0.815	0.55	0.399	0.725
0.38	0.309	0.810	0.56	0.403	0.720
0.39	0.314	0.805	0.57	0.408	0.715
0.40	0.320	0.800	0.58	0.412	0.710
0.41	0.326	0.795	0.59	0.416	0.705
0.42	0.332	0.790	0.60	0.420	0.700
0.43	0.337	0.785	0.61	0.424	0.695
0.44	0.343	0.780	0.62	0.428	0.690
0.45	0.349	0.775	0.63	0.432	0.685
0.46	0.354	0.770	0.64	0.435	0.680
0.47	0.359	0.765	0.65	0.439	0.675
0.48	0.365	0.760			

普通钢筋的公称直径、截面面积及理论重量　　　　　　附表 1-7

公称直径（mm）	不同根数钢筋的公称截面面积（mm²）									重量（kg/m）	带肋钢筋	
	1	2	3	4	5	6	7	8	9		计算直径（mm）	外径（mm）
6	28.3	57	85	113	141	170	198	226	254	0.222	6	7.0
8	50.3	101	151	201	251	302	352	402	452	0.395	8	9.3
10	78.5	157	236	314	393	471	550	628	707	0.617	10	11.6
12	113.1	226	339	452	566	679	792	905	1018	0.888	12	13.9
14	153.9	308	462	616	770	924	1078	1232	1385	1.21	14	16.2
16	201.1	402	603	804	1005	1206	1407	1608	1810	1.58	16	18.4

续上表

公称直径（mm）	不同根数钢筋的公称截面面积（mm²）									重量（kg/m）	带肋钢筋	
	1	2	3	4	5	6	7	8	9		计算直径（mm）	外径（mm）
18	254.5	509	763	1018	1272	1527	1781	2036	2290	2.00	18	20.5
20	314.2	628	942	1256	1570	1884	2200	2513	2827	2.47	20	22.7
22	380.1	760	1140	1520	1900	2281	2661	3041	3421	2.98	22	25.1
25	490.9	982	1473	1964	2454	2945	3436	3927	4418	3.85	25	28.4
28	615.8	1232	1847	2463	3079	3695	4310	4926	5542	4.83	28	31.6
32	804.2	1608	2413	3217	4021	4826	5630	6434	7238	6.31	32	35.8

钢筋混凝土板每米宽度内钢筋截面面积（mm²）　　　　　　　　　　　附表 1-8

钢筋间距（mm）	钢筋直径（mm）								
	6	8	10	12	14	16	18	20	22
70	404	718	1122	1616	2199	2873	3636	4487	5430
75	377	670	1047	1508	2052	2681	3393	4188	5081
80	353	628	982	1414	1924	2514	3181	3926	4751
85	333	591	924	1331	1811	2366	2994	3695	4472
90	314	559	873	1257	1711	2234	2828	3490	4223
95	298	529	827	1190	1620	2117	2679	3306	4001
100	283	503	785	1131	1539	2011	2545	3141	3801
105	269	479	748	1077	1466	1915	2424	2991	3620
110	257	457	714	1028	1399	1828	2314	2855	3455
115	246	437	683	984	1339	1749	2213	2731	3305
120	236	419	654	942	1283	1676	2121	2617	3167
125	226	402	628	905	1232	1609	2036	2513	3041
130	217	387	604	870	1184	1547	1958	2416	2924
135	209	372	582	838	1140	1490	1885	2327	2816
140	202	359	561	808	1100	1436	1818	2244	2715
145	195	347	542	780	1062	1387	1755	2166	2621
150	189	335	524	754	1026	1341	1697	2084	2534
155	182	324	507	730	993	1297	1642	2027	2452
160	177	314	491	707	962	1257	1590	1964	2376
165	171	305	476	685	933	1219	1542	1904	2304
170	166	296	462	665	905	1183	1497	1848	2236
175	162	287	449	646	876	1149	1454	1795	2172
180	157	279	436	628	855	1117	1414	1746	2112

续上表

钢筋间距(mm)	钢筋直径(mm)								
	6	8	10	12	14	16	18	20	22
185	153	272	425	611	832	1087	1376	1694	2035
190	149	265	413	595	810	1058	1339	1654	2001
195	145	258	403	580	789	1031	1305	1611	1949
200	141	251	393	565	769	1005	1272	1572	1901

圆形截面钢筋混凝土偏压构件正截面抗压承载力计算系数(部分)　　附表 1-9

$\eta\dfrac{e_0}{r}$	$\rho\dfrac{f_{sd}}{f_{cd}}$										
	0.06	0.09	0.12	0.15	0.18	0.21	0.24	0.27	0.30	0.40	0.50
0.01	1.0487	1.0783	1.1079	1.1375	1.1671	1.1968	1.2264	1.2561	1.2857	1.3846	1.4835
0.05	1.0031	1.0316	1.0601	1.0885	1.1169	1.1454	1.1738	1.2022	1.2306	1.3254	1.4201
0.10	0.9438	0.9711	0.9984	1.0257	1.0529	1.0802	1.1074	1.1345	1.1617	1.2521	1.3423
0.15	0.8827	0.9090	0.9352	0.9614	0.9875	1.0136	1.0396	1.0656	1.0916	1.1781	1.2643
0.20	0.8206	0.8458	0.8709	0.8960	0.9210	0.9460	0.9709	0.9958	1.0206	1.1033	1.1856
0.25	0.7589	0.7829	0.8067	0.8302	0.8540	0.8778	0.9016	0.9254	0.9491	1.0279	1.1063
0.30	0.7003	0.7247	0.7486	0.7721	0.7953	0.8181	0.8408	0.8632	0.8855	0.9590	1.0316
0.35	0.6432	0.6684	0.6928	0.7165	0.7397	0.7625	0.7849	0.8070	0.8290	0.9008	0.9712
0.40	0.5878	0.6142	0.6393	0.6635	0.6869	0.7097	0.7320	0.7540	0.7757	0.8461	0.9147
0.45	0.5346	0.5624	0.5884	0.6132	0.6369	0.6599	0.6822	0.7041	0.7255	0.7949	0.8619
0.50	0.4839	0.5133	0.5403	0.5657	0.5898	0.6130	0.6354	0.6573	0.6786	0.7470	0.8126
0.55	0.4359	0.4670	0.4951	0.5212	0.5458	0.5692	0.5917	0.6135	0.6347	0.7022	0.7666
0.60	0.3910	0.4238	0.4530	0.4798	0.5047	0.5283	0.5509	0.5727	0.5938	0.6605	0.7237
0.65	0.3495	0.3840	0.4141	0.4414	0.4667	0.4905	0.5131	0.5348	0.5558	0.6217	0.6837
0.70	0.3116	0.3475	0.3784	0.4062	0.4317	0.4556	0.4782	0.4998	0.5206	0.5857	0.6466
0.75	0.2773	0.3143	0.3459	0.3739	0.3996	0.4235	0.4460	0.4674	0.4881	0.5523	0.6120
0.80	0.2468	0.2845	0.3164	0.3446	0.3702	0.3940	0.4164	0.4377	0.4581	0.5214	0.5799

预应力钢筋公称直径、公称截面面积及公称质量　　附表 1-10

种　　类	公称直径(mm)	公称截面面积(mm²)	公称质量(kg/m)
钢绞线 1×7	9.5	54.8	0.432
	12.7	98.7	0.774
	15.2	139.0	1.101
	17.8	191.0	1.500
	21.6	285.0	2.237

续上表

种 类	公称直径(mm)	公称截面面积(mm²)	公称质量(kg/m)
钢丝	5	19.63	0.154
	7	38.48	0.302
	9	63.62	0.499
预应力螺纹钢筋	18	254.5	2.11
	25	490.9	4.10
	32	804.2	6.65
	40	1256.6	10.34
	50	1963.5	16.28

预应力钢筋抗拉强度标准值(MPa)　　　　　　　　　　附表 1-11

钢筋种类		符 号	公称直径 d(mm)	f_{pk}(MPa)
钢绞线	1×7	ϕ^S	9.5、12.7、15.2、17.8	1720、1860、1960
			21.6	1860
消除应力钢丝	光面螺旋肋	ϕ^P ϕ^H	5	1570、1770、1860
			7	1570
			9	1470、1570
预应力螺纹钢筋		ϕ^T	18、25、32、40、50	785、930、1080

注:抗拉强度标准值为1960MPa的钢绞线作为预应力钢筋作用时,应有可靠工程经验或充分试验验证。

预应力钢筋抗拉、抗压强度设计值(MPa)　　　　　　附表 1-12

钢筋种类	抗拉强度标准值 f_{pk}	抗拉强度设计值 f_{pd}	抗压强度设计值 f'_{pd}
钢绞线 1×7	1720	1170	390
	1860	1260	
	1960	1330	
消除应力钢丝	1470	1000	410
	1570	1070	
	1770	1200	
	1860	1260	
预应力螺纹钢筋	785	650	400
	930	770	
	1080	900	

预应力钢筋的弹性模量(×10⁵ MPa)　　　　　　　　　附表 1-13

预应力钢筋种类	E_p
预应力螺纹钢筋	2.0

预应力钢筋种类	E_p
消除应力钢丝	2.05
钢绞线	1.95

系数 k、μ 值　　　　　　　　　　　　　　　附表 1-14

管道种类	k	μ	
		钢绞线、钢丝束	预应力螺纹钢筋
预埋金属波纹管	0.0015	0.20~0.25	0.50
预埋塑料波纹管	0.0015	0.15~0.20	—
预埋铁皮管	0.0030	0.35	0.40
预埋钢管	0.0010	0.25	—
抽芯成型	0.0015	0.55	0.60

锚具变形、钢筋回缩和接缝压缩值（mm）　　　　　　附表 1-15

锚具接缝类型		Δl
钢丝束的钢制锥形锚具		6
夹片式锚具	有顶压时	4
	无顶压时	6
带螺母锚具的螺母缝隙		1~3
墩头锚具		1
每块后加垫板的缝隙		2
水泥砂浆接缝		1
环氧树脂砂浆接缝		1

注：带螺母锚具采用一次张拉锚固时，Δl 宜取 2~3mm，采用二次张拉锚固时，Δl 可取 1mm。

混凝土收缩应变和徐变系数终极值　　　　　　　　附表 1-16

混凝土收缩应变终极值 $\varepsilon_{cs}(t_u,t_0)\times10^{-3}$								
传力锚固龄期(d)	40%≤RH<70%				70%≤RH<99%			
	理论厚度 h（mm）				理论厚度 h（mm）			
	100	200	300	≥600	100	200	300	≥600
3~7	0.50	0.45	0.38	0.25	0.30	0.26	0.23	0.15
14	0.43	0.41	0.36	0.24	0.25	0.24	0.21	0.14
28	0.38	0.38	0.34	0.23	0.22	0.22	0.20	0.13
60	0.31	0.34	0.32	0.22	0.18	0.20	0.19	0.12
90	0.27	0.32	0.30	0.21	0.16	0.19	0.18	0.12

续上表

混凝土徐变系数终极值 $\phi(t_u,t_0)$								
加载龄期(d)	$40\%\leqslant RH<70\%$				$70\%\leqslant RH<99\%$			
	理论厚度 h(mm)				理论厚度 h(mm)			
	100	200	300	≥600	100	200	300	≥600
3	3.78	3.36	3.14	2.79	2.73	2.52	2.39	2.20
7	3.23	2.88	2.68	2.39	2.32	2.15	2.05	1.88
14	2.83	2.51	2.35	2.09	2.04	1.89	1.79	1.65
28	2.48	2.20	2.06	1.83	1.79	1.65	1.58	1.44
60	2.14	1.91	1.78	1.58	1.55	1.43	1.36	1.25
90	1.99	1.76	1.65	1.46	1.44	1.32	1.26	1.15

注：1. 本表适用于由一般的硅酸盐类水泥或快硬水泥配制而成的混凝土。

2. 本表适用于季节性变化的平均温度—20～+40℃。

3. 表中数值系按强度等级 C40 混凝土计算所得，对 C50 及以上混凝土，表列数值应乘以 $\sqrt{\dfrac{32.4}{f_{ck}}}$，式中 f_{ck} 为混凝土轴心抗压强度标准值(MPa)。

4. 计算时，表中年平均相对湿度 $40\%\leqslant RH<70\%$，取 $RH=55\%$；$70\%\leqslant RH<99\%$，取 $RH=80\%$。

5. 表中理论厚度 $h=2A/u$，A 为构件截面面积，u 为构件与大气接触的周边长度。当构件为变截面时，A 和 u 均可取其平均值。

6. 表中数值按 10 年的延续期计算。

7. 构件的实际传力锚固龄期、加载龄期或理论厚度为表列数值中间值时，收缩应变终极值和徐变系数终极值可按直线内插法取值。

预应力钢筋的预应力传递长度 l_{tr} 与锚固长度 l_a(mm)　　　　　附表 1-17

项 次	钢 筋 种 类	混凝土强度等级	传递长度 l_{tr}	锚固长度 l_a
1	1×7 钢绞线 $\sigma_{pe}=1000$MPa $f_{pd}=1260$MPa	C40	$67d$	$130d$
		C45	$64d$	$125d$
		C50	$60d$	$120d$
		C55	$58d$	$115d$
		C60	$58d$	$110d$
		≥C65	$58d$	$105d$
2	螺旋肋钢丝 $\sigma_{pe}=1000$MPa $f_{pd}=1200$MPa	C40	$58d$	$95d$
		C45	$56d$	$90d$
		C50	$53d$	$85d$
		C55	$51d$	$83d$
		C60	$51d$	$80d$
		≥C65	$51d$	$80d$

注：1. 预应力传递长度应根据预应力钢筋放松时混凝土立方体抗压强度 f_{cu} 确定，当 f_{cu} 在表列混凝土强度等级之间时，预应力传递长度按直线内插取用。

2. 当预应力钢筋的抗拉强度设计值 f_{pd} 或有效预应力值 σ_{pe} 与表值不同时，其锚固长度或预应力传递长度应根据表值按比例增减。

3. 当采用骤然放松预应力钢筋的施工工艺时，锚固长度 l_a 及预应力传递长度 l_{tr} 应从离构件末端 $0.25l_{tr}$ 处开始计算。

附录 2 《铁路桥涵混凝土结构设计规范》（TB 10092—2017）附表

混凝土的容许应力（MPa） 附表 2-1

序号	应力种类	符号	混凝土强度等级							
			C25	C30	C35	C40	C45	C50	C55	C60
1	中心受压	$[\sigma_c]$	6.8	8.0	9.4	10.8	12.0	13.4	14.8	16.0
2	弯曲受压及偏心受压	$[\sigma_b]$	8.5	10.0	11.8	13.5	15.0	16.8	18.5	20.0
3	有箍筋及斜筋时的主拉应力	$[\sigma_{tp\text{-}1}]$	1.80	1.98	2.25	2.43	2.61	2.79	2.97	3.15
4	无箍筋及斜筋时的主拉应力	$[\sigma_{tp\text{-}2}]$	0.67	0.73	0.83	0.90	0.97	1.03	1.10	1.17
5	梁部分长度中全由混凝土承受的主拉应力	$[\sigma_{tp\text{-}3}]$	0.33	0.37	0.42	0.45	0.48	0.52	0.55	0.58
6	纯剪应力	$[\tau_c]$	1.00	1.10	1.25	1.35	1.45	1.55	1.65	1.75
7	光钢筋与混凝土之间的黏结力	$[c]$	0.83	0.92	1.04	1.13	1.21	1.29	1.38	1.46
8	局部承压应力 A-计算底面积 A_c-局部承压面积	$[\sigma_{c\text{-}1}]$	$6.8\sqrt{\dfrac{A}{A_c}}$	$8.0\sqrt{\dfrac{A}{A_c}}$	$9.4\sqrt{\dfrac{A}{A_c}}$	$10.8\sqrt{\dfrac{A}{A_c}}$	$12.0\sqrt{\dfrac{A}{A_c}}$	$13.4\sqrt{\dfrac{A}{A_c}}$	$14.8\sqrt{\dfrac{A}{A_c}}$	$16.0\sqrt{\dfrac{A}{A_c}}$

注：1. 计算主力加附加力时，第 1、2 及 8 项容许应力可提高 30%。

2. 对厂制及工艺符合厂制条件的构件，第 1、2 及 8 项容许应力可提高 10%。

3. 当检算施工临时荷载产生的应力时，第 1、2 及 8 项容许应力在主力加附加力的基础上可再提高 10%。

4. 带肋钢筋与混凝土间的黏结力按表列第 7 项的 1.5 倍采用。

5. 计算主力加特殊荷载时，第 1、2 及 8 项容许应力可提高 50%。

6. 第 8 项中的计算底面积 A 按《铁路桥规》中的具体规定求得，但该部分的混凝土厚度应大于底面积 A 的短边尺寸。

钢筋的容许应力（MPa） 附表 2-2

类 别	主 力	主力＋附加力	施工临时荷载	主力＋特殊荷载
HPB300 钢筋	160	210	230	240
HRB400 钢筋	210	270	297	315
HRB500 钢筋	260	320	370	390

注：检算挡砟墙承受列车脱轨水平撞击时，普通钢筋容许应力可按附表 2-6 取值。

裂缝宽度容许值[w_f]（mm） 附表 2-3

环 境 类 别	环 境 等 级	[w_f]
碳化环境	T1、T2、T3	0.20
氯盐环境	L1、L2	0.20
	L3	0.15
化学腐蚀环境	H1、H2	0.20
	H3、H4	0.15
盐类结晶破坏环境	Y1、Y2	0.20
	Y3、Y4	0.15
冻融破坏环境	D1、D2	0.20
	D3、D4	0.15
磨蚀环境	M1、M2	0.20
	M3	0.15

注：1. 表列数值为主力作用时的容许值，当主力加附加力作用时可提高 20%。

2. 当钢筋保护层实际厚度超过 30mm 时，可将钢筋保护层厚度的计算值取为 30mm。

混凝土的极限强度（MPa） 附表 2-4

强 度 种 类	符 号	混凝土强度等级							
		C25	C30	C35	C40	C45	C50	C55	C60
轴心抗压	f_c	17.0	20.0	23.5	27.0	30.0	33.5	37.0	40.0
轴心抗拉	f_{ct}	2.00	2.20	2.50	2.70	2.90	3.10	3.30	3.50

混凝土弹性模量 E_c（MPa） 附表 2-5

混凝土强度等级	C25	C30	C35	C40	C45	C50	C55	C60
弹性模量 E_c	3.00×10^4	3.20×10^4	3.30×10^4	3.40×10^4	3.45×10^4	3.55×10^4	3.60×10^4	3.65×10^4

钢筋抗拉强度标准值（MPa） 附表 2-6

钢筋种类	普通钢筋 f_{sk}			预应力螺纹钢筋 f_{pk}	
	HPB300	HRB400	HRB500	PSB830	PSB980
抗拉强度标准值	300	400	500	830	980

预应力钢丝抗拉强度标准值 f_{pk}（MPa） 附表 2-7

公称直径（mm）	4～5	6～7
抗拉强度标准值	1470	1470
	1570	1570
	1670	1670
	1770	1770
	1860	1860

预应力钢绞线抗拉强度标准值 f_{pk}（MPa）　　　附表 2-8

公称直径(mm)	12.7		15.2		15.7
	标准型 1×7	模拔型 (1×7)C	标准型 1×7	模拔型 (1×7)C	标准型 1×7
抗拉强度标准值	1770 1860 1960	1860	1470 1570 1670 1720 1860 1960	1820	1770 1860

普通钢筋及预应力钢筋计算强度（MPa）　　　附表 2-9

钢筋类型		抗拉计算强度 f_p 或 f_s	抗压计算强度 f'_p 或 f'_s
预应力筋	钢丝、钢绞线、预应力螺纹钢筋	$0.9f_{pk}$	380
普通钢筋	HPB300	300	300
	HRB400	400	400
	HRB500	500	500

钢筋弹性模量（MPa）　　　附表 2-10

钢筋种类	符　号	弹 性 模 量
钢　丝	E_p	$2.05×10^5$
钢绞线	E_p	$1.95×10^5$
预应力螺纹钢筋	E_p	$2.0×10^5$
HPB300	E_s	$2.1×10^5$
HRB400 及 HRB500	E_s	$2.0×10^5$

注：计算钢丝、钢绞线伸长值时，可按 $E_p±0.1×10^5$MPa 作为上、下限。

安 全 系 数　　　附表 2-11

安全系数类别		符号	安全系数		
			主力	主力+附加力	施工临时荷载
强度安全系数	纵向钢筋达到抗拉计算强度，受压区混凝土达到抗压极限强度	K	2.0	1.8	1.8
	非预应力箍筋达到计算强度	K_1	1.8	1.6	1.5
	混凝土主拉应力达到抗拉极限强度	K_2	2.0	1.8	1.8
抗裂安全系数		K_f	1.2	1.2	1.1

注：对于制造工艺不符合工厂制造条件的结构，表中所列主力及主力加附加力作用下的各项强度安全系数均应增大10%。

$μ$、k 值　　　附表 2-12

管 道 类 型	$μ$	k
橡胶管抽芯成型的管道	0.55	0.0015
铁皮套管	0.35	0.0030
金属波纹管	0.20～0.26	0.0020～0.0030

锚头变形、钢筋回缩和接缝压缩计算值 附表2-13

锚头、接缝类型		表现形式	计 算 值
夹片式锚	有顶压时	锚具回缩	4
	无顶压时		6
水泥砂浆接缝		接缝压缩	1
环氧树脂砂浆接缝		接缝压缩	0.05
带螺母的锚具螺母缝隙		缝隙压密	1
每块后加垫板的缝隙		缝隙压密	1

混凝土的收缩应变和徐变系数终极值 附表2-14

预加应力时混凝土的龄期 (d)	收缩应变终极值 $\varepsilon_\infty \times 10^6$				徐变系数终极值 Φ_∞			
	理论厚度 $\frac{2A}{u}$(mm)				理论厚度 $\frac{2A}{u}$(mm)			
	100	200	300	≥600	100	200	300	≥600
3	250	200	170	110	3.00	2.50	2.30	2.00
7	230	190	160	110	2.60	2.20	2.00	1.80
10	217	186	160	110	2.40	2.10	1.90	1.70
14	200	180	160	110	2.20	1.90	1.70	1.50
28	170	160	150	110	1.80	1.50	1.40	1.20
≥60	140	140	130	100	1.40	1.20	1.10	1.00

注: 1. 对先张法结构,预加应力时混凝土的龄期一般为3~7d;对后张法结构,该龄期一般为7~28d。

2. A 为计算截面混凝土的面积,u 为该截面与大气接触的周边长度。

3. 实际结构的理论厚度和混凝土的龄期为表列数值的中间值时,可按直线内插取值。

σ_{L5} 和 σ_{L6} 的中间值与终极值的比值 附表2-15

时 间	由于混凝土收缩和徐变 σ_{L6}	由于钢筋松弛 σ_{L5}
2d	—	0.5
10d	0.33	—
20d	0.37	—
30d	0.40	—
40d	0.43	1.0
60d	0.50	—
90d	0.60	—
180d	0.75	—
1 年	0.85	—
3 年	1.00	—

参 考 文 献

[1] 中华人民共和国住房和城乡建设部. 工程结构可靠度设计统一标准:GB 50153—2008 [S]. 北京:中国建筑工业出版社,2008.

[2] 中华人民共和国交通运输部. 公路桥涵设计通用规范:JTG D60—2015[S]. 北京:人民交通出版社股份有限公司,2015.

[3] 中华人民共和国交通运输部. 公路钢筋混凝土及预应力混凝土桥涵设计规范:JTG 3362—2018[S]. 北京:人民交通出版社股份有限公司,2018.

[4] 国家铁路局. 铁路桥涵混凝土结构设计规范:TB 10092—2017[S]. 北京:中国铁道出版社,2017.

[5] 叶见曙. 结构设计原理[M]. 4 版. 北京:人民交通出版社股份有限公司,2018.

[6] 张树仁,黄侨. 结构设计原理[M]. 北京:人民交通出版社,2010.

[7] 黄棠,王效通. 结构设计原理[M]. 北京:中国铁道出版社,1993.

[8] 顾祥林. 混凝土结构设计原理[M]. 3 版. 上海:同济大学出版社,2015.

[9] 杨霞林,丁小军. 混凝土结构设计原理[M]. 北京:中国建筑工业出版社,2011.

[10] 东南大学,天津大学,同济大学. 混凝土结构设计原理[M]. 6 版. 北京:中国建筑工业出版社,2017.

[11] 张庆芳,张志国. 公路桥梁混凝土结构设计原理[M]. 天津:天津大学出版社,2010.